普通高等教育"十一五"国家级规划教材
全国水利水电高职教研会推荐教材

灌溉排水工程技术

主　编　樊惠芳
副主编　李永平　何晓科　要永在
　　　　杨胜敏　马竹青　郭旭新
主　审　于纪玉　吴伟民

黄河水利出版社
·郑州·

内 容 提 要

本书是普通高等教育"十一五"国家级规划教材，是按照国家对高职高专人才培养的规格要求及高职高专教学特点编写完成的。本书共分三篇11章：第一篇为渠道灌溉工程技术，内容包括农田水分状况与灌溉用水量、地面灌水技术、灌溉水源及取引水工程技术、灌溉渠道系统规划设计、渠道防渗；第二篇为管道灌溉工程技术，内容包括井灌区规划、喷灌工程技术、微灌工程技术、低压管道输水灌溉工程技术；第三篇为排水工程技术，内容包括田间排水系统、骨干排水系统规划设计。全书系统地介绍了灌溉排水工程的规划设计方法。

本书为水利类高职高专水利工程专业及灌溉排水专业的通用教材，也可供水利部门从事农业水利工程的技术人员参考。

图书在版编目(CIP)数据

灌溉排水工程技术/樊惠芳主编. —郑州：黄河水利出版社，2010.2 （2014.7 重印）
普通高等教育"十一五"国家级规划教材
ISBN 978-7-80734-773-6

Ⅰ.灌… Ⅱ.①樊… Ⅲ.①灌溉系统-高等学校：技术学校-教材 ②排灌工程-高等学校：技术学校-教材 Ⅳ.①S274.2②S277

中国版本图书馆CIP数据核字(2009)第239055号

组稿编辑：王路平 电话：0371-66022212 E-mail：hhslwlp@163.com

出 版 社：黄河水利出版社
地址：河南省郑州市顺河路黄委会综合楼14层 邮政编码：450003
发行单位：黄河水利出版社
发行部电话：0371-66026940、66020550、66028024、66022620(传真)
E-mail：hhslcbs@126.com
承印单位：河南承创印务有限公司
开本：787 mm×1 092 mm 1/16
印张：20.25
字数：470千字 印数：16 001—20 000
版次：2010年2月第1版 印次：2014年7月第5次印刷
2011年4月修订

定价：38.00元

前言

本书是普通高等教育“十一五”国家级规划教材，是根据《国务院关于大力发展职业教育的决定》、教育部《关于全面提高高等职业教育教学质量的若干意见》等文件精神，以及教育部对普通高等教育“十一五”国家级规划教材建设的具体要求组织编写的。

本书在编写过程中紧扣当前高职教育的形势，充分体现以学生为主体的教育理念，突出学生能力培养，注重教材的针对性和实用性，理论知识以够用为度，并注意将新理论、新规范、新方法、新技术、新设备引入教材。为便于学生学习和教师使用，每一章都列有学习目标、学习任务和能力训练，使学生明确学习的目的，便于自主进行能力训练，同时方便教学。

全书共分三篇：第一篇为渠道灌溉工程技术，主要是培养学生对中小型渠道灌溉工程的规划设计能力，内容包括农田水分状况与灌溉用水量、地面灌水技术、灌溉水源及取引水工程技术、灌溉渠道系统规划设计、渠道防渗；第二篇为管道灌溉工程技术，主要培养学生对井灌区规划及节水灌溉工程的规划设计能力，内容包括井灌区规划、喷灌工程技术、微灌工程技术、低压管道输水灌溉工程技术；第三篇为排水工程技术，主要培养学生对中小型排水工程的规划设计能力，内容包括田间排水系统、骨干排水系统规划设计。全书以培养学生对灌溉排水工程的规划设计能力为主线，系统地介绍了灌溉排水工程的规划设计方法。

本书编写人员及编写分工如下：杨凌职业技术学院樊惠芳（前言），山东水利职业学院何晓科（绪论、第二章），杨凌职业技术学院郭旭新（第一章），北京农业职业学院杨胜敏（第三章、第九章），山西水利职业技术学院李永平（第四章），浙江同济科技职业学院徐瑛丽（第五章），内蒙古机电职业技术学院要永在（第六章），河南水利与环境职业学院马竹青（第七章、第八章第一、二、三节），河南省水利勘测设计研究有限公司邓燕（第八章第四节），黑龙江大学应用技术学院刘莹（第十章），安徽水利水电职业技术学院杨晓红（第十一章）。本书由樊惠芳担任主编并负责全书统稿，由李永平、何晓科、要永在、杨胜敏、马竹青、郭旭新担任副主编，由山东水利职业学院于纪玉、福建水利电力职业技术学院吴伟民担任主审。

在本书的编写过程中，得到了有关设计单位的支持，为教材编写提供了许多设计实例，同时也得到了全国水利水电高职教研会及各位编审人员所在单位的大力支持，在此表示衷心的感谢！

由于编者水平有限，书中错误和不妥之处在所难免，恳请读者批评指正。

编　者

2009 年 8 月

目　录

第二篇　管道灌溉工程技术

第三篇　排水工程技术

绪 论

学习目标

通过学习灌溉排水工程技术的基本任务、发展历史及取得的成就,深刻理解学习灌溉排水工程技术课程的目的和意义。

学习任务

1. 理解灌溉排水工程技术的服务对象和基本内容(任务)。
2. 了解我国灌溉排水事业的发展和成就。
3. 了解掌握本课程的特点、学习要求及方法。

第一节 灌溉排水工程技术的服务对象和基本内容

一、灌溉排水工程技术的服务对象

当前,我国水资源短缺的形势是十分严峻的,大力发展节水农业、推广节水灌溉、建设节水型社会是我国一项长期的基本国策。解决水资源危机问题,要从开源与节流两方面入手:一方面要抓紧跨流域调水的规划设计工作,从根本上改变水资源紧缺的局面;另一方面要在节流上下功夫。我国在水资源的利用上还有巨大的潜力可挖。不少灌区,尤其是北方灌区,由于灌水量偏大,净灌水定额在150 mm以上,有些甚至高于300 mm。这是由于渠道渗漏严重,加上管理不善等造成的,自流灌区灌溉水有效利用系数仅0.4。换句话说,每年经过水利工程引、蓄的4 000多亿 m^3 水量中,约有60%是在各级渠道的输、配水和田间灌水过程中渗漏损失掉的。水量损失引起灌区地下水位的升高和土壤盐碱渍害,从而导致农业减产,并恶化灌区生态环境。采用科学的用水管理办法、推广节水灌溉技术,对缓解我国水资源供需矛盾将起到重要的作用。若将全国的灌溉水有效利用率平均提高10% ~20%,则按2005年全国农业用水总量3 780亿 m^3 估计,每年可节约水量370亿~750亿 m^3。

灌溉排水工程技术是调节农田水分状况和改善地区水情变化,科学合理地运用有效的调节措施,消除水旱灾害,合理利用水资源,服务于农业生产和生态环境良性发展的一门综合性科学技术。在英、美等国称之为灌溉与排水(Irrigation and Drainage),而苏联则称之为水利土壤改良。

灌溉排水工程技术的研究对象主要包括以下两方面。

(一)调节农田水分状况

农田水分状况一般指田间土壤水、地面水和地下水的状况及其相关的养分、通气、热状况。田间水分不足或过多都会影响作物的正常生长和作物的产量。调节农田水分状况的水利措施一般可分为以下两种：

(1)灌溉措施。即按照作物正常生长的需要，通过灌溉工程有计划地将水分输送和分配到田间，以补充田间水分的不足。

(2)排水措施。即通过排水工程将田间内多余的水分(包括地面水和地下水)排入容泄区(河流或湖泊等)，使田间处于适宜的水分状况。在易涝易碱地区，排水工程还有控制地下水位和排盐的作用。近年来，控制地下水位对作物增产的重要作用已越来越为人们所认识和重视。

(二)改善和调节地区水情

随着农业生产的发展和需要，人类改造自然的范围越来越广，田间水利措施不仅限于改善和调节农田本身的水分状况，而且要求改善和调节更大范围的地区水情。

地区水情主要是指地区水资源的数量、分布情况及其动态。改变和调节地区水情的措施，一般可分为以下两种：

(1)蓄水保水措施。通过修建水库、河网和控制利用湖泊、地下水库以及大面积的水土保持和田间蓄水措施(土壤水库)，拦蓄当地径流和河流来水，改变水量在时间上(季节或多年范围内)和地区上(河流上下游之间、高低地之间)的水分分布状况，通过拦蓄措施可以减小汛期洪水流量，避免暴雨径流向低地汇集，可以增加枯水期河水流量以及干旱年份地区水量储备。

(2)调水排水措施。主要通过引水渠道使地区之间或流域之间的水量互相调剂，从而改变水量在地区上的分布状况。用水时期采用引水渠道及取水设备，自水源(河流、水库、河网、地下水库)引水，以供需水地区用水。正在修建的南水北调工程就是调水工程的典型例子，详见图 0-1。

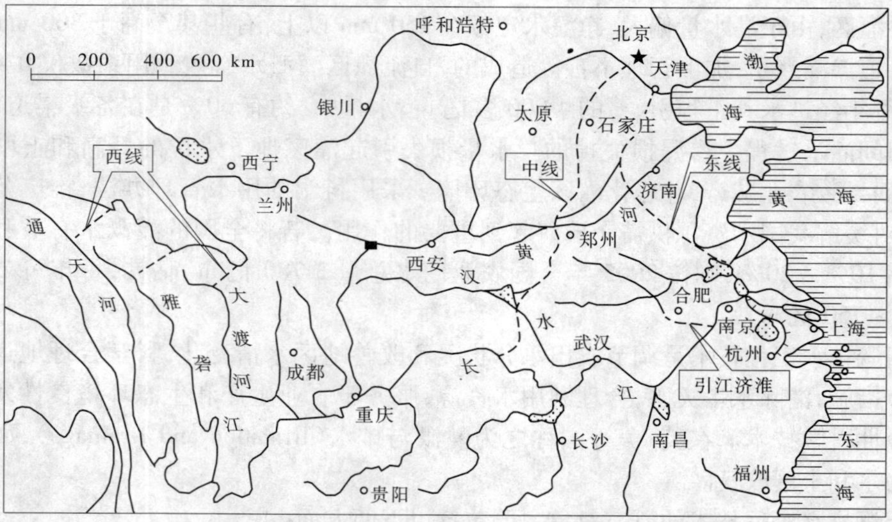

图 0-1 南水北调线路示意图

二、灌溉排水工程技术的基本内容

灌溉排水工程技术的基本内容包括:分析和确定作物的需水规律和需水量,灌溉用水过程和用水量的确定;灌溉方法和灌水技术;水资源在农业方面的合理利用,水源的取水方式;输水渠道(或管道)工程的规划布置及设计。

灌溉研究的内容可以概括为水源工程、输水工程和田间工程的规划设计、施工和管理。

排水技术的主要内容有:分析产生田间水分过多的原因及采取相应的排水方法,田间排水工程的规划设计,排水输水沟道工程的规划设计、施工、管理和承纳排水工程排出水量的承泄区治理技术。

灌溉排水是调节土壤水分状况,以满足作物生长需要的适宜水分状况的措施。而且,在调节土壤水分状况的同时还可以起到调节田间小气候和调节土壤的温热、通气、溶液浓度等作用。例如,盛夏炎热季节灌水可以起到降温作用,冬灌可以起到防冻作用,盐碱地冲洗灌水可以使土壤脱盐,降低土壤盐溶液浓度。排水后土壤的自由孔隙度增加,改善了土壤的通气状况,有利于作物根系的呼吸,对好气性细菌活动有利,可以使有机质分解为无机养料,便于作物吸收利用。所以,灌溉排水是提高作物产量和改良土壤的重要工程措施。

世界各国的灌溉排水实践证明,科学的灌排能使作物产量成倍增长,在相应的农业技术措施配合下可以改良土壤,不断地提高土壤肥力。但是,不合理的灌排也会引起土地恶化,甚至产生一些不利的生态环境问题。

第二节　我国灌溉排水事业的发展

灌溉排水工程是水利工程大类之一,其基本任务是通过各种工程技术措施,调节和改变农田水分状况及与其有关的地区水利条件,以促进农业生产和生态环境的健康发展。

农业是国民经济的基础。搞好农业是关系到我国社会主义经济建设高速发展的全局性问题,是全面实现小康社会的一个重要基础。实践证明,只有农业得到了发展,国民经济的其他部门才具备最基本的发展条件。

我国疆域辽阔,各地自然特点不同,发展农业的水利条件也有差异。秦岭山脉和淮河以南,通称南方,年降雨量为 800 ~ 2 000 mm,故又称水分充足地区,无霜期一般为 220 ~ 300 d,作物以稻、麦为主,一年至少两熟。其中,南岭山脉以南的华南地区,年降雨量为 1 400 ~ 2 000 mm,终年很少见霜,一年可三熟。南方雨量虽较丰沛,但由于降雨的时程分配与作物的田间需水要求不够适应,经常出现不同程度的春旱或秋旱,故仍需灌溉。长江中下游平原低洼地区、太湖流域河网地区以及珠江三角洲等地,汛期外河水位经常高于地面,内水不能自流外排,洪水和渍涝威胁比较严重。

淮河以北,通称北方,年降雨量一般少于 800 mm,属于干旱或半干旱地区。其中,属于干旱地区的有新疆、甘肃、宁夏、陕西北部、内蒙古的北部和西部地区以及青藏高原的部分地区。干旱地区降雨量稀少、蒸发强烈,绝大部分地区的年降雨量为 100 ~ 200 mm,有的地方几乎终年无雨，而年蒸发量的平均值为1 500 ~ 2 000 mm，远远超过降雨量，因而造成严重的干旱和土壤盐碱化现象。干旱地区主要是农牧兼作区，种植的主要作物有棉花、小麦和杂粮等，灌溉在农业生产中占极其重要的地位，牧草也需要进行灌溉，大部分地区没有灌溉就很难保证农、牧生产的进行。半干旱地区的主要作物有棉花、小麦、玉米和豆类，水稻也有一些，其降雨量虽然基本上可以满足作物的大部分需要，但由于年际变差大和年内分布不均，经常出现干旱年份和干旱季节，水源主要是河川径流和地下水。这些地区农业生产的突出问题是由于降雨量在时间上分布不均、水资源与土地资源不相适应等原因而形成的旱涝灾害问题。以华北地区为例，常常春旱秋涝，涝中有旱，涝后又旱，其他地区也有类似的情况。此外，有些排水不良的半干旱地区，地下水位较高、地下水矿化度大，土壤盐碱化威胁较严重。东北平原的部分沼泽地、黄河中游的黄土高原存在严重的水土流失现象。

因此，兴修水利，大力开展防洪、除涝、灌溉、治碱等水利工作，战胜洪涝、干旱、盐碱和水土流失等自然灾害，对发展我国农业生产具有十分重要的意义。

数千年来，我们的祖先在发展农业生产的同时，一直和水旱灾害进行不懈的斗争，写下了光辉灿烂的灌溉排水史。我国的灌溉排水可以追溯到很古老的年代。相传夏商时期，黄河流域就已出现了"沟洫"，即古代兼作灌溉排水的渠道。公元前6世纪，楚国人民兴建了芍陂（今安徽省寿县城南），利用洼地构筑成长约50 km的水库，引蓄淖河的水进行灌溉，这是我国有历史记载的最早的蓄水灌溉工程。公元前4世纪，魏国的西门豹治邺（今河北省临漳）时，创建了引漳十二渠，这是早期较大的引水灌溉工程。此后，战国时秦昭襄王（公元前3世纪）令蜀守李冰在四川兴建了我国古代最大的灌溉工程——都江堰，这项工程不仅具有完善的渠首枢纽，而且开辟了许多灌溉渠道，灌溉了川西平原，为秦始皇统一中国奠定了物质基础。2 000多年来，都江堰工程在农业生产中始终发挥着巨大作用。此外，秦汉时期较大的田间灌溉工程还有陕西的郑国渠、白渠和龙首渠，宁夏的秦渠、汉渠和唐徕渠，浙江的鉴湖灌溉工程等。隋、唐、宋时期，中国灌溉排水进入巩固发展的时期。太湖下游兴修圩田、水网，黄河中下游地区大面积放淤。同时，水利法规渐趋完备，唐有《水部式》、宋有《灌溉排水约束》等。元、明、清时期，长江、珠江流域，特别是两湖、两广地区，灌溉排水得到了进一步发展。明天启年间《农政全书》问世，书中记载了中国灌溉排水史，《泰西水法》是我国介绍西方水利技术的最早著述。19世纪末，西方灌溉、排水科学技术开始在我国应用。20世纪30年代，陕西省建成泾惠、渭惠、梅惠等大型自流灌区。

如今，随着我国水利建设的不断发展，在辽阔的土地上，已出现了许多宏伟的灌溉排水工程，如有灌溉面积超过73.3万hm^2的四川省都江堰灌区、安徽省淠史杭灌区和内蒙古自治区的河套灌区，装机容量超过4万kW的江苏省江都排灌站，总扬程高达700 m以上的甘肃省景泰川二期抽灌站，以及流量超过15 m^3/s、净扬程达50 m的湖北省青山水轮泵站等。此外，还新建了规模巨大的引黄济青、引滦入津、引大入秦、引黄入卫等调水工程，江苏省的江水北调工程也已基本建成。我国跨世纪的最大引水工程——南水北调工程正在紧锣密鼓地建设之中，预计2015年，南水北调东线、中线工程将先后建成运行。

综上所述，我国的灌溉排水历史悠久，历代劳动人民总结了很多宝贵的治水经验，在我国水利史上闪耀着灿烂的光辉。但是漫长的封建社会压抑着劳动人民的积极性和创造性，严重阻碍了我国农业生产的发展，灌溉排水建设进展缓慢。新中国的成立，为我国灌溉排水事业的发展开创了无限广阔的前景。

新中国成立60年来，我国灌溉排水事业得到了巨大发展，主要江河都得到了不同程度的治理，黄河扭转了过去经常决口的险恶局面，淮河流域基本改变了"大雨大灾、小雨小灾、无雨旱灾"的多灾现象，海河流域减轻了洪、涝、旱、碱四大灾害的严重威胁。

《2008年全国水利发展统计公报》数据显示，截至2008年年底，全国设计灌溉面积在666.7 hm^2 以上的灌区共6 414处，农田有效灌溉面积29 440 $\times 10^3$ hm^2。其中，设计灌溉面积在33.3 $\times 10^3$ hm^2 以上的灌区149处，农田有效灌溉面积11 207 $\times 10^3$ hm^2；20 $\times 10^3$ ~ 33.3 $\times 10^3$ hm^2 的大型灌区298处，农田有效灌溉面积5 517 $\times 10^3$ hm^2。全国工程节水灌溉面积达到24 436 $\times 10^3$ hm^2，占全国农田有效灌溉面积的41.8%。在全部工程节水灌溉面积中，渠道防渗节灌面积10 448 $\times 10^3$ hm^2，低压管灌面积5 873 $\times 10^3$ hm^2，喷、微灌面积4 071 $\times 10^3$ hm^2，其他工程节水灌溉面积4 044 $\times 10^3$ hm^2。666.7 hm^2 以上灌区固定渠道防渗长度所占比例为18.6%，其中干支渠防渗长度所占比例为35.1%。

截至2008年年底，全国农田有效灌溉面积达到58 472 $\times 10^3$ hm^2，占全国总耕地面积48.0%的灌溉土地却生产了约占全国总产量70%的粮食。因此，灌溉排水工程建设不仅是我国农业生产的物质基础，也是我国国民经济的基础产业。

我国灌溉排水建设的蓬勃发展创造和积累了许多有益的经验，主要经验有三点：一是在大力发展灌溉的同时，要充分重视排水，做到灌排并重、蓄泄兼顾；二是充分利用水资源、节约水资源；三是因地制宜，针对不同地区的具体情况，采取不同的治理措施。例如，在山区、丘陵区的规划治理方面，各地的经验是要在管好、用好大中型水库的同时，大力整修塘堰和小水库，充分利用当地径流，建立蓄水、引水、提水联合运行的长藤结瓜水利系统；在渠系配套改建、防止山洪、改造冷浸田，以及整治沟壑和修建梯田梯地等方面，也都取得了不少经验。南方圩区的经验是在保证防洪安全的前提下，搞好灌溉除涝，控制地下水位。该区采取了内外水分开、高低水分开、灌排系统分开、水旱作物分开及控制地下水位和内河水位的"四分开、二控制"的措施。另外，各地圩区在有计划分洪蓄洪的基础上，还采取了联圩并垸、撇洪改河和留湖滞涝的措施。北方平原成功地发展了旱、涝、碱综合治理的经验；大多数灌区实现了井渠结合灌溉，提高了灌溉用水保证率，也有利于维持灌区地下水平衡和土壤盐碱化的防治。特别是进入21世纪以来，现代灌溉排水新技术在我国有了较大发展，如喷灌技术、滴灌技术、低压管道输水灌溉技术、竖井排水技术和暗管排水技术均得到了不同程度的推广应用；电子计算机、遥测、遥控等自动化管理技术和系统工程优化技术也已开始应用于灌排工程；而在田间灌排基本理论的研究方面，如土壤水、盐运动规律和大气—植物—土壤连续体中水分传输规律的研究，灌排工程系统分析和灌排工程经济的研究，作物需水规律和各种节水灌溉方法的理论研究等也都取得了较大的进展。

总之，新中国成立60年来，我国的灌溉排水工程建设取得了很大成绩，对抗御旱涝灾害、改良土壤、发展农业和林牧业等生产起了重大作用。但是，我国水资源并不丰富，特别是北方地区水资源紧缺，供需矛盾突出；灌排工程有的配套不全，有的老化失修，抗旱除涝标准较低，效益不高，远不能适应今后农业生产和国民经济发展的需要。因此，大力发展灌溉排水仍是今后的长期任务，不仅要求继续提高抗御水旱灾害的能力，而且要提高科学管理的水平、改进技术装备，进一步扩大灌溉、除涝、排渍、治碱的工程经济效益。实现灌溉排水现代化，把灌溉排水事业推向新的高度，应是我们肩负的重要使命。

第三节　课程特点、教学要求与学习方法

一、课程特点

灌溉排水工程技术是水利工程专业、农业水利技术专业的必修核心专业课程，也是其他相近专业如水务工程、水土保持技术等专业的一门重要专业课。其主要任务是使学生掌握灌溉排水的基础理论与基本原理、灌排技术、灌排工程规划设计的方法，了解灌排工程对水环境的影响及其评价，重视灌排管理工作，了解灌排工程管理中的一些现代化技术，掌握灌排工程的经济评价等基本知识及技能。

二、教学要求与学习方法

根据本课程特点，要求在教学中始终贯彻从实践中来，到实践中去的认识过程，要根据每一章节的具体内容确定教学方法，尽可能地结合典型工程组织教学，充分发挥电化教学手段的作用，通过剖析典型灌区灌排工程的规划布置引导学生自行归纳、总结灌排渠系的布置原则。在教学中，要培养学生理论联系实际、因地制宜和灵活应用知识的能力。在教学实施过程中，应从深入理解课程教学大纲入手，组织好讲课的体系，掌握各章节的重点、难点及疑点，有的放矢地组织教学活动，并要密切关注灌溉排水学科的发展动态，不断充实和改进教学内容。

对学生学习方法的要求：认真听讲，独立思考；提倡主动学习，即课前预习，课后复习和总结，通过独立完成课后布置的作业来检验对知识的掌握程度。通过教师的引导，逐渐培养学生分析问题和解决问题的能力，培养学生动手操作的能力，以及自我获取知识的可持续发展能力。

能力训练

1. 灌溉排水工程技术的研究对象及基本内容是什么？
2. 简述我国灌溉排水事业的发展方向及特点。

第一篇　渠道灌溉工程技术

第一章　农田水分状况与灌溉用水量

学习目标

通过学习农田水分状况及作物需水量、灌溉制度、灌水率的确定方法，能够合理确定灌溉用水量及灌溉用水流量。

学习任务

1. 理解农田水分状况对作物生长的影响及土壤水分的有效范围，会进行土壤含水率各种表示方法的转换。

2. 掌握需水量的计算方法，能够确定各种作物的需水量。

3. 掌握用水量平衡方程式确定水稻及旱作物灌溉制度的方法，能够合理地制定水稻和旱作物在充分灌溉条件下的灌溉制度。

4. 学会绘制和修正灌水率图，并能够确定灌溉用水量及灌溉用水流量。

第一节　农田水分状况

一、农田水分存在的形式

农田水分存在三种基本形式，即地面水、土壤水和地下水，而土壤水是与作物生长关系最密切的水分存在形式。

土壤水按其形态不同可分为固态水、气态水、液态水三种。固态水是土壤水冻结时形成的冰晶；气态水是存在于土壤孔隙中的水汽，有利于微生物的活动，故对植物根系有利，由于数量很少，在计算时常略而不计；液态水是蓄存在土壤中的液态水分，是土壤水分存在的主要形态，对农业生产意义最大。在一定条件下，土壤水可由一种形态转化为另一种形态。液态水按其受力和运动特性可分为吸着水、毛管水、重力水三种类型。

（一）吸着水

吸着水包括吸湿水和膜状水。吸湿水是土壤孔隙中的水汽在土粒分子的吸引力作用下，被吸附于土粒表面的水分。它被紧束于土粒表面，不能呈液态流动，也不能被植物吸收利用，是土壤中的无效含水量。当空气相对湿度接近饱和时，吸湿水达到最大，此时的土壤含水率称为吸湿系数。不同质地土壤的吸湿系数不同,吸湿系数一般为0.034%～6.5%(以占干土质量的百分数计)。

当土壤含水率达到吸湿系数后,土粒分子的引力已不能再从空气中吸附水分子,但土粒表面仍有剩余的分子引力。这时,若再遇到土壤孔隙中的液态水,就会继续吸附并在吸湿水外围形成水膜,这层水叫膜状水。膜状水吸附于吸湿水外部,只能沿土粒表面进行速度极小的移动,只有少部分能被植物吸收利用。通常在膜状水没有完全被消耗之前,植物已呈凋萎状态。作物下部叶子开始萎蔫时的土壤含水率,叫做初期凋萎系数,若补水充分,作物的叶子又会舒展开来。植物产生永久性凋萎时的土壤含水率,叫做凋萎系数。它包括全部吸湿水和部分膜状水,是可利用水的下限。凋萎系数不仅取决于土壤性质,而且与土壤溶液浓度、根毛细胞液的渗透压力、作物种类和生育期有关。凋萎系数难以实际测定,一般取吸湿系数的1.5～2倍作为凋萎系数的近似值。膜状水达到最大时的土壤含水率,称为土壤的最大分子持水率。它是土壤借分子吸附力所能保持的最大土壤含水率,它包括全部的吸湿水和膜状水,其值为吸湿系数的2～4倍。

(二)毛管水

土壤借毛管力作用而保持在土壤孔隙中的水叫做毛管水,即在重力作用下不易排除的水分中超出吸着水的部分。毛管水能溶解养分和各种溶质,较易移动,是植物吸收利用的主要水源。依其补给条件的不同,可分为悬着毛管水和上升毛管水。

悬着毛管水是指不受地下水补给时,由于降雨或灌溉渗入土壤并在毛管力作用下保持在上部土层毛管孔隙中的水。悬着毛管水达到最大时的土壤含水率称为田间持水率,它代表在良好排水条件下,灌溉后土壤所能保持的最高含水率。在数量上它包括全部吸湿水、膜状水和悬着毛管水。灌水或降雨超过田间持水率时,多余的水便向下渗漏掉,因此田间持水率是有效水分的上限。生产实践中,常将灌水两天后土壤所能保持的含水率作为田间持水率。

上升毛管水是指地下水沿土壤毛细管上升的水分,毛管水上升的高度和速度与土壤的质地、结构和排列层次有关,上升毛管水的最大含量称为毛管持水量。土壤黏重,毛管水上升高,但速度慢;质地轻的土壤,毛管水上升低,但速度快。不同土壤的毛管水最大上升高度见表1-1。

表1-1　毛管水最大上升高度　(单位:m)

土壤种类	毛管水最大上升高度	土壤种类	毛管水最大上升高度
黏土	2～4	砂土	0.5～1
黏壤土	1.5～3	泥炭土	1.2～1.5
砂壤土	1～1.5	碱土或盐土	1.2

(三)重力水

当土壤水分超过田间持水率后,多余的水分将在重力作用下沿着非毛管孔隙向下层移动,这部分水分叫做重力水。重力水在土壤中通过时能被植物吸收利用,只是不能为土壤所保持。当土壤全部孔隙为水分所充满时土壤便处于水分饱和状态,这时土壤的含水率称为饱和含水率或全持水率。重力水渗到下层较干燥土壤时,一部分转化为其他形态的水（如毛管水），另一部分继续下渗，但水量逐渐减少，最后完全停止下渗。如果重力水下渗到地下水面，就会转化为地下水并抬高地下水位。

二、土壤含水率的测定和表示方法

（一）土壤含水率的测定方法

土壤含水率（亦称含水量）是衡量土壤含水多少的数量指标。为了掌握土壤水分状况及其变化规律，用以指导农田灌溉和排水，经常需要测定土壤含水率。

测定土壤含水率的方法很多，如称重法（包括烘干法、酒精燃烧法、红外线法）、负压计法、时域反射仪（TDR）法、核物理法（γ射线法、中子散射法）等。下面介绍常用的几种方法。

1. 烘干法

将采集的土样称得湿重后，放在105～110 ℃的烘箱中烘烤8 h，然后称重，水重与干土重的比值为土壤含水率。

烘干法是最基本的直接测定土壤含水率的方法，其缺点是土样受到破坏，且不能连续观测某处的土壤含水率。

2. 负压计法

土壤水分是靠土壤吸力（基质势）的作用而存在于土壤中的。在同一土壤内含水率越小，土壤吸力越大；含水率越大，土壤吸力越小。当含水率达到饱和时，土壤吸力等于零。负压计就是测量土壤吸力的仪器。只要事先按不同土壤建立率定的土壤吸力与土壤含水率的关系曲线，即土壤水分特征曲线（可通过同时测定负压计读数和用烘干法测定土壤含水率来建立），而后用负压计测得土壤吸力，再查已建立的土壤水分特征曲线即得土壤含水率。

负压计主要由多孔陶土头、连接管和负压表组成，如图1-1所示。陶土头是整个仪器的感应部件，它具有许多均匀的细孔，能够透水。当陶土头内充水后，其孔隙全部饱和，与空气接触面上形成水膜。在一定的压力范围内，水膜不被击穿，使得空气不能进入陶土头内。

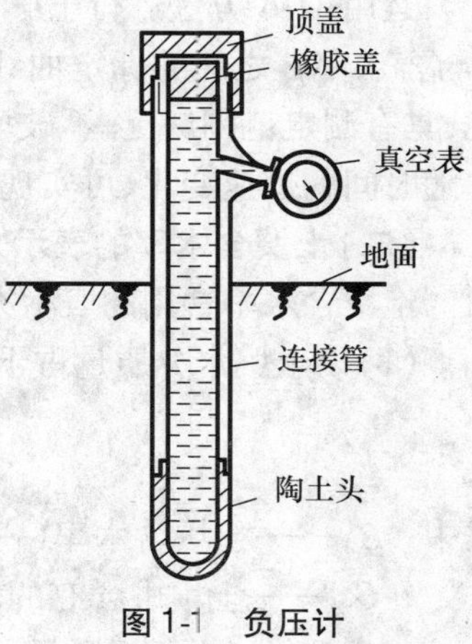

图1-1　负压计

使用时，负压计内全部充水，并保证不留剩余空气，把负压计陶土头埋入土壤中需测定的位置上，并使土壤与陶土头表面充分接触。陶土头最初放入土壤时，负压计中的水处于标准大气压状态中，吸力等于零。而一般土壤吸力大于零，由于吸力不等，负压计中的水就从陶土头外壁渗透出来，直至吸力平衡。这时负压计中出现的负压值（即吸力值）便由真空表指示出来。当土壤水由降雨或灌溉得到补充时，其吸力急剧降低，负压计中的吸力因大于土壤吸力，从土壤中吸得水分，负压计上真空表的读数也随之降低。稳定后，真空表的指示值即为土壤吸力。

负压计结构简单，能定量连续观测土壤含水率，如果分层埋设，可以及时掌握土壤水分运动情况，也可在不同测点多处埋设，配合自动观测设备，同时测得多点的土壤含水率及其变化过程。

3. 时域反射仪法(也称 TDR 法)

时域反射仪法(Time Domain Reflectometry)是根据探测器发出的电磁波在不同介电常数物质中的传输时间的不同,计算出被测物的含水率。从探测器发射出的电磁波沿同轴电缆一直传递到电极末端并反射回来,在电极(长度 L)中往复的电磁波的传播速度(v)与电极周围介质的介电常数有关,从而可以获得介电常数与传播速度的关系,如当电磁波的频率在 1 MHz ~1 GHz 时呈如下关系

$$\xi = \left(\frac{c}{v}\right)^2 = \left(\frac{ct}{2L}\right)^2 \tag{1-1}$$

式中 ξ——介电常数;

c——光速, 3×10^8 m/s;

t——电磁波的传输时间,s。

电磁波在各点的反射很明确,可以很准确地计测出 t,从而用式(1-1)计算出 ξ,其结构示意图如图 1-2 所示。

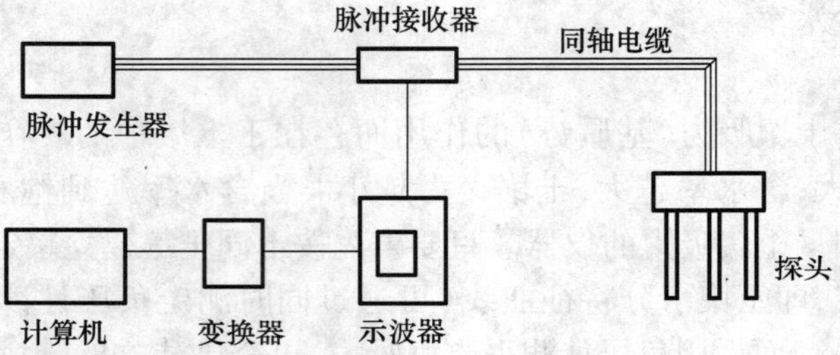

图 1-2 时域反射仪示意图

运用 TDR 方法进行土壤含水率测定时,首先计测的是介电常数 ξ,然后通过介电常数 ξ 与含水率 β 之间的标定曲线计算土壤含水率。TDR 法与其他的土壤水分计测方法相比,具有测定范围广泛、不破坏土壤结构、测定方法简单、对人体无伤害、能随时捕捉含水率随时间的迅速变化、可实现自动化观测等优点。

(二)土壤含水率的表示方法

土壤含水率常用的表示方法有以下几种:

(1)以土壤水分质量占干土质量的百分数表示

$$\beta_{重} = \frac{G_{水}}{G_{干土}} \times 100\% \tag{1-2}$$

式中 $\beta_{重}$——土壤含水率(占干土质量的百分数,%);

$G_{水}$——土壤中含有的水质量,为原湿土质量与烘干土质量的差,kg;

$G_{干土}$——烘干土质量,kg。

(2)以土壤水分体积占土壤体积的百分数表示

$$\beta_{体} = \frac{V_{水}}{V_{土}} \times 100\% = \beta_{重}\frac{\rho_{干土}}{\rho_{水}} \tag{1-3}$$

式中 $\beta_{体}$——土壤含水率(占土壤体积的百分数,%);

$V_水$——土壤水分体积，m^3；

$V_土$——土壤体积，m^3；

$\rho_{干土}$——土壤干密度，kg/m^3；

$\rho_水$——水的密度，kg/m^3。

这种表示方法便于根据土壤体积直接计算土壤中所含水分的体积，或根据预定的含水率指标直接计算出需要向土壤中灌溉的水量。由于土壤水分体积在田间难以测定，生产实践中常用含水率的重量百分数换算为体积百分数。

(3)以土壤水分体积占土壤孔隙体积的百分数表示

$$\beta_孔 = \frac{V_水}{V_孔} \times 100\% = \beta_重 \frac{\rho_{干土}}{\rho_水 n} \tag{1-4}$$

式中 $\beta_孔$——土壤含水率（占土壤孔隙体积的百分数，%）；

$V_水$——土壤中水分体积，m^3；

$V_孔$——土壤中孔隙体积，m^3；

n——土壤孔隙率（指一定体积的土壤中，孔隙的体积占整个土壤体积的百分数，%）；

其他符号意义同前。

这种方法能清楚地表明土壤水分占据土壤孔隙的程度，便于直接了解土壤中水、气之间的关系。

(4)以土壤实际含水率占田间持水率的百分数表示。这是以相对概念表示土壤含水率的方法，即

$$\beta_{相对} = \frac{\beta_实}{\beta_田} \times 100\% \tag{1-5}$$

式中 $\beta_{相对}$、$\beta_实$、$\beta_田$——土壤的相对含水率、实际含水率、田间持水率（%）。

这种表示方法便于直接判断土壤水分状况是否适宜，以制定相应的灌溉排水措施。

(5)以水层厚度表示。它是将某一土层所含的水量折算成水层厚度来表示土壤的含水率，以 mm 为单位。这种方法便于将土壤含水量与降雨量、灌水量和排水量进行比较。

三、旱作地区的农田水分状况

旱作地区的地面水和地下水必须适时适量地转化成为作物根系吸水层（可供根系吸水的土层，略大于根系集中层）中的土壤水，才能被作物吸收利用。通常地面不允许积水，以免造成涝灾，危害作物。地下水位不允许上升至作物根系吸水层，以免造成渍害。因此，地下水位必须维持在根系吸水层以下一定深度处，此时地下水可通过毛细管作用上升至根系吸收层，供作物利用，如图 1-3 所示。

作物根系吸水层中的土壤水，以毛管水最容易被旱作物吸收，是对旱作物生长最有价值的水分形式。超过毛管最大含水率的重力水，在土壤中通过时虽然也能被植物吸收，但由于它在土壤中逗留的时间很短，利用率很低，一般下渗流失，不能为土壤所保存，因此为无效水。同时，如果重力水长期保存在土壤中也会影响到土壤的通气状况（通气不良），对旱作物生长不利。所以，旱作物根系吸水层中允许的平均最大含水率一般为根系吸水

层中的田间持水率。

根系吸水层的土壤含水率过低，对作物生长将造成直接影响。当根系吸水层的土壤含水率下降至凋萎系数时，作物将发生永久性凋萎。所以，凋萎系数是旱作物根系吸水层中土壤含水率的下限值。

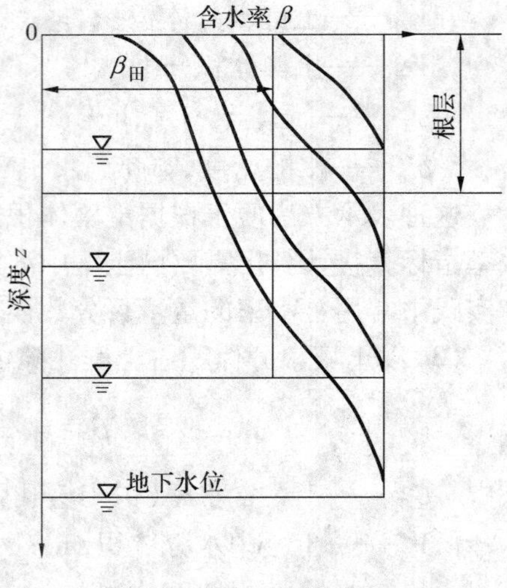

图 1-3　地下水位对作物根系吸水层内土壤含水率分布的影响示意图

当植物根部从土壤中吸收的水分来不及补给叶面蒸发时，便会使植物体的含水量不断减少，特别是叶片的含水量迅速降低。这种由于根系吸水不足以致破坏了植物体水分平衡和协调的现象，即谓之干旱。根据干旱产生的原因不同，将干旱分为大气干旱、土壤干旱和生理干旱三种。

大气干旱是由于大气的温度过高和相对湿度过低、阳光过强，或遇到干热风造成植物蒸腾耗水过大，使根系吸水速度不能满足蒸发需要而引起的干旱。我国西北、华北均有大气干旱。大气干旱过久会造成植物生长停滞，甚至使作物因过热而死亡。

土壤干旱是土壤含水率过低，植物根系从土壤中所能吸取的水量很少，无法补偿叶面蒸发的消耗而造成的。短期的土壤干旱会使产量显著降低，干旱时间过长将会造成植物的死亡，其危害性要比大气干旱更为严重。为了防止土壤干旱，最低的要求就是使土壤水的渗透压力不小于根毛细胞液的渗透压力，凋萎系数便是这样的土壤含水率的临界值。

生理干旱是由于植株本身生理原因，不能吸收土壤水分而造成的干旱。例如，在盐渍土地区或一次施用肥料过多，使土壤溶液浓度过大，渗透压力大于根细胞吸水力，致使根系吸收不到水分，造成作物的生理干旱。在盐渍土地区，土壤水允许的含盐溶液浓度的最高值视盐类及作物的种类而定。按此条件，根系吸水层内土壤含水率应不小于β_{min}，计算公式为

$$\beta_{min} = \frac{S}{C} \times 100\% \tag{1-6}$$

式中　β_{min}——按盐类溶液浓度要求所规定的最小含水率（占干土质量的百分数，%）；

S——根系吸水土层中易溶于水的盐类数量（占干土质量的百分数，%）；

C——允许的盐类溶液浓度（占水质量的百分数，%）。

因此，土壤根系吸水层的最低含水率，还必须能使土壤溶液浓度不超过作物在各个生育期所容许的最高值，以免发生凋萎。

综上所述，旱作物根系吸水层的允许平均最大含水率不应超过田间持水率，最小含水率不应小于凋萎系数。因此，对于旱作物来说，土壤水分的有效范围是从凋萎系数到田间持水率。其土壤水分关系如图 1-4 所示。不同土壤的田间持水率、凋萎系数及有效水量如表 1-2 所示。

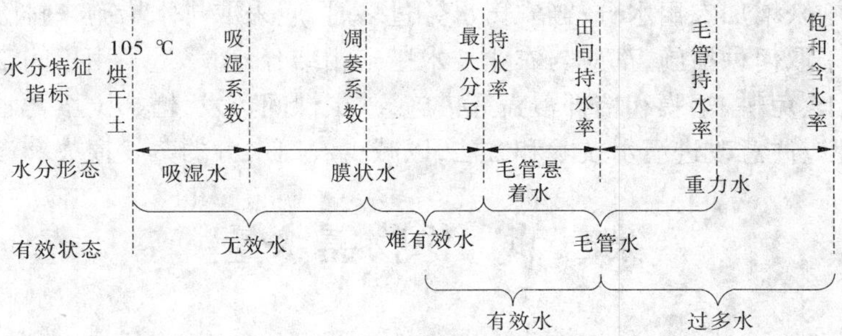

图 1-4　土壤水分关系示意图

表 1-2　不同土壤的田间持水率、凋萎系数及有效水量(占干土质量的百分数)　(%)

土壤质地	田间持水率	凋萎系数	有效水量
砂土	8～16	3～5	5～11
砂壤土、轻壤土	12～22	5～7	7～15
中壤土	20～28	8～9	12～19
重壤土	22～28	9～12	13～15
黏土	23～30	12～17	11～13

四、水稻地区的农田水分状况

由于水稻的栽培技术和灌溉方法与旱作物不同,因此农田水分存在的形式也不相同。我国水稻灌水技术,传统上采用田间建立一定水层的淹灌方法,故田面经常(除烤田外)有水层存在,并不断地向根系吸水层中入渗,供给水稻根部以必要的水分。根据地下水埋藏深度、不透水层位置、地下水出流情况(有无排水沟、天然河道、人工河网)的不同,地面水、土壤水与地下水之间的关系也不同。

当地下水埋藏较浅,又无出流条件时,由于地面水不断下渗,使原地下水位至地面间土层的土壤孔隙达到饱和,此时地下水便上升至地面并与地面水连成一体。

当地下水埋藏较深,出流条件较好时,地面水虽然仍不断入渗,并补给地下水,但地下水位常保持在地面以下一定的深度,此时地下水位至地面间土层的土壤孔隙不一定达到饱和。

水稻是喜水喜湿性作物,保持适宜的淹灌水层不仅能满足水稻的水分需要,而且能影响土壤的一系列理化过程,并能起到调节和改善湿、热及农田小气候等状况的作用。但长期的淹灌及过深的水层(不合理的灌溉或降雨过多造成的)对水稻生长也是不利的,会引起水稻减产,甚至死亡。因此,合理确定淹灌水层上下限具有重要的实际意义。适宜水层上下限通常与作物品种、生育阶段、自然环境等因素有关,应根据试验或实践经验来确定。

五、农田水分状况的调节措施

在天然条件下,农田水分状况和作物需水要求通常是不相适应的。农田水分过多或水分不足的现象会经常出现,必须采取措施加以调节,以便为作物生长发育创造良好的条件。

调节农田水分的措施主要是灌溉措施和排水措施。当农田水分不足或过少时,一般应采取灌溉措施来增加农田水分;当农田水分过多时,应采取排水措施来排除农田中多余的水分。不论采取何种措施,都应与农业技术措施相结合,如尽量利用田间工程进行蓄水或实行深翻改土、免耕、塑膜和秸秆覆盖等措施,减少棵间蒸发,增加土壤蓄水能力。无论水田或旱地,都应注意改进灌水技术和方法,以减少农田水分的蒸发损失和渗漏损失。

第二节　作物需水量

一、农田水分消耗的途径

农田水分消耗的途径主要有植株蒸腾、棵间蒸发和深层渗漏。

(一)植株蒸腾

植株蒸腾是指作物根系从土壤中吸入体内的水分,通过叶片的气孔扩散到大气中去的现象。试验证明,植株蒸腾要消耗大量水分,作物根系吸入体内的水分有99%以上消耗于蒸腾,只有不足1%的水量留在植物体内,成为植物体的组成部分。

植株蒸腾过程是由液态水变为气态水的过程,在此过程中,需要消耗作物体内的大量热量,从而降低作物的体温,以免作物在炎热的夏季被太阳光所灼伤。蒸腾作用还可以增强作物根系从土壤中吸取水分和养分的能力,促进作物体内水分和无机盐的运转。所以,作物蒸腾是作物的正常活动,这部分水分消耗是必需的和有益的,对作物的生长有重要意义。

(二)棵间蒸发

棵间蒸发是指植株间土壤或水面的水分蒸发。棵间蒸发和植株蒸腾都受气象因素的影响,但蒸腾因植株的繁茂而增加,棵间蒸发因植株造成的地面覆盖率加大而减少,所以蒸腾与棵间蒸发二者互为消长。一般作物生育初期植株小,地面裸露大,以棵间蒸发为主;随着植株增大,叶面覆盖率增大,植株蒸腾逐渐大于棵间蒸发;到作物生育后期,作物生理活动减弱,蒸腾耗水又逐渐减少,棵间蒸发又相对增加。棵间蒸发虽然能增加近地面的空气湿度,对作物的生长环境产生有利影响,但大部分水分消耗和作物的生长发育没有直接关系。因此,应采取措施减少棵间蒸发,如农田覆盖、中耕松土、改进灌水技术等。

(三)深层渗漏

深层渗漏是指旱田中由于降雨量或灌溉水量太多,使土壤水分超过了田间持水率,向根系活动层以下的土层产生渗漏的现象。深层渗漏对旱作物来说是无益的,且会造成水分和养分的流失,合理的灌溉应尽可能地避免深层渗漏。由于水稻田经常保持一定的水层,所以深层渗漏是不可避免的,适当的渗漏可以促进土壤通气、改善还原条件、消除有毒物质、有利于作物生长,但是渗漏量过大,会造成水量和肥料的流失,与开展节水灌溉有一定的矛盾。

在上述几项水量消耗中,植株蒸腾和棵间蒸发合称为腾发,两者消耗的水量合称为腾发量(Evapotranspiration),通常又把腾发量称为作物需水量(Water Requirement of Crops)。腾发量的大小及其变化规律主要取决于气象条件、作物特性、土壤性质和农业技术措施等。渗漏量的大小主要与土壤性质、水文地质条件等因素有关,它和腾发量的性质完全不同,一般将蒸发蒸腾量与渗漏量分别进行计算。旱作物在正常灌溉情况下,不允许发生深层渗漏，因此旱作物需水量即为腾发量。对稻田来说，适宜的渗漏是有益的，通常把水稻腾发量与稻田渗漏量之和称为水稻的田间耗水量。

二、作物需水规律

作物需水规律是指在作物生长过程中，日需水量及阶段需水量的变化规律。研究作物需水规律和各阶段的农田水分状况，是进行灌溉排水的重要依据。作物需水量的变化规律：苗期需水量小，然后逐渐增多，到生育盛期达到高峰，后期又有所减少，其变化过程如图 1-5 所示。其中，日需水量最多、对缺水最敏感、影响产量最大的时期，称为需水临界期。不同作物需水临界期不同，如水稻为孕穗至开花期，冬小麦为拔节至灌浆期，玉米为抽穗至灌浆期，棉花为开花至结铃期。在缺水地区，把有限的水量用在需水临界期，能充分发挥水的增产作用，做到经济用水；相反，若在需水临界期不能满足作物对水分的要求，将会减产。

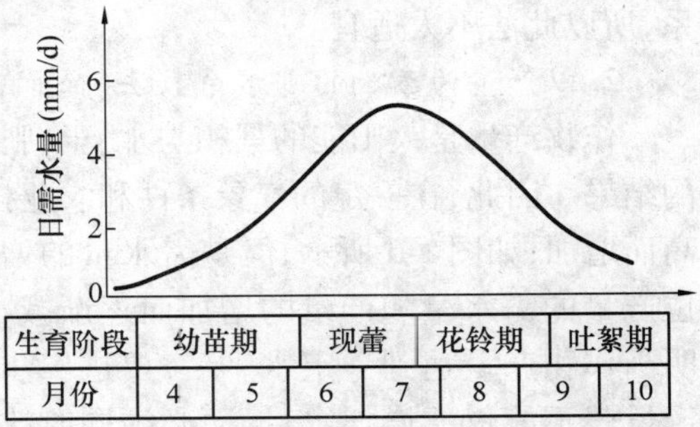

图 1-5　棉花日需水量变化过程示意图

三、作物需水量的计算方法

影响作物需水量的因素有气象条件（温度、日照、湿度、风速）、土壤水分状况、作物种类及其生长发育阶段、土壤肥力、农业技术措施、灌溉排水措施等。这些因素对需水量的影响是相互联系的，也是错综复杂的，目前尚不能从理论上精确确定各因素对需水量的影响程度。在生产实践中：一方面通过田间试验的方法直接测定作物需水量，另一方面常采用其些计算方法确定作物需水量。

现有计算作物需水量的方法大致可归纳为两类：一类是直接计算作物需水量，另一类是通过计算参照作物需水量来计算实际作物需水量。

（一）直接计算需水量的方法

该法是从影响作物需水量的诸因素中，选择几个主要因素（如水面蒸发、气温、日照、辐射等），再根据试验观测资料分析这些主要因素与作物需水量之间存在的数量关系，最后归纳成某种形式的经验公式。目前，常见的这类经验公式大致有以下几种。

1. 以水面蒸发为参数的需水系数法（简称“α 值法”或称蒸发皿法）

大量的灌溉试验资料表明，气象因素是影响作物需水量的主要因素，而当地的水面蒸发又是各种气象因素综合影响的结果。腾发量与水面蒸发都是水汽扩散，因此可以用水面蒸发这一参数估算作物需水量，其计算公式为

$$ET = \alpha E_0 \tag{1-7}$$

或

$$ET = \alpha E_0 + b \tag{1-8}$$

式中　ET——某时段内的作物需水量，以水层深度计，mm；

E_0——与 ET 同时段的水面蒸发量，以水层深度计，mm，E_0 一般采用 80 cm 口径蒸发皿的蒸发值，若用 20 cm 口径蒸发皿，则 $E_{80} = 0.8E_{20}$；

α——各时段的需水系数，即同时期需水量与水面蒸发量之比值，一般由试验确定，水稻 $\alpha=0.9\sim1.3$，旱作物 $\alpha=0.3\sim0.7$；

b——经验常数。

由于"α 值法"只需要水面蒸发量资料，所以该法在我国水稻地区曾被广泛采用。在水稻地区，气象条件对 ET 及 E_0 的影响相同，故应用"α 值法"较为接近实际，也较为稳定。对于水稻及土壤水分充足的旱作物，用此法计算，其误差一般不超过20%～30%；对于土壤含水率较低的旱作物和实施湿润灌溉的水稻，因其腾发量还与土壤水分有密切关系，所以此法不太适宜。

2. *以产量为参数的需水系数法（简称"K 值法"）*

作物产量是太阳能的累积与水、土、肥、热、气诸因素的协调及农业技术措施综合作用的结果。因此，在一定的气象条件和农业技术措施条件下，作物田间需水量将随产量的提高而增加，如图1-6所示，但是需水量的增加并不与产量成比例。由图1-6还可看出，单位产量的需水量随产量的增加而逐渐减小，说明当作物产量达到一定水平后，要进一步提高产量就不能仅靠增加水量，而必须同时改善作物生长所必需的其他条件，如农业技术措施、增加土壤肥力等。作物总需水量与产量之间的关系可用式(1-9)表示为

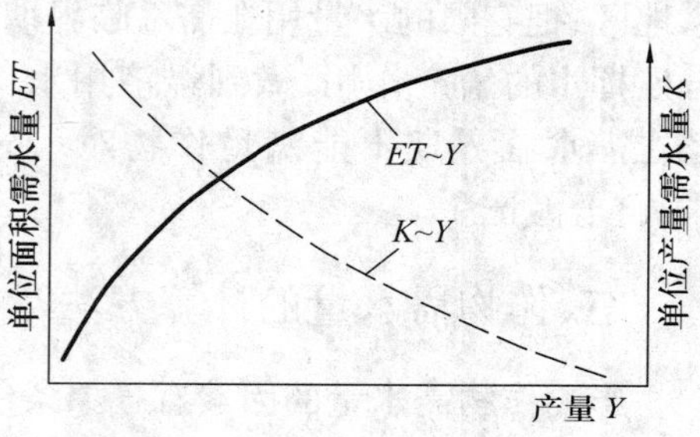

图1-6 作物需水量与产量关系示意图

$$ET = KY$$

或
$$ET = KY^n + c \tag{1-9}$$

式中 ET——作物全生育期内总需水量，m^3/hm^2；

Y——作物单位面积产量，kg/hm^2；

K——以产量为指标的需水系数，即单位产量的需水量，m^3/kg；

n、c——经验指数和常数。

公式(1-9)中的 K、n、c 值可通过试验确定。此法简便，只要确定计划产量后，便可算出需水量；同时，此法把需水量与产量相联系，便于进行灌溉经济分析。对于旱作物，在土壤水分不足而影响高产的情况下，需水量随产量的提高而增大，用此法推算较可靠，误差多在30%以下，宜采用。但对于土壤水分充足的旱田以及水稻田，需水量主要受气象条件控制，产量与需水量关系不明确，用此法推算的误差较大。

上述公式可估算全生育期作物需水量。在生产实践中，过去习惯采用需水模系数估算作物各生育阶段的需水量，即根据已确定的全生育期作物需水量，然后按照各生育阶段需水规律，以一定的比例进行分配，即

$$ET_i = \frac{1}{100}K_i ET \tag{1-10}$$

式中 ET_i——某一生育阶段作物需水量；

K_i——需水模系数，即某一生育阶段作物需水量占全生育期作物需水量的百分数，可以从试验资料中取得或运用类似地区资料分析确定。

按上述方法求得的各阶段作物需水量很大程度上取决于需水模系数的准确程度。但由于影响需水模系数的因素较多，如作物品种、气象条件以及土、水、肥条件和生育阶段划分的不严格等，使同一生育阶段在不同年份内同品种作物的需水模系数并不稳定，而不同品种的作物需水模系数则变幅更大。大量分析计算结果表明，用此方法求各阶段需水量的误差常在 ±(100% ~200%)，但是用该方法计算全生育期总需水量仍有参考作用。

(二)通过计算参照作物需水量来计算实际作物需水量的方法

近代需水量的理论研究表明，作物腾发耗水是土壤—植物—大气系统的连续传输过程，大气、土壤、作物三个组成部分中的任何一部分的有关因素都影响需水量的大小。根据理论分析和试验结果，在土壤水分充足的条件下，大气因素是影响需水量的主要因素，其余因素对需水量的影响不显著；在土壤水分不足的条件下，大气因素和其余因素对需水量都有重要影响。目前，作物需水量的计算方法是通过计算参照作物的需水量来计算实际需水量的。有了参照作物需水量，然后根据作物系数 K_c 对 ET_0 进行修正，得到某种作物的实际需水量。在水分亏缺时，再用 K_w 进行修正，即可求出某种作物在水分亏缺时的实际需水量 ET_{ai}。

所谓参照作物需水量 ET_0(Reference Crop Evapotranspiration)是指高度一致、生长旺盛、地面完全覆盖、土壤水分充足的绿草地(8 ~15 cm 高)的蒸发蒸腾量，一般是指在这种条件下的苜蓿草的需水量，因为这种参照作物需水量主要受气象条件的影响，所以都是根据当地的气象条件分阶段计算的。

1.参照作物需水量的计算

计算参照作物需水量的方法很多，大致可归纳为经验公式法、水汽扩散法、能量平衡法等。其中，能量平衡原理比较成熟、完整。其基本思想是将作物腾发看做能量消耗的过程，通过平衡计算求出腾发所消耗的能量，然后将能量折算为水量，即作物需水量。

根据能量平衡原理以及水汽扩散等理论，英国的彭曼(Pen-man)提出了可以利用普通的气象资料计算参考作物蒸发蒸腾量的公式。后经联合国粮农组织修正，正式向各国推荐。其基本形式如下

$$ET_0 = \frac{\frac{p_0}{p}\frac{\Delta}{\gamma}R_n + E_a}{\frac{p_0}{p}\frac{\Delta}{\gamma} + 1} \tag{1-11}$$

式中 ET_0——参照作物需水量，mm/d；

$\frac{\Delta}{\gamma}$——标准大气压下的温度函数，Δ 为平均气温时饱和水汽压随温度之变率，即 $\frac{de_a}{dt}$(e_a 为饱和水汽压，t 为平均气温)，γ 为湿度计常数，$\gamma = 0.66$ hPa/℃；

$\frac{p_0}{p}$——海拔影响温度函数的改正系数，p_0 为海平面的平均气压，$p_0 = 1\ 013.25$ hPa，p 为计算地点的平均气压，hPa；

R_n——太阳净辐射，以蒸发的水层深度计，mm/d，可用经验公式计算，从有关表格中查得或用辐射平衡表直接测取；

E_a——干燥力，mm/d，$E_a = 0.26(1 + 0.54u)(e_a - e_d)$，$e_d$ 为当地的实际水汽压，u 为离地面 2 m 高处的风速，m/s。

近些年来，我国在计算作物需水量和绘制作物需水量等值线图时多采用式(1-11)。在《灌溉与排水工程设计规范》(GB 50288—99)中也推荐采用这一公式。由于该公式计算复杂，一般都用计算机完成。在实际应用时，可从已鉴定过的作物需水量等值线图中确定。

2. 实际需水量的计算

已知参照作物需水量 ET_0 后，在充分供水条件下，采用作物系数 K_c 对 ET_0 进行修正，得作物实际需水量 ET，即

$$ET = K_c ET_0 \tag{1-12}$$

式中的 ET 与 ET_0 应取相同单位。

作物系数是指某一阶段的作物需水量与相应阶段内的参考作物蒸发蒸腾量的比值，它反映了作物本身的生物学特性、产量水平、土壤耕作条件等对作物需水量的影响。根据各地的试验，作物系数 K_c 不仅随作物而变化，更主要的是随作物的生育阶段而异，生育初期和末期的 K_c 较小，而中期的较大。表 1-3 为山西省冬小麦作物系数 K_c 值，表 1-4 为湖北省中稻作物系数 K_c 值。

表 1-3　山西省冬小麦作物系数 K_c 值

生育阶段	播种—越冬	越冬—返青	返青—拔节	拔节—抽穗	抽穗—灌浆	灌浆—收割	全生育期
K_c	0.86	0.48	0.82	1.00	1.16	0.87	0.87

表 1-4　湖北省中稻作物系数 K_c 值

月份	5	6	7	8	9
K_c	1.03	1.35	1.50	1.40	0.94

3. 作物需水量等值线图

任何物理量，只要它在空间呈连续变化，又不因人为措施导致迅速、大幅度变动，即可用等值线图来表示其空间分布规律。影响作物需水量的主要因素为气象因素和非气象因素，气象因素是在空间呈连续变化的物理量，非气象因素主要是指土壤水分条件、产量水平等，若把非气象因素维持在一定水平，这样便可以用等值线图来表示作物需水量空间变化规律。根据作物需水量的定义，非气象因素实际上已限定在同一水平，这就是作物要生长在适宜的水分条件下，而实现高产(潜在产量)时的需水量。对土壤水分条件与产量水平全国协作组已做了统一规定，按照统一的要求进行设计与试验，这样就在全国范围内取得了同一非气象因素水平下的需水量值。

全国主要作物需水量等值线图是采用作物系数法计算每一个县的作物需水量值，按照式(1-12)用统一的计算机程序进行计算并绘制的。图 1-7、图 1-8 分别给出了陕西省典型年($P = 75\%$)棉花全生育期总需水量等值线图和棉花全生育期需水高峰月的日平均需水量等值线图。在实际应用时，可直接查用已鉴定的作物需水量等值线图。

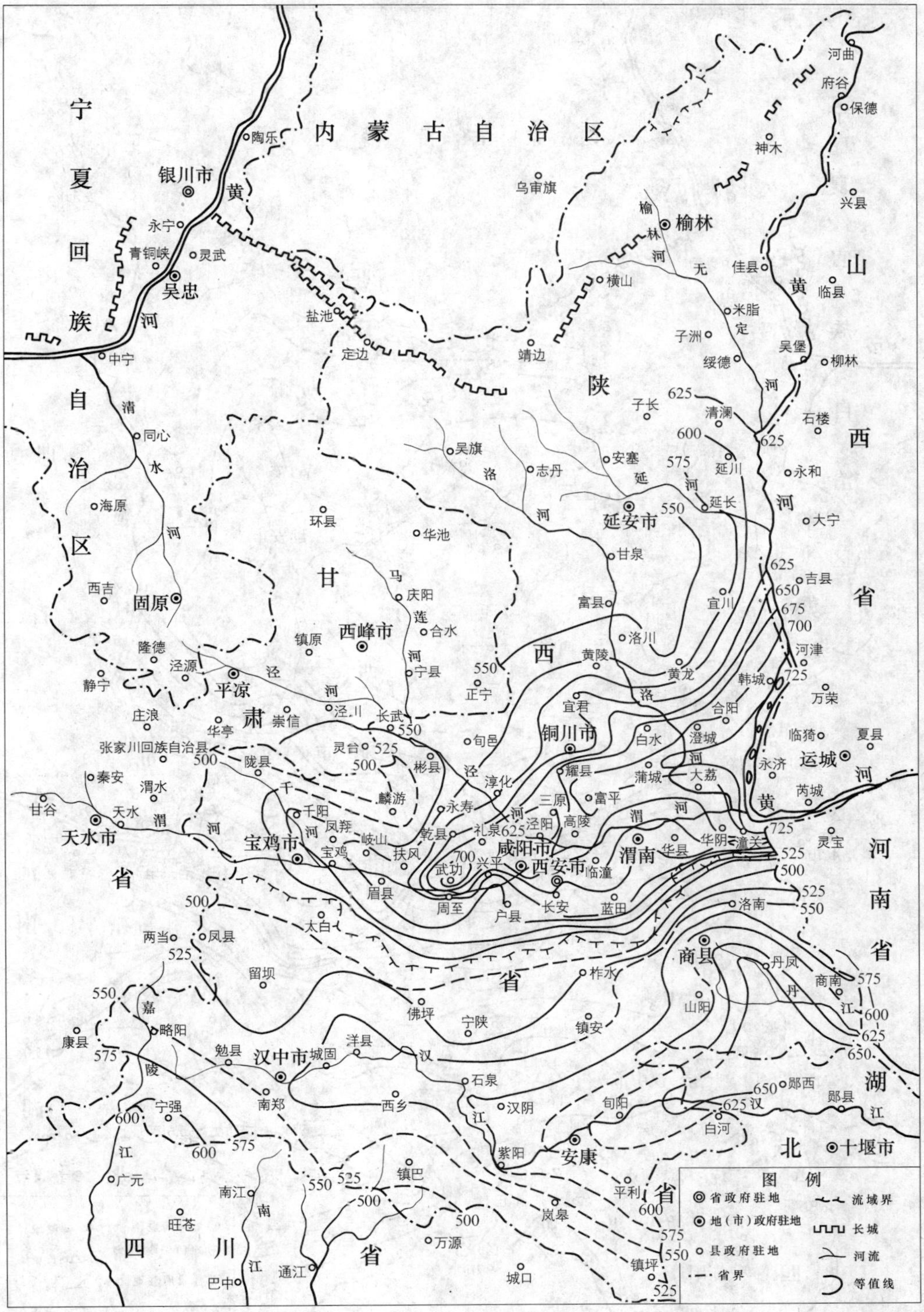

图1-7　陕西省典型年($P=75\%$)棉花全生育期总需水量等值线图　(单位:mm)

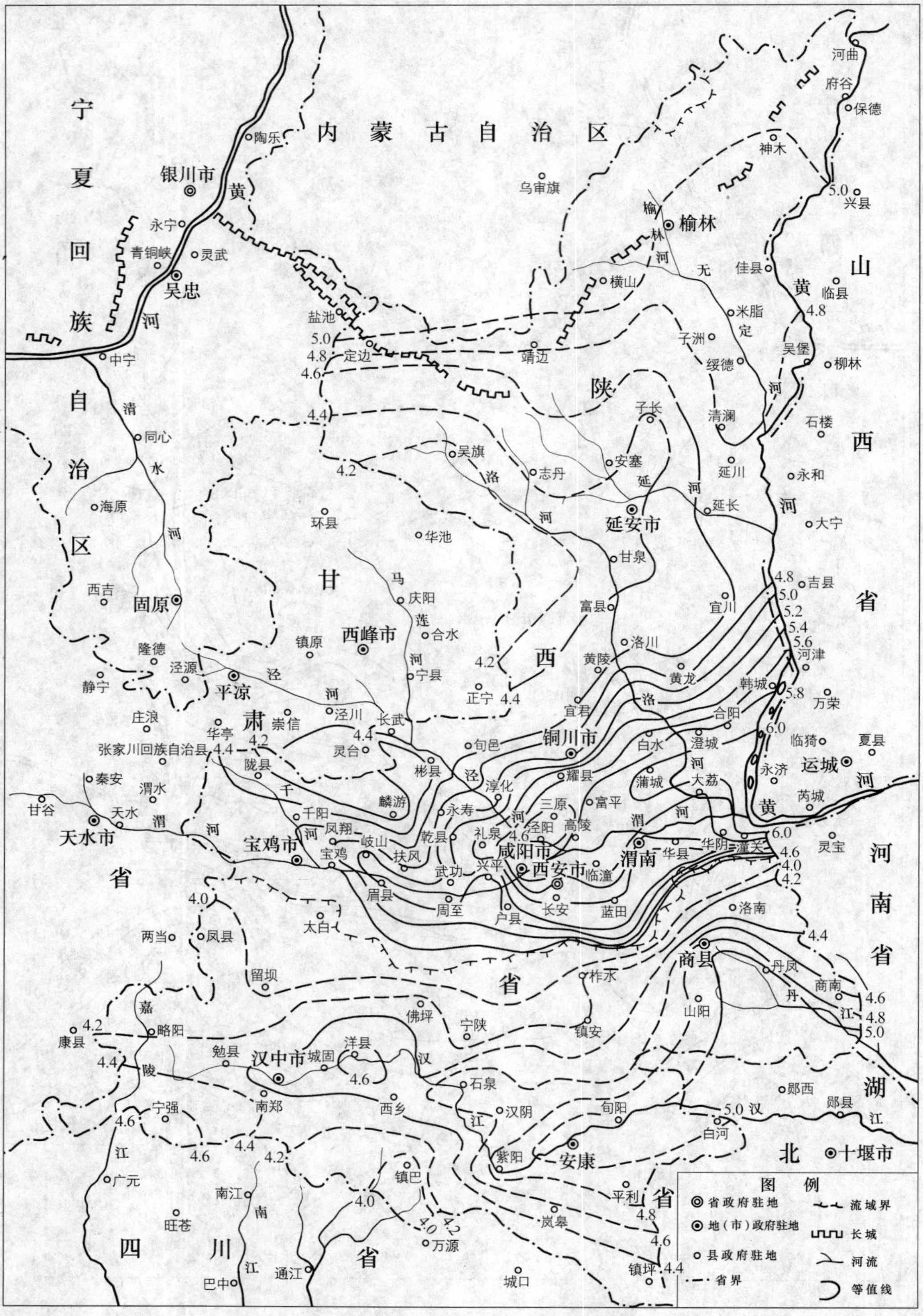

图 1-8 陕西省棉花全生育期需水高峰月的日平均需水量等值线图 （单位:mm/d）

对北方干旱缺水地区来说，灌溉水源满足不了作物全生育期实行充分灌溉的要求，作物全生育期内有些阶段的土壤含水率低于适宜水分下限，在此条件下的作物蒸发蒸腾量低于充分供水下的作物需水量，土壤水分亏缺越严重，这种降低越显著。在缺水条件下常采用土壤水分修正系数法确定作物蒸发蒸腾量，即

$$ET_{ai} = K_w ET = K_w K_c ET_0 \tag{1-13}$$

式中 ET_{ai}——缺水条件下作物的实际蒸发蒸腾量；

K_w——土壤水分修正系数，其物理意义是指缺水条件下的作物蒸发蒸腾量与充分供水条件下的蒸发蒸腾量的比值，与土壤含水率有关。

K_w 计算公式为

$$K_w = \begin{cases} 1.0 & (\beta_i \geqslant \beta_j) \\ C\left(\dfrac{\beta_i - \beta_p}{\beta_j - \beta_p}\right)^d & (\beta_i < \beta_j) \end{cases} \tag{1-14}$$

式中 β_p——凋萎系数（占干土质量的百分数，%）；

β_j——土壤的临界含水率（即毛管断裂含水率：土壤含水率减少到一定程度时毛管悬着水的连续状态断裂，但细小毛管孔隙中仍存有水时的含水率）（占干土质量的百分数，%）；

β_i——计算时段内平均土壤含水率（占干土质量的百分数，%）；

C、d——由实测资料分析确定的经验系数，随作物生育阶段和土壤条件而变化。

康绍忠把冬小麦生育期划分为出苗—越冬前、越冬—返青、返青后—抽穗开花、灌浆—成熟四个阶段，把春小麦分为出苗—分蘖、分蘖后—拔节孕穗、抽穗开花—灌浆、乳熟—成熟四个阶段。然后分阶段求出了四个站的 C、d 值，如表 1-5 所示。

表 1-5 土壤水分修正系数 K_w 幂函数公式中的经验系数值

作物种类	站名	参数	生育阶段			
			Ⅰ	Ⅱ	Ⅲ	Ⅳ
冬小麦	西北农大	C	1.003	0.951	0.966	0.978
		d	0.781	1.513	0.351	0.958
	山西临汾	C	0.957	0.936	0.977	0.990
		d	0.669	1.161	0.892	0.696
春小麦	甘肃武威	C	1.008	1.082	0.986	0.974
		d	0.695	0.642	0.789	0.682
	陕西榆林	C	0.992	0.986	1.028	0.964
		d	0.741	0.707	0.736	0.663

第三节 作物灌溉制度

农作物的灌溉制度是指作物播种前（或作物移栽前）及其全生育期内的灌水次数、每次的灌水时间、灌水定额以及灌溉定额。其是根据作物需水特性和当地气候、土壤、农业

技术及灌水技术等条件，为作物高产及节约用水而制定的适时适量的灌水方案。灌水定额是指一次灌水单位灌溉面积上的灌水量，灌溉定额是指播种前和全生育期内单位面积上的总灌水量，即各次灌水定额之和。灌水定额和灌溉定额常以 m^3/hm^2 或 mm 表示，它是灌区规划及管理的重要依据。

一、充分灌溉条件下的灌溉制度

充分灌溉条件下的灌溉制度，是指灌溉供水能够充分满足作物各生育阶段的需水量要求而制定的灌溉制度。长期以来，人们都是按充分灌溉条件下的灌溉制度来规划、设计灌溉工程的。当灌溉水源充足时，也按照这种灌溉制度来进行灌水。因此，研究制定充分灌溉条件下的灌溉制度有重要意义。常采用以下三种方法来确定灌溉制度：

(1)总结群众丰产灌水经验。群众在长期的生产实践中，积累了丰富的灌溉用水经验。能够根据作物生育特点，适时适量地进行灌水，夺取高产。这些实践经验是制定灌溉制度的重要依据。灌溉制度调查应根据设计要求的干旱年份，调查这些年份当地的灌溉经验，灌区范围内不同作物的灌水时间、灌水次数、灌水定额及灌溉定额。根据调查资料，分析确定这些年份的灌溉制度。

(2)根据灌溉试验资料制定灌溉制度。为了实施科学灌溉，我国许多灌区设置了灌溉试验站，试验项目一般包括作物需水量、灌溉制度、灌水技术和灌溉效益等。试验站积累的试验资料是制定灌溉制度的主要依据。但是，在选用试验资料时，必须注意原试验的条件（如气象条件、水文年度、产量水平、农业技术措施、土壤条件等）与需要确定灌溉制度地区条件的相似性，在认真分析研究对比的基础上确定灌溉制度，不能生搬硬套。

(3)按水量平衡原理分析制定作物灌溉制度。这种方法有一定的理论依据，比较完善，但必须根据当地具体条件，参考群众丰产灌水经验和田间试验资料，才能使制定的灌溉制度更加切合实际。下面分别就水稻和旱作物介绍这一方法。

（一）水稻的灌溉制度

由于水稻大都采用移栽，所以水稻的灌溉制度可分为泡田期及插秧以后的生育期两个时段进行计算。

1. 泡田期泡田定额的确定

泡田定额由三部分组成：一是使一定土层的土壤达到饱和，二是在田面建立一定的水层，三是满足泡田期的稻田渗漏量和田面蒸发量。

泡田定额可用下式确定，即

$$M_1 = 10^3 H\rho_{干土}(\beta_{饱} - \beta_0)/\rho_{水} + h_0 + t_1(s_1 + e_1) - P_1 \quad (1\text{-}15)$$

式中 M_1——泡田期泡田定额，mm；

$\beta_{饱}$、β_0——土壤饱和含水率、泡田前土壤含水率（占干土质量的百分数，%）；

H——稻田犁底层深度，m；

$\rho_{干土}$、$\rho_{水}$——饱和土层土壤的干密度、泡田水的密度，kg/m^3；

h_0——插秧时田面所需的水层深度，mm；

s_1——泡田期稻田的渗漏强度，mm/d；

t_1——泡田期的天数，d；

e_1——泡田期内水田田面平均水面蒸发强度,mm/d;

P_1——泡田期内的有效降雨量,mm。

泡田定额通常参考土壤、地下水埋深和耕犁深度相类似田块上的实测资料确定。一般情况下,当田面水层为 30 ~ 50 mm 时,泡田定额可参考表 1-6 中的值。

表 1-6　不同土壤及地下水埋深的泡田定额　　(单位:mm)

土壤类别	地下水埋深	
	≤2 m	>2 m
黏土和黏壤土	75 ~ 120	—
中壤土和砂壤土	110 ~ 150	120 ~ 180
轻砂壤土	120 ~ 190	150 ~ 240

2. 生育期灌溉制度的确定

在水稻生育期中任何一个时段(t)内,农田水分的变化取决于该时段内的来水和耗水之间的消长,它们之间的关系可用下列水量平衡方程表示,即

$$h_1 + P + m - E - c = h_2 \tag{1-16}$$

式中　h_1——时段初田面水层深度,mm;

h_2——时段末田面水层深度,mm;

P——时段内降雨量,mm;

m——时段内的灌水量,mm;

E——时段内田间耗水量,mm;

c——时段内田间排水量,mm。

为了保证水稻正常生长,必须在田面保持一定的水层深度。不同生育阶段田面水层有一定的适宜范围,即有一定的允许水层上限(h_{max})和下限(h_{min})。在降雨时,为了充分利用降雨量、节约灌水量、减少排水量,允许蓄水深度 h_p 大于允许水层上限(h_{max}),但以不影响水稻生长为限。各种水稻的适宜水层上、下限及允许最大蓄水深度见表 1-7。当降雨深超过最大蓄水深度时,即应进行排水。

表 1-7　水稻各生育阶段适宜水层下限—上限—最大蓄水深度　　(单位:mm)

生育阶段	早稻	中稻	双季晚稻
返青	5 ~ 30 ~ 50	10 ~ 30 ~ 50	20 ~ 40 ~ 70
分蘖前	20 ~ 50 ~ 70	20 ~ 50 ~ 70	10 ~ 30 ~ 70
分蘖末	20 ~ 50 ~ 80	30 ~ 60 ~ 90	10 ~ 30 ~ 80
拔节孕穗	30 ~ 60 ~ 90	30 ~ 60 ~ 120	20 ~ 50 ~ 90
抽穗开花	10 ~ 30 ~ 80	10 ~ 30 ~ 100	10 ~ 30 ~ 50
乳熟	10 ~ 30 ~ 60	10 ~ 20 ~ 60	10 ~ 20 ~ 60
黄熟	10 ~ 20	落干	落干

在天然情况下,田间耗水量是一种经常性的消耗,而降雨量则是间断性的补充。因此,在不降雨或降雨量很小时,田面水层就会降到适宜水层的下限(h_{min}),这时如果没有降雨,则需进行灌溉,灌水定额为

$$m = h_{max} - h_{min} \tag{1-17}$$

这一过程可用图 1-9 所示的图解法表示。如在时段初 A 点,水田应按 1 线耗水,至 B 点田面水层降至适宜水层下限,即需灌水,灌水定额为 m_1;如果时段内有降雨 P,则在降雨后,田面水层回升降雨深 P,再按 2 线耗水至 C 点时进行灌溉;若降雨 P_1 很大,超过最大蓄水深度,多余的水量需要排除,排水量为 d,然后按 3 线耗水至 D 点时,进行灌溉。

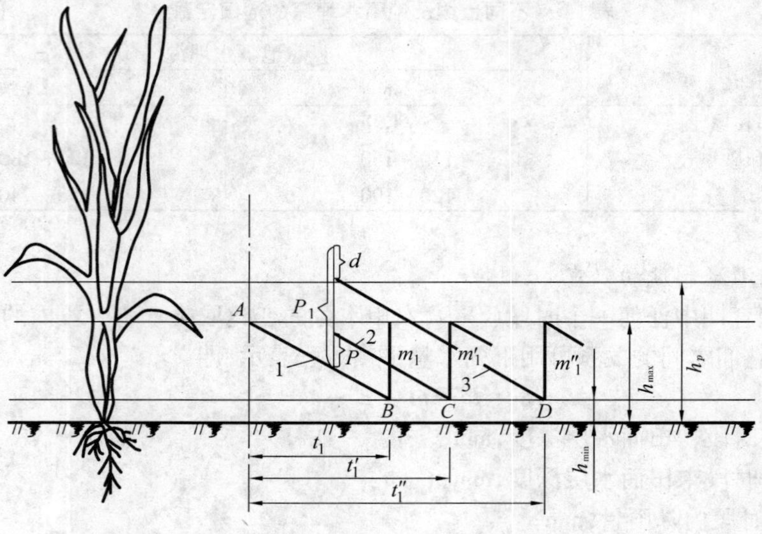

图 1-9 水稻生育期中任一时段水田水分变化图解法

根据上述原理可知,当确定了各生育阶段的适宜水层 $h_{\max}$、$h_{\min}$、h_p 以及阶段需水强度 e_i 时,便可用图解法或列表法推求水稻灌溉制度。现以某灌区某设计年早稻为例,说明列表法推求水稻灌溉制度的具体步骤。

【例 1-1】 用列表计算法推求某灌区双季早稻的灌溉制度。

解:1. 基本资料

(1)早稻生育期各生育阶段起止日期、需水模系数、渗漏强度如表 1-8 所示。

表 1-8 逐日耗水量计算表

生育阶段	返青	分蘖前	分蘖末	拔节孕穗	抽穗开花	乳熟	黄熟	全生育期
起止日期(月-日~月-日)	04-25~05-02	05-03~05-10	05-11~05-29	05-30~06-14	06-15~06-27	06-28~07-08	07-09~07-16	04-25~07-16
天数(d)	8	8	19	16	13	11	8	83
需水模系数(%)	4.8	9.9	24.0	26.6	22.4	7.1	5.2	100
阶段需水量(mm)	20.9	43.1	104.4	115.7	97.4	30.9	22.6	435
阶段渗漏量(mm)	12	12	28.5	24	19.5	16.5	12	124.5
阶段田间耗水量(mm)	32.9	55.1	132.9	139.7	116.9	47.4	34.6	559.5
日平均耗水量(mm)	4.1	6.9	7.0	8.7	9.0	4.3	4.3	

注:渗漏强度为 1.5 mm/d。

(2)各生育阶段适宜水层深度。

根据灌区具体条件,采用浅灌深蓄方式,分蘖末期进行落干晒田,晒田结束时复水灌溉,根据灌溉试验资料,复水定额(使晒田末土壤含水率恢复到饱和含水率的灌水定额)采用35 mm。为避免双季晚稻插秧前再灌泡田水,田面水层由黄熟一直维持到收割。根据群众丰产灌水经验并参照灌溉试验资料,各生育阶段适宜水层上、下限及最大蓄水深度见表1-7。

(3)生育期降雨量,如表1-9中第(5)栏数值。

(4)早稻生育期的水面蒸发量为362.5 mm,早稻的需水系数 $\alpha = 1.2$。

(5)返青前10 d开始泡田,泡田定额为120 mm,泡田末期即插秧时(4月24日末)田面水层深度为20 mm。

2. 列表计算

根据上述资料,按以下步骤列表进行计算。

(1)计算各生育阶段的日平均耗水量。

全生育期作物需水量为　$ET = \alpha E_0 = 1.2 \times 362.5 = 435\ (\text{mm})$

各生育阶段的作物需水量为　$ET_i = K_i ET$

各生育阶段的渗漏量为　$S_i = 1.5 t_i$

各生育阶段的耗水量为　$E_i = ET_i + S_i$

各生育阶段日平均耗水量为　$e_i = \dfrac{E_i}{t_i}$

田间耗水量的计算结果见表1-8。

(2)利用水量平衡方程式,逐日计算田面水层深度。例如,返青期前有:

4月24日末水层深　$h = 20\ \text{mm}$

25日末　$h = 20 + 0 + 0 - 4.1 = 15.9\ (\text{mm})$

26日末　$h = 15.9 + 0 + 0 - 4.1 = 11.8\ (\text{mm})$

依次进行计算,若田面水层深接近或低于淹灌水层下限,则需灌溉,灌水定额以淹灌水层上、下限之差为准。例如,5月3日末水层深为

$$h = 21.0 + 0 + 0 - 6.9 = 14.1(\text{mm}) < 20\ \text{mm}\ (\text{下限})$$

则需灌溉,灌水定额 $m = 50 - 20 = 30\ (\text{mm})$,则5月3日末水层深应为

$$h = 21.0 + 0 + 30 - 6.9 = 44.1(\text{mm})$$

若遇降雨,田面水层深度随之上升,当超过蓄水上限时必须排水。例如6月18日末,水层深度 $h_2 = 39.9 + 51.6 + 0 - 9.0 = 82.5(\text{mm})$,超过蓄水上限2.5 mm,则需排掉,6月18日末的水深 $h_2 = 80\ \text{mm}$。

(3)晒田期耗水量近似按分蘖末期的日耗水量计算。计算结果列于表1-9的(6)、(7)、(8)栏。

(4)校核

$$h_{始} + \sum P + \sum m - \sum E - \sum c = h_{末}$$

$$20 + 259.5 + 305 - 558.9 - 18.2 = 7.4\ (\text{mm})$$

与7月16日淹灌水层相符,计算无误。

3. 灌溉制度成果

根据以上计算结果,设计出某灌区双季早稻的灌溉制度见表1-10。

表 1-9　某灌区某年早稻生育期灌溉制度计算表　　（单位：mm）

日期		生育期	设计淹灌水层	逐日耗水量	逐日降雨	淹灌水层变化	灌水量	排水量
月	日							
（1）		（2）	（3）	（4）	（5）	（6）	（7）	（8）
4	24	返青期	5～30～50	4.1		20		
	25					15.9		
	26					11.8		
	27				1.0	8.7		
	28				23.5	28.1		
	29				9.3	33.3		
	30					29.2		
5	1					25.1		
	2					21.0		
	3	分蘖前	20～50～70	6.9		44.1	30	
	4				3.3	40.5		
	5				4.0	37.6		
	6				4.4	35.1		
	7					28.2		
	8				2.7	24.0		
	9				7.6	24.7		
	10					47.8	30	
	11	分蘖末	20～50～80	7.0		40.8		
	12					33.8		
	13					26.8		
	14				20.9	40.7		
	15				1.8	35.5		
	16					28.5		
	17					21.5		
	18					44.5	30	
	19					37.5		
	20				8.4	38.9		
	21					31.9		
	22					24.9		
	23				2.5	20.4		
	24				2.3	15.7		15.7
	25		晒田					
	26							
	27							
	28							
	29						35	
	30	拔节	30～60～90	8.7		31.3	40	
	31				8.5	31.1		

续表 1-9

日期		生育期	设计淹灌水层	逐日耗水量	逐日降雨	淹灌水层变化	灌水量	排水量
月	日							
(1)		(2)	(3)	(4)	(5)	(6)	(7)	(8)
6	1	拔节	30~60~90	8.7		52.4	30	
	2					43.7		
	3				2.2	37.2		
	4				11.2	39.7		
	5				23.4	54.4		
	6	孕穗	30~60~90	8.7		45.7		
	7					37.0		
	8					58.3	30	
	9					49.6		
	10				9.0	49.9		
	11					41.2		
	12				0.7	33.2		
	13					54.5	30	
	14					45.8		
	15	抽穗开花	10~30~80	9.0		36.8		
	16				1.0	28.8		
	17				20.1	39.9		
	18				51.6	80.0		2.5
	19					71.0		
	20					62.0		
	21					53.0		
	22					44.0		
	23					35.0		
	24					26.0		
	25				26.3	43.3		
	26				2.2	36.5		
	27					27.5		
	28	乳熟	10~30~60	4.3		23.2		
	29				3.2	22.1		
	30					17.8		
7	1					13.5		
	2					29.2	20	
	3					24.9		
	4					20.6		
	5					16.3		
	6					12.0		
	7				8.4	16.1		
	8					31.8	20	
	9	黄熟	10~20	4.3		27.5		
	10					23.2		
	11					18.9		
	12					14.6		
	13					10.3		
	14					16.0	10	
	15					11.7		
	16					7.4		
Σ				558.9	259.5		305	18.2

表 1-10　某灌区某设计年双季早稻生育期设计灌溉制度

灌水次数	灌水日期 （月-日）	灌水定额 （mm）
1	05-03	30
2	05-10	30
3	05-18	30
4	05-29	35
5	05-30	40
6	06-01	30
7	06-08	30
8	06-13	30
9	07-02	20
10	07-08	20
11	07-14	10
合计		305

（二）旱作物的灌溉制度

旱作物是依靠其主要根系从土壤中吸取水分，以满足其正常生长的需要。因此，旱作物的水量平衡是分析其主要根系吸水层储水量的变化情况，旱作物的灌溉制度是以作物主要根系吸水层作为灌水时的土壤计划湿润层，并要求该土层内的储水量能保持在作物所要求的范围内，使土壤的水、气、热状态适合作物生长。所以，用水量平衡原理制定旱作物的灌溉制度就是通过对土壤计划湿润层内的储水量变化过程进行分析计算，从而得出灌水定额、灌水时间、灌水次数、灌溉定额。

1. 水量平衡方程

旱作物生育期内任一时段计划湿润层中含水量的变化取决于需水量和来水量的多少，其来去水量见图 1-10，它们的关系可用下列水量平衡方程式表示

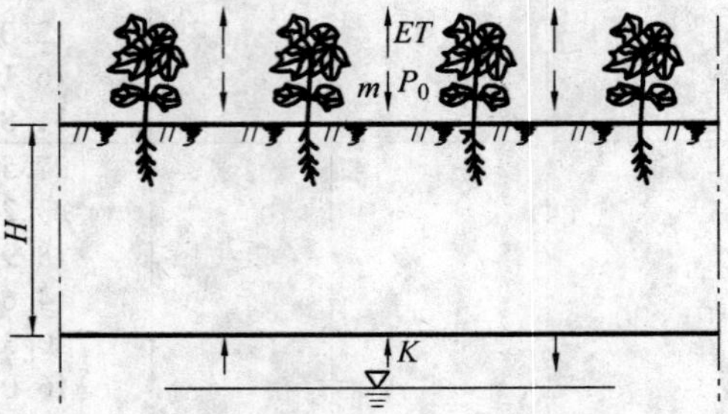

图 1-10　土壤计划湿润层水量平衡示意图

$$W_t - W_0 = W_T + P_0 + K + M - ET \qquad (1\text{-}18)$$

式中　W_0、W_t——时段初、时段末土壤计划湿润层内的储水量，m^3/hm^2；

W_T——由于计划湿润层增加而增加的水量，m^3/hm^2，若计划湿润层在时段内无变化则无此项；

P_0——时段内保存在土壤计划湿润层内的有效雨量，m^3/hm^2；

K——时段 t（单位时间为日，以 d 表示，下同）内的地下水补给量，m^3/hm^2，即 $K = kt$，k 为 t 时段内平均每昼夜地下水补给量，$m^3/(hm^2 \cdot d)$；

M——时段 t 内的灌溉水量，m^3/hm^2；

ET——时段 t 内的作物田间需水量，m^3/hm^2，即 $ET = et$，e 为 t 时段内平均每昼夜的作物田间需水量，$m^3/(hm^2 \cdot d)$。

为了满足农作物正常生长的需要，任一时段内土壤计划湿润层内的储水量必须经常保持在一定的适宜范围以内，即通常要求不小于作物允许的最小储水量（W_{min}）和不大于作物允许的最大储水量（W_{max}）。在天然情况下，由于各时段内需水量是一种经常的消耗，而降雨则是间断的补给，因此当某些时段内降雨很小或没有降雨量时，往往使土壤计划湿润层内的储水量很快降低到或接近于作物允许的最小储水量，此时即需进行灌溉，以补充土层中消耗掉的水量。

例如，某时段内没有降雨，显然这一时段的水量平衡方程可写为

$$W_{min} = W_0 - ET + K = W_0 - t(e - k) \tag{1-19}$$

式中　W_{min}——土壤计划湿润层内允许最小储水量；

其他符号意义同前。

如图 1-11 所示，设时段初土壤储水量为 W_0，则由式（1-19）可推算出开始进行灌水时的时间间距为

$$t = \frac{W_0 - W_{min}}{e - k} \tag{1-20}$$

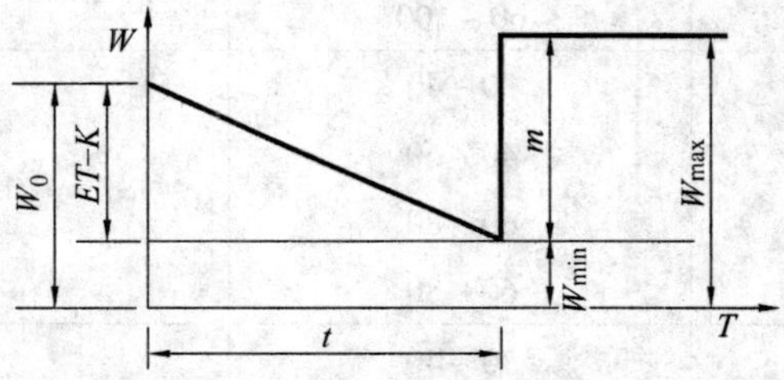

图 1-11　土壤计划湿润层（H）内储水量变化

而这一时段末的灌水定额 m 为

$$m = W_{max} - W_{min} = 10^4 H(\beta_{max} - \beta_{min})\rho_{干土}/\rho_{水} \tag{1-21}$$

式中　m——灌水定额，m^3/hm^2；

H——该时段内土壤计划湿润层的深度，m；

β_{max}、β_{min}——该时段内允许的土壤最大含水率、最小含水率（占干土质量的百分数，%）；

$\rho_{干土}$、$\rho_{水}$——计划湿润层内土壤的干密度、水的密度，kg/m^3。

同理，可以求出其他时段在不同情况下的灌水时距与灌水定额，从而确定出作物全生育期内的灌溉制度。

2. 制定旱作物灌溉制度所需的基本资料

制定的灌溉制度是否合理，关键在于方程中各项数据，如土壤计划湿润层深度、作物允许的土壤含水量变化范围以及有效降雨量等选用是否合理。

(1)土壤计划湿润层深度。土壤计划湿润层深度是指在对旱作物进行灌溉时，计划调节控制土壤水分状况的土层深度。它取决于旱作物主要根系活动层深度，随作物的生长发育而逐步加深。在作物生长初期，根系虽然很浅，但为了维持土壤微生物活动，并为以后根系生长创造条件，需要在一定土层深度内保持适当的含水率，一般采用 30～40 cm；随着作物的成长和根系的发育，需水量增多，计划湿润层也应逐渐增加，至生长末期，由于作物根系停止发育，需水量减少，计划湿润层深度不宜继续加大，一般不超过 0.8～1.0 m。在地下水位较高的盐碱化地区，计划湿润层深度不宜大于 0.6 m。根据试验资料，列出几种作物不同生育阶段的计划湿润层深度，如表 1-11 所示。

表 1-11　冬小麦等作物土壤计划湿润层深度和适宜含水率

作物	生育阶段	土壤计划湿润层深度（cm）	土壤适宜含水率（以田间持水率的百分数计，%）
冬小麦	出苗	30～40	45～60
	三叶	30～40	45～60
	分蘖	40～50	45～60
	拔节	50～60	45～60
	抽穗	50～80	60～75
	开花	60～100	60～75
	成熟	60～100	60～75
棉花	幼苗	30～40	55～70
	现蕾	40～60	60～70
	开花	60～80	70～80
	吐絮	60～80	50～70
玉米	幼苗期	30～40	60～70
	拔节期	40～50	70～80
	抽穗期	50～60	70～80
	灌浆期	60～80	80～90
	成熟期	60～80	70～90

(2)适宜含水率及允许的最大、最小含水率。土壤适宜含水率($\beta_{适}$)是指最适宜作物生长发育的土壤含水率。它随作物种类、生育阶段的需水特点、施肥情况和土壤性质(包括含盐状况)等因素而异，一般应通过试验或调查总结群众经验而定。表 1-11 中所列数

值可供参考。

由于作物需水的持续性与农田灌溉或降雨的间歇性，土壤计划湿润层的含水率不可能经常保持在某一最适宜含水率数值而不变。为了保证作物正常生长，土壤含水率应控制在允许最大含水率和允许最小含水率之间。允许最大含水率（β_{max}）一般以不致造成深层渗漏为原则，所以采用 $\beta_{max}=\beta_{田}$，$\beta_{田}$ 为土壤田间持水率，见表 1-12。作物允许最小含水率（β_{min}）应大于凋萎系数，一般取田间持水率的 60% ~70%，即 $\beta_{min}=(0.6\sim0.7)\beta_{田}$。

表 1-12　各种土壤的田间持水率

土壤类别	孔隙率（体积%）	田间持水率	
		占土体（%）	占孔隙率（%）
砂土	30 ~ 40	11 ~ 20	35 ~ 50
砂壤土	40 ~ 45	16 ~ 30	40 ~ 65
壤土	45 ~ 50	23 ~ 35	50 ~ 70
黏土	50 ~ 55	33 ~ 44	65 ~ 80
重黏土	55 ~ 65	42 ~ 55	75 ~ 85

在土壤盐碱化较严重的地区，往往由于土壤溶液浓度过高而妨碍作物吸取正常生长所需的水分，因此还要依据作物不同生育阶段允许的土壤溶液浓度作为控制条件来确定允许最小含水率（β_{min}）。

（3）有效降雨量（P_0）。有效降雨量是指天然降雨量扣除地面径流和深层渗漏量后，蓄存在土壤计划湿润层内可供作物利用的雨量。

一般用降雨入渗系数来表示，即

$$P_0 = \alpha P \tag{1-22}$$

式中　α——降雨入渗系数，其值与一次降雨量、降雨强度、降雨延续时间、土壤性质、地面覆盖及地形等因素有关，一般认为当一次降雨量小于 5 mm 时，α 为 0，当一次降雨量为 5 ~ 50 mm 时，α 为 1.0 ~ 0.8，当一次降雨量大于 50 mm 时，α 为 0.7 ~ 0.8。

（4）地下水补给量（K）。地下水补给量是指地下水借土壤毛细管作用上升至作物根系吸水层而被作物利用的水量，其大小与地下水埋藏深度、土壤性质、作物种类、作物需水强度、计划湿润层含水量等有关。当地下水埋深超过 2.5 m 时，补给量很小，可以忽略不计；当地下水埋深小于等于 2.5 m 时，补给量为作物需水量的 5% ~25%。河南省人民胜利渠灌区测定冬小麦区地下水埋深为 1.0 ~ 2.0 m 时，地下水补给量可达作物需水量的 20%。因此，在制定灌溉制度时，不能忽视这部分的补给量，必须根据当地或类似地区的试验、调查资料估算。

（5）由于计划湿润层增加而增加的水量（W_T）。在作物生育期内计划湿润层是变化的，由于计划湿润层增加，作物就可利用一部分深层土壤的原有储水量，W_T（m^3/hm^2）可按下式计算

$$W_T = 10^4(H_2 - H_1)\beta\rho_{干土}/\rho_{水} \quad (1\text{-}23)$$

式中 H_1——时段初计划湿润层深度,m;

H_2——时段末计划湿润层深度,m;

β——$(H_2 - H_1)$深度土层中的平均含水率(以占干土质量的百分数计,%),一般 $\beta < \beta_{田}$;

$\rho_{干土}$、$\rho_{水}$——土壤的干密度、水的密度,kg/m^3。

当确定了以上各项设计依据后,即可分别计算旱作物的播前灌水定额和生育期的灌溉制度。

3. 旱作物播前的灌水定额(M_1)的确定

播前灌水是为了使土壤有足够的底墒,以保证种子发芽和出苗或储水于土壤中,供作物生育期使用。播前灌水往往只进行一次,M_1(m^3/hm^2)一般可按下式计算

$$M_1 = 10^4 H(\beta_{max} - \beta_0)\rho_{干土}/\rho_{水} \quad (1\text{-}24)$$

式中 H——土壤计划湿润层深度,m,应根据播前灌水要求决定;

$\rho_{干土}$、$\rho_{水}$——土壤的干密度、水的密度,kg/m^3;

β_{max}——允许最大含水率(占干土质量的百分数,%);

β_0——播前 H 土层内的平均含水率(占干土质量的百分数,%)。

4. 生育期灌溉制度的制定

根据水量平衡原理,可用图解法或列表法制定生育期的灌溉制度。用列表法计算时,与制定水稻灌溉制度的方法基本一样,所不同的是旱作物的计算时段以旬为单位。下面以棉花灌溉制度为例,说明列表法制定灌溉制度的步骤。

【例 1-2】 用列表法制定陕西渭北塬某灌区棉花的灌溉制度。

解:1. 基本资料

(1)土壤。灌区土壤为黏壤土,经测定 0~80 cm 土层内的密度为 $\rho_{干土} = 1\ 460\ kg/m^3$,孔隙率为 $n = 44.7\%$,田间持水率为 $\beta_{田} = 24.1\%$(占干土质量的百分数,%),播种时的土壤含水率为 $\beta_0 = 21.7\%$(占干土质量的百分数,%)。

(2)水文地质。灌区地下水埋深多为 4.5~5.3 m,地下水出流通畅,地下水补给量可略而不计。

(3)气象。早霜 10 月中旬,晚霜 4 月中旬,无霜期 177 d。灌溉设计保证率采用 $P = 75\%$,经频率计算,选定设计典型年为 1984 年,该年棉花生长期的降雨量如表 1-13 所示,降雨有效利用系数采用 0.8。

表 1-13 设计年棉花生长期降雨量 (单位:mm)

月份	4	5	6	7	8	9	10
上旬	0	4.0	25.3	11.4	33.8	75.6	8.0
中旬	0.2	37.7	28.7	23.2	32.6	39.2	0.3
下旬	8.9	33.9	0	62.8	0.4	0.9	6.0

(4)作物。由图 1-7 查得,典型年($P = 75\%$)棉花全生育期的总需水量为 675 mm

(6 750 m^3/hm^2)，各生育阶段的需水模系数 K_i 与计划湿润层深度如表 1-14 所示。允许最大含水率和允许最小含水率分别为 $\beta_田$ 和 $0.6\beta_田$。

表 1-14　棉花各生育阶段计划湿润层深度及需水模系数

生育阶段	幼苗	现蕾	花铃	吐絮
起止日期(月-日)	04-21 ~ 06-20	06-21 ~ 07-10	07-11 ~ 08-20	08-21 ~ 10-10
需水模系数 K_i(%)	15	21	29	35
计划湿润层深度 H(m)	0.5	0.6	0.7	0.8

(5)当地群众灌水经验。中等干旱年一般灌水 3 ~ 4 次，灌水时间一般为现蕾期、开花期、结铃初和吐絮初，灌水定额 600 ~ 750 m^3/hm^2。播前 10 d 灌溉灌水定额 1 200 m^3/hm^2，使播种时 0.5 m 土层内的含水率保持在 $0.9\beta_田$，0.5 m 以下土层中的含水率保持在 $\beta_田$。

2. 列表计算

根据水量平衡原理列表计算如表 1-15 所示，有关计算说明如下：

表 1-15　棉花生育期灌溉制度计算表

生育阶段	起止日期(月-日)	H(m)	W_{max}(m^3/hm^2)	W_{min}(m^3/hm^2)	W_0(m^3/hm^2)	$ET_{时段}$(m^3/hm^2)	$W_来$(m^3/hm^2)			$W_来 - ET_{时段}$(m^3/hm^2)		m(m^3/hm^2)	灌水时间(月-日)	W_t(m^3/hm^2)
							P_0	W_T	小计	+	−			
幼苗	04-21 ~ 30	0.5	1 759.3	1 055.6	1 583.4	168.7	71.2	0	71.2		97.5			1 485.9
	05-01 ~ 10				1 485.9	168.8	32.0	0	32.0		136.8			1 349.1
	05-11 ~ 20				1 349.1	168.7	301.6	0	301.6	132.9				1 482.0
	05-21 ~ 31				1 482.0	168.8	271.2	0	271.2	102.4				1 584.4
	06-01 ~ 10				1 584.4	168.7	202.4	0	202.4	33.7				1 618.1
	06-11 ~ 20				1 618.1	168.8	229.6	0	229.6	60.8				1 678.9
现蕾	06-21 ~ 30	0.6	2 111.2	1 266.7	1 678.9	708.7	0	175.9	175.9		532.8	600	06-25	1 746.1
	07-01 ~ 10				1 746.1	708.8	91.2	175.9	267.1		441.7			1 304.4
花铃	07-11 ~ 20	0.7	2 463.0	1 477.8	1 304.4	489.4	185.6	88.0	273.6		215.8	600	07-15	1 688.6
	07-21 ~ 31				1 688.6	489.4	502.4	88.0	590.4	101.0				1 789.6
	08-01 ~ 10				1 789.6	489.4	270.4	88.0	358.4		131.0	600	08-05	2 258.6
	08-11 ~ 20				2 258.6	489.3	260.8	87.9	348.7		140.6			2 118.0
吐絮	08-21 ~ 31	0.8	2 814.9	1 688.9	2 118.0	472.5	3.2	70.4	73.6		398.9	600	08-25	2 319.1
	09-01 ~ 10				2 319.1	472.5	604.8	70.4	675.2	202.7				2 521.8
	09-11 ~ 20				2 521.8	472.5	313.6	70.4	384.0		88.5			2 433.3
	09-21 ~ 31				2 433.3	472.5	7.2	70.4	77.6		394.9			2 038.4
	10-01 ~ 10				2 038.4	472.5	64	70.3	134.3		338.2			1 700.2
总计	04-21 ~ 10-10					6 750	3 411.2	1 055.6	4 466.8	−2 283.2		2 400.0		

(1) $W_{max} = 10^4 H\beta_{max}\rho_{干土}/\rho_水$，$W_{min} = 10^4 H\beta_{min}\rho_{干土}/\rho_水$。

(2) W_0 对于第一个时段可用 $W_0 = 10^4 H\beta_0\rho_{干土}/\rho_{水}$ 计算，第二个时段初的 W_0 为第一个时段末的 W_t，依此类推。

(3) 各生育阶段的需水量为 $ET_i = K_i ET$，如现蕾期为 $ET_i = 0.21 \times 6\ 750 = 1\ 417.5$ (m^3/hm^2)；各计算时段的需水量，如现蕾期为 $ET_{时段} = ET_i/旬数 = 1\ 417.5/2 = 708.75$ (m^3/hm^2)。

(4) $W_{来}$ 为时段内来水量，包括

$$P_0 = \alpha P\ (mm) = 10\alpha P\ (m^3/hm^2)$$

$$W_T = 10^4 (H_2 - H_1)\beta\rho_{干土}/\rho_{水}$$

因为播前灌水使0.5 m以下土层的含水率为 $\beta_{田}$，即 $\beta = \beta_{田}$。

(5) ($W_{来} - ET_{时段}$) 为时段内来、用水量之差，当 $W_{来} > ET_{时段}$ 时为正值，当 $W_{来} < ET_{时段}$ 时为负值。

(6) m 为灌水定额，当 W_t 接近 W_{min} 时，即应进行灌水，在不超过 W_{max} 的范围内，结合群众灌水经验和近期雨情确定灌水定额的大小。

(7) 灌水时间为各次灌水的具体日期，可根据计划湿润层含水量和近期降雨量的情况，结合当地施肥和劳力的安排等具体条件进行确定。

(8) W_t 为时段末计划湿润层内的土壤储水量，可由 $W_0 + (W_{来} - ET_{时段})$ 求出。当时段内有灌水时，$W_t = W_0 + (W_{来} - ET_{时段}) + m$。

(9) 校核。各生育阶段和全生育期的计算结果都可用公式(1-18)进行校核。例如，对全生育期，$W_0 + P_0 + W_T + K + M - ET = 1\ 583.4 + 3\ 411.2 + 1\ 055.6 + 0 + 2\ 400 - 6\ 750 = 1\ 700.2\ (m^3/hm^2) = W_t$。说明计算正确无误，否则应进行检查纠正。

(10) 计算成果。根据表1-15的计算结果，再加上播前灌水，即可得到棉花的灌溉制度，见表1-16。

表1-16　某灌区中等干旱年棉花灌溉制度

作物	生育阶段	灌水次序	灌水定额 (m^3/hm^2)	灌水时间 (月-日)	灌溉定额 (m^3/hm^2)
棉花	播前期	1	1 200	04-10	3 600
	现蕾期	2	600	06-25	
	花铃期	3	600	07-15	
	花铃期	4	600	08-05	
	吐絮期	5	600	08-25	

按水量平衡方法制定灌溉制度，如果作物耗水量和降雨量资料比较精确，其计算结果比较接近实际情况。对于大型灌区，由于自然地理条件差别较大，应分区制定灌溉制度，并与前面调查和试验结果相互核对，以求切合实际。应当指出，这里所讲的灌溉制度是指某一具体年份一种作物的灌溉制度，如果需要求出多年的灌溉用水系列，还须求出每年各种作物的灌溉制度。

二、非充分灌溉条件下的灌溉制度简介

在缺水地区或时期，由于可供灌溉的水资源不足，不能满足充分灌溉作物各生育阶段

的需水要求，从而只能实施非充分灌溉。所谓非充分灌溉，就是为获得总体效益最佳而采取的不充分满足作物需水要求的灌溉模式。非充分灌溉是允许作物受一定程度的缺水和减产，但仍可使单位水量获得最大的效益，有时也称为不充足灌溉或经济灌溉。在此条件下的灌溉制度称非充分灌溉（Deficit Irrigation）制度。

非充分灌溉的情况要比充分灌溉复杂得多，实施非充分灌溉不仅要研究作物的生理需水规律，研究什么时候缺水、缺水程度对作物产量的影响，而且要研究灌溉经济学，使投入水量最小而获得的产量最大。因此，前面所述的充分灌溉条件下的灌溉制度的设计方法和原理就不能用于非充分灌溉制度的设计。

旱作物非充分灌溉制度设计的依据是降低适宜土壤含水率的下限指标。充分灌溉制度是根据充分满足作物最高产量下全生育期各阶段的需水量 ET_m 设计指标而设计的，用以判别是否需要灌溉的田间土壤水分下限控制指标，一般都定为田间持水率的60%～70%。基于上述理论，冬小麦单位播种面积产量为6 000 kg/hm^2 时，田间需水量高达4 995～5 490 m^3/hm^2；夏玉米单位播种面积产量为7 500 kg/hm^2 时，田间需水量高达4 005～4 500 m^3/hm^2，结果高产而不省水。近年来的大量研究表明，土壤水分虽然是作物生命活动的基本条件，作物在农田中的一切生理、生化过程都是在土壤水的介入下进行的。但是，作物对水分的要求有一定的适宜范围，超过适宜范围的供水量，只能增加作物的"奢侈"蒸腾和地面无效蒸发损失。根据我国北方各地经验，在田间良好的农业技术措施配合下，作物对土壤水分降低的适应性有相当宽的伸缩度，土壤适宜含水率下限可以从60%～70%降低到55%～60%，作物仍能正常生长，并获得理想的产量，而使田间耗水量减少30%～40%，灌水次数和灌水定额减少一半或者更多。例如山西临汾，小麦适宜土壤含水率下限降低到占田间持水率的50%～60%，产量仍能达到3 000～5 250 kg/hm^2；在河南新乡，中国农业科学院农田灌溉研究所对玉米进行了试验，适宜土壤含水率下限降低到50%～60%，产量达5 970 kg/hm^2，大大节约了灌溉用水，从而也扩大了灌溉面积。因此，可以通过合理调控土壤水分下限指标，配合农业技术措施和管理措施，达到在获得等同产量下大量减少 ET_a 或者在同等 ET_a 下大幅度提高作物产量，达到节水增产的目的。采用适宜的土壤水分指标是非充分灌溉制度的核心。

在水源供水量不足时，应优先安排面临需水临界期的作物灌水，以充分发挥水的经济效益，把该时期的水分影响降低到最小程度，这对于稳定作物产量和保证获得相当满意的产量，提高水的利用效率是非常重要的。例如，在严重缺水或者相当干旱的年份，棉花可以由灌三水（现蕾期灌一次和花铃盛期灌两次）改为灌两水（现蕾期灌一次和花铃盛期灌一次）或一水（开花期），仍能获得皮棉至少750 kg/hm^2 的产量。冬小麦灌三水（拔节期、抽穗期和灌浆期各灌水一次）改为灌两水（拔节期和抽穗期各灌一次）或一水（孕穗期），同样可以得到相当理想的产量。但是，适当限额灌水是在尽量利用降雨的条件下，考虑到作物的需水特性、主要根系活动层深度的补水要求，以及相应的灌水技术条件等实施的，绝不是灌水定额越小、灌水量越少越好。此外，我国北方各灌区也正在努力改变陈旧的多灌水能增产的观念。例如，据山西省夹马口灌区试验资料，小麦灌水五次，产量为4 995 kg/hm^2，而灌三水的产量为4 875 kg/hm^2，多灌两次，增产仅2.5%，非常不合算。

对于水稻则是采用浅水、湿润、晒田相结合的灌水方法，不是以控制淹灌水层的上、下限来设计灌溉制度，而是以控制水稻田的土壤水分为主。例如，在山东省济宁地区大面积推广的水稻灌溉制度是：插秧前在田面保持薄水层为5～25 mm，以利返青活苗。返青以后在田面不保留水层，而是控制土壤含水率，控制的上限为饱和土壤含水率，下限为饱和含水率的60%～70%。同时，还有"薄露"灌溉、"水稻旱种"等技术取得了更好的节水效果。

第四节　灌溉用水量

灌溉用水量和灌溉用水流量是指灌区需要从水源引入的水量和流量。它们是流域规划和区域水利规划不可缺少的数据，也是灌区规划、设计和用水管理的基本依据。因此，在制定灌溉制度的基础上，需要进行灌溉用水量和灌溉用水流量的计算。

灌溉用水量和灌溉用水流量是根据灌溉面积、作物组成、灌溉制度及灌水延续时间等直接计算的。为了简化计算，常用灌水率来推求灌溉用水量。

一、灌水率

灌水率是指灌区单位灌溉面积（以100 hm^2 计）上所需的净灌溉用水流量，又称灌水模数。这里所指的灌溉面积是指灌区的总灌溉面积，而不是某次灌水的实际受水面积，利用它可以计算灌区渠首的引水流量和灌溉渠道的设计流量。

（一）灌水率的计算

由灌水率的定义，可以得出它的计算公式，即

$$q_{ik} = \frac{\alpha_i m_{ik}}{864 T_{ik}} \tag{1-25}$$

式中　q_{ik}——第 i 种作物第 k 次灌水的灌水率，$m^3/(s \cdot 100\ hm^2)$；

m_{ik}——第 i 种作物第 k 次灌水的灌水定额，m^3/hm^2；

T_{ik}——第 i 种作物第 k 次灌水的灌水延续时间，d；

α_i——第 i 种作物的种植比例，其值为第 i 种作物的灌溉面积与灌区灌溉面积之比，$\alpha_i = \frac{A_i}{A} \times 100\%$，$A_i$ 为第 i 种作物的种植面积，A 为灌区的灌溉面积。

灌水延续时间 T 是指某种作物灌一次水所需要的天数。它与作物种类、灌区面积大小及农业技术条件等有关。它的长短直接影响着灌水率的大小，灌水延续时间越短，灌水率越大，作物对水分的要求越容易及时得到满足，但这将加大渠道的设计流量，提高工程造价，并造成灌水时劳动力的过分紧张。反之，灌水时间越长，则灌水率越小，渠道和渠道建筑物的设计流量也越小，相应的工程投资也越少，但作物的生长可能由于灌水不及时而受到影响。对于面积较小的灌区，灌水延续时间可相应减小。

不同作物允许的灌水延续时间不同。对主要作物关键期的灌水延续时间不宜过长，次要作物的可以延长一些。若灌区面积较大，则灌水时间亦可较长。但延长灌水时间应在农业技术条件许可和不降低作物产量的条件下进行。对于我国大中型灌区，灌溉面积在万亩（1亩＝1/15 hm^2）以上的各地主要作物的灌水延续时间如表1-17所示。

表 1-17　万亩以上灌区主要作物的灌水延续时间　（单位:d）

作物	播前期	生育期
水稻	5~15(泡田)	3~5
冬小麦	10~20	7~10
棉花	10~20	5~10
玉米	7~15	5~10

用式(1-25)可以计算出各种作物的各次灌水的灌水率,如表 1-18 所示。

表 1-18　灌水率计算表

作物	作物所占面积(%)	灌水次序	灌水定额(m^3/hm^2)	灌水时间(月-日)			灌水延续时间(d)	灌水率 $m^3/(s \cdot 100\ hm^2)$
				始	终	中间日		
小麦	50	1	975	09-16	09-27	09-22	12	0.047
		2	750	03-19	03-28	03-24	10	0.043
		3	825	04-16	04-25	04-21	10	0.048
		4	825	05-06	05-15	05-11	10	0.048
棉花	25	1	825	03-27	04-03	03-30	8	0.030
		2	675	05-01	05-08	05-05	8	0.024
		3	675	06-20	06-27	06-24	8	0.024
		4	675	07-26	08-02	07-30	8	0.024
谷子	25	1	900	04-12	04-21	04-17	10	0.026
		2	825	05-03	05-12	05-08	10	0.024
		3	750	06-16	06-25	06-21	10	0.022
		4	750	07-10	07-19	07-15	10	0.022
玉米	50	1	825	06-08	06-17	06-13	10	0.048
		2	750	07-02	07-11	07-07	10	0.043
		3	675	08-01	08-10	08-06	10	0.039

(二)灌水率图的绘制与修正

根据表 1-18 的计算结果,以灌水时间为横坐标,以灌水率为纵坐标,即可绘出初步灌水率图(见图 1-12)。由图 1-12 可见,各时期的灌水率大小相差悬殊,渠道输水断断续续,不利于管理。若以其中最大的灌水率计算渠道流量,势必偏大,不经济。因此,必须对初步灌水率图进行必要的修正。

灌水率图的修正方法:一是可以提前或推后灌水时间,提前或推后灌水日期不得超过 3 d.若同一种作物连续两次灌水均需变动灌水日期,不应一次提前、一次推后;二是延长或缩短灌水时间,延长或缩短灌水时间与原定时间相差不应超过 20%;三是改变灌水定额,灌水定额的调整值不应超过原定额的 10%,同一种作物不应连续两次减小灌水定额。当上述要求不能满足时,可适当调整作物组成。

修正后的灌水率图应与水源供水条件相适应,且全年各次灌水率大小应比较均匀。以累计 30 d 以上的最大灌水率为设计灌水率,短期的峰值不应大于设计灌水率的 120%,

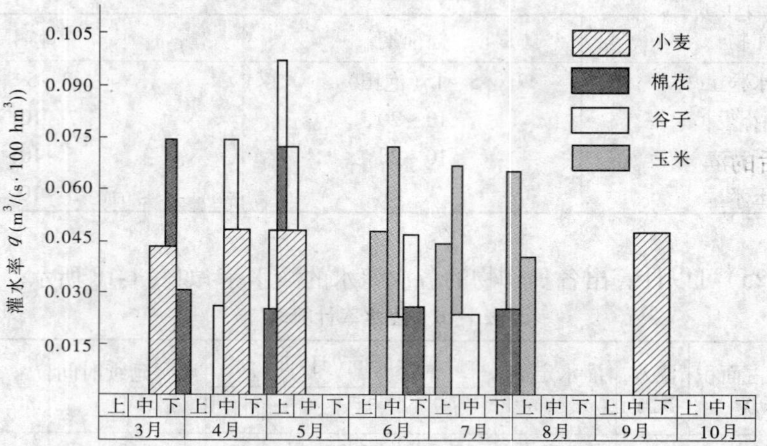

图 1-12　北方某灌区初步灌水率图

最小灌水率不应小于设计灌水率的 30%；应避免经常停水，特别应避免小于 5 d 的短期停水现象。

修正后的灌水率图如图 1-13 所示。

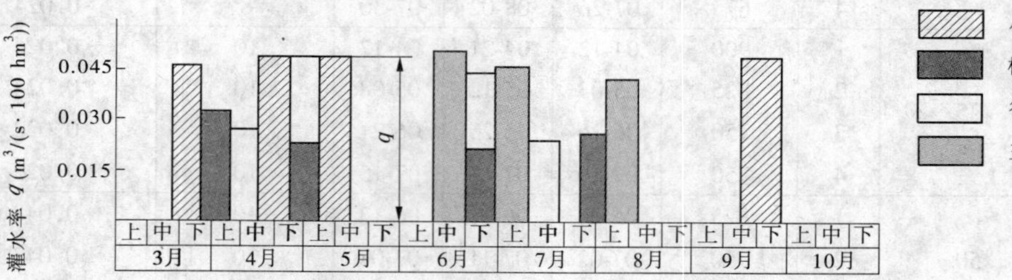

图 1-13　北方某灌区修正后的灌水率图

（三）设计灌水率

作为设计渠道用的设计灌水率，应从图 1-13 中选取延续时间较长，即累计 30 d 以上的最大灌水率值作为设计灌水率，如图 1-13 中所示 q 值，而不是短暂的高峰值，这样不致使设计的渠道断面过大，增加渠道工程量。在渠道运用过程中，对短暂的大流量可由渠堤超高部分的断面去满足。

根据调查统计，大面积水稻灌区（100 hm^2 以上）的设计净灌水率（$q_{净}$）一般为 0.067 ~ 0.09 m^3/（s · 100 hm^2）；大面积旱作灌区的设计净灌水率一般为 0.030 ~ 0.052 m^3/（·s · 100 hm^2）；水、旱田均有的大中型灌区，其综合净灌水率可按水、旱面积比例加权平均求得。以上数值也可作为调整后灌水率最大值的控制数值。对管理水平较高的地区可选用小一些数值，反之取大值；否则会造成设计灌水率偏小，使渠道流量偏小，导致在现有管理水平条件下，不能按时完成灌溉任务。

二、灌溉用水量计算及用水过程

年灌溉用水量可用以下三种方法进行推算。

(一)利用灌水率图推算

用调整后的灌水率图可以推算灌溉用水量及灌溉用水过程。方法是把调整后的灌水率图中的各纵坐标值分别乘以灌区总灌溉面积 A,再除以灌溉水利用系数,即把灌水率图扩大$\frac{A}{\eta}$倍,便可得到灌区设计年的毛灌溉用水流量。其计算式为

$$Q_i = \frac{q_i A}{\eta} \tag{1-26}$$

式中 Q_i——某时段的毛灌溉用水流量,m^3/s;

q_i——相应时段的灌水率,$m^3/(s \cdot 100\ hm^2)$;

A——灌区总的灌溉面积,$100\ hm^2$;

η——灌溉水利用系数,为灌入田间的水量(或流量)与渠道引入总水量(或流量)的比值,一般 η 可取 0.50~0.70。

灌溉用水流量与灌水时间的乘积即为灌溉用水量。

$$W_i = Q_i \Delta T_i = \frac{q_i A}{\eta} \Delta T_i \tag{1-27}$$

式中 W_i——某时段的毛灌溉用水量,m^3;

Q_i——该时段的毛灌溉用水流量,m^3/s;

ΔT_i——该时段的长度,s;

其他符号意义同前。

(二)用灌水定额和灌溉面积直接计算

对于任何一种作物的某次灌水,须供水到田间的灌水量(称净灌溉用水量)$W_净$ 可用下式求得

$$W_净 = mA_i \tag{1-28}$$

式中 $W_净$——任何一种作物某次灌水的净灌溉用水量,m^3;

m——该作物某次灌水的灌水定额,m^3/hm^2;

A_i——该作物的灌溉面积,hm^2。

同理可以计算出各种作物各次的净灌溉用水量。然后,把同一时间各种作物的净灌溉用水量相加,就得到不同时期灌区的净灌溉用水量,按此可求得典型年全灌区净灌溉用水过程。

某时段毛灌溉用水量可用下式计算

$$W_毛 = \frac{W_净}{\eta} \tag{1-29}$$

式中 $W_毛$——灌区某时段的毛灌溉用水量,m^3;

$W_净$——灌区某时段的净灌溉用水量,m^3;

η——灌溉水利用系数。

例如,计算某灌区××年灌溉用水过程,灌区灌溉面积为 10 万 hm^2。用灌水定额和灌溉面积直接计算各种作物的灌溉用水量如表 1-19 所示。灌溉水利用系数 $\eta=0.7$。

表 1-19　某灌区××年灌溉用水过程推算表(直接推算法)

时间(月、旬)		各种作物各次灌水定额(m^3/hm^2)				各种作物各次净灌溉用水量(万 m^3)				全灌区净灌溉用水量(万 m^3)	全灌区毛灌溉用水量(万 m^3)
		冬小麦 $A_1=$ 5 万 hm^2	棉花 $A_2=$ 2.5 万 hm^2	谷子 $A_3=$ 2.5 万 hm^2	夏玉米 $A_4=5$ 万 hm^2	冬小麦	棉花	谷子	夏玉米		
(1)		(2)	(3)	(4)	(5)	(6)	(7)	(8)	(9)	(10)	(11)
3	下	600	750			3 000	1 875			4 875	6 964
4	上										
	中	600		750		3 000		1 875		4 875	6 964
	下										
5	上	600	600	600		3 000	1 500	1 500		6 000	8 571
	中										
	下	600				3 000				3 000	4 286
6	上										
	中			600	750			1 500	3 750	5 250	7 500
	下		600				1 500			1 500	2 143
7	上										
	中			600	600			1 500	3 000	4 500	6 429
	下		600				1 500			1 500	2 143
8	上										
	中										
	下										
9	上										
	中	750				3 750				3 750	5 357
	下										
合计		3 150	2 550	2 550	1 350	15 750	6 375	6 375	6 750	35 250	50 357

(三)用综合灌水定额推算

全灌区综合灌水定额是同一时段内各种作物灌水定额的面积加权平均值,即

$$m_{综,净}=\alpha_1 m_1+\alpha_2 m_2+\alpha_3 m_3+\cdots \tag{1-30}$$

式中　$m_{综,净}$——某时段内综合净灌水定额,m^3/hm^2;

m_1、m_2、m_3……——第 1 种、第 2 种、第 3 种……作物在该时段内的灌水定额,m^3/hm^2;

α_1、α_2、α_3……——第 1 种、第 2 种、第 3 种……作物的种植比例。

全灌区某时段内的净灌溉用水量 $W_净$ 可用下式求得

$$W_净=m_{综,净}A \tag{1-31}$$

式中　A——全灌区的灌溉面积，hm^2。

计入水量损失，则综合毛灌水定额为

$$m_{综,毛} = \frac{m_{综,净}}{\eta} \tag{1-32}$$

全灌区任何时段毛灌溉用水量为

$$W_{毛} = m_{综,毛}A \tag{1-33}$$

如表1-19中，3月下旬的综合净灌水定额为

$$m_{综,净} = 50\% \times 600 + 25\% \times 750 = 487.5(m^3/hm^2)$$

则3月下旬的净灌溉用水量为

$$W_{净} = 487.5 \times 10 = 4\ 875(万\ m^3)$$

同表1-19中直接计算的净灌溉用水量数值相同。而3月下旬的毛灌溉用水量 $W_{毛}$，同样可用综合毛灌水定额求得，即

$$m_{综,毛} = \frac{487.5}{0.7} = 696.4(m^3/hm^2)$$

$$W_{毛} = 696.4 \times 10 = 6\ 964\ (万\ m^3)$$

此值与表1-19(11)栏毛灌溉用水量相同。因此，用综合灌水定额即可求得任何时段灌区灌溉用水量及用水过程。

同样根据各种作物的灌溉定额可推求全灌区综合灌溉定额

$$M_{综,净} = \alpha_1 M_1 + \alpha_2 M_2 + \alpha_3 M_3 + \cdots \tag{1-34}$$

式中　$M_{综,净}$——全灌区综合净灌溉定额，m^3/hm^2；

M_1、M_2、M_3…——第1种、第2种、第3种……作物的灌溉定额，m^3/hm^2；

α_1、α_2、α_3…——第1种、第2种、第3种……作物的种植比例。

$$M_{综,毛} = \frac{M_{综,净}}{\eta} \tag{1-35}$$

式中　$M_{综,毛}$——全灌区综合毛灌溉定额，m^3/hm^2；

η——灌溉水利用系数。

利用综合灌溉定额，可以计算全灌区各种作物一年内的总灌溉用水量。

通过综合灌水定额推算灌溉用水量，与直接推算法相比，其繁简程度类似，但求得的综合灌水定额有以下作用：①衡量灌区灌溉用水是否合适，可以与自然条件及作物种植比例类似的灌区进行对比，便于发现 $m_{综}$ 是否偏大或偏小，从而进行调整、修改；②推算灌区局部范围内灌溉用水量；③有时灌区的作物种植比例已按规划确定，但灌区总的灌溉面积还须根据水源等条件决定，此时，可利用综合毛灌溉定额推求全灌区应发展的灌溉面积，即

$$A = \frac{W_{源}}{M_{综,毛}} \tag{1-36}$$

式中　A——全灌区可发展的灌溉面积，hm^2；

$W_{源}$——水源每年能供给的灌溉水量，m^3；

$M_{综,毛}$——全灌区综合毛灌溉定额，m^3/hm^2。

能力训练

一、基础知识能力训练

1. 农田水分存在有哪些形式？试述土壤水分的有效性。

2. 什么叫做田间持水率、凋萎系数？它们对农田灌溉有什么意义？

3. 常用哪些方法来表示土壤含水率？各种表示方法之间如何换算？

4. 作物干旱根据其产生原因有哪几种情况？各是如何产生的？

5. 什么叫做作物需水量、田间耗水量？二者有何区别？

6. 什么叫做作物需水模系数？

7. 估算作物田间需水量的常用方法有哪些？

8. 作物灌溉制度的含义及内容是什么？制定灌溉制度的方法有哪些？

9. 试写出水稻和旱作物水量平衡方程式，并分别说明各符号的含义。

10. 简述列表法制定灌溉制度的方法步骤。

11. 什么叫做灌水率？如何绘制灌水率图？其修正原则是什么？

12. 什么叫做灌溉用水量和灌溉用水流量？什么叫做净灌溉用水量？

13. 什么叫做灌溉水利用系数？

14. 什么叫做综合灌水定额？如何计算？

二、设计计算能力训练

1. 已知某干土块质量1.48 kg，现加入0.21 kg的水，土块的含水率是多少？若其田间持水率为25%（占干土质量的百分数），试问还要再加入多少水才能使它达到田间持水率？

2. 设某土壤田间持水率为28%（占干土质量的百分数），干密度为1 360 kg/m^3。当土壤含水率下降至17%时进行灌溉，问每亩地灌水多少立方米，才能使深为0.6 m范围内的土壤含水率达到田间持水率？

3. 水稻泡田定额的计算。

资料：(1)某水稻灌区土壤为黏壤土，0～30 cm土层的平均孔隙率（占土壤体积的百分数）为40.6%，泡田时土壤含水率占孔隙率的60%。

(2)双季早稻泡田期为4月14～24日。

(3)泡田期水面蒸发强度为3.5 mm/d，降雨量为9.5 mm，渗漏强度为2.0 mm/d。

(4)泡田期饱和土层深30 cm，泡田期末要求的田面水层深为20 mm。

要求：计算该灌区双季早稻的泡田定额。

4. 水稻灌溉制度的设计。

资料：(1)某灌区拟种植双季晚稻，设计年全生育期需水系数α为1.4，水面蒸发量$E_{80}=368.0$ mm，稻田渗漏量为1.5 mm/d。

(2)灌水方法采用浅灌深蓄。各生育阶段需水模系数，淹灌水层上、下限及雨后允许最大蓄水深度见表 1-20。

表 1-20　水稻各生育阶段需水模系数及适宜水层和允许最大蓄水深度

生育阶段	起止日期（月-日）	天数(d)	需水模系数（%）	适宜水层下限（mm）	适宜水层上限（mm）	雨后允许最大蓄水深(mm)
返青	08-01～07	7	7.1	20	50	60
分蘖	08-08～27	20	26.8	25	50	70
拔节—孕穗	08-28～09-19	23	26.2	25	60	80
抽穗—开花	09-20～29	10	10.9	30	60	100
乳熟	09-30～10-19	20	17.0	15	45	50
黄熟	10-20～11-05	17	12.0	0	30	

(3)设计年双季晚稻生育期内降雨量见表 1-21。

表 1-21　设计年双季晚稻生育期内的降雨量

日期(月-日)	08-02	08-09	08-31	09-02	09-04	09-05	09-08	09-15
降雨量(mm)	3.2	0.7	21.4	6.0	16.9	14.3	16.0	1.7
日期(月-日)	09-16	09-20	09-28	10-06	10-10	10-19	10-26	
降雨量(mm)	1.5	9.6	19.4	1.6	11.5	13.2	1.5	

(4)泡田定额为 80 m^3/亩，泡田期末(7 月 31 日)田面水层为 30 mm；分蘖期末要求晒田 5 d(8 月 23～27 日)，晒田后复水定额按 450 m^3/hm^2 计；收割前一周排水落干。

要求：用列表法推求水稻的灌溉制度。

5. 旱作物灌溉制度设计。

资料：(1)某灌区籽棉计划产量 2 250 kg/hm^2，根据相似地区试验资料，需水系数 $K=2.32\ m^3/kg$，各生育阶段的计划湿润层深度及需水模系数如表 1-22 所示。

表 1-22　棉花各生育阶段计划湿润层深度及需水模系数

生育阶段	起止日期(月-日)	需水模系数(%)	计划湿润层深度(m)
幼苗期	04-21～06-20	12.2	0.4
现蕾期	06-21～07-10	10.4	0.5
花铃期	07-11～08-20	36.7	0.6
吐絮期	08-21～10-31	40.7	0.7

(2)设计年 $P=75\%$ 的旬降雨量见表 1-23，降雨有效利用系数 $\alpha=1.0$。

(3)灌区土壤为黏壤土，0～80 cm 土层内的干密度为 $\rho_{干土}=1\ 450\ kg/m^3$，孔隙率为 $n=44.7\%$，田间持水率为 $\beta_{田}=24.1\%$(占干土质量的百分数)，允许最大含水率和最小含水率分别为 $\beta_{田}$ 和 $0.6\beta_{田}$。

(4)3 月下旬进行播前灌溉，灌水定额为 900 m^3/hm^2，4 月中旬播种，此时 0.4 m 土层内的含水率为 21.4%(占干土质量的百分数)，0.4 m 以下土层中的含水率保持在 $\beta_{田}$。

(5)地下水埋深 3～4 m，地下水补给量可忽略不计。

要求:用列表法制定棉花的灌溉制度。

表 1-23　设计年 $P=75\%$ 的旬降雨量

月	4			5			6			7			8			9			10		
旬	上	中	下	上	中	下	上	中	下	上	中	下	上	中	下	上	中	下	上	中	下
降雨量(mm)	0	0	9	6.5	5.5	0	0	0	0	25	10	30	38	45	0	37	9	0	18	0	0

6. 灌水率的计算和灌水率图的绘制与修正。

资料:①某灌区灌溉面积为 3 万 hm^2;②各种作物种植比例和灌溉制度见表 1-24。

要求:①计算灌水率;②绘制并修正灌水率图。

表 1-24　某灌区各种作物种植比例和灌溉制度

作物	种植比例(%)	灌水次序	灌水定额(m^3/hm^2)	灌水延续时间(d)	灌水中间日(月-日)
冬小麦	75	1	900	10	09-26
		2	600	10	03-24
		3	675	10	04-21
		4	600	10	05-15
棉花	25	1	675	8	04-01
		2	675	8	05-06
		3	675	8	06-25
		4	675	8	07-28
玉米	50	1	600	9	06-06
		2	675	9	06-21
		3	675	9	07-11
		4	600	9	08-20
谷子	25	1	750	7	06-05
		2	750	7	06-18
		3	750	7	07-15

7. 某水库灌区,水源来水量为 1 880 万 m^3,种植有小麦、玉米、棉花三种作物,种植比例分别为 60%、40%、30%,灌溉定额分别为 2 400 m^3/hm^2、2 100 m^3/hm^2、1 800 m^3/hm^2,现灌面积为 5 万亩,灌溉水利用系数为 0.6,问根据现有的水源条件还能扩灌多少面积?

第二章　地面灌水技术

学习目标

通过学习地面灌水质量评价方法、灌溉条件下土壤入渗规律，能够合理确定地面灌水的技术要素。

学习任务

1. 了解各种灌水技术的特点，能够根据不同地区的具体条件合理选取灌水方法。
2. 理解地面灌水质量评价指标体系，会进行地面灌水技术的评价。
3. 理解畦灌、沟灌的技术要素及相互关系，并能够合理确定地面灌水的技术要素。
4. 了解节水型地面灌溉技术。

第一节　灌水技术综述

灌水方法是指灌溉水进入田间并湿润植物根区土壤的方式与方法，即灌溉水湿润田面或田间土壤的形式。

而灌水技术则是指相应于某种灌水方法所必须采取的一系列科学措施，也就是所谓从田间渠道网或管道向需灌溉的田块配水的各种办法和措施。

一、灌水技术分类、优缺点及适用条件

按照灌溉水是否湿润整个农田、水输送到田间的方式和湿润土壤的方式，通常将灌溉分为全面灌溉与局部灌溉两大类。

（一）全面灌溉

全面灌溉即灌溉水湿润整个农田植物根系活动层内的土壤的灌溉，包括地面灌溉和喷灌两类。

1. 地面灌溉

地面灌溉是指灌溉水在田面流动的过程中，形成连续的薄水层或细小的水流，借重力和毛细管作用湿润土壤，或在田面建立一定深度的水层，借重力作用逐渐渗入土壤的一种灌水方法。

地面灌水技术具有田间工程简单、需要设备少、投资省、技术简单、操作方便、群众容易掌握、水头要求低、能耗少等优点，但存在易破坏土壤团粒结构、表土容易板结、水的利用率低、平整土地工作量大等缺点。它是最古老的，也是目前应用最广、最主要的一种灌水技术。按其湿润土壤的方式不同，可分为畦灌、沟灌、淹灌、波涌灌、长畦（沟）分段灌、水平畦灌等。

(1)畦灌。用田埂将灌溉土地分隔成一系列小畦,灌水时,将水引入畦田后,在畦田上形成很薄的水层,并沿畦长方向流动,在流动过程中主要借重力作用逐渐湿润土壤。适用于小麦等窄行密播植物以及牧草等的灌溉。

(2)沟灌。在植物行间开挖灌水沟,水从输水沟进入灌水沟后,在流动的过程中主要借毛细管作用湿润土壤。与畦灌比较,其明显的优点是不会破坏植物根部附近的土壤结构,不导致田面板结,能减少土壤蒸发损失,多雨季节还可以起排水作用。适用于宽行距的中耕植物。

(3)淹灌(又称格田灌溉)。用田埂将灌溉土地划分成许多格田,灌水时,使格田内保持一定深度的水层,借重力作用湿润土壤。主要适用于水稻。

(4)波涌灌(又称间歇灌溉)。是利用间歇阀向沟(畦)间歇地供水的技术。具有灌水均匀、灌水质量高、田面水流推进速度快、省水、节能、保肥、可实现自动控制等优点。适用于沟(畦)长度大、地面坡度平坦、透水性较好且含有一定黏粒的土质的灌溉。

(5)长畦(沟)分段灌。自下而上或自上而下依次逐段向短畦(沟内)里灌水。优点是节约水量、容易实现小定额灌水、灌水均匀、田间水有效利用率高、灌溉设施占地少、土地利用率高。适用于沟(畦)长度大、地面坡度平坦的灌溉。

(6)水平畦灌。是纵、横向地面坡度均为零时的畦田灌水技术。优点是田面非常平整、入畦流量大且能迅速布满整个田块、深层渗漏水量少、灌水均匀度及水的利用率高。适用于所有种类植物和各种土壤条件。

2. 喷灌

喷灌是利用专门设备将有压水送到需灌溉的地段并使水流喷射到空中散成细小的水滴,像天然降雨一样进行灌溉。其突出优点是对地形的适应性强、机械化程度高、灌水均匀、灌溉水利用系数高,尤其适用于透水性强的土壤,并可调节空气湿度和温度。但一次性基建投资较大,而且受风的影响大。比较适用于经济作物、蔬菜、果树、园林花卉植物等的灌溉。

(二)局部灌溉

灌溉水只湿润植物附近周围的土壤,其余远离植物根系的行间或棵间处的土壤仍保持干燥。为此常需要通过一套塑料管道系统,将水和植物所需要的养分直接准确地输送到植物根部附近,使植物根区的土壤经常保持适宜于植物生长的水分、通气和营养状况。这类灌水技术所需灌溉流量一般都比全面灌溉小得多,因此又称为微量灌溉,简称微灌。其主要优点是:灌水均匀,节约能量,灌水流量小;对土壤和地形的适应性强;能提高植物产量,增强耐盐能力;便于自动控制,明显节省劳力。主要适用于灌溉宽行植物、果树、瓜类等植物。

1. 滴灌

滴灌是将具有一定压力的灌溉水,通过管道和滴头把灌溉水滴入植物根部附近土壤的一种灌水方法。滴灌的突出优点是非常省水,自动化程度高,可以使土壤湿度始终保持在最优状态,它与地面灌溉相比,水果增产20% ~40%、蔬菜增产100% ~200%。其缺点主要是对水质要求高,滴头容易堵塞,需要有较多的设备和投资。把滴灌毛管布置在地膜下面,可基本上避免地面无效蒸发,称之为膜下滴灌,目前这种方法主要与地膜栽培技术结合起来进行实施。

2. 微喷灌(又称微型喷灌)

微喷灌是用很小的喷头(微喷头)将水喷洒在土壤表面,微喷头的工作压力与滴头差不多,但是它是在空中消散水流的能量。流量大一些,出流流速比滴头的出流流速大得多,则堵塞减少。主要适用于果树、蔬菜和园林花卉等的灌溉。

3. 渗灌

渗灌是利用修筑在地下的专门设施(地下管道系统)将灌溉水引入田间耕作层,借毛细管作用自下而上湿润土壤,所以又称地下灌溉。其优点主要是灌水质量好,不破坏土壤结构,蒸发损失少,少占耕地,便于机耕;但地表湿润差,不利于种子发芽及幼苗和浅根植物生长,地下管道造价高,容易堵塞,检修困难。

4. 涌泉灌溉

我国称其为小管出流灌溉,是通过安装在毛管上的涌水器而形成小股水流,以涌流方式进入土壤的灌水方法。它的流量比滴灌和微喷灌大,一般都超过土壤入渗速度。为防止产生地面径流,需在涌水器附近挖掘小的灌水坑以暂时储水。涌泉灌可避免灌水器堵塞。适用于水源较丰富的地区或林、果灌溉。

5. 膜上灌溉(也称覆膜地面灌溉)

膜上灌溉是在地膜栽培的基础上,不再另外增加投资,而利用地膜防渗并输送灌溉水流,同时又通过放苗孔、专门灌水孔或地膜幅间的窄缝等向土壤内渗水,以适时适量地供给植物所需要的水量,从而达到节水增产的目的。其优点是节水效果突出,与传统的沟畦灌比较,一般可节水30%~50%,最高可达70%;灌水质量明显提高,植物生态环境得到改善;增产效益显著等。凡是实行地膜种植的地方和植物都可以采用膜上灌技术,特别是高寒、干旱、早春缺水、蒸发量大、土壤保水差的地方,更适合推广使用膜上灌。其不足表现为容易造成白色污染,因此应尽可能采用可降解塑料薄膜。

上述灌水方法各有其优缺点,都有一定的适用范围,在选择时主要应考虑到作物、地形、土壤和水源等条件。对于水源缺乏地区应优先采用滴灌、渗灌、微喷灌和喷灌;在地形坡度较陡、地形复杂的地区及土壤透水性大的地区,应考虑采用喷灌;对于宽行作物可采用沟灌;密植作物则宜采用畦灌;果树和瓜类等可用滴灌;水稻主要采用淹灌;在地形平坦、土壤透水性不大的地方,为了节约投资,可考虑采用畦灌、沟灌或淹灌。各种灌水方法的适用条件见表2-1。

二、地面灌水技术质量评价指标

对灌水方法的要求是多方面的,先进而合理的灌水方法应满足以下几个方面的基本要求:

(1)灌水均匀。能保证将水按拟订的灌水定额灌到田间,而且使得每棵植物都可以得到相同的水量,常以均匀度来表示。

(2)灌溉水的利用率高。应使灌溉水都保持在植物可以吸收到的土壤里,尽量减少发生地面流失和深层渗漏,提高田间水利用系数(即灌水效率)。

(3)少破坏或不破坏土壤团粒结构,灌水后能使土壤保持疏松状态、表土不形成结壳,

表 2-1　各种灌水方法的适用条件

灌水方法		作物	地形	水源	土壤
地面灌溉	畦灌	密植作物(小麦、谷子等)、牧草、某些蔬菜	坡度均匀,坡度不超过2%	水量充足	中等透水性
	沟灌	宽行作物(棉花、玉米等)及某些蔬菜	坡度均匀,坡度不超过2% ~5%	水量充足	中等透水性
	淹灌	水稻	平坦或局部平坦	水量丰富	透水性小,盐碱土
	漫灌	牧草	较平坦	水量充足	中等透水性
喷灌		经济作物、蔬菜、果树	各种坡度均可,尤其适用于复杂地形	水量较少	适用于各种透水性,尤其是透水性大的土壤
渗灌		根系较深的作物	平坦	水量缺乏	透水性较小
滴灌		果树、瓜类、宽行作物	较平坦	水量极其缺乏	适用于各种透水性
微喷灌		果树、花卉、蔬菜	较平坦	水量缺乏	适用于各种透水性

以减少地表蒸发。

(4)便于和其他农业措施相结合。现代灌溉已发展到不仅应满足植物对水分的要求,而且还应满足植物对肥料及环境的要求。因此,现代灌水方法应当便于与施肥、施农药(杀虫剂、除莠剂等)、冲洗盐碱、调节田间小气候等相结合。此外,要有利于中耕、收获等农业操作,对田间交通的影响小。

(5)应有较高的劳动生产率,使得一个灌水员管理的面积最大。为此,所采用的灌水方法应便于实现机械化和自动化,使得管理所需要的人力最少。

(6)对地形的适应性强。应能适应各种地形坡度以及田间不很平坦的田块的灌溉,从而不会对土地平整提出过高的要求。

(7)基本建设投资与管理费用低,也要求能量消耗最少,便于大面积推广。

(8)田间占地少。有利于提高土地利用率,使得有更多的土地用于植物的栽培。

下面就其中最常用的三个指标作一简单介绍。

(一)田间灌溉水有效利用率

田间灌溉水有效利用率是指灌水后储存于计划湿润层内的水量(见图 2-1)与实际灌入田间的水量的比值,即

$$E_a = \frac{V_s}{V} = \frac{V_1 + V_4}{V_1 + V_2 + V_3 + V_4} \times 100\% \tag{2-1}$$

式中　E_a——田间灌溉水有效利用率(%);

V_s——灌溉后储存于计划湿润作物根系土壤区内的水量,m^3 或 mm;

V_1——作物有效利用的水量,即作物蒸腾量,m^3 或 mm;

V_2——深层渗漏损失水量,m^3 或 mm;

V_3——田间灌水径流流失水量,m^3 或 mm;

V_4——对于地面灌水方法,主要指作物植株之间的土壤蒸发量,m^3 或 mm;

V——输入田间实施灌水的总水量,m^3 或 mm。

灌溉水有效利用率表征灌溉水有效利用的程度,是评价灌水质量优劣的一个重要指标,根据《灌溉与排水工程设计规范》(GB 50288—99)的要求,灌溉水有效利用率 $E_a \geq$ 90%。

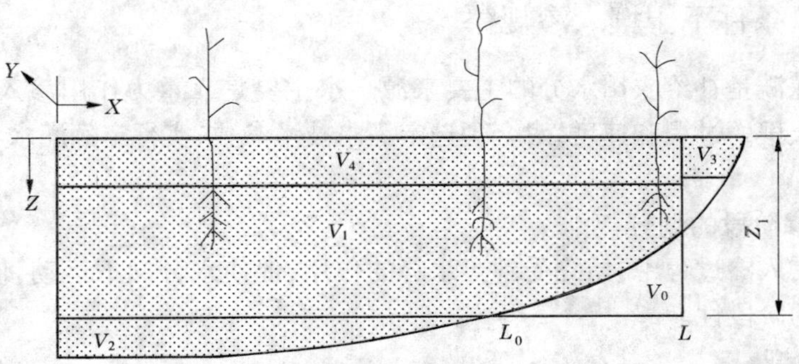

图 2-1　土壤入渗剖面湿润土层示意图

(二)田间灌溉水储存率

田间灌溉水储存率是指灌水后储存于计划湿润层内的水量与灌溉前计划湿润层内所需要的总水量的比值,即

$$E_s = \frac{V_s}{V_n} = \frac{V_1 + V_4}{V_1 + V_4 + V_0} \times 100\% \tag{2-2}$$

式中　E_s——田间灌溉水储存率(%);

V_n——灌水前计划湿润作物根系土壤区内所需要的总水量,m^3 或 mm;

V_0——灌水量不足区域所欠缺的水量,m^3 或 mm;

其他符号意义同前。

田间灌溉水储存率表征应用某种地面灌水方法、某项灌水技术实施灌水后,能满足计划湿润作物根系土壤区所需要水量的程度。

(三)田间灌水均匀度

田间灌水均匀度是指应用地面灌水方法实施灌水后,田间灌溉水湿润作物根系土壤区的均匀程度,或者田间灌溉水下渗湿润作物计划湿润土层深度的均匀程度,或者表征为田间灌溉水在田面上各点分布的均匀程度,通常用下述公式表示

$$E_d = \left(1 - \frac{\sum_{i=0}^{N} |Z_i - \overline{Z}|}{N\overline{Z}}\right) \times 100\% \tag{2-3}$$

式中　E_d——田间灌水均匀度(%);

Z_i——灌水后沿沟(畦)各测点土壤的入渗水量,m^3 或 mm;

$\overline{Z}$——灌水后沿沟(畦)各测点土壤的平均入渗水量,m^3 或 mm;

N——测点数目。

田间灌水均匀度表征灌水后田面各点受水的均匀程度，以及计划湿润层内入渗水量的均匀程度。对于地面灌溉，规范要求灌水均匀度 $E_d \geqslant 85\%$ 。

上述三项评价灌水质量的指标，必须同时使用才能较全面地分析和评价某种灌水技术的灌水效果。目前，农田灌水技术都选用 E_a 和 E_d 两个指标作为设计标准，而实施田间灌水则必须采用 E_a 、E_s 和 E_d 三个指标共同评价其灌水质量的好坏，单独使用其中的任一项都不能较全面和正确地判断田间灌水质量的优劣。

三、灌溉条件下土壤入渗规律

降雨和灌溉是补给农田水分的主要来源。水主要是靠重力作用渗入土壤的。因此，研究水渗入土壤的过程和速度，对合理选定灌水技术参数、实行定额灌水和计划用水具有重要的意义。

（一）入渗阶段的划分

灌溉水在入渗过程中，始终受到土水势的作用，促使水分向下运动，但在不同的时间表现出一定的阶段性。

1. *初渗阶段*

当开始下渗时，表土接受灌溉和降雨，由于土壤比较疏松干燥，孔隙率大，水力坡度大，因此下渗速度大，湿润锋前进速度快，湿润土层迅速增厚。

2. *稳渗阶段*

随着入渗时间增加，土壤湿润厚度增加，水力坡度减小，继续湿润的土壤比较密实，湿润锋前进速度变慢，当入渗进行到一定时间后，入渗速度趋近于常数，如图 2-2 所示。

（二）土壤渗吸速度和土壤渗吸总水量

土壤渗吸速度是指土壤未饱和时水的入渗速度，常以单位时间内入渗的水层厚度表示。它主要与土壤的颗粒组成、结构状况、初始含水率、孔隙率及耕作状况等因素有关。其渗吸过程如图 2-2 所示，图中 i_1 为第一个单位时间内的土壤平均入渗速度，i_t 为时间 t 时的渗吸速度，至一定时间 t_D 时土壤接近饱和，渗吸速度接近一个常数 i_D ，所以 i_D 为土壤的稳定渗吸速度，又叫土壤的渗透系数。

若将 $i \sim T$ 关系曲线画在对数纸上，则成为一条直线，如图 2-3 所示，该直线与横坐标轴线的夹角为 θ 。

设 $\tan\theta = \alpha$ ，根据正切函数的定义知

$$\tan\theta = \alpha = \frac{\lg i_1 - \lg i_t}{\lg t - \lg 1} = \frac{\lg i_1 - \lg i_t}{\lg t} \tag{2-4}$$

故

$$\alpha \lg t = \lg \frac{i_1}{i_t} \quad t^{\alpha} = \frac{i_1}{i_t} \tag{2-5}$$

由此可得出任一时刻时的土壤渗吸速度为

$$i_t = i_1 t^{-\alpha} \tag{2-6}$$

$$I_t = \int_0^t i_t \mathrm{d}t = \int_0^t \frac{i_1}{t^{\alpha}} \mathrm{d}t = \frac{i_1}{1 - \alpha} t^{1-\alpha} \tag{2-7}$$

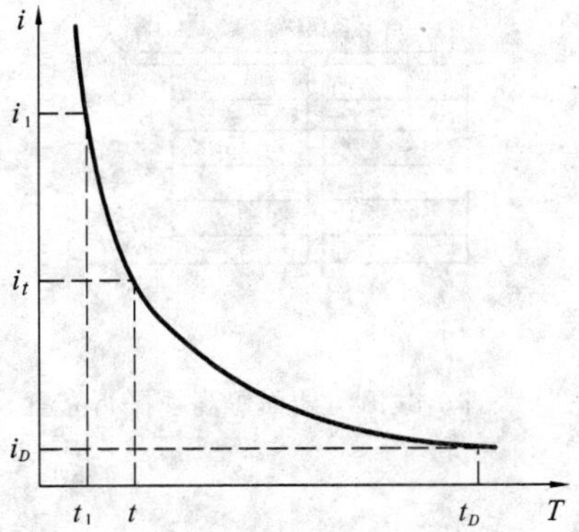

图 2-2　土壤渗吸速度过程示意图

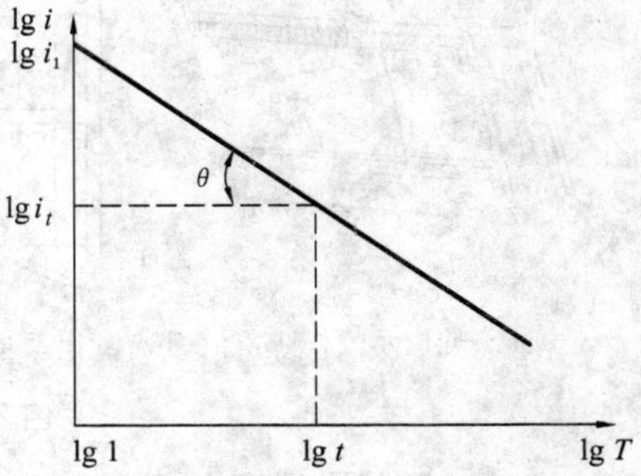

图 2-3　lg$i$ ~ lg$T$ 关系图

土壤渗吸速度常用土壤渗吸系数 K 来表示，所以式(2-6)和式(2-7)又可写为

$$K_t = K_1 t^{-\alpha} \tag{2-8}$$

$$I_t = \frac{K_1}{1-\alpha} t^{1-\alpha} \tag{2-9}$$

根据田间试验资料求得 K_1 及 α 值后，便可利用式(2-9)计算渗吸水量，并可绘出 I_t ~ T 关系曲线，以便确定达到某一灌水定额（以水层深度计）时所需的灌水时间 t 或在某一灌水时段 t 内的灌水量 I_t。

在 t 时段内的土壤平均渗吸速度为

$$\overline{K}_t = \frac{I_t}{t} = K_0 t^{-\alpha} \tag{2-10}$$

第二节　传统地面灌水技术

一、畦灌

畦灌技术要求使畦田首尾、左右的土壤湿润均匀，不冲刷田面土壤，因此在畦灌时要根据地面坡度、土地平整程度、土壤透水性能、农业机具等因素，合理布置畦田，选定适宜的畦田规格，控制入畦流量，确定放水时间等技术要素。

(一)畦田布置

畦田布置应主要依据地形条件，并结合考虑耕作方向，一般认为以南北方向布置为最好，但应保证畦田沿长边方向有一定的坡度。

根据地形坡度，畦田布置有两种形式，在南北方向地面坡度较平缓的情况下，通常沿地面坡度布置，也就是畦田的长边方向与地面等高线垂直，如图 2-4(b)所示。若土地平整较差，南北方向地面坡度较大，为减缓畦田内地面坡度，畦田也可与地面等高线斜交或基本上与地面等高线方向平行，如图 2-4(c)所示。

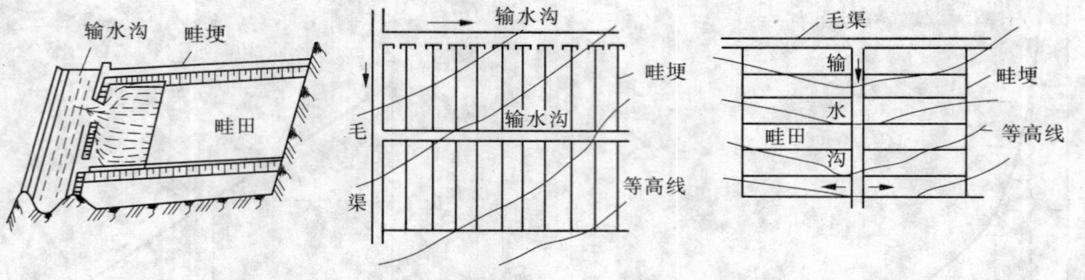

(a)畦田示意图　　(b)畦田与地面等高线垂直布置　　(c)畦田与地面等高线平行布置

图 2-4　畦田布置示意图

(二)畦灌技术要素

1. 畦田坡度

畦田通常沿地面最大坡度方向布置,适宜的畦田坡度一般为 0.002 ~ 0.005,坡度太小,水层流动困难,灌水时间长,土壤湿润不均匀;坡度太大,水流速度快,表土易受冲刷。当地面坡度较大时,可使畦田长边方向与地面坡向成一定角度,以免发生冲刷。

2. 畦长

畦长由畦田纵向坡度、土壤透水性、土地平整情况和农业技术措施等确定。畦长过大,畦首受水时间过长,从而使畦首灌水量过多,湿润不均匀,且浪费水量;畦长过小,修畦和浇地用工多。地面坡度大,土壤透水性弱时畦长可长些;反之应短些。一般自流灌区的畦长以 50 ~ 100 m 为宜。

3. 畦宽

畦宽主要取决于畦田的土壤性质和农业技术要求,以及农业机具的宽度。通常畦宽多按当地农业机具宽度整数倍确定,一般为 2 ~ 4 m。

4. 入畦流量

入畦流量以保证灌水均匀、不产生冲刷为原则,一般单宽流量控制在 3 ~ 8 L/(s·m),地面坡度大、土壤透水性差时,入畦流量应小些;反之,可适当大些。

5. 改水成数

为使畦田内的土壤湿润均匀和节省水量,应掌握好畦口的放水时间。在生产实践中,常采用及时封口的方法,即当水流到离畦尾还有一定的距离时,就封闭入水口,使畦内的水流继续向前移动,至畦尾时恰好全部渗入土壤,通常把封住畦口、停止向畦田放水时,畦内水流长度与畦长的比值叫改水成数,如“八成”改水,即水流到畦田长的 80% 时封口,以它作为控制畦口放水时间的依据。畦田的改水成数应根据畦长、畦田坡度、土壤透水性以及入畦流量和灌水定额等因素确定。

(三)畦灌灌水技术要素之间的关系

畦灌各灌水技术要素之间是相互联系、互相制约的。当入畦流量一定时,畦长与灌水延续时间成正比;而畦长一定时,则入畦流量与灌水延续时间成反比。它们之间的定量关系比较复杂,很难准确确定,一般可总结实际灌水经验或进行田间试验确定,也可根据下列关系分析研究确定。

(1)灌水时间 t 内的土壤渗吸总水量应与计划灌水定额 m 相等，即

$$m = I_t = K_0 t^{1-\alpha} \tag{2-11}$$

式中 t——灌水持续时间，h；

m——计划灌水定额，mm；

K_0——第一个单位时间内平均入渗速度，mm/h；

I_t——t 时间入渗到土壤中的水量，mm；

α——土壤入渗递减指数。

根据式(2-11)可以求得畦田的灌水延续时间 t 应为

$$t = \left(\frac{m}{K_0}\right)^{\frac{1}{1-\alpha}} \tag{2-12}$$

(2)进入畦田的总灌水量应与计划灌水量相等，即

$$3\ 600qt = mL \tag{2-13}$$

式中 q——入畦单宽流量，L/(s·m)；

L——畦长，m；

其他符号意义同前。

由式(2-13)可以根据选定的 q 和求出的 t 计算需要的畦长 L；也可先选定 L 计算出 q，再根据土壤性质和植物种植情况校核求出的 q 值。从式(2-13)中可知，在相同的土质、地面坡度和畦长情况下，入畦单宽流量的大小主要与灌水定额有关。一般来说，入畦单宽流量越小，灌水定额越大；入畦单宽流量越大，灌水定额越小。

畦灌技术要素可按表 2-2 选择。

表 2-2　畦灌技术要素

土壤透水性(m/h)	畦长(m)	畦田比降	单宽流量(L/(s·m))
强(>0.15)	60～100	>1/200	3～6
	50～70	1/200～1/500	5～6
	40～60	<1/500	5～8
中(0.10～0.15)	80～120	>1/200	3～5
	70～100	1/200～1/500	3～6
	50～70	<1/500	5～7
弱(<0.10)	100～150	>1/200	3～4
	80～100	1/200～1/500	3～4
	70～90	<1/500	4～5

【例 2-1】 某灌区冬小麦采用畦灌，畦长 70 m，畦宽 2.4 m。灌水定额为 750 m^3/hm^2，土壤为中壤土，透水性中等。第一个单位时间末的土壤渗吸速度为 2.5 mm/min，土壤入渗递减指数 $\alpha=0.5$。地面平整，灌水方向与等高线垂直，畦田纵坡为 0.002。试计算畦灌的灌水时间和入畦单宽流量。

解：(1)已知 $K_0=2.5$ mm/min $=150$ mm/h，$\alpha=0.5$，$m=750\ m^3/hm^2=75$ mm，代入式(2-12)可得单畦灌水时间和入畦单宽流量。

$$t = \left(\frac{m}{K_0}\right)^{\frac{1}{1-\alpha}} = \left(\frac{75}{150}\right)^{\frac{1}{1-0.5}} = 0.25(\mathrm{h}) = 15\ \mathrm{min}$$

(2)将 $t=0.25$ h,$m=75$ mm,$L=70$ m,代入式(2-13),可得入畦单宽流量为

$$q = \frac{75 \times 70}{3\ 600 \times 0.25} = 5.83(\mathrm{L/(s \cdot m)})$$

二、沟灌

(一)灌水沟的规格

1. 灌水沟间距

灌水沟的间距视土壤性质而定,其值与土壤两侧的湿润范围有关,如图 2-5 及表 2-3 所示,一般轻质土壤灌水沟的间距比较窄,而重质土壤沟距比较宽,在确定时,应结合植物的行距一起考虑。

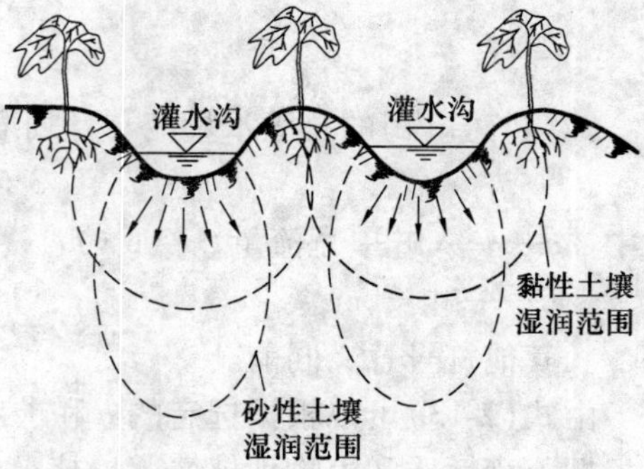

图 2-5　灌水沟土壤湿润示意图

2. 灌水沟坡度

灌水沟坡度一般要求为 0.005 ~ 0.02。为此,灌水沟一般沿地面坡度方向布置,若地面坡度较大,可以斜交等高线布置,使灌水沟获得适宜的比降。

表 2-3　不同土质条件下灌水沟间距

土质	轻质土壤	中质土壤	重质土壤
间距(cm)	50 ~ 60	65 ~ 75	75 ~ 80

3. 灌水沟长度

灌水沟的长度与土壤透水性、土地平整状况、入沟流量和地面坡度有直接关系。根据灌溉试验和生产经验,一般砂壤土的灌水沟长度可短一些,而黏性土壤的沟长可长些,蔬菜植物的灌水沟长度一般较短,农作物的灌水沟较长。沟灌技术要素可按表 2-4 选择。

表 2-4　沟灌技术要素

土壤透水性(m/h)	沟长(m)	沟底比降	入沟流量(L/s)
强(>0.15)	50 ~ 100	>1/200	0.7 ~ 1.0
	40 ~ 60	1/200 ~ 1/500	0.7 ~ 1.0
	30 ~ 40	<1/500	1.0 ~ 1.5
中(0.10 ~ 0.15)	70 ~ 100	>1/200	0.4 ~ 0.6
	60 ~ 90	1/200 ~ 1/500	0.6 ~ 0.8
	40 ~ 80	<1/500	0.6 ~ 1.0
弱(<0.10)	90 ~ 150	>1/200	0.2 ~ 0.4
	80 ~ 100	1/200 ~ 1/500	0.3 ~ 0.5
	60 ~ 80	<1/500	0.4 ~ 0.6

(二)沟灌灌水要素之间的关系

为了使灌水均匀,应合理确定沟长、入沟流量和放水时间等技术要素。与畦灌一样,沟灌的各项技术要素之间也是相互制约、相互影响的,关系比较复杂。一般常用灌水沟的水量平衡原理推求各技术要素之间的关系。

1. 封闭沟灌

灌水时入沟水流一直流到沟尾,水在流动过程中部分渗入土壤,而大部分水则在封口停止进水后蓄留在沟内继续入渗。适用于土壤透水性弱、坡度小于 0.002 的田地。这时各灌水技术参数之间的关系如下:

(1)计划灌水定额应等于在灌水时间内的渗入水量与灌水停止后沟中存蓄水量之和,其计算式为

$$maL = (b_0h + P_0\overline{K}_t t)L \tag{2-14}$$

$$h = \frac{ma - P_0\overline{K}_t t}{b_0} = \frac{ma - P_0 I_t}{b_0} \tag{2-15}$$

式中 h——灌水沟平均蓄水深度,m;

a——灌水沟的间距,m;

m——计划灌水定额,以水层深度计,m;

L——灌水沟的沟长,m;

b_0——灌水沟中的平均水面宽度,m,$b_0 = b + \varphi h$(b、φ 分别为灌水沟的底宽和边坡系数);

P_0——在时间 t 内灌水沟的平均有效湿润周长,m,$P_0 = b + 2\upsilon h\sqrt{1+\varphi^2}$($\upsilon$ 为借毛管作用沿沟的边坡向旁侧渗水的校正系数,土壤性能越好,系数越大,一般为 1.5 ~2.5);

t——灌水沟放水时间,h;

$\overline{K}_t$——t 时间内的土壤平均入渗速度,m/h;

I_t——在 t 时间内的入渗深度,m。

(2)沟长 L 与地面坡度 i 及沟中水深的关系,用下述计算式表示为

$$L = \frac{h_2 - h_1}{i} \tag{2-16}$$

式中 h_1——灌水停止时封闭灌水沟的沟首水深,m;

h_2——灌水停止时封闭灌水沟的沟尾水深,m;

L——灌水沟的沟长,m;

i——灌水沟的坡度(%)。

(3)灌水沟入沟流量与沟的土壤性质和沟的坡度有关。强透水性土壤入沟流量为 0.7 ~1.5 L/s,中等透水性土壤为 0.4 ~1 L/s,弱透水性土壤为 0.2 ~0.6 L/s,灌水沟的坡度大时取小值。

(4)当灌水沟的沟长 L 与入沟流量 q 已知时,灌水时间与其他灌水要素之间的关系为

$$qt = maL \tag{2-17}$$

$$t = \frac{maL}{q} \tag{2-18}$$

式中　q——灌水沟流量,L/s;

其他符号意义同前。

2. 流通沟灌

水流在流动过程中将全部水量渗入土壤,放水停止后,在沟中不形成积水。这时各灌水技术要素之间有如下关系:

(1)在灌水时间 t 内的入渗水量等于计划的灌水定额,即

$$maL = P_0\overline{K}_t tL = P_0K_0t^{1-\alpha}L \tag{2-19}$$

可求得灌水时间为

$$t = \left(\frac{ma}{K_0P_0}\right)^{\frac{1}{1-\alpha}} \tag{2-20}$$

式中　α——土壤入渗速度递减指数;

其他符号意义同前。

(2)灌水沟流量 q 一般为0.2~0.4 L/s,沟内水深不超过沟深的一半,为控制流量,灌水时沟口可用小管控制水流,由于流量小,沟内水流流动缓慢,湿润土壤主要靠毛细管作用,所以灌水分布均匀,节约水量。

(3)当入沟流量与灌水时间已知时,灌水沟长度 L 为

$$L = \frac{qt}{ma} \tag{2-21}$$

式中符号意义同前。

三、淹灌

淹灌要求格田有比较均匀的水层,为此要求格田地面坡度小于0.000 2,而且田面平整。格田的形状一般为长方形或方形,水稻区格田规格依地形、土壤、耕作条件而异。在平原地区,农渠和农沟之间的距离通常是格田的长度。沟渠相间布置时,格田长度一般为100~150 m;沟渠相邻布置时,格田长度一般为200~300 m。格田宽度则按田间管理要求而定,不要影响通风、透光,一般为15~20 m。在山丘地区的坡地上,格田长边沿等高线方向布置,以减少土地平整工作量,其长度应根据机耕要求而定;格田的宽度随地面坡度而定,坡度越大,格田越窄。

田埂可兼作道路的作用,田埂的高度一般为20~40 cm,顶宽为30~40 cm,边坡约为1:1。

冲洗和改良盐碱地,多采用长50~100 m、宽10~20 m、面积为15~45 hm^2 的格田,其田埂高度:黏土应大于30 cm,砂质土应大于40 cm。

格田应有独立的进水口,避免串灌串排,防止灌水或排水时彼此互相依赖、互相干扰,达到能按植物生长要求控制灌水和排水。格田灌水和排水时,均需修建专门的进水口和排水口。

第三节　节水型地面灌水技术

一、波涌灌

（一）波涌灌机理

传统的地面灌溉方式是连续向沟畦输入一定量的水流，直至该沟畦灌完，在水流推进过程中，由于沿程入渗，水量逐渐减少，但仍有一定流量维持到沟畦末端。而波涌灌溉则是以一定或变化的周期，循环、间断地向沟畦输水，即向两个或多个沟畦交替供水。当灌水由一个沟畦转向另一个沟畦时，先灌的沟畦处于停水落干的过程中，由于灌溉水的下渗，水在土壤中的再分配，使土壤导水性减少，土壤中黏粒膨胀，孔隙变小，田面被溶解土块的颗粒运移和重新排列所封堵、密实，形成一个光滑封闭的致密层，从而使田面糙率变小，土壤入渗减慢，因此水流推进速度相应变快，深层渗漏明显减少。

（二）波涌灌系统组成和类型

1. 波涌灌系统组成

波涌灌系统主要由水源、管道、多向阀或自动间歇阀、控制器等组成。

（1）水源。能按时按量供给植物需水，且符合水质要求的河流、塘库、井泉等均可作为波涌灌溉的水源。

（2）管道。含输水管和工作管，工作管为闸孔管，闸孔间距即灌水沟间距或畦宽，一般采用 PVC 管材。

（3）间歇阀。是波涌灌溉系统的关键设备，常用的有两种：一种是用水或空气开闭的，在压力作用下，皮囊膨胀，水流被堵死，卸压后皮囊收缩，阀门开启；另一种是用水或电自动开闭的阀门。

（4）控制器。大部分为电子控制器，可根据程序控制供水时间，一旦确定了输水总放水时间，它能自动定出周期放水时间和周期数，并控制间歇阀的开关，为实现灌溉自动化提供了条件。

2. 波涌灌溉系统类型

根据管道布置方式的不同，将波涌灌溉系统分为双管系统和单管系统两类。

（1）双管系统。双管波涌灌田间灌水系统如图 2-6 所示，一般通过埋在地下的暗管管道把水输送到田间，再通过阀门和竖管与地面上带有阀门的管道相连。这种阀门可以自动地在两组管道间开关水流，故称双管。通过控制两组间的水流可以实现间歇供水。当这两组灌水沟结束灌水后，灌水工作人员可将全部水流引到另一放水竖管处，进行下一组波涌灌水沟的灌水。对已具备低压输水管网的地方，采用这种方式较为理想。

（2）单管系统。单管波涌灌田间灌水系统通常是由一条单独带阀门的管道与供水处相连接（故称单管），管道上的各出水口则通过低水压、低气压或电子阀控制，而这些阀门均以一字形排列，并由一个控制器控制这个系统，如图 2-7 所示。

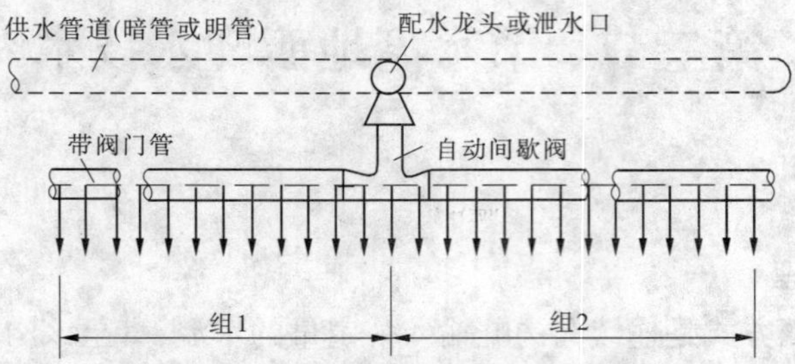

图 2-6　双管波涌灌田间灌水系统示意图

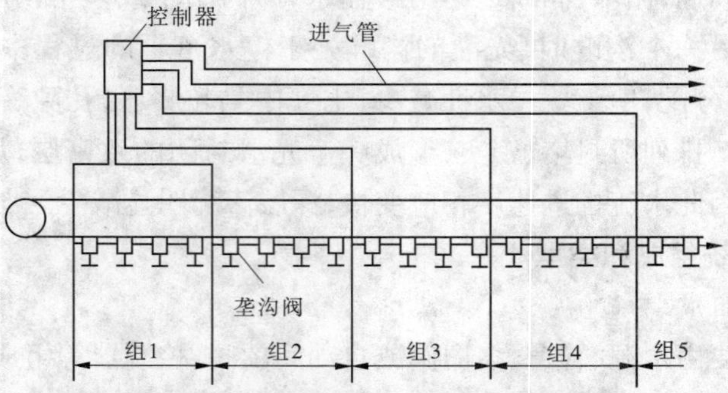

图 2-7　单管波涌灌田间灌水系统示意图

(三)波涌灌技术要素

波涌灌技术要素直接影响灌水质量,应根据地形、土壤情况合理选定。

1. 周期和周期数

一个放水和停水过程称为周期,周期时间即放水、停水时间之和,停放水的次数称为周期数。当畦长大于 200 m 时,周期数以 3 ~4 个为宜;当畦长小于等于 200 m 时,周期数以2 ~3 个为宜。

2. 放水时间和停水时间

放水时间包括周期放水时间和总放水时间,周期放水时间指一个周期向灌水沟畦供水的时间;总放水时间指完成灌水组灌水的实际时间,为各周期放水时间之和,其值根据灌水经验估算,一般为连续灌水时间的 65% ~90% 。畦田较长、入畦流量较大时取大值。

停水时间是两次放水之间的间歇时间,一般等于放水时间,也可大于放水时间。

3. 循环率

循环率是周期放水时间与周期时间之比值。循环率应以在停水期间田面水流消退完毕并形成致密层,以降低土壤入渗能力和便于灌水管理为原则进行确定。循环率过小,间歇时间过长,田面可能发生龟裂而使入渗率增大;循环率过大,间歇时间过短,田面不能形成减渗层,波涌灌溉的优点难以发挥,循环率一般取 1/2 或 1/3。

4. 放水流量

放水流量指入畦流量,一般由水源、灌溉季节、田面和土壤状况确定。流量越大,田面流速越大,水流推进距离越长,灌水效率越高,但流量过大会对土壤产生冲刷,故应综合考虑。

表2-5、表2-6列出了陕西省泾惠渠灌区波涌畦灌实施方案，可供设计时参考。

二、小畦“三改”灌水技术

小畦“三改”灌水技术，即“长畦改短畦、宽畦改窄畦、大畦改小畦”的灌水方法，其关键是使灌溉水在田间分布均匀，节约灌溉时间，减少灌溉水的流失，从而促进作物健壮生长，增产节水。

表2-5 陕西泾惠灌区清水波涌畦灌灌水实施方案(一)

(适宜植物头水灌溉)

畦长(m)	坡降(‰)	单宽流量(L/(s·m))	周期数	循环率
160	2	10~12	2	1/2
	3~4	8~10	2	1/2或1/3
	5	4~8	2	1/3
240	2	12~14	3	1/3
	3~4	10~13	3	1/2或1/3
	5	6~10	3	1/2
320	2	12~14	3或4	1/3
	3~4	10~12	3	1/2或1/3
	5	8~10	3	1/2

表2-6 陕西泾惠灌区清水波涌畦灌灌水实施方案(二)

(适宜植物非头水灌溉)

畦长(m)	坡降(‰)	单宽流量(L/(s·m))	周期数	循环率
160	2	6~8	2	1/2
	3~4	4~6	2	1/2或1/3
	5	3~5	2	1/3
240	2	8~10	3	1/3
	3~4	6~8	3	1/2或1/3
	5	4~6	3	1/2
320	2	10~12	3或4	1/3
	3~4	8~10	3	1/2或1/3
	5	6~8	3	1/2

(一)小畦灌的技术要点

小畦灌灌水技术的要点是确定合理的畦长、畦宽和入畦单宽流量。小畦灌“三改”灌水技术的畦田宽度：自流灌区以2~3 m为宜，机井提水灌区以1~2 m为宜。地面坡度在1/400~1/1 000范围时，单宽流量为3~5 L/s，灌水定额为300~675 m^3/hm^2。畦长：自流灌区以30~50 m为宜，最长不超过80 m；机井和高扬程提水灌区以30 m左右为宜。畦埂高度一般为0.2~0.3 m，底宽为0.4 m左右，田头埂和路边埂可适当加宽培厚。

(二)小畦灌的优点

(1)节约水量，易于实现小定额灌水。大量试验证明，灌水定额随着畦长的增加而增大，因此减小畦长可以降低灌水定额，达到节水的目的。

(2)灌水均匀,灌溉质量高。由于畦田小,水流比较集中,易于控制水量;水流推进速度快,畦田不同位置持水时间接近,入渗比较均匀;能够防止畦田首部的深层渗漏,提高田间水的有效利用率。另外,由于灌水定额小,可防止灌区地下水位上升,预防土壤沼泽化和盐碱化发生。

(3)减轻土壤冲刷和土壤板结,减少土壤养分淋失。传统的畦灌畦田大而长,要求入畦单宽流量和灌水量大,容易导致严重冲刷土壤,使土壤养分随深层渗漏而损失。因此,小畦灌有利于保持土壤结构,保持土壤肥力,促进作物生长,增加产量。

三、长畦分段灌

长畦分段灌可将长畦分成若干个没有横向畦埂的短畦,以减少畦埂。长畦分段灌布置示意图如图 2-8 所示。

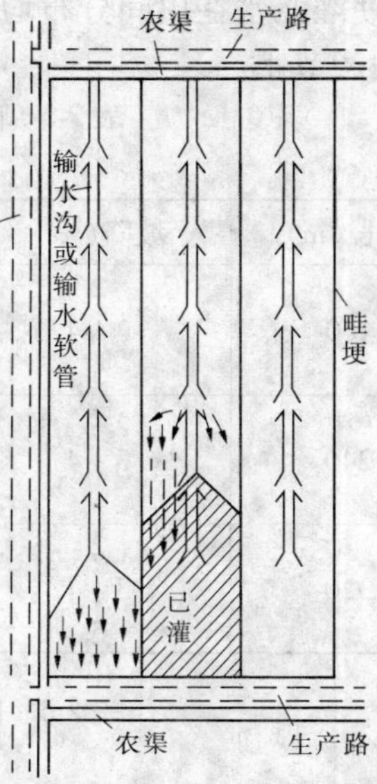

图 2-8　长畦分段灌示意图

(一)长畦分段灌的技术要素

长畦分段灌的畦宽可以宽至 5 ~ 10 m,畦长可达 200 m 以上,一般为 100 ~ 400 m。但其单宽流量并不增大,这种灌水技术的要求是正确地确定入畦灌水流量、侧向分段开口的间距(即短畦长度与间距)和分段改水时间或改水成数。单宽流量和改水成数的确定参考畦灌有关方法确定。因此,长畦分段灌灌水技术主要是确定侧向分段开口的间距。

根据水量平衡原理及畦灌水流运动基本规律,在满足计划灌水定额和十成改水的条件下,分段开口间距的基本计算公式如下:

对于有坡畦灌

$$L_0 = \frac{40q}{1+\beta_0}\left(\frac{1.5m}{K_0}\right)^{\frac{1}{1-\alpha}} \tag{2-22}$$

对于水平畦灌

$$L_0 = \frac{40q}{m}\left(\frac{1.5m}{K_0}\right)^{\frac{1}{1-\alpha}} \tag{2-23}$$

式中　L_0——分段进水口间距,m;

q——入畦单宽流量,L/(s · m);

m——灌水定额,m^3/亩;

K_0——第一个单位时间内平均入渗速度,mm/min;

α——入渗递减指数;

β_0——地面水流消退历时与水流推进历时的比值,一般 $\beta_0 = 0.8 \sim 1.2$。

(二)长畦分段灌的优点

正确应用长畦分段灌能达到省水、省地、灌水均匀度高、灌水有效利用率高的目的,具有以下优点:

(1)节水。长畦分段灌技术可以实现灌水定额450 m^3/hm^2 左右的低定额灌水,灌水均匀度、田间灌水储存率和田间灌水有效利用率均超过80% ~85%,且随畦长而增加,与畦长相等的常规畦灌方法比较,可节水40% ~60%。

(2)省地。灌溉设施占地少,可以省去1~2级田间输水渠沟。

(3)适应性强。与常规畦灌方法相比,可以灵活适应地面坡度、糙率和种植作物的变化,可以采用较小的单宽流量,减小土壤冲刷。

(4)易于推广。该技术投资少,节约能源,管理费用低,技术操作简单,易于推广应用。

(5)便于田间耕作。田间无横向畦埂或渠沟,方便机耕和采用其他先进的耕作方法,有利于增产。

四、宽浅式畦沟结合灌水技术

宽浅式畦沟结合灌水技术是一种适应间作套种或立体栽培作物"二密一稀"种植的灌水畦与灌水沟相结合的灌水技术。近年来,通过试验和推广应用,已证实这是一项高产、节水、低成本的优良节水灌溉技术。

(一)宽浅式畦沟结合灌水技术的应用

(1)畦田和灌水沟相间交替更换,畦田面宽为0.4 m,可以种植两行小麦(二密),行距0.1~0.2 m。

(2)小麦播种于畦田后可用常规畦灌或长畦分段灌灌水技术进行灌溉,如图2-9(a)所示。

(3)小麦乳熟期,每隔两行小麦开挖浅沟,套种一行玉米(一稀),套种玉米的行距为0.9 m。在此期间,土壤水分不足,可利用浅沟灌水,为玉米播种和发芽出苗提供良好的土壤水分条件,见图2-9(b)。

(4)小麦收获后玉米已近拔节期,可在小麦收割后的空白畦田田面处开挖灌水沟,并结合玉米中耕培土,把挖出的畦田田面上的土覆在玉米根部,形成垄梁及灌水沟沟埂,而原来的畦田田面则成为灌水沟沟底,见图2-9(c)。灌水沟的间距正好是玉米的行距,灌水沟的上口宽则为0.5 m。这样既能牢固玉米根部、防止倒伏,又能多蓄水分、增强耐旱能力。

宽浅式畦沟结合灌水方法,最适宜遭遇天气干旱时,采用"未割先浇"技术,以一水促两料作物。

(二)宽浅式畦沟结合灌水技术的优点

(1)节水,灌水均匀度高。一般灌水定额为525 m^3/hm^2 左右,而且玉米全生育期灌水次数比一般玉米地减少1~2次,耐旱时间较长。

(2)有利于保持土壤结构。灌溉水流入浅沟后,就由浅沟沟壁向畦田土壤侧渗湿润土壤,对土壤结构破坏小,蓄水保墒效果好。

(3)能促使玉米早播,解决小麦和玉米两茬作物"争水、争时、争劳"的尖锐矛盾和随后秋夏两茬作物"迟种迟收"的恶性循环问题。

(4)施肥集中,养分利用充分,有利于两茬作物获得稳产、高产。

(5)通风透光好,培土厚,作物抗倒伏能力强。

这是我国北方广大旱作物灌区值得推广的节水灌溉技术。但该技术也存在一定的缺点，即田间沟、畦多，沟和畦要轮番交替更换，劳动强度较大，比较费工，抗倒伏能力强。

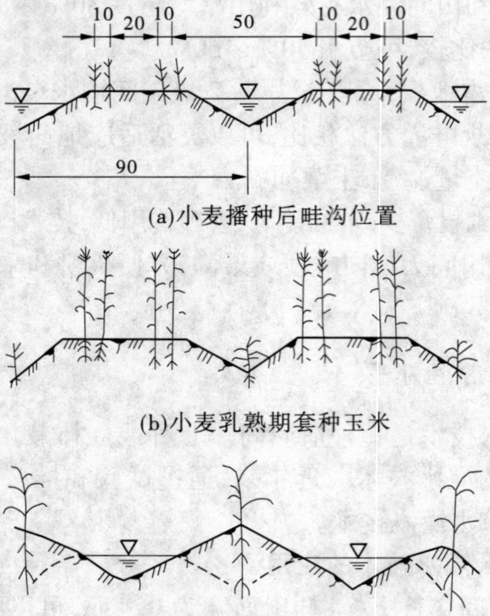

(a)小麦播种后畦沟位置

(b)小麦乳熟期套种玉米

(c)小麦收获后开沟培土

图 2-9　宽浅式畦沟结合灌水示意图　（单位：cm）

能力训练

一、基础知识能力训练

1. 何谓灌溉水有效利用率？
2. 灌溉水储存率的真实含义是什么？
3. 如何理解灌水均匀度？
4. 畦灌灌水技术要素主要有哪些？
5. 单宽流量的实际意义是什么？
6. 如何理解改水成数的实际意义？
7. 沟灌灌水技术要素主要有哪些？
8. 长畦分段灌溉的适用条件是什么？

二、设计计算能力训练

资料：(1)某灌区对冬小麦进行畦灌，灌水定额为 750 m^3/hm^2。

(2)灌区土壤为中黏壤土，透水性中等，第一个单位时间内土壤的平均渗吸速度为 13 cm/h，土壤入渗递减指数 $\alpha=0.5$。

(3)田面平整，畦田沿地面最大坡向布置，纵坡为 0.002 5。

要求：①确定畦宽和畦长；②计算畦灌的灌水时间和入畦单宽流量。

第三章　灌溉水源及取引水工程技术

学习目标

通过学习灌溉水源的类型、灌溉对水源的要求、取水方式、引水工程水利计算等内容，能够根据灌溉水源合理地选择取水方式，并能进行引水灌溉工程的水利计算。

学习任务

1. 学习灌溉水源的类型、灌溉对水源的要求，能合理选择灌溉水源。

2. 掌握各种灌溉取水方式的适用条件，能合理选择灌溉取水方式及引水口位置。

3. 掌握引水灌溉工程的水利计算方法，能够合理确定设计年并能进行引水工程的水利计算。

第一节　灌溉水源

灌溉水源是指天然资源中可用于灌溉的水体，主要有河川径流、当地地面径流、地下径流以及城市污水，目前大量利用的是河川径流及当地地面径流，地下径流也被广泛开采应用。随着现代工业的发展和城市的扩大，可用于灌溉的城市污水和灌溉回归水也逐步成为灌溉水源的一个组成部分。为了扩大灌溉面积和提高农业灌溉保证程度，必须充分利用各种灌溉水源，将地表水、地下水、城市污水和灌溉回归水等综合开发利用，实现水资源的可持续利用和农业的持续发展。

一、灌溉水源的主要类型

（一）地表灌溉水源

地表水包括河川径流、湖泊以及在汇流过程中由水库、塘坝等拦蓄起来的地面径流。我国多年平均河川径流量为27 115亿m^3，相当于全球年径流总量的5.8%，但因我国幅员辽阔、人口众多，每人年平均水资源占有量只有2 200 m^3，相当于世界人均占有量的1/4，每公顷耕地平均占有水资源量21 622 m^3，相当于世界平均水平的1/2左右。2003年全国用水量为5 320亿m^3，其中农业用水量为3 096.4亿m^3，占全国用水量的58.2%。我国用全世界5.8%的水资源和7.2%的耕地，养育了全球1/5左右的人口，可见我国水资源并不丰沛，在扩大水源的同时，必须合理调配各种灌溉水源，高效利用。

我国灌溉水源可利用的水量在时程上的分布很不均匀，年内径流量一般有50%～70%集中在夏秋4个月份，河川径流的这一特点表明调蓄径流以丰补歉是很有必要的。

我国灌溉水源的水量在地区上的分布也极不均衡，南方水多，北方水少，沿海地区水量较充裕，内陆地区则水量不足，如表3-1所示。水资源和土地资源在地域上分布不协调，表明利用灌溉水源时，实行跨地区调水具有实际意义。我国在流域之间实行水量调剂，已有许多成功的实例，如引滦入津、引黄济青、引大入秦等，目前正在实施的南水北调工程，即将长江流域的水北调到缺水严重的海河流域。地区之间以及各省范围的水量调剂则有更多的实例。有些大型灌溉系统本身就是一项水量调剂的工程设施，兼有输水至其他地区的功能。

表 3-1　我国主要河流水资源分布

流域	河川径流（亿 m^3）	人口（万人）	耕地（万 hm^2）	人均水量（m^3）	单位耕地面积水量（m^3/hm^2）
松花江	742	5 112	1 044	1 451	7 107
辽河	148	3 400	443	435	3 341
海滦河	288	10 987	1 130	262	2 549
黄河	661	9 233	1 216	716	5 436
淮河	622	14 169	1 230	439	5 057
长江	9 513	37 972	2 345	2 505	40 567
珠江	3 360	8 202	469	4 097	71 642

对于地面水源来说，以河流为主要灌溉水源时，主要是分析研究年径流总量、年际变化规律与年内变化规律、年径流量的分布过程及统计规律，还要进行现状及规划年可引水量分析。以水库为主要灌溉水源时，需要分析不同代表年水库可蓄水量、可供水量，进行水库径流调节计算。

天然条件下灌溉水源的具体情况，一般均与灌溉用水的要求存在一定差距，无论是总量或年内时程分配都会出现这种现象。利用或选择灌溉水源时，就要弄清楚这种差距，以便据此确定必要的工程技术设施。

（二）地下灌溉水源

埋藏在土壤、岩石的孔隙和溶隙中各种不同形式的水统称为地下水。根据埋藏深度和存在形式，分为浅层地下水和深层地下水两类。开发利用地下水时，应优先开采浅层水，严格控制开采深层水。浅层地下水的主要补给来源是降水，其他有河渠、坑塘等地表水渗漏补给和开采区以外侧向补给等。由于其埋藏较浅，补给容易、便于开采及供水相对稳定，是较好的灌溉水源。平原地区的深层地下水，是亿万年前地质构造作用下形成的，补给量很少，开采后不易恢复和补偿，仅能作为非常干旱年份的后备水源并须严格控制、限量开采。

地下水开采主要集中在北方松辽河、海河、淮河、黄河、内陆河等 5 个流域，近 10 多年来的持续干旱已造成这些地区地下水的过度开采，2000 年地下水开采量为 930 亿 m^3，占全国地下水开采量的 87%。所以，尤其是北方及西北干旱地区必须集约利用水资源，不致使地下水位再继续下降。

地下水作为水资源时，主要分析地下储存量及补给来源、埋藏深度、可能出水量及开采条件。

开发灌区前，首先要选择好灌溉水源。选择灌溉水源时，要对当地水资源位置、水量、水质以及水位条件进行研究，在供需水量平衡计算的基础上，制定利用灌溉水源的方案。

（三）雨水集蓄

雨水集蓄是指在干旱、半干旱及其他缺水（或季节性缺水）地区，将规划区内及周围的降雨进行汇集、储存，以便作为该地区水源并加以有效利用的一种行为，由此而兴建的一系列水利工程则称为雨水集蓄工程或集雨工程。雨水在转化成地表水和地下水的过程中，有70%左右的雨水流失或蒸发掉了，因此雨水利用潜力巨大。

雨水作为灌溉水源的主要目的是进行灌溉用水的时空调节，如我国西北黄土高原丘陵区及华北干旱缺水山丘区，多年平均降雨量仅为250～600 mm，且60%集中在7～9月，与作物需水期严重错位。西南干旱地区，尽管年降雨量达到800～1 200 mm，但85%集中在夏、秋两季，且这些地区河谷深切、地下水埋藏深、耕地和农民居住分散，水资源开发难度大，不具备修建大型水利工程的条件等。在上述地区，如山区或半山区，可利用自然集雨场充足、蓄集地表径流效率高的特点，修建小规模集水工程，如修筑水平梯田、隔坡梯田、水平沟、鱼鳞坑、小塘坝、水池、水窖等。平原地区可借助地下水窖、集流场、平原水库等集流工程收集雨水。雨水集蓄的利用是这些地区农业和区域经济可持续发展的有效途径之一。

甘肃实施“121”工程，即在干旱地区每一户修建2眼储水30～50 m^3 的水窖，发展1亩庭院经济作物。内蒙古的“112”工程，要求每户修建1眼水窖，发展2亩坐水灌或节水灌溉农业，取得了良好的效果。

雨水作为灌溉水源，应考虑当地气象条件、集流场工程、集流材料与雨水集流效率，以及雨水拦蓄后的蓄存设施。

（四）劣质水开发利用

劣质水也称非常规水资源，一般包括污废水（城镇生活污废水、工业污废水）、微咸水（矿化度在1～3 g/L）和灌溉回归水等。在常规水资源不能满足工农业与生活用水需要时，发挥微咸水、污废水在农业灌溉中的作用，是解决农业灌溉用水的方法之一。

在劣质水灌溉方面，我国研究自20世纪40年代起，1972年后进入迅速发展阶段。劣质水用于农田灌溉：一方面，可以缓解当地的农业水资源紧缺矛盾；另一方面，由于污水中含有丰富的氮、磷、钾等营养元素，为作物生长所必需。目前，全国可用于污水灌溉的污水有300多亿t，污水灌溉面积达139.87万 hm^2。可利用的微咸水资源为200亿 m^3/a，其中华北地区微咸水资源量23亿 m^3/a。

生活废水主要包括粪便水和各种洗涤水，一般生活废水量为0.11～0.12 m^3/(人·d)。用做农田灌溉的生活废水是经过二级处理过的低浓度生活废水。工矿企业排放的废水污染物繁多，成分复杂，必须经过严格净化处理达到灌溉水质标准后，才能用于灌溉种植非直接食用作物的农田。

用微咸水灌溉时，可根据土壤积盐状况、农作物不同生育期耐盐能力，直接利用微咸水或微咸水和淡水掺混使用。但应特别注意掌握灌水时间、灌水量、灌水次数，同时与农业耕作栽培措施密切配合，防止土壤盐碱化。

灌溉回归水指灌区渠系和田间漏水、退水、跑水产生的回归水，可收集起来重复利用或作为下游灌溉水源。但使用之前，要化验确认其水质是否符合灌溉水质标准。

劣质水灌溉时，应制定科学的灌溉计划，结合淡水灌溉或雨季同时进行，尽量减少污水灌溉引起的环境问题。同时，进行长期的土壤质地、作物品质、地下水质等生态环境指标监测，防止生态恶化。

(五)不同水源的联合运用

水资源源于天然降水，降水产生地表径流，入渗地下形成土壤水和地下水。通过地表水、土壤水、地下水的合理调控，最大限度地把天然降水转化为可用的灌溉水资源，这是合理调控水资源的目标和出发点。在井灌区和井渠结合灌区，实现这个目标的关键是采取适宜的技术措施，调控地下水埋深在适宜的动态范围，这样能够减少潜水蒸发，增大降雨入渗，减少径流损失。调控的基本途径是井渠结合，地表水、地下水联合运用。

1.拦蓄降雨径流及汛后河水回补地下水源

在靠井灌而没有固定渠灌水源的地区，要把汛期多余的降雨径流及汛后河水回灌地下补源。具体做法是：①汛期雨季来临前多用地下水灌溉，腾出地下水库容，等到雨季到来时，大量降雨径流可以回补地下水；②汛期用井灌，汛后引河补源；③非灌溉季节引水蓄存于沟、渠、坑、塘回补地下水。

2.井渠结合，联合运用水资源

在有条件开发地下水的河水灌区，要井渠并用，优化调度和联合运用水资源。调度的核心是在稳定地下水位的前提下，确定在引进一定的地表水量的条件下所能开采的地下水量，或确定在开采一定地下水量的条件下应引进的地表水量。

二、灌溉对水源的要求

(一)灌溉对水源水质的要求

灌溉水质是水的化学、物理性状和水中含有固体物质的成分和数量。对灌溉水质的要求主要有以下几个方面。

1.灌溉水的水温

水温对农作物的生长影响颇大：水温偏低，对作物的生长起抑制作用；水温过高，会降低水中溶解氧的含量并提高水中有毒物质的毒性，妨碍或破坏作物、鱼类的正常生长和生活。因此，灌溉水要有适宜的水温。麦类根系生长的适宜温度一般为15～20 ℃，最低允许温度为2 ℃；水稻田灌溉水温为15～35 ℃；一般井泉水及水库底层水温偏低，不宜直接灌溉水稻等作物，可通过水库分层取水、延长输水路程，实行迂回灌溉等措施，以提高灌溉水温。

2.水中的含沙量

灌溉对水中泥沙的要求主要指泥沙的数量和组成。粒径小的具有一定肥分，送入田间对作物生长有利，但过量输入会影响土壤的通气性，不利作物生长；粒径过大的泥沙不宜入渠，以免淤积渠道，更不宜送入田间。一般认为，灌溉水中粒径小于0.001～0.005 mm的泥沙颗粒，含有较丰富的养分，可以随水入田；粒径为0.005～0.1 mm的泥沙，可少量输入田间；粒径大于0.1～0.15 mm的泥沙，一般不允许入渠。

3.水中的盐类

鉴于作物耐盐能力有一定的限度，灌溉水的含盐量(或称矿化度)应不超过许可浓度。含盐浓度过高，使作物根系吸水困难，形成枯萎现象，还会抑制作物正常的生理过程，如光合作用等。此外，还会促进土壤盐碱化的发展。灌溉水的允许含盐量一般应小于2 g/L。土壤透水性能和排水条件好的情况，可允许矿化度略高；反之应降低。含有钙盐的灌溉水，由于危害不大，其矿化度可较高。含有钠盐的，一般要求其允许含盐量是：Na_2CO_3 应小于 1 g/L，NaCl 应小于 2 g/L，Na_2SO_4 应小于 3 g/L。如果灌溉水含盐量过高，可以采取咸淡水交替灌溉，或咸淡水混合后灌溉。

4. 水中的有害物质

灌溉水中含有的某些重金属（如汞、铬、铅和非金属砷以及氰和氟等）元素，是有毒性的。这些有毒物质，有的可直接使灌溉过的作物、饮用过的人畜或生活在其中的鱼类中毒，有的可在生物体摄取这种水分后经过食物链的放大作用，逐渐在较高级生物体内成千百倍地富集起来，造成慢性累积性中毒。因此，灌溉用水对有毒物质的含量需有严格的限制。

污水中含有各种有机化合物，若用于灌溉，有些是无毒的，如碳水化合物、蛋白质、脂肪等；有些则是有毒的，如酚、醛、农药等。这些有机化合物在微生物的作用下最终都分解成简单的无机物质，即 CO_2 和 H_2O 等。这就是水中的生物化学过程，在这一过程中需要消耗大量的氧，这势必导致缺氧以致脱氧，从而对作物生长、鱼类的正常生活产生不良影响。因此，适宜的灌溉水质对生化需氧量要有一定的限制。含有病原体的水不能直接灌入农田，尤其不能用于生食蔬菜的灌溉。

总之，对灌溉水源的水质必须进行化验分析，要求符合我国的《农田灌溉水质标准》（GB 5084—2005）的农田灌溉用水水质基本控制项目标准值（见表 3-2）和农田灌溉用水水质选择性控制项目标准值（见表 3-3）。不符合上述标准的，应设立沉淀池或氧化池等，经过沉淀、氧化和消毒处理后，才能用来灌溉。

表 3-2　农田灌溉用水水质基本控制项目标准值

序号	项目类别		作物种类		
			水作	旱作	蔬菜
1	五日生化需氧量（mg/L）	≤	60	100	40[a]，15[b]
2	化学需氧量（mg/L）	≤	150	200	100[a]，60[b]
3	悬浮物（mg/L）	≤	80	100	60[a]，15[b]
4	阴离子表面活性剂（mg/L）	≤	5	8	5
5	水温（℃）	≤	35		
6	pH		5.5～8.5		
7	全盐量（mg/L）	≤	1 000[c]（非盐碱土地区），2 000[c]（盐碱土地区）		
8	氯化物（mg/L）	≤	350		
9	硫化物（mg/L）	≤	1		
10	总汞（mg/L）	≤	0.001		
11	镉（mg/L）	≤	0.01		
12	总砷（mg/L）	≤	0.05	0.1	0.05
13	铬（六价）（mg/L）	≤	0.1		
14	铅（mg/L）	≤	0.2		
15	粪大肠菌群数（个/100 mL）	≤	4 000	4 000	2 000[a]，1 000[b]
16	蛔虫卵数（个/L）	≤	2		2[a]，1[b]

注：a 表示加工、烹调及去皮蔬菜；

b 表示生食类蔬菜、瓜类和草本水果；

c 表示具有一定的水利灌排设施，能保证一定的排水和地下水径流条件的地区，或有一定淡水资源能满足冲洗土体中盐分的地区，农田灌溉水质全盐量指标可以适当放宽。

表 3-3　农田灌溉用水水质选择性控制项目标准值

序号	项目类别		作物种类		
			水作	旱作	蔬菜
1	铜(mg/L)	≤	0.5	1	
2	锌(mg/L)	≤	2		
3	硒(mg/L)	≤	0.02		
4	氟化物(mg/L)	≤	2(一般地区),3(高氟区)		
5	氰化物(mg/L)	≤	0.5		
6	石油类(mg/L)	≤	5	10	1
7	挥发酚(mg/L)	≤	1		
8	苯(mg/L)	≤	2.5		
9	三氯乙醛(mg/L)	≤	1	0.5	0.5
10	丙烯醛(mg/L)	≤	0.5		

(二)灌溉对水源水位及水量要求

灌溉对水源在水位方面的要求,应该保证灌溉所需的控制高程;在水量方面,应满足灌区不同时期的用水需求。灌溉水源未经调蓄之前,都是受自然条件(降雨、蒸发、渗漏等)的综合影响而随时变化的,不但各年的流量过程不同,就是同一年内不同时期的流量过程也不同。而灌溉用水则有它自己的规律,所以未经调蓄的水源与灌溉用水常发生不协调的矛盾,即作物需水较多时,水源来水可能不足或灌溉需较高水位时,水源水位却较低,这就使水源不能满足灌溉要求。因此,人们经常采用一些措施,如修建必要的壅水坝、水库等,以抬高水源的水位和调蓄水量,或修建抽水泵站,将所需的灌溉水量提高到灌溉要求的控制高程,有时也可以调整灌溉制度,采用节水灌溉技术,以变动灌溉对水源水量提出的要求,使之与水源状况相适应。

第二节　灌溉取引水方式

灌溉取水方式随水源类型、水位和水质的状况而定。利用地面径流灌溉,可以有各种不同的取水方式,如无坝引水、有坝引水、抽水取水和水库取水等。利用地下水灌溉,则需打井或修建其他集水工程。

一、无坝引水

灌区附近河流水位、流量均能满足灌溉要求时,即可选择适宜的位置作为取水口修建进水闸引水自流灌溉,形成无坝引水。在丘陵山区,灌区位置较高,可自河流上游水位较高的地点 *A* 引水(见图 3-1)。借修筑较长的引水渠,取得自流灌溉的水头。这种方式,引水口一般距灌区较远，引水干渠常有可能遇到难工险段。引水渠首的位置一般应选在河流的凹岸，这是因为河槽的主流总是靠近凹岸，同时还可利用弯道横向环流的作用，防止泥沙淤积渠口和防止底砂进入渠道。一般使渠首位于凹岸中点偏下游处，这里横向环流作用发挥得最充分，同时避开了凹岸水流顶冲的部位。其距离弯道凹岸顶点的距离可按下式确定

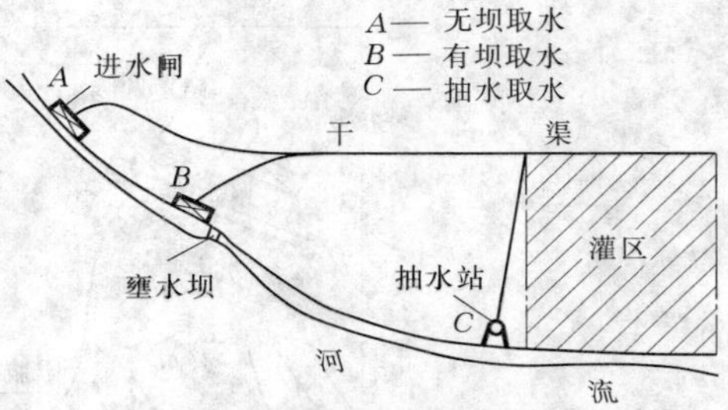

图 3-1 灌溉取水方式示意图

$$L = KB\sqrt{4\frac{R}{B}+1} \tag{3-1}$$

式中 L——引水口至弯道段凹岸顶点的距离(弧长)，m；

K——系数，取值范围为 0.6～1.0，一般可取 0.8；

B——弯道水面宽度，m；

R——弯道段河槽中心线曲率半径，m。

此外，为减少土方量、节约工程投资，渠首位置还应选在干渠路线较短，且不经过陡坡、深谷及塌方的地段。引水渠轴线与河道水流所成的夹角应为锐角，通常采用 30°～45°。

因灌区位置及地形条件限制，无法把渠首布置在凹岸而必须放在凸岸时，可以把渠首放在凸岸中点偏上游处，这里泥沙淤积较少。在较大的河流上，为了保证主流稳定，引水流量一般不应超过河流引水期间最小流量的 30%。

无坝引水渠首一般由进水闸、冲沙闸和导流堤三部分组成。进水闸控制入渠流量，冲沙闸冲走淤积在进水闸前的泥沙，而导流堤一般修建在中小河流中，平时发挥导流引水和防沙的作用，枯水期可以截断河流，保证引水。渠首工程各部分的位置应相互协调，以有利于防沙取水为原则。

图 3-2 是历史悠久、闻名中外的四川都江堰工程。它的进水口位于岷江凹岸下游，整个枢纽由分水鱼嘴、金刚堤、飞沙堰和宝瓶口等建筑物组成。金刚堤起导流堤的作用，位于宝瓶口进水口前，用以导水入渠；分水鱼嘴位于金刚堤前，将岷江分为内江和外江，洪水期间，内外江水量分配比例约为 4∶6，大部分水由外江流走，保证内江灌区安全，枯水期水量分配颠倒，大部分水量进入内江，保证灌溉用水。飞沙堰用以宣泄内江多余水量及排走泥沙，并用于保证宝瓶口的引水水位。整个工程雄伟壮观，建筑物之间配合密切，虽然没有一座水闸，仍能发挥效益 2 000 多年，是无坝引水的典范。

二、有坝引水

当河流水源虽较丰富，但水位较低时，可在河道上修建壅水建筑物(坝或闸)抬高水位，自流引水灌溉，形成有坝引水，见图 3-1 中的 B 点。在灌区位置已定的情况下，此种形式与有引渠的无坝引水相比较，虽然增加了拦河坝(闸)工程，但引水口一般距灌区较近，可缩短干渠线路长度，减少工程量。在某些山区丘陵地区洪水季节虽然流量较大，水位也够，但洪、枯季节变化较大，为了便于枯水期引水也需修建临时性低坝。

有坝引水枢纽主要由拦河坝(闸)、进水闸、冲沙闸及防洪堤等建筑物组成，如图 3-3 所示。

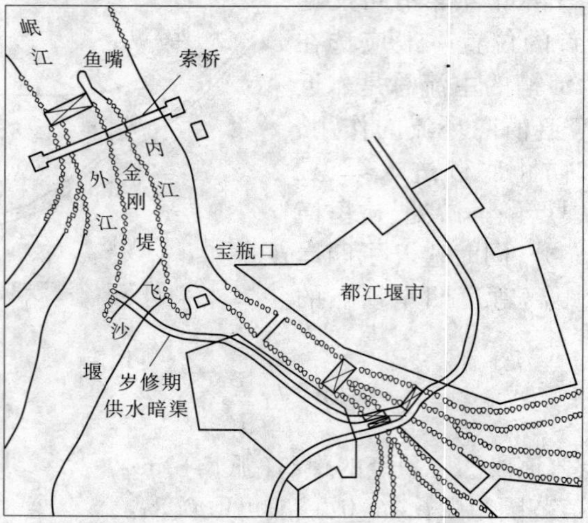

图 3-2　都江堰工程示意图

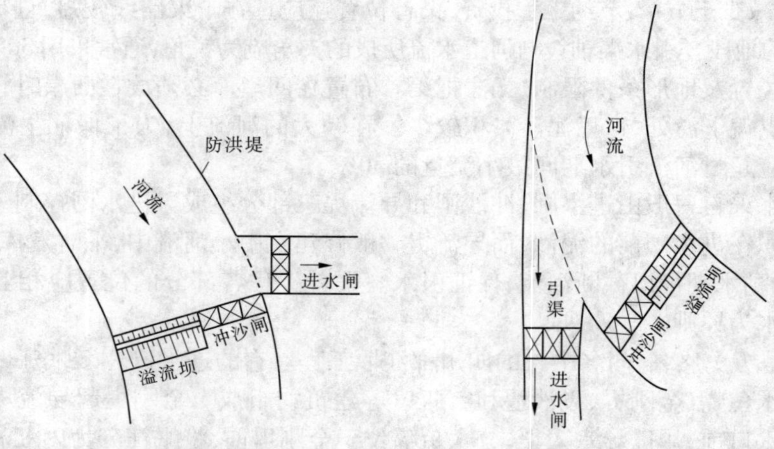

(a)侧面引水示意图　　(b)正面引水示意图

图 3-3　有坝引水

(一)拦河坝

拦河坝用以拦截河道，抬高水位，以满足灌溉引水的要求，汛期则在溢流坝顶溢流，宣泄河道洪水。因此，坝顶应有足够的溢洪宽度，当宽度增长受到限制或上游不允许壅水过高时，可降低坝顶高程，改为带闸门的溢流坝或拦河闸，以增加泄洪能力。

(二)进水闸

进水闸用以引水灌溉。进水闸的平面布置主要有两种形式：

(1)侧面引水。进水闸过闸水流方向与河流水流方向正交，如图 3-3(a)所示。这种取水方式，由于在进水闸前不能形成有力的横向环流，因而防止泥沙入渠的效果较差，一般只用于含沙量较小的河道。

(2)正面引水。是一种较好的取水方式。进水闸过闸水流方向与河流方向一致或斜交，如图3-3(b)所示。这种取水方式，能在引水口前激起横向环流，促使水流分层，表层清水进入进水闸，底层含沙水流则涌向冲沙闸而被排掉。

(三)冲沙闸

冲沙闸是多泥沙河流低坝枢纽中不可缺少的组成部分，它的过水能力一般应大于进水闸的过水能力。冲沙闸底板高程应低于进水闸底板高程，以保证较好的冲沙效果。

(四)防洪堤

为减少拦河坝上游的淹没损失，在洪水期保护上游城镇、交通的安全，可在拦河坝上游沿河修筑防洪堤。此外，若有通航、过鱼、过木和发电等综合利用要求，尚需设置船闸、鱼道、筏道及电站等建筑。

三、抽水取水

当河流水量比较丰富，但灌区位置较高，河流水位和灌溉要求水位相差较大，修建其他自流引水工程困难或不经济时，可就近采用抽水取水方式。这样干渠工程量小，但却增加了机电设备和年管理费，如图3-1中的C点。

四、水库取水

当河流的流量、水位均不能满足灌溉要求时，必须在河流的适当地点修建水库进行径流调节，以解决来水和用水之间的矛盾，并综合利用河流水源。这是河流水源较常见的一种取水方式。

水库蓄水一般可兼顾防洪、发电、航运、供水和养殖等方面的要求，为综合利用河流水源创造了条件。采用水库取水必须修建大坝、溢洪道和进水闸等建筑物，工程较大，且有相应的库区淹没损失，因此必须认真选择好建库地址。但水库能充分利用河流水资源，这是其优于其他取水方式之处。

上述几种取水方式除单独使用外，有时还能综合使用多种取水方式，引取多种水源，形成蓄、引、提相结合的灌溉系统。

【例3-1】 某灌区范围如图3-4所示。灌区北面靠山，南面临河，地形北高南低，靠近河流断面10处的A点为灌区地面最高点。根据灌溉水位控制计算，在A点处的干渠水位为海拔144.0 m时即可自流控制全灌区。

灌区用水取自河流。图3-4所示河流各个断面间的距离皆为1 km。该河流在10号断面以上蜿蜒于山区，河道水面比降为1:1 000，两岸皆为高山，渠道只能沿河岸边布置，无其他线路可行。在10号断面以下，进入山麓平原，河道水面比降为1:2 500。沿河地质条件无大差异，各处皆可选做坝址。设计年10号断面处河流最小流量和灌区逐月用水量见表3-4。

表3-4　河流最小流量与灌区用水流量表　（单位：m^3/s）

月份	1	2	3	4	5	6	7	8	9	10	11	12
河流最小流量	3.5	13	12	15	15	28	23	18	16	12	12	4
灌区用水流量	0	0	3.5	4.5	4.5	4.5	0	0	4.5	2.0	1.5	0

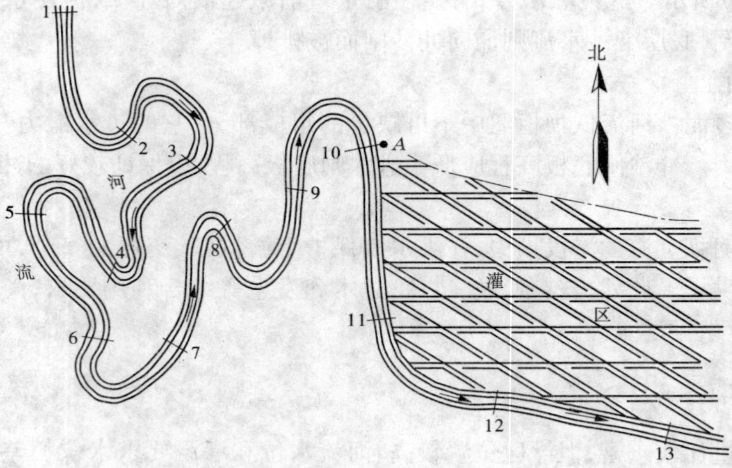

图 3-4　灌区范围示意图

在 10 号断面处，当河流流量为 12 m^3/s 时，水位为 141.0 m。根据灌区土质及水源含沙情况，干渠比降选在 1∶2 000～1∶10 000 范围内渠床皆不发生冲刷和淤积现象。

要求：根据上述资料，在流量分析及水位分析的基础上，选择渠首位置及形式，计算 A 点以上干渠的长度。若选择有坝取水方式，要求确定拦河坝的壅水高度；若选择抽水取水方式，要求确定抽水扬程。干渠渠首进水闸的水头损失可按 0.2 m 计算，干渠沿线可按无交叉建筑物考虑，不计集中的水位落差。此题为粗略计算，不要求考虑其他细节。

解：(1) 流量分析。

根据本题所给出的"设计年 10 号断面处河流最小流量和灌区逐月用水量"值，已知河流各月的最小流量皆大于灌区用水流量。因此，不需对河流流量进行调节即可满足灌溉用水要求，故排除了选择有库取水枢纽的必要性。

(2) 水位分析。

当灌溉季节河流最小流量为 12 m^3/s 时，10 号断面处河流的水位为 141.0 m，在 1～10 号断面间河流比降为 1/1 000，据此可推算出各断面处的水位，见表 3-5。

表 3-5　河流水位推算表(10 号断面以上)

断面号	1	2	3	4	5	6	7	8	9	10
水位(m)	150	149	148	147	146	145	144	143	142	141

10 号断面以下河流比降为 1/2 500，据此可推算出 10～13 号断面处的水位，见表 3-6。

由表 3-6 中看出，在 10 号断面以下不宜选做渠首位置。

灌区最高点为 A，在 A 处干渠水位为 144 m 时才能自流灌溉全灌区。初选引水干渠比降为 1/2 000、1/5 000、1/8 000 及 1/10 000 四个方案。引水干渠终点为 A,沿河道布置。若渠首选在 10 号断面上游,则可按干渠要求推算出 1~10 号断面处的水位,见表 3-7。

表 3-6 河流水位高程推算表(10 号断面以下)

断面号	10	11	12	13
水位(m)	141.0	140.6	140.2	138.2

表 3-7 各断面处干渠要求的水位 (单位:m)

干渠比降	断面号									
	1	2	3	4	5	6	7	8	9	10
1/2 000	148.5	148.0	147.5	147.0	146.5	146.0	145.5	145.0	144.5	144.0
1/5 000	145.8	145.6	145.4	145.2	145.0	144.8	144.6	144.4	144.2	144.0
1/8 000	145.1	145.0	144.9	144.8	144.6	144.5	144.4	144.3	144.1	144.0
1/10 000	144.9	144.8	144.7	144.6	144.5	144.4	144.3	144.2	144.1	144.0

(3)渠首位置与形式选择。

①无坝取水枢纽:从河床地形来看,在干渠沿河而行的左岸,便于利用横向环流作用以取水防沙,可以选做无坝取水枢纽位置的凹岸,但只有 3、4、6、8、10 号断面可选用,其他皆不适宜。

从水位控制来看,只有在河流水位高于干渠要求水位之处才有可能选做渠首位置。现考虑渠首进水闸水头损失为 0.2 m,若干渠比降为 1/2 000,则渠首位置必须选在 3 号断面处,8、10 号断面水源水位不足,则渠首位置可选在 4、6 号断面处,又因 4 号断面渠线较长,故直接放弃,因此仅对 6 号断面干渠比降为 1/5 000、1/8 000 及 1/10 000 三种方案,则渠首位置可选在 6 号断面处。

现将无坝取水枢纽的几种方案综合列入表 3-8 中。

表 3-8 无坝取水枢纽方案比较

方案号数	渠首位置	干渠比降	干渠长度(m)	河流水位(m)	干渠水位(m)	干渠要求的河流水位(m)
Ⅰ	3 号断面	1/2 000	7 000	148	147.5	147.7
Ⅱ	6 号断面	1/5 000	4 000	145	144.8	145.0
Ⅲ	6 号断面	1/8 000	4 000	145	144.5	144.7
Ⅳ	6 号断面	1/10 000	4 000	145	144.4	144.6

按照渠线最短、河道水位与渠首要求水位最接近的原则,可以看出,渠首位于 6 号断面,渠线最短,干渠比降为 1/8 000 时最接近河道水位,因此渠首位置选择在 6 号断面,渠

道比降为 1/8 000 时较为经济。

②有坝取水枢纽:10 号断面以上河流蜿蜒于山区,各断面处皆可作为拦河壅水坝址,10 号断面以下则不适宜。

河流的左岸为凹岸,便于利用横向环流作用引水防沙,在此岸适宜的坝址有 3、4、6、8、10 号断面处,而各断面的取水条件则存在较大差异。其中 3 号断面处无论干渠比降如何,皆不需筑坝即可自流引水;在 4、6 号断面处,只有干渠比降为 1/2 000 时才需筑坝;在 8 号断面处,无论干渠比降如何,皆需筑坝壅高水位后才能自流引水;在 10 号断面处,不需修建引水干渠,但需筑坝将河水壅高 3.2 m 后才能自流引水。各方案数据见表 3-9(干渠要求的河流水位考虑渠首进水闸水头损失为 0.2 m)。

表 3-9　有坝取水枢纽方案比较

方案号数	渠首位置	干渠比降	干渠长度(m)	河流水位(m)	干渠要求的河流水位(m)	要求拦河坝抬高的水位(m)
Ⅰ	4 号断面	1/2 000	6 000	147	147.2	0.2
Ⅱ	6 号断面	1/2 000	4 000	145	146.2	1.2
Ⅲ	8 号断面	1/2 000	2 000	143	145.2	2.2
Ⅳ	8 号断面	1/5 000	2 000	143	144.6	1.6
Ⅴ	8 号断面	1/8 000	2 000	143	144.5	1.5
Ⅵ	8 号断面	1/10 000	2 000	143	144.4	1.4
Ⅶ	10 号断面	—		141	144.2	3.2

③扬水取水枢纽:当 4、6、8、10 各断面处作为抽水取水枢纽位置时,抽水扬程与有坝取水枢纽拦河坝壅水高度相同,引水干渠长度亦然。在 10 号断面以下各处,虽然都可选做抽水枢纽位置,但越往下游河水水位越低,渠道要求的水位越高,抽水扬程越大,干渠越长,且需填方越多。故在 10 号断面以下,越往下游兴建扬水站的可能性就越小。

第三节　灌溉取引水工程的水利计算

灌溉工程的水利计算是灌区规划的主要组成部分。通过水利计算,可以揭示灌区来水与用水之间的矛盾,并确定协调这些矛盾的工程措施及其规模。在确定引水灌溉工程的规模及尺寸之前,需先进行灌区水量平衡计算。灌区水量平衡计算是根据水源来水过程和灌区用水过程进行的。所以,必须首先确定水源的来水过程和灌区的用水过程。这两个过程都是逐年变化的,年年各不相同。因此,在灌溉工程规划设计时,必须确定用哪个年份的来水过程和用水过程作为设计的依据。在工程实践中,中小型灌溉工程多用一个特定水文年份的来水过程和用水过程进行平衡计算,这个特定的水文年份叫做典型年,简称设计年,而设计年又是根据灌溉标准确定的。

一、设计标准与设计年的选择

（一）设计标准

进行灌溉工程的水利计算以前，必须首先确定灌溉工程的设计标准。我国表示灌溉设计标准的指标有两种：一种是灌溉设计保证率，另一种是抗旱天数。

1. 灌溉设计保证率

灌溉设计保证率是指一个灌溉工程的灌溉用水量在多年期间能够得到保证的概率，以正常供水的年数占总年数的百分数表示，通常用符号 P 表示。例如 $P=80\%$，表示一个灌区在长期运用中，平均100年里有80年的灌溉用水量可以得到水源供水的保证，其余20年则供水不足，作物生长受到影响。可用下式计算

$$P=\frac{m}{n+1}\times 100\% \tag{3-2}$$

式中 P——灌溉设计保证率（%）；

m——灌溉设施能保证正常供水的年数，a；

n——灌溉设施供水的总年数，a，一般计算系列年数不宜少于30 a。

灌溉设计保证率的选定，不仅要考虑水源供水的可能性，还要考虑作物的需水要求。在水源一定的条件下，灌溉设计保证率定得高，灌溉用水量得到保证的年数多，灌区作物因缺水而造成的损失小，但可发展的灌溉面积小，水资源利用程度低；定得低时则相反。在灌溉面积一定时，灌溉设计保证率越高，灌区作物因供水保证程度高而增产的可能性越大，但工程投资及年运行费用越大；反之，虽可减小工程投资及年运行费用，但作物因供水不足而减产的几率将会增加。因此，灌溉设计保证率定得过高或过低都是不经济的。

灌溉设计保证率选定时，应根据水源和灌区条件，全面考虑工程技术、经济等各种因素，拟订几种方案，计算几种保证率的工程净效益，从中选择一个经济上合理、技术上可行的灌溉设计保证率，以便充分开发利用地区水土资源，获得最大的经济效益和社会效益。具体可参照《灌溉与排水工程设计规范》（GB 50288—99）所规定的数值，见表3-10。

表3-10 灌溉设计保证率

灌水方法	地区	作物种类	灌溉设计保证率（%）
地面灌溉	干旱地区或水资源紧缺地区	以旱作为主	50~75
		以水稻为主	70~80
	半干旱、半湿润地区或水资源较紧缺地区	以旱作为主	70~80
		以水稻为主	75~85
	湿润地区或水资源丰富地区	以旱作为主	75~85
		以水稻为主	80~95
喷灌、微灌	各类地区	各类作物	85~95

注：1. 作物经济价值较高的地区，宜选用表中较大值；作物经济价值不高的地区，可选用表中较小值。

2. 引洪淤灌系统的灌溉设计保证率可取30%~50%。

2. 抗旱天数

抗旱天数是指在作物生长期间遇到连续干旱时，灌溉设施的供水能够保证灌区作物用水要求的天数。例如，某灌溉设施的供水能够满足连续 50 d 干旱所灌面积上的作物灌溉用水，则该灌溉设施的抗旱天数为 50 d。用抗旱天数作为灌溉设计标准，概念明确具体，易于被群众理解接受，适用于以当地水源为主的小型灌区，在我国南方丘陵地区使用较多。

选定抗旱天数时也应进行经济分析，抗旱天数定得越高，作物缺水受旱的可能性越小，但工程规模大，投资多，水资源利用不充分，不一定是经济的；反之，定得过低，工程规模小，投资少，水资源利用较充分，但作物遭受旱灾的可能性也大，也不一定经济。

应根据当地水资源条件、作物种类及经济状况等，全面考虑，分析论证，以选取切合实际的抗旱天数。根据《灌溉与排水工程设计规范》(GB 50288—99)规定：以抗旱天数为标准设计灌溉工程时，单季稻灌区可用 30 ~ 50 d，双季稻灌区可用 50 ~ 70 d。经济发达地区，可按上述标准提高 10 ~ 20 d。

(二)设计年选择

1. 灌溉用水设计年的选择

灌溉设计标准确定后，就可根据这个标准对某一水文气象要素进行分析计算来选择灌溉用水设计年。常用的选择方法有以下几种。

1)按年雨量选择

把灌区多年降雨量资料组成系列，进行频率计算，选择降雨频率与灌溉设计保证率相同或相近的年份，作为灌溉用水设计典型年。这种方法只考虑了年降雨量的大小，而没有考虑年雨量的年内分配情况及其对作物灌溉用水的影响，按此年份计算出来的灌溉用水量和作物实际要求的灌溉用水量往往差别较大。

2)按干旱年份的雨型分配选择

对历史上曾经出现的、旱情较严重的一些年份的降雨量年内分配情况进行分析研究，首先选择对作物生长最不利的雨量分配作为设计雨型；然后按第一种方法确定设计年的降雨量；最后把设计年雨量按设计雨型进行分配，以此作为设计年的降雨过程。这种方法采用了真实干旱年的雨量分配和符合灌溉设计保证率的年雨量，是一种比较好的方法。

灌溉用水设计年确定后，即可根据该年的降雨量、蒸发量等气象资料制定作物灌溉制度，绘制灌水模数图和灌溉用水流量过程线，计算灌溉用水量。这样，设计年的灌溉用水过程就完全确定了。

2. 水源来水设计年的选择

与确定灌溉用水设计年的方法一样，把历年灌溉用水期的河流平均流量(或水位)从大到小排列，进行频率计算，选择与灌溉设计保证率相等或相近的年份作为河流来水设计年，以这一年的河流流量、水位过程作为设计年的来水过程。

二、无坝引水工程水利计算

无坝引水工程水利计算的主要任务：确定经济合理的灌溉面积，计算设计引水流量，确定引水枢纽规模与尺寸等。

(一)设计灌溉面积的确定

首先根据实际需要,初步拟订一个灌溉面积,用此面积分别乘以设计灌水模数图上各灌水模数值,求出设计年流量过程线。由于无坝引水灌溉流量不得大于河道枯水流量的30%,所以应把设计年的河道流量过程线乘以30%,作为设计年的河道供水流量过程线。然后进行供水平衡计算,可能出现三种情况:①供水过程远大于用水过程,说明初定的灌溉面积小了,尚可扩大灌溉面积;②供水过程能够满足用水过程,且两个过程比较接近,说明初定的灌溉面积比较合适,就以它作为灌溉面积;③供水过程不能满足用水过程,说明初定的灌溉面积大了,应减少灌溉面积,并按河道供水过程确定设计灌溉面积,方法是依据设计年供水流量过程线和灌水模数图,找出供水流量与灌水模数商值最小的时段,以此时段的供水 $Q_{供}$ 除以毛灌水模数 $q_{毛}$,即为设计灌溉面积 $A_{设}$。这种方法也可直接用来计算设计灌溉面积。计算公式为

$$A_{设} = [Q_{供}/q_{毛}]_{min} \tag{3-3}$$

(二)设计引水流量的确定

无坝引水渠首进水闸设计流量,应取历年灌溉期最大灌溉流量进行频率分析,选取相应于灌溉设计保证率的流量作为进水闸设计流量,也可取设计代表年的最大灌溉流量作为进水闸设计流量。下面介绍设计代表年法确定设计引水流量的方法。

(1)选择设计代表年,由于仅选择一个年份作为代表年具有很大的偶然性,故可按下述方式选择一个代表年组:①对渠首河流历年(或历年灌溉临界期)的来水量进行频率分析,按灌区所要求的灌溉设计保证率,选出2~3年,作为设计代表年,并求出相应年份的灌溉用水量过程;②对灌区历年作物生长期降雨量或灌溉定额进行频率分析,选择频率接近灌区所要求的灌溉设计保证率的年份2~3年,作为设计代表年,并根据水文资料,查得相应年份渠首河流来水过程;③从上述一种或两种方法所选得的设计代表年中,选出2~6年组成一个设计代表年组。

(2)对设计代表年组中的每一年,进行引、用水量平衡分析计算,若在引、用水量平衡计算中,发生破坏情况,则应采取缩小灌溉面积、改变作物组成或降低设计标准等措施,并重新计算。

(3)选择设计代表年组中实际引水流量最大的年份作为设计代表年,并以该年最大引水流量作为设计流量。

对于小型灌区,由于缺乏资料,没有绘制灌水率图时,可根据已成灌区的灌水率经验值和水源供水流量来计算设计灌溉面积和设计引水流量,也可根据作物需水高峰期的最大灌水定额和灌水延续时间来确定设计引水流量。

【例3-2】 某灌区拟建无坝引水工程进行自流灌溉,计划灌溉面积5万亩,河道设计代表年($P=80\%$)的来水过程及灌区每万亩用水量见表3-11,无坝取水最大引水系数为0.3。

要求:(1)确定无坝引水时的最大保证灌溉面积。

(2)确定干渠渠首设计引水流量及最小引水流量。

表 3-11　河道来水过程及灌区用水量表（$P=80\%$）

月份	旬	河道流量（m^3/s）	灌区用水量（万 m^3/万亩）
5	中	15.0	108
	下	13.7	89
6	上	12.1	58
	中	13.0	54
	下	13.6	74
7	上	14.2	70
	中	18.5	78
	下	11.0	79
8	上	9.0	58
	中	31.0	45
	下	19.0	54
9	上	14.0	43
	中	13.1	40

解：本题采用典型年法来推求在设计保证率（$P=80\%$）下的设计引水流量及最大保证灌溉面积。

1. 分析来水资料

根据历年的河流来水过程，进行频率分析，推得灌溉水源处频率为 $P=80\%$ 的设计年径流量及其年内分配，资料见表 3-11。

2. 确定用水过程

选择与频率为 $P=80\%$ 的河川来水量相应的典型年，根据这一典型年的灌区用水过程计算出以旬为单位时段的用水量，见表 3-11。

3. 列表平衡计算

根据水源来水资料与灌区用水过程，进行平衡计算，即可确定设计引水流量及保证灌溉面积，计算成果见表 3-12。

4. 确定最大保证灌溉面积及最大、最小设计引水流量

（1）确定最大保证灌溉面积。从表 3-12 中可看出，当河流可引水量大于或等于同一旬的总用水量时，灌区保证灌溉面积等于全部需要灌溉的面积。此时灌区保证灌溉面积 $A_{保}$ 与全部需要灌溉面积 A 的比值为 100%，即

$$\beta = \frac{A_{保}}{A} = \frac{W_{实引}}{W_{用}} = \frac{W_{用}}{W_{用}} = 100\%$$

最大保证灌溉面积取第（10）栏最小值，则从表 3-12 的计算成果看，灌溉设计保证率 $P=80\%$ 时，最大保证灌溉面积为 3.6 万亩。

表 3-12　引水灌溉工程平衡计算成果

月份	旬	河流来水量		河流可引水量（万 m³）	每万亩用水量（万 m³）	总用水量（万 m³）	实际引水量（万 m³）	$\beta = W_{引}/W_{用}$（%）	保证灌溉面积（万亩）
		（m³/s）	（万 m³）						
（1）	（2）	（3）	（4）	（5）	（6）	（7）	（8）	（9）	（10）
5	中	15	1 296	389	108	540	389	72	3.6
	下	13.7	1 302	390	89	445	390	88	4.4
6	上	12.1	1 045	314	58	290	290	100	5
	中	13.0	1 123	337	54	270	270	100	5
	下	13.6	1 175	353	74	370	353	95	4.75
7	上	14.2	1 227	368	70	350	350	100	5
	中	18.5	1 598	479	78	390	390	100	5
	下	11.0	1 045	314	79	395	314	79	3.95
8	上	9.0	778	233	58	290	233	80	4
	中	31.0	2 678	803	45	225	225	100	5
	下	19.0	1 806	542	54	270	270	100	5
9	上	14.0	1 210	363	43	215	215	100	5
	中	13.1	1 132	340	40	200	200	100	5

注：1. 第(5)栏河流可引水量等于河流来水量乘以引水系数，即(5) = 0.3 × (4)。

2. 第(7)栏总用水量等于每万亩用水量乘以灌区总灌溉面积，即(7) = 5 × (6)。

3. 第(8)栏实际引水量是取(5)、(7)栏中较小值。

4. 第(10)栏保证灌溉面积等于 β 乘以灌区总灌溉面积，即(10) = 5 × (9)。

(2) 确定灌区最大、最小设计引水流量。灌区最大引水流量应出现在 7 月中旬（虽然 5 月下旬用水量最大，但灌水延续时间为 11 d，所以没有 7 月中旬用水流量大），故

$$Q_{设计} = \frac{390}{8.64 \times 10} = 4.51(\mathrm{m^3/s})$$

灌区最小引水流量出现在 9 月中旬，即

$$Q_{min} = \frac{45}{8.64 \times 10} = 0.52(\mathrm{m^3/s})$$

由计算结果可知，本灌区设计保证率 $P = 80\%$ 时，无坝引水不能保证灌溉 5 万亩，只有 3.6 万亩能完全保证满足灌溉。若要满足全部灌溉要求，须采取下述措施：①降低灌溉设计保证率；②减小灌水定额；③将无坝引水改为有坝引水，提高引水系数；④对河流进行流量调节。

(三) 闸前设计水位的确定

无坝引水渠首进水闸闸前设计水位，应取河、湖历年灌溉期旬或月平均水位进行频率分析，选取相应于灌溉设计保证率的水位作为闸前设计水位，也可取河、湖多年灌溉期枯

水位的平均值作为闸前设计水位。

（四）闸后设计水位的确定

闸后设计水位一般是根据灌区高程控制要求而确定的干渠渠首水位。干渠渠首水位推算出来以后，还应与闸前设计水位减去过闸水头损失后的水位相比较，如果推算出的干渠渠首水位偏高，则应以闸前设计水位扣除过闸水头损失作为闸后设计水位。这时灌区控制高程要降低，灌区范围应适当缩小，或者向上游重新选择新的取水地点。

（五）进水闸闸孔尺寸的拟订及校核

进水闸闸孔尺寸主要指闸底板高程和闸孔净宽。在确定这些尺寸时，应将底板高程与闸孔宽度联系起来，统一考虑。因为同一个设计流量，闸底板定得高些，闸孔宽度就要大些；闸底板定得低些，闸孔净宽就可小些。设计时必须根据建闸处地形、地质条件、河流挟沙情况等综合考虑，反复比较，以求得经济合理的闸孔尺寸。

闸底板高程确定后，即可根据过闸设计流量、闸前及闸后设计水位、过闸水流流态，按相应的水力学公式计算出闸孔净宽。具体计算方法详见《水力学》。大型工程在设计计算后，还应通过模型试验予以验证。

三、有坝引水工程的水利计算

有坝引水工程水利计算的任务，是根据设计引水要求和设计供水情况，确定拦河坝高度、上游防护范围及进水闸尺寸等。

（一）拦河坝高度的确定

确定拦河坝高度应考虑以下几点：①应满足灌溉引水对水源水位的要求；②在满足灌溉引水的前提下，使筑坝后上游淹没损失尽可能小；③适当考虑发电、航运、过鱼等综合利用的要求。设计时常先根据灌溉引水高程初步拟订坝顶高程，然后结合河床地形、地质、坝型以及坝体工程量和坝上游防洪工程量的大小等因素，进行综合比较后加以确定。

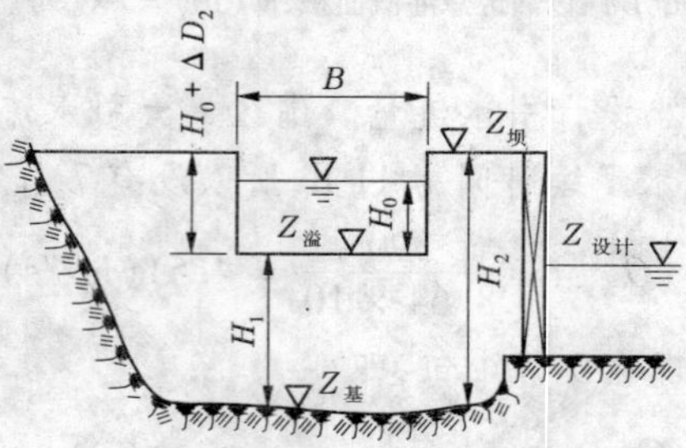

图3-5 拦河坝坝顶高程示意图

1. 溢流坝坝顶高程的计算

溢流坝坝顶高程可按下式计算（见图3-5）

$$Z_{溢} = Z_{设计} + \Delta Z + \Delta D_1 \tag{3-4}$$

式中 $Z_{溢}$——拦河坝溢流段坝顶高程，m；

$Z_{设计}$——相应于设计引水流量的干渠渠首水位，m；

ΔZ——渠首进水闸过闸水头损失，一般为0.1～0.3 m；

ΔD_1——安全超高，中小型工程可取0.2～0.3 m。

推算出来的坝顶高程 $Z_{溢}$ 减去坝基高程 $Z_{基}$（见图 3-5），即得溢流坝的高度 H_1。

2. 非溢流坝坝顶高程的计算

非溢流坝坝顶高程可按下式计算

$$Z_{坝} = Z_{溢} + H_0 + \Delta D_2 \tag{3-5}$$

$$H_0 = \left(\frac{Q_M}{\varepsilon m B \sqrt{2g}}\right)^{2/3} \tag{3-6}$$

式中 Q_M——设计洪峰流量，m^3/s；

ΔD_2——安全超高，m，按坝的级别、坝型及运用情况确定，一般可取 0.4～1.0 m；

H_0——宣泄设计洪峰流量时的溢流水深，m；

B——拦河坝溢流坝段宽度，m，可按 $B = Q_M/q_M$ 计算；

q_M——下游河床允许单宽流量，软岩基为 30～50 $m^3/(s·m)$，坚硬岩基为 70～100 $m^3/(s·m)$，软弱土基为 5～15 $m^3/(s·m)$，坚实土基为 20～30 $m^3/(s·m)$；

m——溢流坝流量系数；

ε——侧收缩系数；

其他符号意义同前。

非溢流段坝高 H_2 为

$$H_2 = Z_{坝} - Z_{基} \tag{3-7}$$

（二）拦河坝的防洪校核及上游防护设施的确定

河道中修筑拦河坝后，抬高了上游水位，扩大了淹没范围，必须采取防护措施，确保上游城镇、交通和农田的安全。为了进行防洪校核，首先要确定防洪设计标准。中小型引水工程的防洪设计标准，一般采用 10～20 年一遇洪水设计，100～200 年一遇洪水校核。根据设计标准的洪峰流量与初拟的溢流坝坝高和坝长，即可用式（3-6）计算出坝顶溢流水深 H_0。这项计算往往与溢流坝坝高的计算交叉进行。

H_0 确定后，可按稳定非均匀流推求出上游回水曲线，计算方法详见《水力学》教材，回水由线确定后，根据回水曲线各点的高程就可确定淹没范围。对于重要的城镇和交通要道，应修建防洪堤进行防护。防洪堤的长度应根据防护范围确定，堤顶高程则按设计洪水回水水位加超高来确定，超高一般采用 0.5 m。如果坝上游淹没情况严重，所需防护工程投资很大，则应考虑改变拦河坝设计方案，如增加溢流坝段的宽度，在坝顶设置泄洪闸或活动坝等，以降低壅水高度，减少上游淹没损失。

（三）进水闸尺寸的确定

进水闸的尺寸取决于过闸水流状态、设计引水流量、闸前及闸后设计水位，而闸前设计水位 $Z_{前}$ 又与设计时段河流来水流量有关（见图 3-6）。

当设计时段河流来水流量等于引水流量（$Q_1 = Q_{引}$）时，闸前设计水位为

$$Z_{前} = Z_{溢} \tag{3-8}$$

当设计时段来水流量大于引水流量（$Q_1 > Q_{引}$）时，闸前设计水位为

$$Z_{前} = Z_{溢} + h_2 \tag{3-9}$$

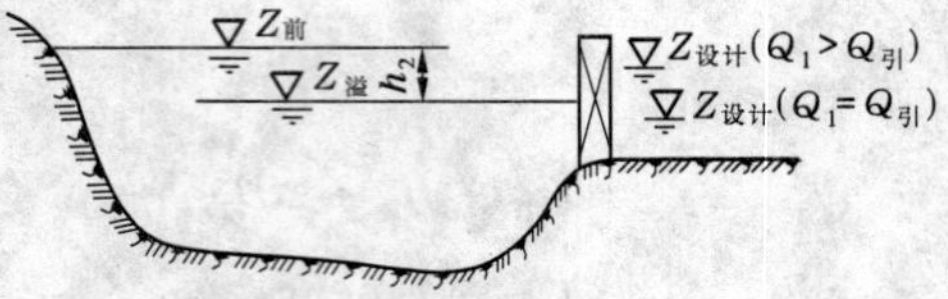

图 3-6　有坝引水闸前设计水位计算示意图

式中　h_2——设计年份灌溉临界期河道流量 Q_1 减去引水流量 $Q_{引}$ 后，相应于河道流量 Q_2 的溢流水深，按式(3-6)计算。

若有引渠，式(3-8)和式(3-9)中还应考虑引渠中水头损失。

闸后设计水位和闸孔尺寸的计算，与无坝引水工程计算方法相同。

能力训练

1. 灌溉对水源的要求有哪些？满足什么条件就可做灌溉水源？

2. 泥沙、含盐量、有机化合物、有害物质、温度对作物生长有何影响？

3. 灌溉取水方式有哪些？无坝引水、有坝引水、泵站取水、水库取水各自的适用条件是什么？

4. 什么是灌溉设计标准？怎样选择灌溉设计标准及设计代表年？

5. 无坝取水枢纽由哪几部分组成？各组成部分的作用是什么？

第四章　灌溉渠道系统规划设计

学习目标

通过学习灌溉渠道系统规划布置原则和方法、渠系建筑物类型和布置方法、田间工程规划设计方法、渠道各种特征流量的推算方法、渠道纵横断面设计方法等，能初步完成中小型灌溉渠道系统的规划设计。

学习任务

1. 掌握灌溉渠道系统规划布置的原则和方法，能进行灌区规划布置。
2. 掌握渠系建筑物选型原则和布置方法，能够合理地选择和布置建筑物。
3. 掌握田间工程规划原则和设计方法，能够进行田间工程的设计。
4. 掌握渠道各种特征流量的推算方法，能够推算各级渠道的流量。
5. 掌握渠道纵、横断面设计原理和方法，能够合理设计渠道的纵横断面。

第一节　灌溉渠道系统规划布置

灌溉渠道系统由各级灌溉渠道和退（泄）水渠道组成。按控制面积大小和水量分配层次又可把灌溉渠道分为若干等级：灌溉渠道应依干渠、支渠、斗渠、农渠顺序设置固定渠道，如图 4-1 所示。30 万亩以上或地形复杂的大型灌区，固定渠道的级数往往多于四级，干渠可分为总干渠和分干渠，支渠可下设分支渠，甚至斗渠也可下设分斗渠。灌溉渠道系统不宜越级设置渠道。在灌溉面积较小的灌区，固定渠道的级数较少；若灌区呈狭长的带状地形，固定渠道的级数也较少，干渠的下一级渠道很短，可称为斗渠，这种灌区的固定渠道就分为干、斗、农三级。农渠以下的小渠道一般为季节性的临时渠道。退、泄水渠道包括渠首排沙渠、中途泄水渠和渠尾退水渠，其主要作用是定期冲刷和排放渠首段的淤沙、排泄入渠洪水、退泄渠道剩余水量及下游出现工程事故时断流排水等，达到调节渠道流量、保证渠道及建筑物安全运行的目的。中途退水设施一般布置在重要建筑物和险工渠段的上游。干、支渠道的末端应设退水渠道。

一、灌溉渠系规划布置原则

灌溉渠道系统布置应符合灌区总体设计和灌溉标准要求，并应遵循以下原则：

（1）沿高地布置，力求自流控制较大的灌溉面积。对面积很小的局部高地宜采用提水灌溉的方式，不必据此抬高渠道。

（2）灌溉渠系规划应和排水系统结合进行。在多数地区，必须有灌有排，以便有效地调节农田水分状况。通常以天然河沟作为骨干排水沟道，布置排水系统，在此基础上布置灌溉渠系。应尽量避免沟、渠交叉，以减少交叉建筑物。

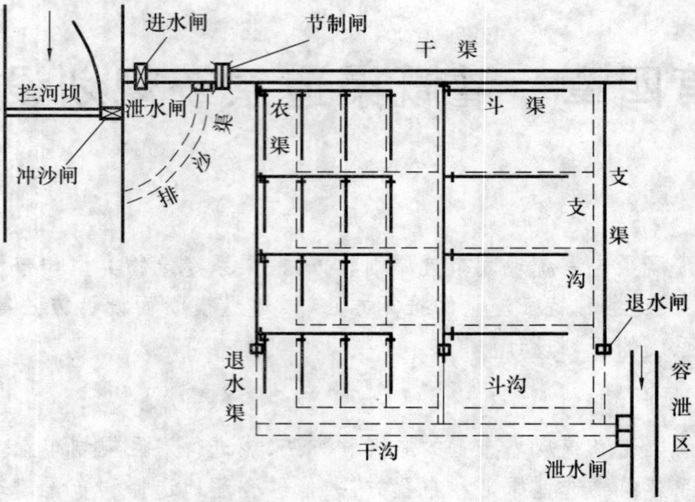

图 4-1 灌溉排水系统示意图

(3)要安全可靠,尽量避免深挖方、高填方和难工险段,以求渠床稳固、施工方便、输水安全。山丘区渠道尽量不沿河、溪边布置,以防被山洪冲毁。渠道沿线应有良好的地质条件,尽量避开风化岩层和节理发育的破碎带以及透水性强的地带。对渠道沿线山(塬)洪应予以截导,防止进入灌溉渠道。必须引洪入渠时,应校核渠道的行洪能力,并应设置排洪闸、溢洪堰等安全设施。

(4)4 级及 4 级以上土渠的弯道曲率半径应大于该弯道段水面宽度的 5 倍;受条件限制不能满足上述要求时,应采取防护措施。石渠或刚性衬砌渠道的曲率半径可适当减小,但不小于水面宽度的 2.5 倍。通航渠道的弯道曲率半径还应符合航运部门的有关规定。灌排渠沟工程分级指标见表 4-1。

表 4-1 灌排渠沟工程分级指标

工程级别	灌溉流量(m^3/s)	引水流量(m^3/s)
1	>300	>500
2	300~100	500~200
3	100~20	200~50
4	20~5	50~10
5	<5	<10

(5)井渠结合灌区不宜在同一地块布置自流与提水两套灌溉渠道系统。

(6)灌溉渠道的位置应参照行政区划确定,尽可能使各用水单位都有独立的用水渠道,以利管理。

(7)要考虑综合利用,尽可能满足其他用水部门的要求。要充分利用渠道落差布置水电站或水力加工站,做到一水多用,开展多种经营。

(8)积极开源节流,充分利用水土资源。有条件的灌区应建立“长藤结瓜”灌溉系统,以发挥塘库的调蓄作用,扩大灌溉水源。

二、干、支渠的规划布置形式

由于各地自然条件不同,国民经济发展对灌区开发的要求不同,灌区渠系布置的形式也各不相同。按照地形条件,一般可分为山丘区灌区、平原区灌区、圩垸区灌区等。下面讨论各类灌区的特征及渠系布置的基本形式。

(一)山丘区灌区

山区、丘陵区地形比较复杂,岗冲交错,起伏剧烈,坡度较陡,河床切割较深,比降较大,耕地分散,位置较高。一般需要从河流上游引水灌溉,输水距离较长。所以,这类灌区干、支渠道的特点是:渠道高程较高,比降平缓,渠线较长而且弯曲较多,深挖、高填渠段较多,沿渠交叉建筑物较多。渠道常和沿途的塘坝、水库相连,形成“长藤结瓜”式水利系统,以求增强水资源的调蓄利用能力和提高灌溉工程的利用率。

山区、丘陵区的干渠一般沿灌区上部边缘布置,大体上和等高线平行,支渠沿两面溪间的分水岭布置,如图4-2所示。在丘陵地区,若灌区内有主要岗岭横贯中部,干渠可布置在岗脊上,大体和等高线垂直,干渠比降视地面坡度而定,支渠自干渠两侧分出,控制岗岭两侧的坡地。

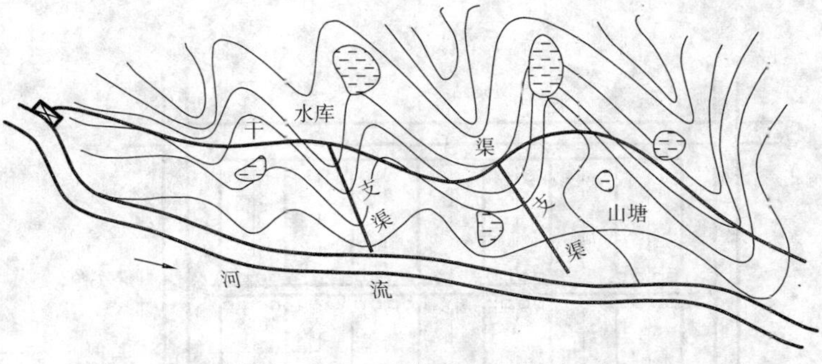

图4-2　山区、丘陵区干、支渠道布置

(二)平原区灌区

平原区灌区大多位于河流的中下游,由河流冲积而成,地形平坦开阔,耕地大片集中。由于灌区的自然地理条件和洪、涝、旱、渍、碱等灾害程度不同,灌排渠系的布置形式也有所不同。

1. 山前平原灌区

此类灌区一般靠近山麓,地势较高,排水条件较好,渍涝威胁较轻,但干旱问题比较突出。当灌区的地下水丰富时,可同时发展井灌和渠灌;否则,以发展渠灌为主。干渠多沿山麓方向大致和等高线平行布置,支渠与其垂直或斜交,视地形情况而定,如图4-3(a)所示。这类灌区和山麓相接处有坡面径流汇入,与河流相接处地下水位较高,因此还应建立排水系统。

2. 冲积平原灌区

此类灌区一般位于河流中下游,地面坡度较小,地下水位较高,涝碱威胁较大。因此,应同时建立灌排系统,并将灌排分开,各成体系。干渠多沿河流岸旁高地与河流平行布置,大致和等高线垂直或斜交,支渠与其成直角或锐角布置,如图 4-3(b)所示。

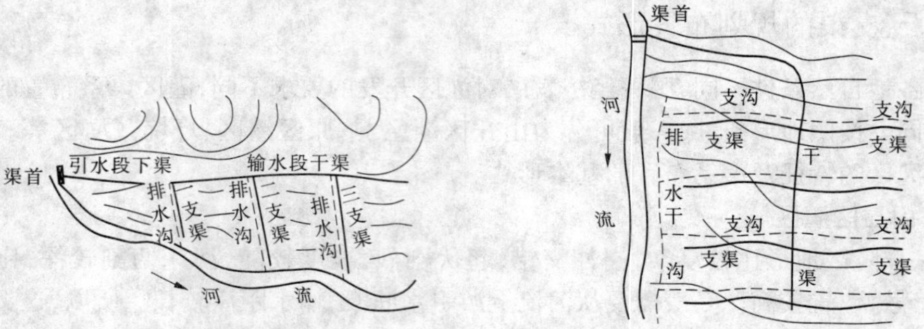

(a)山前平原灌区　　(b)冲积平原灌区

图 4-3　平原区灌区干、支渠布置示意图

(三)圩垸区灌区

圩垸区灌区分布在沿江、滨湖低洼地区的圩垸区,地势平坦低洼,河湖港汊密布,洪水位高于地面,必须依靠筑堤圈圩才能保证正常的生产和生活,一般没有常年自流条件,普遍采用机电排灌站进行提排、提灌。面积较大的圩垸,往往一圩多站,分区灌溉或排涝。圩内地形一般是周围高、中间低。灌溉干渠多沿圩堤布置,灌溉渠系通常只有干、支两级,如图 4-4 所示。

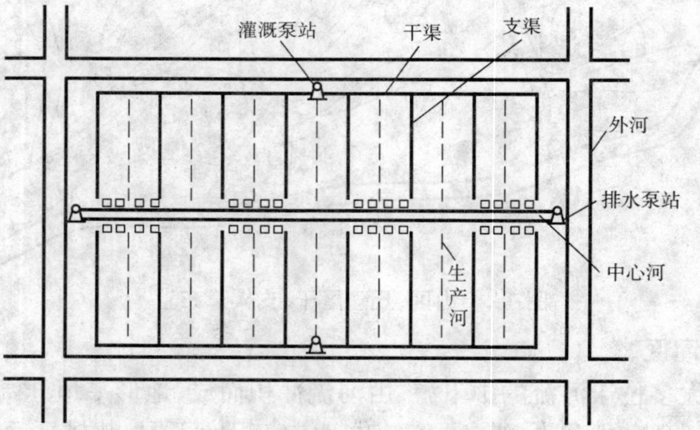

图 4-4　圩垸区干、支渠布置示意

三、斗、农渠的规划布置

(一)斗、农渠的规划要求

由于斗、农渠深入基层,与农业生产要求关系密切,并负有直接向用水单位配水的任务,所以在规划布置时除遵循前面讲过的灌溉渠道系统规划原则外,还应满足下列要求:

(1)适应农业生产管理和机械耕作的要求。

(2)便于配水和灌水,有利于提高灌水工作效率。

(3)有利于灌水和耕作的密切配合。

(4)土地平整工程量较少。

(二)斗渠的规划布置

斗渠的长度和控制面积随地形变化很大。山区、丘陵地区的斗渠长度较短,控制面积较小;平原地区的斗渠较长,控制面积较大。我国北方平原地区的一些大型自流灌区的斗渠长度一般为1 000～3 000 m,控制面积为600～4 000亩。斗渠的间距主要根据机耕要求确定,与农渠的长度相适应。

(三)农渠的规划布置

农渠是末级固定渠道,控制范围是一个耕作单元。农渠长度根据机耕要求确定,在平原地区通常为500～1 000 m,间距为200～400 m,控制面积为200～600亩。丘陵地区农渠的长度和控制面积较小。在有控制地下水位要求的地区,农渠间距根据农沟间距确定。

四、渠线规划步骤

干、支渠道的渠线规划大致可分为查勘、纸上定线和定线测量三个步骤。

(一)查勘

先在小比例尺(一般为1/50 000)地形图上初步布置渠线位置,地形复杂的地段可布置几条比较线路,然后进行实际查勘,调查渠道沿线的地形、地质条件,估计建筑物的类型、数量和规模,对难工地段要进行初勘和复勘,经反复分析比较后,初步确定一个可行的渠线布置方案。

(二)纸上定线

对经过查勘初步确定的渠线,测量带状地形图,比例尺为1/1 000～1/5 000,等高距为0.5～1.0 m,测量范围从初定的渠道中心线向两侧扩展,宽度为100～200 m。在带状地形图上准确地布置渠道中心线的位置,包括弯道的曲率半径和弧形中心线的位置,并根据沿线地形和输水流量选择适宜的渠道比降。在确定渠线位置时,要充分考虑到渠道水位的沿程变化和地面高程。在平原地区,渠道设计水位一般应高于地面,形成半挖半填渠道,使渠道水位有足够的控制高程。在丘陵山区,当渠道沿线地面横向坡度较大时,可按渠道设计水位选择渠道中心线的地面高程,还应使渠线顺直,避免过多的弯曲。

(三)定线测量

通过测量,把带状地形图上的渠道中心线放到地面上去,沿线打上木桩,木桩的位置和间距视地形变化情况而定,木桩上写上桩号,并测量各木桩处的地面高程和横向地面高程线,再根据设计的渠道纵横断面确定各桩号处的挖、填深度和开挖线位置。在平原地区和小型灌区,可用比例尺等于或大于1/10 000的地形图进行渠线规划,先在图纸上初定渠线,再进行实际调查,修改渠线,然后进行定线测量,一般不测带状地形图。斗、农渠的规划也可参照这个步骤进行。

第二节　渠系建筑物规划布置

渠系建筑物是指为安全、合理地输配水量,以满足各部门的需要,在渠道系统上所建的建筑物。它是灌排系统必不可少的重要组成部分,没有或缺少渠系建筑物,灌排工作就无法正常进行。所以，必须做好渠系建筑物的规划布置。

一、渠系建筑物的布置和选型原则

(1)渠系建筑物的位置和形式，应根据工程规模、作用、运行特点和灌区总体布置的要求，布置在地形条件适宜和地质条件良好的地点。

(2)渠系建筑物的布置应满足灌排系统水位、流量、泥沙处理、施工、运行、管理的要求。保证渠道安全运行，提高灌溉效率和灌水质量，最大限度地满足作物需水。

(3)尽量减少建筑物数量，并宜采用联合建筑的形式，形成枢纽，节约投资，便于管理。

(4)适应交通、航运和群众生产、生活的需要，为提高劳动生产力和繁荣地方生态经济创造条件。

(5)灌排建筑物的结构形式应根据工程特点、作用和运行要求，结合建筑材料来源和施工条件等因地制宜选定。

(6)4、5级灌排建筑物分级指标见表4-2。灌排建筑物设计可采用与当地实际情况相适应的定型设计，有条件时宜采用装配式结构。

表4-2　灌排建筑物分级指标

工程级别	1	2	3	4	5
过水流量(m^3/s)	>300	300~100	100~20	20~5	<5

二、渠系建筑物的类型及布置

渠系建筑物按其作用可分为控制建筑物、交叉建筑物、泄水建筑物、衔接建筑物、量水建筑物等。

(一)控制建筑物

控制建筑物的作用在于控制渠道的流量和水位，如进水闸、分水闸、节制闸等。

1. 进水闸和分水闸

进水闸是从灌溉水源引水的控制建筑物，分水闸是上级渠道向下级渠道配水的控制建筑物。进水闸布置在干渠的首端，分水闸布置在其他各级渠道的引水口处(见图4-5)，其结构形式有开敞式和涵洞式两种。斗、农渠上的分水闸常叫斗门、农门。

2. 节制闸

节制闸的主要作用有三：一是抬高渠中水位，便于下级渠道引水；二是截断渠道水流，保护下游建筑物和渠道的安全；三是为了实行轮灌。节制闸应垂直于渠道中心线布置在下列地点：

(1)上级渠道水位低于下级渠道引水要求水位的地方，见图4-5。

(2)下级渠道引水流量大于上级渠道的1/3时，常在分水闸前造成水位显著降落，亦需修建节制闸。

(3)重要建筑物、大填方段和险工渠段的上游，常与泄水闸联合修建，见图4-1。

(4)轮灌组分界处。

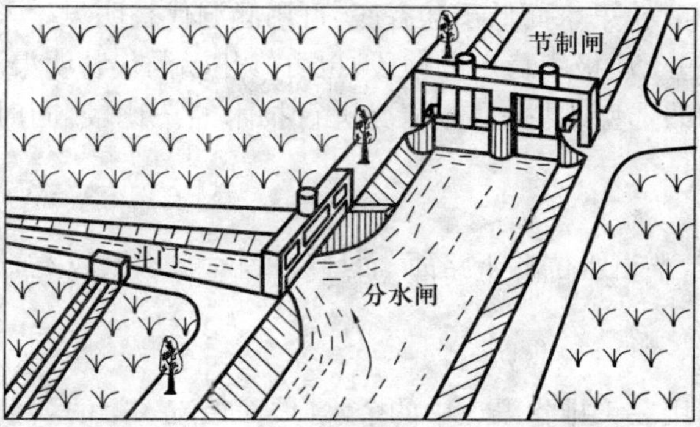

图 4-5　节制闸与分水闸示意图

（二）交叉建筑物

渠道穿越河流、沟谷、洼地、道路或排水沟时，需要修建交叉建筑物。常见的交叉建筑物有渡槽、倒虹吸、涵洞和桥梁等。

1. 渡槽

渡槽又称过水桥，是用明槽代替渠道穿越障碍的一种交叉建筑物，它具有水头损失小、淤积泥沙易于清除、维修方便等优点。其适用条件是：

（1）渠道与道路相交，渠底高于路面，且高差大于行驶车辆要求的安全净空（一般应大于 4.5 m）时。

（2）渠道与河沟相交，渠底高于河沟最高洪水位时。

（3）渠道与洼地相交，为避免填方，或洼地中有大片良田时。

2. 倒虹吸

倒虹吸是用敷设在地面或地下的压力管道输送渠道水流穿越障碍的一种交叉建筑物。其缺点是：水头损失较大；输送流量受到管径的限制；管内积水不易排除，寒冷地区易受冻害；清淤困难，管理不便。但它可避免高空作业，施工比较方便，工程量较少，节省劳力和材料，不受河沟洪水位和行车净空的限制，对地基条件要求较低，单位长度造价较小，故仍被广泛采用。其适用条件是：

（1）渠道流量较小，水头富裕，含沙量小，穿越较大的河沟，或河流有通航要求时。

（2）渠道与道路相交，渠底虽高于路面，但高差不满足行车净空要求时。

（3）渠道与河沟相交，渠底低于河沟洪水位，或河沟宽深，修建渡槽下部支承结构复杂，而且需要高空作业，施工不便，或河沟的地质条件较差，不宜做渡槽时。

（4）渠道与洼地相交，洼地内有大片良田，不宜做填方时。

（5）田间渠道与道路相交时。

3. 涵洞

涵洞是渠道穿越障碍时常用的一种交叉建筑物。其适用于条件是：

（1）渠道与道路相交，渠水面低于路面，渠道流量较小时用涵洞。

（2）渠道与河沟相交时，渠道的水面线低于河底的最大冲刷线，可在河沟底部修输水涵洞，以输送渠水通过河沟，而河沟中的洪水仍自原河沟泄走。

(3)渠道与洼谷相交,渠水面低于洼谷底,可用涵洞代替明渠。

(4)挖方渠道通过土质极不稳定的地段,也可修建涵洞代替明渠。

上述交叉建筑物的选型,要视具体情况进行技术经济比较,同时还要适当考虑社会效益。

4. 桥梁

渠道与道路相交,渠道水位低于路面,而且流量较大,水面较宽时,要在渠道上修建桥梁,以满足交通要求。

(三)泄水建筑物

泄水建筑物的作用在于排除渠道中的余水、坡面径流入渠的洪水、渠道与建筑物发生事故时的渠水。常见的泄水建筑物有泄水闸、退水闸、溢洪堰等。

泄水闸是保证渠道和建筑物安全的水闸,必须在重要建筑物和大填方段的上游,渠首进水闸和大量山洪入渠处的下游。泄水闸常与节制闸联合修建,配合使用,其闸底高程一般应低于渠底高程或与之齐平,以便泄空渠水。

在较大干、支渠和位置重要的斗渠末端应设退水闸和退水渠,以排除灌溉余水,腾空渠道。溢洪堰应设在大量洪水汇入的渠段,其堰顶高程与渠道的加大水位相平,当洪水汇入渠道水位超过堰顶高程时即自动溢流泄走,以保证渠道安全。溢洪堰结构简单、运用可靠,但所需堰宽一般较大,常受地形条件的限制,因而使用较少,而多用泄水闸。

泄水建筑物应结合灌区排水系统统一规划,以便使泄水能就近排入沟、河。

(四)衔接建筑物

当渠道通过地势陡峻或地面坡度较大的地段时,为了保持渠道的设计比降和设计流速,防止渠道冲刷,避免深挖高填,减少渠道工程量,在不影响自流灌溉控制水位的原则下,可修建跌水、陡坡等衔接建筑物,见图4-6。

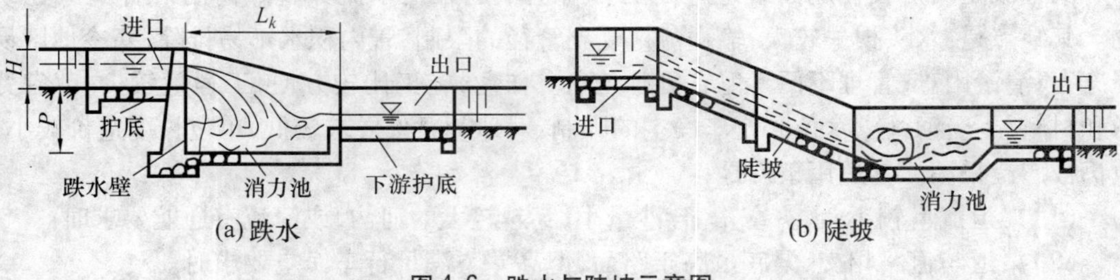

图4-6　跌水与陡坡示意图

跌水是使渠道水流呈自由抛射状下泄的一种衔接建筑物,多用于跌差较小(一般小于3 m)的陡坎处。跌水不应布置在填方渠段,而应建在挖方地基上。在丘陵山区,跌水应布置在梯田的堰坎处,并与梯田的进水建筑物联合修建。

陡坡是使渠道水流沿坡面急流而下的倾斜渠槽,一般在下述情况下选用:

(1)跌差较大,坡面较长,且坡度比较均匀时多用陡坡。

(2)陡坡段系岩石,为减少石方开挖量,可顺岩石坡面修建陡坡。

(3)陡坡地段土质较差,修建跌水基础处理工程量较大时,可修建陡坡。

(4)由环山渠道直接引出的垂直等高线的支、斗渠,其上游段没有灌溉任务时,可沿地面坡度修建陡坡。

一般来说，跌水的消能效果较好，有利于保护下游渠道安全输水；陡坡的开挖量小，比较经济，适用范围更广一些。具体选用时，应根据当地的地形、地质等条件，通过技术经济比较确定。

（五）量水建筑物

灌溉工程的正常运行需要控制和量测水量，以便实施科学的用水管理。在各级渠道的进水口需要量测入渠水量，在末级渠道上需要量测向田间灌溉的水量，在退水渠上需要量测渠道退泄的水量。可以利用水闸等建筑物的水位—流量关系进行量水，但建筑物的变形以及流态不够稳定等因素会影响量水的精度。在现代化灌区建筑中，要求在各级渠道进水闸下游安装专用的量水建筑物或量水设备。量水堰是常用的量水建筑物，三角形薄壁堰、矩形薄壁堰和梯形薄壁堰在灌区量水中被广为使用。巴歇尔量水槽也是被广泛使用的一种量水建筑物，虽然结构比较复杂，造价较高，但壅水较小，行近流速对量水精度的影响较小，进口和喉道处的流速很大，泥沙不易沉积，能保证量水精度。

第三节　田间工程规划

田间工程是指末级固定渠道（农渠）和固定沟道（农沟）之间的条田范围内的临时性或永久性灌排设施以及土地平整等的总称。田间工程规划的目标是建设旱涝保收、高产、优质、高效农田；规划中心任务是改土治水，建立良好的农业生态环境；规划的内容是沟、渠、山、田、路、林、井、电等全面规划，综合治理，使农业生产、居民生活水平稳步提高，生态环境不断改善，以实现灌区经济的可持续发展。各地的自然条件不同，田间灌排渠系的组成和布置也各不相同，必须根据具体情况，因地制宜地进行规划布置。

一、田间工程的规划要求

（一）田间工程的规划要求

田间工程要有利于改善农业生态环境、调节农田水分状况、培育土壤肥力和实现农业现代化。为此，田间工程规划应满足以下基本要求：

（1）要有完善的田间灌排系统，旱地有沟、畦，种稻有格田，并配置必要的建筑物，达到灌水能控制、排水有出路，消灭旱地漫灌和稻田串灌串排现象，并能有效控制地下水位，防止土壤过湿和产生土壤次生盐渍化现象。

（2）田面平整，灌水时土壤湿润均匀，排水时田面不留积水。

（3）田块的形状和大小要适应农业现代化需要，有利于农业机械作业和提高土地利用率。

（4）改良土壤，提高肥力，促进作物高产、稳产。

（二）田间工程的规划原则

（1）田间工程必须在农业发展规划和水利规划的基础上进行规划，着眼长远，立足当前，既要充分考虑农业现代化发展的要求，又要满足当前农业生产发展的实际需要。全面规划、分期实施，当年工程、当年施工、当年受益。

（2）要从实际出发，注重调查研究，因地制宜，尽可能兼顾区、乡行政区划和土地利用规划以及原有田块的调整、平整与改造,力求布局合理,便于实施,便于管理,讲求实效。

(3)田间渠系布置应以固定沟渠为基础,结合地形条件和土地规划,尽量相互平行或垂直布置,力求沟渠顺直端正,以利耕作和种植,减少占地,提高土地利用率。

(4)合理利用水土资源,充分挖掘水土潜力,以治水改土为中心,实行综合治理,注重生态环境的改善,促进农、林、牧、副、渔全面发展。

(5)田间渠系规划要与农村道路、防护林网规划相结合,以利于农业机具通行和交通运输,以及田间作业和管理。

(6)尽量利用原有工程设施。

二、条田规划

旱作物灌区末级固定渠道(一般为农渠)和末级固定沟道(一般为农沟)之间的矩形田块叫做条田,有的地方称为耕作区或生产田块。它是进行机械耕作的基本单位,也是田间灌溉渠系布置和组织田间灌水的基本单元。条田的适宜尺寸应根据机械耕作、田间灌排和管理、田间道路和防护林网、作物种植和轮作等方面的要求,综合考虑确定。

(一)排水要求

为了除涝、防渍和治盐,就要排除地面涝水、地下渍水和盐碱冲洗水,并应控制地下水位,它们都要求末级固定排水沟道有适宜的深度和间距。水稻地区的农沟间距一般为50~100 m,旱作地区的农沟间距一般为100~400 m,详见第十章第二节。条田的宽度应首先满足排水农沟的间距要求。对于地形平缓、土质黏重、地下水位较高和盐碱化威胁较大的地区,要求排水沟密度较大时,可在条田内部增设临时排水毛沟、小沟等,将条田分为小田块,而保持条田的尺寸和形状基本不变,以满足其他方面的要求。

(二)机耕要求

机耕不仅要求条田形状方整,还要求条田具有一定的长度。若条田太短,拖拉机开行长度太小,转弯次数就多,生产效率低,机械磨损较大,消耗燃料也多。若条田太长,控制面积过大,不仅增加了平整土地的工作量,而且由于灌水时间长,灌水和中耕不能密切配合,会增加土壤蒸发损失,在有盐碱化威胁的地区还会加剧土壤返盐。根据实际测定,拖拉机开行长度小于300~400 m时,生产效率显著降低。但当开行长度大于800~1 200 m时,用于转弯的时间损失所占比重很小,提高生产效率的作用已不明显。因此,从有利于机械耕作这一因素考虑,条田长度对于大型农机具以400~800 m、中型以300~500 m、小型以200~300 m为宜。

(三)田间管理和灌水要求

在旱作地区,特别是机械化程度较高的农场,为使灌水后条田耕作层土壤干湿程度基本一致,以便及时中耕松土和防止土壤水分蒸发及盐分向表土积累,一般要求一块条田能在1~2 d内灌水完毕。从便于组织灌水和田间管理考虑,条田长度以不超过500~600 m为宜。

条田宽度主要根据地形条件、土壤性质和排水要求等确定。地面坡度较大、土壤透水性较好、汇流较快、排水通畅的地区,排水沟的间距和条田宽度可大一些;在地面平缓、土壤透水性较差、汇流缓慢、地下水控制深度较大、沟道容易坍塌的地区,条田宽度应小些。

一般来说，当农渠和农沟相间布置时，条田宽度以 100 ~ 150 m 为宜；当农渠和农沟相邻布置时，条田宽度以 200 ~ 300 m 为宜。

综上所述，条田的尺寸和形状应根据当地的地形、土壤、气象、水文地质、作物种植、劳力组织、土地利用状况、机械化程度、田间用水管理要求等具体条件，因地制宜地加以确定。一般情况下，北方机械化程度较高、灌溉面积较大的平原区灌区，条田长度以 400 ~ 800 m、宽度以 200 ~ 300 m 为宜；机械化程度和灌溉面积中等的平原区灌区，条田长度以 300 ~ 500 m、宽度以 100 ~ 200 m 为宜；机械化程度较低和灌溉面积较小的灌区或山丘地区，条田长度以 200 ~ 300 m、宽度以 100 m 左右为宜。南方水稻地区可相应小些。

三、田间渠系布置

田间渠系是指条田内部临时性的灌溉渠道系统。它担负着田间输水和灌水任务，根据田块内部的地形特点和灌水需要，田间渠系由一至二级临时渠道组成。一般把从农渠引水的临时渠道称为毛渠，从毛渠引水的临时渠道称为输水垄沟或简称输水沟。田间渠系的布置有纵向布置和横向布置两种基本形式。

（一）纵向布置

灌水方向垂直农渠，毛渠和灌水沟、畦平行布置，灌溉水流从毛渠流入与其垂直的输水垄沟，然后进入灌水沟、畦。毛渠一般沿地面最大坡度方向布置，使灌水方向和地面最大坡向一致，为灌水创造有利条件。在有微地形起伏的地区，毛渠可以双向控制，向两侧输水，以减少土地平整工程量。地面坡度大于 1% 时，为了避免田面土壤冲刷，毛渠可与等高线斜交，以减小毛渠和灌水沟、畦的坡度。田间渠系的纵向布置如图 4-7 所示。

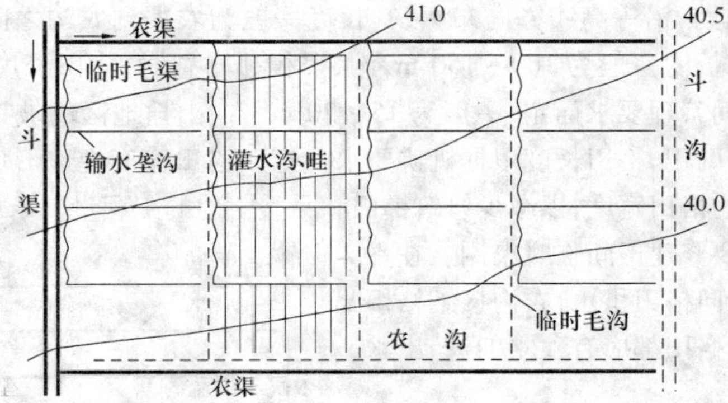

图 4-7　田间渠系纵向布置示意图

（二）横向布置

当地面坡度较大且农渠平行于等高线布置，或地面坡度较小而农渠垂直于等高线布置时，其灌水方向应与农渠平行。这里，条田内只需布置毛渠一级临时渠道，毛渠与灌水沟、畦垂直，这种布置形式称为横向布置，如图 4-8 所示。这种布置省去了输水垄沟，减小了田间渠道长度，节省了占地和减少了水量损失，毛渠一般平行等高线布置，以便使灌水沟、畦沿最大地面坡度方向布置，以利灌水。

上述两种布置形式，在北方旱作灌区均有采用。纵向布置能较好地适应地形变化；横

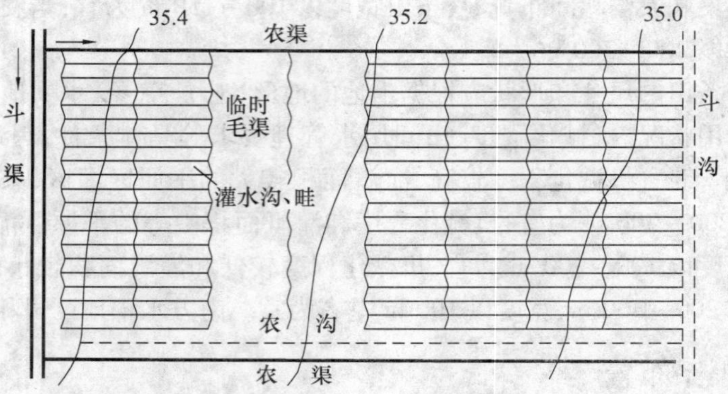

图 4-8　田间渠系横向布置示意图

向布置临时渠道较少,但对土地平整的要求较高。一般地形较复杂、土地平整较差时,常采用纵向布置;地形平坦、坡向一致、坡度较小时,可采用横向布置。在地下水位较高的灌区,田间渠系布置还必须考虑有利于地下水位控制。

四、稻田区的格田规划

水稻田一般都采用淹灌法,需要在田间保持一定深度的水层。因此,在种稻地区,田间工程的一项主要内容就是修筑田埂,用田埂把平原地区的条田或山丘地区的梯田分隔成许多矩形或方形田块,称为格田。格田是平整土地、田间耕作和用水管理的独立单元。田埂的高度满足田间蓄水要求,一般为 20 ~ 30 cm,埂顶兼作田间管理道路,宽为 30 ~ 40 cm。格田的长边通常沿等高线方向布置,其长度一般为农渠到农沟之间的距离。沟、渠相间布置时,格田长度一般为 100 ~ 150 m;沟、渠相邻布置时,格田长度为 200 ~ 300 m。格田宽度根据田间管理要求而定,一般为 15 ~ 20 m。在山丘地区的坡地上,农渠垂直等高线布置,可灌排两用,格田长度根据机耕要求确定。格田宽度视地形坡度而定,坡度大的地方应选较小的格田宽度,以减少修筑梯田和平整土地的工程量。

稻田区不需要修建田间临时渠网。在平原地区,农渠直接向格田供水,农沟接纳格田排出的水量,每块格田都应有独立的进、出水口,如图 4-9 所示。

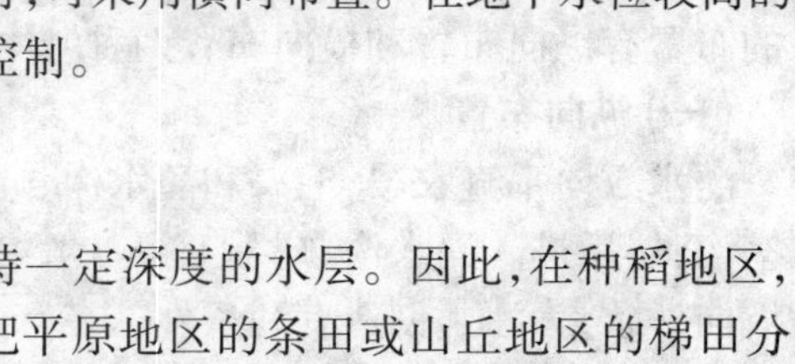

图 4-9　稻田区田间灌排工程布置示意图

五、土地平整

土地平整是建设稳产高产农田必不可少的重要措施。搞好土地平整对合理灌排、节约用水、提高劳动生产率、发挥机械作业效率,以及改良土壤、保水、保土、保肥等方面都有着重要的作用,特别是在盐碱土等低产土地的治理中,土地平与不平直接影响到土壤水分和盐分的重新分配。土壤含盐不匀、干湿不均关系到作物的播种、保苗和机耕作业的环境。所以,平整土地是治水、改土,建设高产、优质、高效农田的一项重要措施。

（一）土地平整的原则

（1）要与土地开发整理统一起来。土地平整应符合土地开发整理的要求并作为其一个组成部分。

（2）既要有长远目标，又要立足当前。土地平整要实现当年受益、当年增产，确保当年增产的关键是保留表土。

（3）平整后的地面坡度应满足灌水要求。不同的灌水技术要求的坡度不同，平整土地工作应以此为标准，绝不能有倒坡的情况发生。

（4）平整土方量最小。在平整田块内应力求移高填低，使填挖土方量基本平衡，总的平整土方量达到最小。在此基础上，应使同一平整田块内的平均土方量运距最小。

（二）平整田块的划分标准

1. 平整单元划分

沟、畦灌溉的平整土地范围一般以条田内部一条毛渠所控制的灌溉面积为一个平整单位。如果地形起伏较大，还可将毛渠控制面积分为几个平整区，以垄沟控制的面积为平整单位。水稻田或以洗盐为主要目的的平整土地范围，可以以一个格田的面积为平整单位。

2. 地面平整度

在沟、畦灌溉的旱作区，一个临时毛渠控制的田面地段，纵横方向没有反坡，田面纵坡方向一般设计成与自然坡降一致，田面横向一般不设计坡度。

3. 平整田块大小

为达到适宜机械耕作的目的，田块设计要求长些，以 800 ~ 1 000 m 为宜，最小不小于 400 m；适宜畜力耕作的田块长度为 200 ~ 300 m。从目前生产情况出发，考虑到田间渠系布设、平整工作量以及田间管理的方便，应适当考虑机耕要求，平整田块长度以 160 ~ 360 m 为宜，宽度以 40 ~ 100 m 为宜。

（三）土地平整方案

1. 根据平整单元范围分类

根据整理区平整单元范围，土地平整方案可分为局部平整和全面平整两种。

局部平整是结合地形地势进行的平整。它允许田块有一定的坡度，以耕作田块为平整田块，在每个平整田块内部保持土地的挖填方平衡，不需要从区外大量取土或将土大量运至区外。局部平整的优点是：填挖方工程量和工程投资大大降低，有利于保护表土层。局部平整的缺点是：土方量计算较复杂，耕地新增量有所降低，沟渠布置的难度增大。

全面平整是在地形平坦地区将整个项目区作为一个平整田块，设立一个平整高程，以平整高程为基准对整理区进行全面平整。全面平整的优点是：能够最大限度地挖掘土地利用潜力，增加耕地面积，便于布置各项工程项目，方便农业生产；田面水平，易于开展机械化作业，进行渠道、道路、防护林的规划设计。全面平整的缺点是：挖填工程量大，投资量大，对表土造成的破坏大。

2. 根据地形纵向变化情况分类

根据地形纵向变化情况，土地平整方案有平面法、斜面法和修改局部地形面法三种。

平面法是指将设计地段平整成一近似水平面。一般多用于水稻田的平整，土方量大。

斜面法是指将设计地段平整成具有一定纵坡的斜面。坡度方向与灌水方向一致，这样对沟、畦灌有利，但土方量也较大。

修改局部地形面法是对设计地段进行局部适当修改，而不是全部改变其原有地形面貌，只是将过于弯曲、凸凹的地段修直顺平，把阻碍灌水的高地削除、低地填平、倒坡取削，但不强调纵坡完全一致，能实现畦平地不平、对灌水无阻碍就可以。这种方法适用于面积较大、地形变化较多、若大平大填则工作量过大的地区。修改局部地形面法的优点是可大大减少土方量。

以上三种方法的布置如图 4-10 所示。

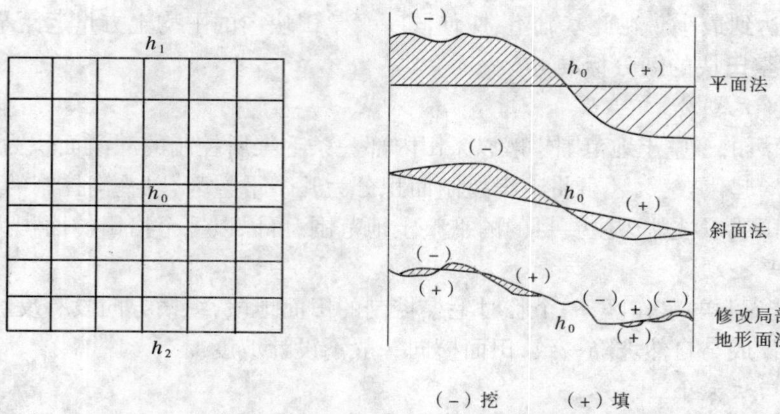

图 4-10 以地形纵向变化为标准的田块平整方案

(四)土地平整设计

在进行土地平整工程设计时，尽量做到合理配置土方，基本保证挖填平衡。

1. 土地平整高程设计

在土地开发整理中，土地平整高程设计的合理与否关系到平整工程量的大小及相应的田块规划。因此，在土地平整中应当遵循因地制宜、确保农田旱涝保收、填挖土方量最小和与农田水利工程设计相结合的原则。在不同地区，土地平整高程设计的标准不同，主要体现在：

(1)地形起伏小、土层厚的旱涝保收农田田面设计高程根据土方挖填量确定。

(2)以防涝为主的农田，田面设计高程应高于常年涝水位 0.2 m。

(3)地形起伏大、土层薄的坡地，田面高程设计应因地制宜。

(4)地下水位较高的农田，田面设计高程应高于常年地下水位 0.8 m。

2. 平整土地设计

平整土地设计方法很多，这里主要介绍方格网中心点法。具体步骤如下(见图 4-11)：

(1)布置方格网。图 4-11 中方格网为 20 m×20 m，边点至各田边的距离为 10 m。

(2)测量方格网各桩点的高程，并注在图上。

(3)计算田块平均地面高程及各桩号的设计田面高程，并注在图上。

图 4-11 中田块地面坡度采用横向平、纵向坡，其坡度为 1/500。设计步骤为：

①计算各横断面地面平均高程。图 4-11 中第一排横断面平均地面高程为

$$(2.40+2.47+2.56+2.69)\div 4=2.53(\text{m})$$

②计算田块平均地面高程。将各排断面地面平均高程累加，以横排数除之，即为田块平均地面高程，如图 4-11 中的 15. 37 ÷ 7 = 2. 2(m)。

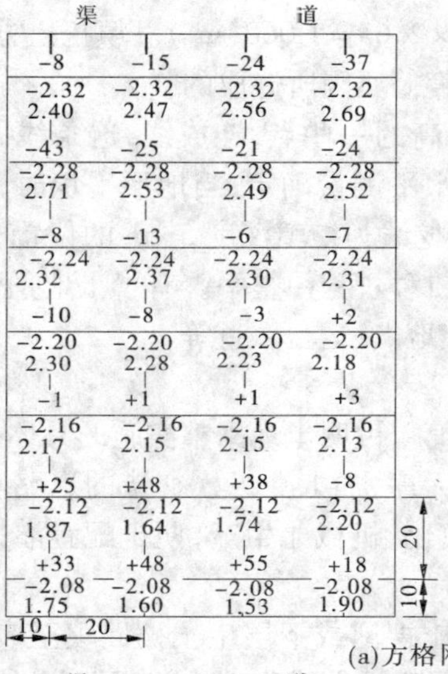

横断面平均高(m)	设计高程(m)	挖深(cm)	填高(cm)
(1)	(2)	(3)	(4)
2.53	2.32	-84	
2.56	2.28	-113	
2.33	2.24	-34	
2.25	2.20	-21	+2
2.14	2.16	-1	+5
1.86	2.12	-8	+111
1.70	2.08	0	+154
15.37		-261	+272

(a)方格网中心点法布置图

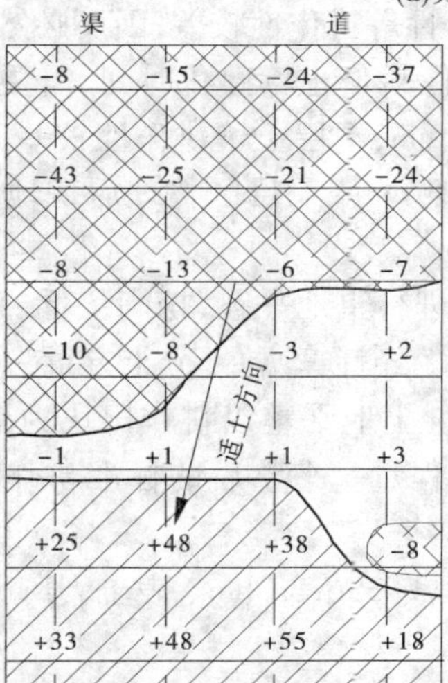

挖深(cm)	填高(cm)	方格面积(m×m)	土方(m^3)
-84		20×20	挖方
-113			1 028
-34			
-18			
0			
-8	+111		填方
0	+154		1 060
-257	+265		

(b)土地平整设计图

图 4-11　土地平整设计

③计算各桩号的设计田面高程，并注于图上。整平后田块平均高程应位于纵向中心位置，即图 4-11 中第四排桩号位置。然后根据设计地面纵向坡降，按照顺坡相减、逆坡相加的原则，从平均田面高程中减去或加上一定数值，依次求得各横断面的田面设计高程，图 4-11 中方格网边长为 20 m，故纵向各桩号设计高程差值为 20 × 1/500 = 0. 04(m)。如第三排桩，设计地面高程为 2. 20 + 0. 04 = 2. 24(m)，其余依次类推。

(4)设计各测点的填挖深度。设计地面高程减去各测点地面高程，即为各测点的填挖深度。得“ - ”数为挖方，得“ + ”数为填方。

(5)设计挖填土方量。将各测点(或各横断面)填挖深度分别累加,然后将各累加值分别乘以方格面积即求出填、挖土方量。在实际工作中常将施工误差范围以内挖填数忽略(如本例为 5 cm 以下),视为不填不挖。图 4-11 中方格面积为 $20 \times 20 = 400(m^2)$,挖方量为 $400 \times 2.57 = 1\ 028(m^3)$,填方量为 $400 \times 2.65 = 1\ 060(m^3)$。填挖土方数量不符是计算数据采取近似值及舍掉 5 cm 以下挖填深度等原因所造成的。

(6)开挖线的确定。找出与设计高程等高的一些点,连成线,这条线即开挖线,它是施工的重要依据。当地形复杂时,开挖线应水平测量确定;当地形平坦时,也可从土地平整设计图中确定。图 4-11 中开挖线两条,开挖线为挖填深度 5 cm 的位置,在两条开挖线中间的面积作为不挖不填的面积,可在农业耕种过程中整平。有了土地平整设计图,即可根据各测点挖填土深度,确定运土方向、运土地点、运土数量等。

(五)案例分析

以山东省垦利县某土地整理项目为例,简单说明土地平整实施的具体办法。

项目区微地形并不规则,地面高程变化无序,加上受纵横交错的道路和沟道影响,耕作地块比较破碎。为了保证项目区农业规模化、机械化生产,便于配置灌排系统,必须对项目区土岗、洼地、缓坡进行平整。

平整时若填挖深度过大,会造成下层生土裸露或下层生土被回填至表层。由于生土有机质和其他如 N、P、K 等养分含量及土壤通透性等耕作性较差,因而必然影响耕作质量和产量。为保证取土后的耕地质量及减少项目区耕作土壤熟化时间,需要进行表土的剥离和回填。经核实,项目区耕作层厚度为 0 ~ 20 cm,下层土壤耕作性较差,设计保熟厚度为 15 cm,即确定项目区表土剥离回填厚度为 15 cm。项目区整理后耕地面积为 439.06 hm^2,据此,表土剥离和回填土方量为 65.86 万 m^3。

表土剥离后,按照挖填平衡原则,对项目区进行土地平整,挖高垫低。土方量的计算原理为方格网法,计算时借助 MapGIS 软件完成。经计算,此部分土方量为 36.74 万 m^3。

平整土地预计共需完成土方 102.60 万 m^3。土地平整以耕作田块为单元进行,尽量保持平整单元内的挖填方平衡,以减少运土工程量。平整后的标准耕作田块的大小为 $600\ m \times 200\ m$,条田为 $200\ m \times 100\ m$。

该项目区建设规模为 590.49 hm^2,耕地面积为 336.33 hm^2,表土剥离土方量为 65.86 万 m^3。

按照上面提到的方格网法的公式计算,项目区平整土地需完成土方量为 36.74 万 m^3,挖方量约等于填方量。因此,项目区土地平整需完成土方总量为 102.60 万 m^3。表 4-3以田块 1 ~ 4 为例,说明了各田块表土剥离回填及挖填方量统计表的形式。按照此形式计算每个田块的表土剥离土方量和填挖方量,最后得出总填挖方量。

六、农村道路布置

农村道路是农田基本建设的重要组成部分,交通运输是生产过程的重要环节。农村道路的建设对于发展农业生产、改善交通运输条件、繁荣农村经济、提高农民生活水平和实现农业机械化都有着极其重要的作用。

表 4-3 土方量计算统计表(示例)

田块编号	现状高程	设计高程	表土剥离土方量(m^3)	表土回填土方量(m^3)	田块表土盈亏量(m^3)	单元挖方量(m^3)	单元填方量(m^3)	田块挖填盈亏量(m^3)
1	8.5	8.6	3 155	-3 155	0	780	-2 760	-1 980
2	8.5	8.6	11 339	-11 226	113	1 306	-8 262	-6 956
3	8.4	8.5	15 119	-14 968	151	3 230	-8 911	-5 681
4	8.6	8.5	17 788	-17 609	179	18 750	-6 280	12 470

(一)农村道路的分级与规格

农村道路一般可分为乡镇公路(干道)、机耕道路(支路)和田间道路等几级。农村道路应根据便利生产、生活,减少交叉建筑物和少占耕地等原则,结合灌排渠系和新农村规划统一布置,尽量利用开挖沟渠的土方进行修筑,做到路随沟渠走,沟渠随路开,沟渠建好,道路修成。路面宽度要因地制宜确定,人少地多的地区可适当放宽。表 4-4 为农村道路的规格标准,可供参考。

表 4-4 农村道路规格标准

类别		路面宽(m)		高出地面(m)
		南方地区	北方地区	
乡镇公路		4~6	6~8	0.7~1.0
机耕道路		2.5~3.5	4~6	0.5~0.7
田间道路	手扶拖拉机、胶轮车	1.5~2.0	3~4	0.3~0.5
	人行	1	2	0.3

(二)农村道路的布置形式

田间道路与灌排沟渠的结合形式,根据有利于灌排、机耕、运输和田间管理,少占耕地,交叉建筑物少,沟渠边坡稳定等原则确定,机耕路与沟、渠的布置,按其相对位置可分为沟—渠—路、沟—路—渠和路—沟—渠等三种形式。

(1)沟—渠—路(见图 4-12)。道路位于条田的上端,靠斗渠的一侧。其优点是:①路的一侧靠田,人、机进田方便;②道路位置较高,雨天不易积水,行车安全方便;③道路穿越农渠,可结合农门修建桥涵,节省工程量和投资;④道路拓宽比较容易。这种布置的缺点是:①道路要穿越全部下级农渠,需要修建较多的桥涵,路面起伏较大;②渠沟紧邻,渠道渗漏损失较大;③灌水季节道路比较潮湿。

(2)沟—路—渠(见图 4-13)。道路位于条田的下端,在斗沟与斗渠之间。这种布置的优点是:①道路不与农级沟渠相交,交叉建筑物少,路面平坦;②渠靠田,灌水方便;③渠离沟较远,渠道渗漏少。其缺点是:①人、机进田需穿越斗级沟渠,需在斗级沟渠上修建较多、较大的桥涵;②今后道路拓宽比较困难。

(3)路—沟—渠(见图 4-14)。道路位于条田的下端,在斗沟的一侧。这种布置的优点是:①道路邻沟离渠,路面干燥,人、机下田方便;②渠靠田,灌水方便;③挖沟修路,以挖

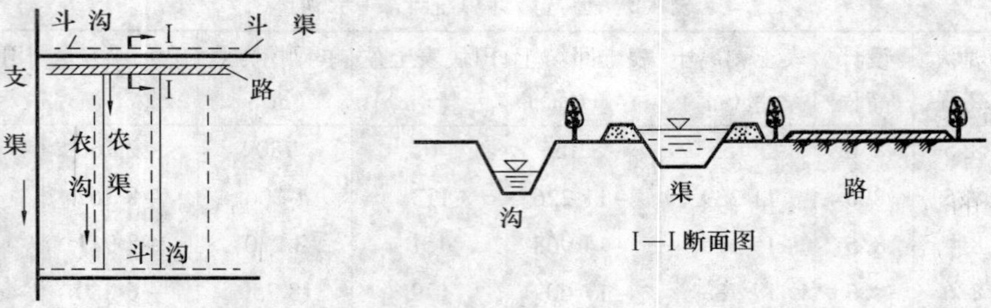

图 4-12 沟—渠—路布置示意图

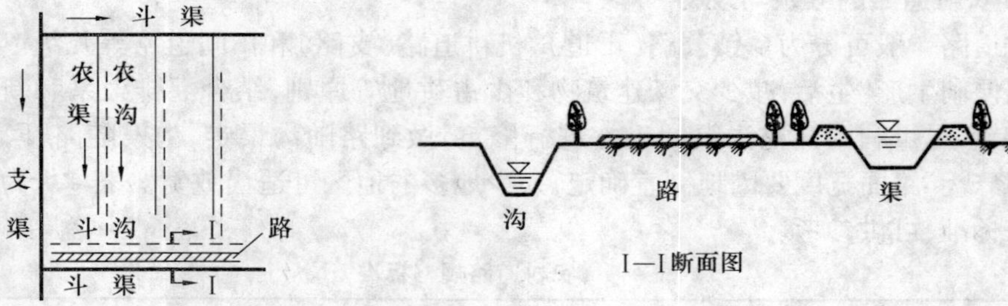

图 4-13 沟—路—渠布置示意图

作填，节省土方和劳力。其缺点是：①道路要穿越所有农沟，需修建较多的桥涵；②道路位置较低，多雨季节容易积水受淹；③渠靠沟，渠道渗漏损失大。

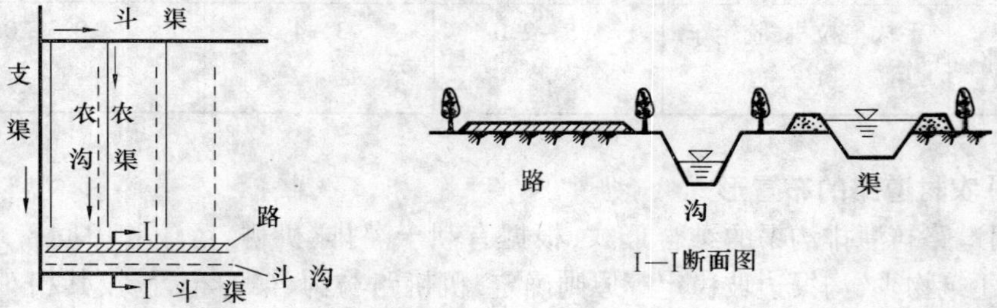

图 4-14 路—沟—渠布置示意图

七、农田防护林网规划布置

农田防护林网是指为防止风沙、干旱等自然灾害，改善农田小气候，建立有利于农作物生长的环境条件，提供一定农副产品而营造的人工林带。农田防护林网由主林带和副林带按照一定的距离纵横交错排列而成。农田防护林可以调节气候、涵养水源、保持水土、防风固沙、美化环境、净化空气、提供农副产品、增加作物产量，是建设高产稳产农田的重要措施之一，对于改变自然条件、发展农业生产具有重要意义。需要营造农田防护林的地区广阔，气候、土壤条件差异很大，此外，自然灾害的性质和程度不同对农田防护林的要求也不一样，因此各地营造农田防护林必须本着“因地制宜、因害设防”的原则设置。在灌区规划时必须紧密结合灌排渠系与道路的布局，进行防护林网的规划布置，在沟渠旁、道路两侧、居民点附近以及宅旁空地植树造林，建立完善的防护林体系。另外，林带与铁路路基和高压电线的安全距离，以及树冠与通信线的垂直距离应符合国家现行的有关标准的规定。现将有关防护林网的技术要求简述如下。

（一）林带的方向

林带的方向主要取决于主害风向。主林带用于防止主要害风，其方向应尽量与主害风垂直，一般要求偏离角不超过30°，否则防护效果将显著降低；副林带与主林带垂直，用以防止次要害风，增强林网的防护效果。如果规划地区的沟、渠、路、田的布局已按流域水系、地形条件基本形式，则林带的方向应与之结合布置。

（二）林带的间距

主林带的间距取决于林带的有效防风范围；副林带的间距应根据地形条件和条田布设情况而定，并以适应机耕为原则。根据土壤条件、防护林类型、害风频率、害风最大风速和平均风速、林带结构和疏透度、林带高度和有效防护距离，同时考虑灌溉条件、地物、地形、田块形状、原有渠系和道路分布等因素确定。在有一般风害的壤土或砂壤土耕地，以及风害不大的灌溉区或水网区，主林带间距宜为200～250 m，副林带间距宜为400～500 m，网格面积宜为8～12.5 hm^2；风速大、风害严重的耕地，以及易遭台风袭击的水网区，主林苛间距宜为150 m左右，副林带间距宜为300～400 m，网格面积宜为4.5～6.0 hm^2。

（三）林带的结构

林带的结构是指林带内树木枝叶的密集程度和分布状况，常用透风系数表示，即在林带背风林缘1 m处林带高度范围内的平均风速与空旷地区相同高度范围内的平均风速之比。林带结构有紧密型、疏透型和透风型三种。

1. 紧密型

这是一种由主乔木、亚乔木和灌木树种组成的三层林冠，是一种多行的宽林带。它几乎不透光、不透风，防风距离较短，林带内与林带边缘容易引起积雪、积沙，不利于农田耕作，而且因风透不过去，将迫使风向改变，风力从林带上方绕过，而在林带的另一侧猛烈下降，危害作物生长。因此，这种林带结构不宜多采用。

2. 疏透型

这种林带通常是由中间较少的几行乔木，两侧各配1～2行灌木组成，透风系数为0.3～0.5，见图4-15。这种林带整个纵断面透风、透光均匀，害风遇到此种林带，一部分像过筛子般通过林带，在背风林缘形成许多小旋涡，另一部分从林带上方越过。它的防护距离大，平均可减少风速28%，而且不会在带内和林缘产生积雪与堆沙，是一种较好的林带结构，应尽量采用。

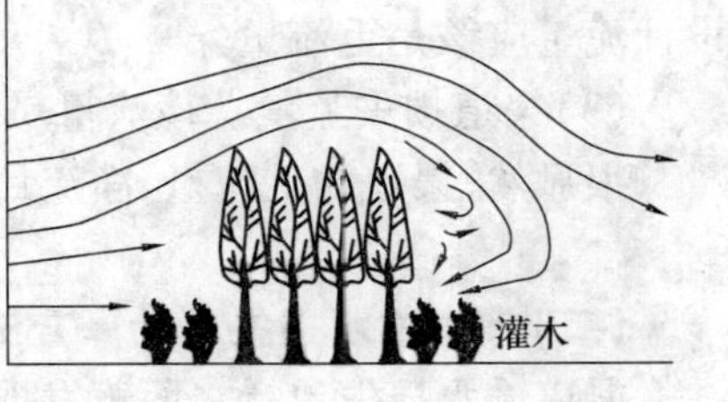

图4-15　疏透型林带

3. 透风型

这种林带只由几行乔木组成，不搭配灌木，这种林带透风、透光性能好，害风遇到此种林带，一部分从下层透过，另一部分从林带上方绕行，防护距离大，但在带内和林缘处风速较大，透风系数为0.5～0.7，易引起折树与近林带处的风蚀。

（四）林带的宽度

林带宽度应根据当地条件，按照因害设防的原则来确定。通常按主林带宽 3 ~ 6 m 栽植 3 ~ 5 行乔木、1 ~ 2 行灌木，副林带栽植 1 ~ 2 行乔木、1 行灌木。林带宽度因地制宜确定，对于填方渠道，树应栽在渠堤的外坡脚下；挖方渠道则应栽在渠顶的外缘，内坡不宜栽树，而且要注意避免林带遮阳，以防止对作物生长的不利影响。

第四节　灌溉渠道流量推求

渠道流量是渠道和渠系建筑物设计的基本依据，正确地推求渠道流量，关系到工程造价、灌溉效益和农业增产。在灌溉实践中，渠道的流量是在一定范围内变化的，设计渠道的纵横断面时，要考虑流量变化对渠道的影响。通常用渠道设计流量、最小流量、加大流量三种特征流量涵盖渠道运用中流量变化范围，以代表在不同运行条件下的工作流量，本节主要介绍这三种流量的推求方法。

一、渠道设计流量

渠道设计流量是指在设计标准条件下，为满足灌溉用水要求，需要渠道输送的最大流量，也称正常流量。它是设计渠道纵横断面和渠系建筑物的主要依据，其与渠道控制的灌溉面积、作物组成、灌溉制度、渠道的工作制度及渠道的输水损失等因素有关。

（一）渠道流量的有关术语

灌溉水从渠首引入并经各级渠道送到田间，各处的流量都不相同。因此，在渠道流量计算中就会遇到不同的流量术语和概念，为以后叙述方便，先介绍如下：

（1）渠道田间净流量。该流量是指渠道应该送到田间的流量，或者说田间实际需要的渠道流量，用 $Q_{田净}$ 表示。

（2）渠道净流量和毛流量。对一个渠段而言，段首处的流量为毛流量，段末处的流量为净流量；对一条渠道来说，该渠道引水口处的流量为毛流量，同时自该渠道引水的所有下一级渠道分水口的流量之和为净流量。毛流量和净流量分别用 Q_d 和 Q_{dj} 表示。渠道的设计流量应该是毛流量。

（3）渠道损失流量。该流量是指渠道在输水过程中损失掉的流量，用 Q_L 表示。

很显然，渠道的毛流量、净流量和损失流量之间有如下的关系

$$Q_d = Q_{dj} + Q_L \tag{4-1}$$

（二）渠道输水损失及计算方法

渠道输水损失包括水面蒸发损失、漏水损失和渗水损失三部分。水面蒸发损失是指由渠道水面蒸发掉的水量。其数量很小，一般只占输水损失的 1.5% 左右，可以忽略不计。漏水损失是指由于地质条件不良、施工质量较差、管理维修不缮以及生物作用等因素而形成的漏洞、裂隙或渠堤决口和建筑物漏水等所损失的水量，一般占输水损失的 15% 左右。而这些损失应该是可以避免的，如提高施工质量、加强管理养护等，其数值可以大大减少。漏水损失的具体数值可根据渠道的实际情况估算确定，在渠道流量计算时，一般不予计入。

渗水损失是经渠床土壤孔隙渗漏掉的水量，是渠道输水损失的主要部分，是经常存在的、不能完全避免的水量损失，一般占输水损失的 80% 以上。渠道的输水损失估算主要是渗水损失的估算，并把它近似地作为渠道的总输水损失。影响渗水损失的主要因素有渠床土壤物理性质、渠床断面形式和渠中水深、沿渠地下水埋深和出流情况、渠道工作制度、渠道施工质量和淤积情况以及渠道的防渗措施等。另外，渠道的渗水损失还随着渠道的渗流过程而变化。现将渠道的渗流过程及渗水损失的估算方法简介如下。

1. 渠道渗流过程

渠道渗流过程一般可分为自由渗流和顶托渗流两个阶段。

1) 自由渗流阶段

渠道的渗流不受地下水的顶托，在渗流过程中渠道内的水流（地面水）与地下水不形成连续的水流。这种渗流情况发生在渠道开始放水的初期，或者是地下水位离地面较深以及具有良好的地下水出流条件的地区。

自由渗流又可分成两个阶段：

（1）湿润渠道下部土层的阶段。在这一阶段内，渗流水借重力和毛细管作用湿润自渠底至地下水面之间的土层，见图 4-16。在这种情况下，渠道渗流呈不稳定状态，渗流量随湿润土层的深度与时间而变化。在地下水位不深且地下水出流条件不好的情况下，这一阶段的持续时间很短。

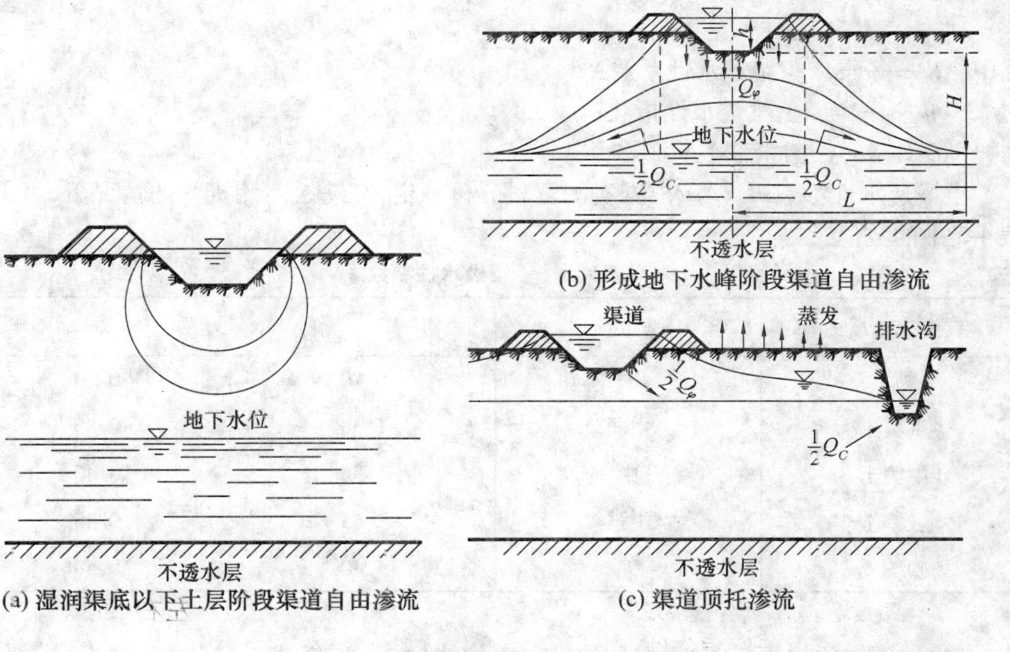

(a) 湿润渠底以下土层阶段渠道自由渗流

(b) 形成地下水峰阶段渠道自由渗流

(c) 渠道顶托渗流

图 4-16　渠道渗流过程示意图

（2）渠道下形成地下水峰阶段。一般在渗流的初期，由于地下水出流坡度很小，渠道的渗流量 Q_φ 大于地下水向两侧的出流量 Q_C 时，就发生地下水峰，逐渐向上扩展，见图 4-16。

自由渗流过程中的第一个阶段,往往发生于进行轮灌的渠道,或在灌溉放水初期;自由渗流中的第二个阶段,往往发生在连续工作的渠道。

2)顶托渗流阶段

当地下水峰继续上升至渠底时,地下水与地面水即连成一片,在这种情况下,渠道的渗流将受到地下水的顶托影响。连续工作的大型渠道,在地下水位不深、地下水出流很小的情况下,自由渗流阶段往往持续不久,随即发生顶托渗流。

2. 渠道输水损失的计算

渠道输水损失,在已成灌区的管理中,应通过实测确定;在拟建灌区的规划设计中,可用经验公式或经验系数估算。

1)用经验公式估算输水损失流量

渠道输水损失流量按下式计算

$$Q_L = \sigma L Q_{dj} \tag{4-2}$$

式中 Q_L——渠道输水损失流量,m^3/s;

σ——渠道单位长度水量损失率,%/km,应根据渠道渗流条件和渠道衬砌防渗措施分别确定;

L——渠道长度,km。

(1)土渠不受地下水顶托的条件下,可采用下式估算

$$\sigma = \frac{K}{Q_{dj}^{m}} \tag{4-3}$$

式中 K——渠床土壤透水性系数;

m——渠床土壤透水性指数;

Q_{dj}——渠道净流量,m^3/s。

土壤透水性参数 K、m 应根据实测资料分析确定,在缺乏实测资料的情况下,可采用表4-5中的数值。

表4-5 土壤透水性参数

渠床土质	透水性	K	m
黏土	弱	0.70	0.30
重壤土	中弱	1.30	0.35
中壤土	中	1.90	0.40
轻壤土	中强	2.65	0.45
砂壤土	强	3.40	0.50

(2)土渠渗水受地下水顶托的条件下,可按式(4-4)修正,即

$$\sigma' = \varepsilon' \sigma \tag{4-4}$$

式中 σ'——受地下水顶托的渠道单位长度水量损失率,%/km;

ε'——受地下水顶托的渗水损失修正系数,可从表4-6中查得。

表 4-6 土渠渗水损失修正系数

渠道净流量 (m^3/s)	地下水埋深(m)							
	<3	3	5	7.5	10	15	20	25
1	0.63	0.79	—	—	—	—	—	—
3	0.50	0.63	0.82	0.82	—	—	—	—
10	0.41	0.50	0.65	0.65	0.91	—	—	—
20	0.36	0.45	0.57	0.57	0.82	—	—	—
30	0.35	0.42	0.54	0.54	0.77	0.94	—	—
50	0.32	0.37	0.49	0.49	0.69	0.84	0.97	—
100	0.28	0.33	0.42	0.42	0.58	0.73	0.84	0.94

(3)衬砌渠道可用式(4-5)修正,即

$$\sigma_0 = \varepsilon_0 \sigma \tag{4-5}$$

式中 σ_0——衬砌渠道单位长度水量损失率,%/km;

ε_0——衬砌渠道渗水损失修正系数,可从表 4-7 中查得。

表 4-7 衬砌渠道渗水损失修正系数

防渗措施	衬砌渠道渗水损失修正系数
渠槽翻松夯实(厚度大于 0.5 m)	0.30~0.20
渠槽原土夯实(影响深度不小于 0.4 m)	0.70~0.50
灰土夯实(或三合土夯实)	0.15~0.10
混凝土护面	0.15~0.05
黏土护面	0.40~0.20
浆砌石护面	0.20~0.10
沥青材料护面	0.10~0.05
塑料薄膜	0.10~0.05

2)用水的有效利用系数估算输水损失

总结已成灌区的水量量测资料,可以得到各条渠道的毛流量和净流量以及灌入农田的有效水量,经分析计算,可以得出以下几个反映水量损失情况的经验系数。

(1)渠道水利用系数。某渠道的净流量与毛流量的比值称为该渠道的渠道水利用系数,用符号 η_0 表示,即

$$\eta_0 = \frac{Q_{dj}}{Q_d} \tag{4-6}$$

渠道水利用系数反映一条渠道的水量损失情况,或反映同一级渠道水量损失的平均情况。全灌区同级渠道的渠道水利用系数代表值可取用该级若干条代表性渠道的渠道水利用系数平均值,代表性渠道应根据过水流量、渠长、土质与地下水埋深等条件分类选出。

(2)渠系水利用系数。灌溉渠系的净流量与毛流量的比值称为渠系水利用系数,用符

号 η_s 表示。渠系水利用系数的数值等于各级渠道水利用系数的乘积,即

$$\eta_s = \eta_{干} \eta_{支} \eta_{斗} \eta_{农} \tag{4-7}$$

渠系水利用系数反映整个渠系的水量损失情况。它不仅反映出灌区的自然条件和工程技术状况,还反映出灌区的管理工作水平。《灌溉与排水工程设计规范》(GB 50288—99)规定,全灌区渠系水利用系数设计值不应低于表 4-8 中的要求,否则应采取措施予以提高。

表 4-8　渠系水利用系数

灌区面积(万亩)	>30	30~1	<1
渠系水利用系数	0.55	0.65	0.75

(3)田间水利用系数。田间水利用系数是实际灌入田间的有效水量(对于旱作农田,指蓄存在计划湿润层中的灌溉水量;对于水稻田,指蓄存在格田内的灌溉水量)和末级固定渠道(农渠)放出水量的比值,用符号 η_f 表示,即

$$\eta_f = \frac{m_n A_{农}}{W_{农净}} \tag{4-8}$$

式中　$A_{农}$——农渠的灌溉面积,hm^2;

m_n——净灌水定额,m^3/hm^2;

$W_{农净}$——农渠供给田间的水量,m^3。

田间水利用系数是衡量田间工程状况和灌水技术水平的重要指标。旱作农田的田间水利用系数设计值不应低于 0.90,水稻田的田间水利用系数设计值不应低于 0.95。

(4)灌溉水利用系数。灌溉水利用系数是实际灌入农田的有效水量和渠首引入水量的比值,用符号 η 表示。它是评价渠系工作状况、灌水技术水平和灌区管理水平的综合指标,可按下式计算

$$\eta = \eta_s \eta_f \tag{4-9}$$

或

$$\eta = \frac{A m_j}{W} \tag{4-10}$$

式中　A——某次灌水全灌区的灌溉面积,hm^2;

m_j——净灌水定额,m^3/hm^2;

W——某次灌水渠首引入的总水量,m^3;

其他符号意义同前。

以上这些经验系数的数值高低,与灌区的大小、渠道土质和防渗措施、渠道长度、田间工程状况、灌水技术水平及管理工作水平等因素有关,在引用别的灌区的经验数据时,应注意条件要相近。选定适当的经验系数之后,就可根据净流量计算相应的毛流量。

(三)渠道工作制度

渠道的工作制度就是渠道的供水秩序,又叫渠道的配水方式,分为轮灌和续灌两种。

1. 轮灌

同一级渠道在一次灌水延续时间内轮流输水的工作方式叫轮灌,实行轮灌的渠道称

为轮灌渠道。

轮灌的优点是:渠道流量集中,同时工作的渠道长度短,输水时间短,输水损失小,有利于与农业措施结合和提高灌水工作效率。缺点是:渠道流量大,渠道和建筑物工程量大;流量过于集中,会造成灌水和耕作时劳力紧张;在干旱季节还会影响各用水单位受益均衡。轮灌的方式有如下两种:

(1)分组集中轮灌。按相邻的渠道进行编组,上级渠道自下而上按组依次轮流供水,见图4-17(a)。

(2)分组插花轮灌。将渠道插花交叉编组,上级渠道按组轮流供水,见图4-17(b)。

分组集中轮灌时,上级渠道的工作长度短,输水损失小,但可能引起劳力紧张和用水单位受益不均衡,分组插花轮灌的优缺点与集中轮灌的相反。

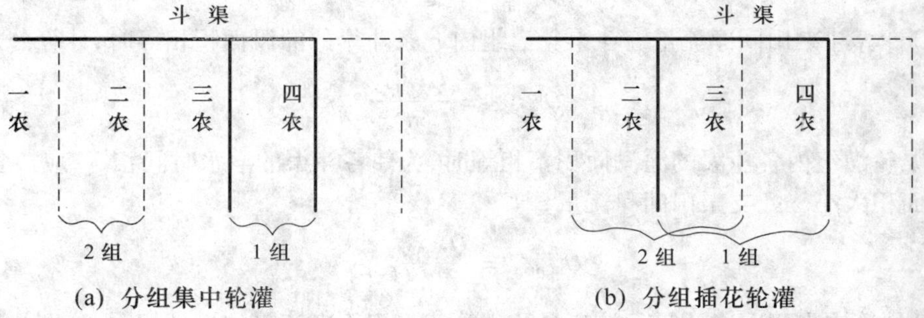

图4-17 轮灌方式示意图

划分轮灌组的原则是:①应使各轮灌组的灌溉面积基本相等,供水量宜协调一致,以利于配水;②应使轮灌组内的渠道相对集中,以缩短渠道工作长度,减少输水损失,提高水的利用系数;③尽量使各用水单位受益均衡;④不致使渠道流量过大,以减少工程量和降低工程造价;⑤要照顾农业生产条件和群众用水习惯,尽量把一个生产单位的渠道划分在一个轮灌组内,以利于与农业措施和灌水工作配合,便于调配劳力和组织灌水;⑥对已成灌区,还应与渠道的输水能力相适应。轮灌组的数目不宜过多或过少,一般以2~3组为宜。

2. 续灌

在一次灌水延续时间内,自始至终连续输水的渠道称为续灌渠道。这种输水工作方式称为续灌。

为了各用水单位受益均衡,避免因水量过分集中而造成灌水组织和生产安排的困难,一般灌溉面积较大的灌区,干、支渠多采用续灌。续灌的优缺点与轮灌相反。

3. 配水方式的选择

配水方式的选择应根据灌区实际情况,因地制宜地确定。在规划设计阶段,为了减少输水损失、节省工程量、便于管理和满足各用水单位的用水要求,一般万亩以上灌区应采用干、支渠续灌,斗、农渠轮灌。在管理运用阶段,若遇天气干旱,水源供水不足,干、支渠也可实行轮灌,一般当渠首引水流量低于正常流量的40%~50%时,干、支渠即应进行轮灌。

(四)渠道设计流量推算

渠道的工作制度不同,设计流量的推算方法也不同,下面分别予以介绍。

1. 轮灌渠道设计流量的推算

由于轮灌渠道不是在整个作物灌水延续时间内连续输水，而是集中过水，所以它的设计流量大小不仅取决于它本身灌溉面积的大小，而且还取决于上一级渠道供水流量的大小和轮灌组内的渠道数目多少。因此，轮灌渠道的设计流量不能用灌水率乘灌溉面积求田间净流量，再逐级加损失流量求毛流量的方法来推算，而只能采用自上而下逐级分配田间净流量，再自下而上逐级加损失流量求毛流量的方法进行推算。现以干、支渠续灌，斗、农渠轮灌，斗渠轮灌组内有 n 条斗渠，农渠轮灌组内有 k 条农渠的情况，说明轮灌渠道设计流量的推算方法。

1）自上而下分配末级续灌渠道的田间净流量

（1）计算支渠田间净流量。计算公式为

$$Q_{支田净} = A_{支} q_s \tag{4-11}$$

（2）计算斗渠田间净流量。斗渠轮灌组内 n 条斗渠的灌溉面积相等时，计算公式为

$$Q_{斗田净} = \frac{Q_{支田净}}{n} \tag{4-12}$$

斗渠轮灌组内各斗渠的灌溉面积不相等时，为使各斗渠的灌水时间相等，应按各斗渠的灌溉面积大小分配支渠田间净流量，即

$$Q_{斗田净} = \frac{Q_{支田净}}{A_{斗组}} A_{斗i} \tag{4-13}$$

（3）计算农渠田间净流量。该流量和计算斗渠田间净流量的道理相同，分别为

$$Q_{农田净} = \frac{Q_{斗田净}}{k} = \frac{Q_{支田净}}{nk} \tag{4-14}$$

或

$$Q_{农田净} = \frac{Q_{斗田净}}{A_{农组}} A_{农i} = \frac{Q_{支田净} A_{斗} A_{农i}}{A_{斗组} A_{农组}} \tag{4-15}$$

式(4-11)～式(4-15)中

$A_{支}$、$A_{斗组}$、$A_{斗i}$、$A_{农组}$、$A_{农i}$——支渠、斗渠轮灌组、某条斗渠、农渠轮灌组、某条农渠的灌溉面积；

q_s——设计灌水率；

n、k——轮灌组内斗渠和农渠的条数。

2）自下而上推算各级渠道的设计流量

（1）计算农渠的净流量。先由农渠的田间净流量计入田间损失水量，求得田间毛流量，即农渠的净流量。按式(4-16)计算

$$Q_{农净} = \frac{Q_{农田净}}{\eta_f} \tag{4-16}$$

式中符号意义同前。

（2）推算各级渠道的设计流量（毛流量）。根据农渠的净流量自下而上逐级计入渠道输水损失，得到各级渠道的毛流量，即设计流量。根据渠道净流量、渠床土质和渠道长度用式(4-17)计算

$$Q_d = Q_{dj} + \sigma L Q_{dj} = Q_{dj}(1 + \sigma L) \tag{4-17}$$

式中 L——最下游一轮灌组灌水时渠道的平均工作长度，km，计算农渠毛流量时，可取农渠长度的 1/2 进行估算；

其他符号意义同前。

L 的确定方法如下：计算农渠毛流量时，可取农渠长度的 1/2 进行估算；计算斗渠毛流量时，平均工作长度为斗渠内最下游一轮灌组前至斗口的渠长加该轮灌组所占斗渠长度的 1/2；支渠工作长度为 L_1 与 αL_2 之和，L_1 为支渠引水口至第一个斗口的长度，L_2 为第一个斗口至最末一个斗口的长度，α 为长度折算系数，可视支渠灌溉面积的平面形状而定（面积重心在上游时，$\alpha = 0.60$；在中游时，$\alpha = 0.80$；在下游时，$\alpha = 0.85$）。

在大中型灌区，支渠数量较多，支渠以下的各级渠道实行轮灌。如果都按上述步骤逐条推算各条渠道的设计流量，工作量很大。为了简化计算，通常选择一条有代表性的典型支渠（作物种植、土壤性质、灌溉面积等影响渠道流量的主要因素具有代表性）按上述方法推算支、斗、农渠的设计流量，计算支渠范围内的灌溉水利用系数 η_s，以此作为扩大指标，用下式计算其余支渠的设计流量

$$Q_s = \frac{q_s A_{支}}{\eta_s} \tag{4-18}$$

式中 Q_s——支渠的设计流量，m^3/s；

q_s——设计灌水率，$m^3/(s \cdot hm^2)$；

$A_{支}$——该支渠的灌溉面积，hm^2；

η_s——支渠至田间的灌溉水利用系数。

2. 续灌渠道设计流量计算

一般干渠流量较大，上下游流量相差悬殊，这就要求分段推算设计流量，以便各渠段设计不同的断面尺寸，以节省工程量。

由于渠道水利用系数的经验值是根据渠道全部长度的输水损失情况统计出来的，它反映出不同流量在不同渠段上运行时输水损失的综合情况，而不能代表某个具体渠段的水量损失情况。所以，在分段推算干渠设计流量时，一般不用经验系数估算输水损失水量，而用经验公式估算，计算公式如下

$$Q_{段设} = Q_{段净}(1 + \sigma L_{段}) \tag{4-19}$$

【例 4-1】 某灌区灌溉面积 $A = 2\ 110\ hm^2$，灌区有一条干渠，长 5.7 km，下设 3 条支渠，各支渠的长度及灌溉面积见表 4-9。全灌区土壤、水文地质等自然条件和作物种植情况相近，第三支渠灌溉面积适中，可作为典型支渠，该支渠有 6 条斗渠，斗渠间距 800 m，长 1 800 m。每条斗渠有 10 条农渠，农渠间距 200 m，长 800 m。干、支渠实行续灌，斗、农渠实行轮灌。渠系布置及轮灌组划分情况见图 4-18。该灌区位于我国南方，实行稻麦轮作，因降雨较多，小麦一般不需要灌溉，主要灌溉作物是水稻，设计灌水率 $q_{设} = 0.001\ 2\ m^3/(s \cdot hm^2)$。灌区土壤为中壤土。试推求干、支渠道的设计流量。

解： 1. 推求典型支渠（三支渠）及其所属斗、农渠的设计流量

（1）计算农渠的设计流量。三支渠的田间净流量为

$$Q_{3支田净} = A_{3支} \times q_s = 720 \times 0.001\ 2 = 0.864(m^3/s)$$

表 4-9 支渠长度及灌溉面积

渠别	一支	二支	三支	合计
长度(km)	4.2	4.6	4.0	
灌溉面积(hm^2)	563	827	720	2 110

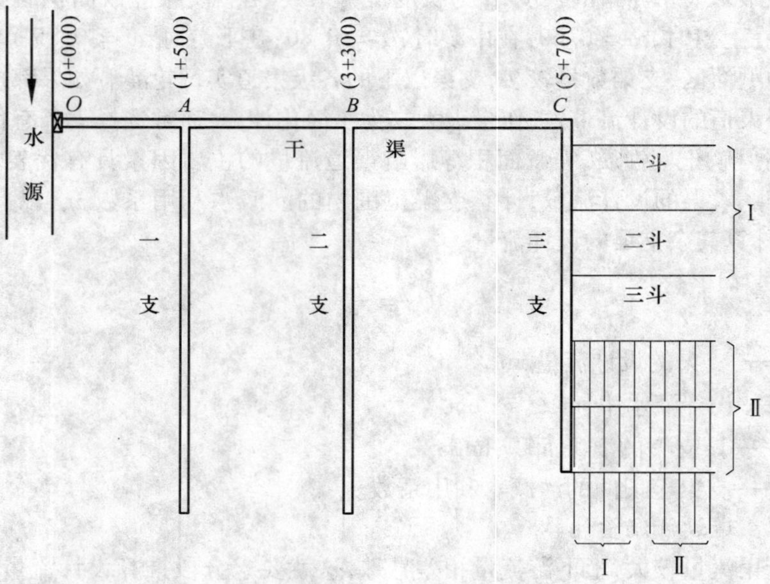

图 4-18 灌溉渠系布置图

因为斗、农渠分两组轮灌,同时工作的斗渠有 3 条,同时工作的农渠有 5 条,且同级渠道控制面积相同,所以农渠的田间净流量为

$$Q_{农田净} = \frac{Q_{支田净}}{nk} = \frac{0.864}{3 \times 5} = 0.057\ 6(m^3/s)$$

取田间水利用系数 $\eta_f = 0.95$,则农渠的净流量为

$$Q_{农净} = \frac{Q_{农田净}}{\eta_f} = \frac{0.057\ 6}{0.95} = 0.061(m^3/s)$$

灌区土壤属中壤土,从表 4-5 中可查出相应的土壤透水性参数:$K = 1.9$,$m = 0.4$。据此可计算农渠每千米输水损失系数为

$$\sigma_{农} = \frac{K}{100Q_{农净}^m} = \frac{1.9}{100 \times 0.061^{0.4}} = 0.058\ 2$$

农渠的毛流量或设计流量为

$$Q_{农毛} = Q_{农净}(1 + \sigma_{农} L_{农}) = 0.061 \times (1 + 0.058\ 2 \times 0.4) = 0.062(m^3/s)$$

(2)计算斗渠的设计流量。因为一条斗渠内同时工作的农渠有 5 条,所以斗渠的净流量等于 5 条农渠的毛流量之和,即

$$Q_{斗净} = 5 \times 0.062 = 0.31(\mathrm{m^3/s})$$

农渠分两组轮灌,各组要求斗渠供给的净流量相等。但是,第Ⅱ轮灌组距斗灌进水口较远,输水损失水量较多,据此求得的斗渠毛流量较大,因此以第Ⅱ轮灌组灌水时需要的斗渠毛流量作为斗渠的设计流量。斗渠的平均工作长度 $L_{斗} = 1.4$ km。

斗渠每千米输水损失系数为

$$\sigma_{斗} = \frac{K}{100Q_{斗净}^m} = \frac{1.9}{100 \times 0.31^{0.4}} = 0.030\ 4$$

斗渠的毛流量或设计流量为

$$Q_{斗毛} = Q_{斗净}(1 + \sigma_{斗} L_{斗}) = 0.31 \times (1 + 0.030\ 4 \times 1.4) = 0.323(\mathrm{m^3/s})$$

(3)计算三支渠的设计流量。斗渠也是分两组轮灌,以第Ⅱ轮灌组要求的支渠毛流量作为支渠的设计流量。支渠的工作长度因其控制面积重心在中部,则长度折算系数 α 取 0.8。$L_{3支} = 4 \times 0.8 = 3.2(\mathrm{km})$。

支渠的净流量为

$$Q_{3支净} = 3 \times Q_{斗毛} = 3 \times 0.323 = 0.969(\mathrm{m^3/s})$$

支渠每千米输水损失系数为

$$\sigma_{3支} = \frac{K}{100Q_{3支净}^m} = \frac{1.9}{100 \times 0.969^{0.4}} = 0.019\ 2$$

支渠的毛流量为

$$Q_{3支毛} = Q_{3支净}(1 + \sigma_{3支}L_{3支}) = 0.969 \times (1 + 0.019\ 2 \times 3.2) = 1.03(\mathrm{m^3/s})$$

2. 计算三支渠的灌溉水利用系数

$$\eta_{3支水} = \frac{Q_{3支田净}}{Q_{3支毛}} = \frac{0.864}{1.03} = 0.84$$

3. 计算一、二支渠的设计流量

(1)计算一、二支渠的田间净流量。

$$Q_{1支田净} = 563 \times 0.001\ 2 = 0.68(\mathrm{m^3/s})$$

$$Q_{2支田净} = 827 \times 0.001\ 2 = 0.99(\mathrm{m^3/s})$$

(2)计算一、二支渠的设计流量。以典型支渠(三支渠)的灌溉水利用系数作为扩大指标,用来计算其他支渠的设计流量。

$$Q_{1支毛} = \frac{Q_{1支田净}}{\eta_{3支水}} = \frac{0.68}{0.84} = 0.81(\mathrm{m^3/s})$$

$$Q_{2支毛} = \frac{Q_{2支田净}}{\eta_{3支水}} = \frac{0.99}{0.84} = 1.18(\mathrm{m^3/s})$$

4. 推求干渠各段的设计流量

(1)BC 段的设计流量。

$$Q_{BC净} = Q_{3支毛} = 1.03\ \mathrm{m^3/s}$$

$$\sigma_{BC} = \frac{1.9}{100 \times 1.03^{0.4}} \approx 0.019$$

$$Q_{BC毛} = Q_{BC净}(1 + \sigma_{BC}L_{BC}) = 1.03 \times (1 + 0.019 \times 2.4) = 1.08(\mathrm{m^3/s})$$

(2) AB 段的设计流量。

$$Q_{AB净} = Q_{BC毛} + Q_{2支毛} = 1.08 + 1.18 = 2.26(\mathrm{m^3/s})$$

$$\sigma_{AB} = \frac{1.9}{100 \times 2.26^{0.4}} = 0.0137$$

$$Q_{AB毛} = Q_{AB净}(1 + \sigma_{AB}L_{AB}) = 2.26 \times (1 + 0.0137 \times 1.8) = 2.32(\mathrm{m^3/s})$$

(3) OA 段的设计流量。

$$Q_{OA净} = Q_{AB毛} + Q_{1支毛} = 2.32 + 0.81 = 3.13(\mathrm{m^3/s})$$

$$\sigma_{OA} = \frac{1.9}{100 \times 3.13^{0.4}} = 0.012$$

$$Q_{OA毛} = Q_{OA净}(1 + \sigma_{OA}L_{OA}) = 3.13 \times (1 + 0.012 \times 1.5) = 3.19(\mathrm{m^3/s})$$

二、渠道最小流量和加大流量的计算

(一)渠道最小流量的计算

渠道最小流量是指在设计标准条件下,渠道在正常工作中输送的最小灌溉流量。用修正灌水率图上的最小灌水率值和设计灌溉面积为依据进行计算。计算的方法步骤和设计流量的计算方法相同,不再赘述。应用渠道最小流量可以校核对下一级渠道的水位控制条件和不淤流速,并确定节制闸的位置。

对于同一条渠道,其设计流量(Q_d)与最小流量(Q_{min})相差不要过大,否则在用水过程中,有可能因水位不够而造成引水困难。为了保证对下级渠道正常供水,根据《灌溉与排水工程设计规范》(GB 50288—99),有些灌区规定渠道最小流量以不低于渠道设计流量的40%为宜,相应的渠道最小水深等于或大于70%的设计水深。在实际灌水中,若某次灌水定额过小,可适当缩短供水时间,集中供水,使流量大于最小流量。

(二)渠道加大流量计算

考虑到在灌溉工程运行过程中,可能会出现规划设计时未能预料到的情况,如作物种植比例变更、灌溉面积扩大、气候特别干旱、渠道发生事故后需要短时间加大输水等,都要求渠道通过比设计流量更大的流量。通常把在短时增加输水的情况下,渠道需要通过的最大灌溉流量称为渠道的加大流量,它是设计渠道堤顶高程的依据,并依此校核渠道输水能力和不冲流速。

渠道加大流量的计算是以设计流量为基础,给设计流量乘以加大系数即得。按式(4-20)计算

$$Q_{max} = JQ_d \tag{4-20}$$

式中 Q_{max} ——渠道加大流量,$\mathrm{m^3/s}$;

J ——渠道流量加大系数,见表4-10;

Q_d ——渠道设计流量,$\mathrm{m^3/s}$。

轮灌渠道控制面积较小,轮灌组内各条渠道的输水时间和输水流量可以适当调剂,因此轮灌渠道不考虑加大流量。

表4-10　渠道流量加大系数

设计流量（m^3/s）	<1	1 ~ 5	5 ~ 20	20 ~ 50	50 ~ 100	100 ~ 300	>300
加大系数 J	1.35 ~ 1.30	1.30 ~ 1.25	1.25 ~ 1.20	1.20 ~ 1.15	1.15 ~ 1.10	1.10 ~ 1.05	<1.05

注：1. 表中加大系数在湿润地区可取小值，在干旱地区可取大值。

2. 泵站供水的续灌渠道加大流量应为包括备用机组在内的全部装机流量。

第五节　渠道纵、横断面设计

灌溉渠道的设计流量、最小流量和加大流量确定以后，就可据此设计渠道的纵、横断面。渠道断面设计的主要任务是确定满足灌溉要求的渠道断面形状、尺寸、结构和空间位置。根据实用、安全和经济的原则，对渠道断面设计的具体要求是：有足够的输水能力，以满足作物的需水要求；有足够的水位，各级渠道之间和渠道各分段之间以及重要建筑物上下游水面衔接要平顺，以满足自流灌溉对水位的要求；流速适宜，不冲不淤或周期性冲淤平衡；边坡稳定，不坍塌、不滑坡、不发生冻胀破坏；渗漏损失小，灌溉水利用系数高；适当满足综合利用要求；占地少，工程量小，总投资少；施工容易，管理方便。

渠道的纵断面和横断面设计是相互联系、互为条件的。在设计实践中，不能把它们截然分开，而要通盘考虑、交替进行、反复调整，最后确定合理的设计方案。但为了叙述方便，现将纵、横断面设计方法分别予以介绍。

一、渠道横断面设计

灌溉渠道一般都是正坡明渠。在渠首进水口和第一个分水口之间或在相邻两个分水口之间，为了水流平顺和施工方便，在一个渠段内要采用同一个过水断面和同一个比降，渠床表面要具有相同的糙率。因此，灌溉渠道可以按明渠均匀流公式设计。

明渠均匀流的基本公式为

$$Q = AC\sqrt{Ri} \tag{4-21}$$

式中　Q ——渠道设计流量，m^3/s；

A ——渠道过水断面面积，m^2；

C ——谢才系数，$m^{0.5}/s$，常用曼宁公式计算，即 $C = \frac{1}{n}R^{1/6}$；

R ——水力半径，m；

i ——渠底比降；

n ——渠床糙率系数。

（一）梯形渠道横断面设计

1. 渠道设计参数的确定

渠道设计的依据除输水流量外，还有渠底比降、渠床糙率、渠道边坡系数、稳定渠床的宽深比以及渠道的不冲、不淤流速等。

1）渠底比降 i

渠底比降是指单位渠长的渠底降落值。由式（4-21）可知，当渠道流量一定时，渠底比降大，过水断面面积小，工程量小。但比降大，渠道水位降落大，控制灌溉面积减少，而且流速大，还可能引起渠道冲刷。反之，情况相反。可见，渠底比降不仅决定着渠道输水能力的大小、控制灌溉面积的多少和工程量的大小，而且还关系着渠道的冲淤、稳定和安全。因此，必须慎重选择确定。选择比降的一般原则如下：

(1)渠底比降应尽量接近地面比降，以避免深挖高填。

(2)流量大的渠道，为控制较多的自流灌溉面积和防止冲刷，比降应小些；流量小的渠道，为加大流速，减少渗漏和防止淤积，比降可大些。

(3)渠床土质松散易冲时，比降应小些；反之可大些。

(4)渠水含沙量大时，为防止淤积，比降应大些；反之应小些。

(5)水库灌区和扬水灌区，水头宝贵，比降应尽量小些；自流灌区，水头富裕时，可大些。

在设计工作中，渠底比降应根据渠道沿线地面坡度、下级渠道分水口要求水位、渠床土质、渠道流量、渠水含沙量等情况，参照相似灌区的经验数值(见表4-11)初选一个渠底比降，进行水力计算和流速校核，若满足水位和不冲不淤要求，便可采用，否则应重新选择比降，再行计算校核，直至满足要求。

表4-11　渠底比降一般数值

渠道级别	干渠	支渠	斗渠	农渠
平原灌区	$\frac{1}{5\,000}\sim\frac{1}{10\,000}$	$\frac{1}{3\,000}\sim\frac{1}{7\,000}$	$\frac{1}{2\,000}\sim\frac{1}{5\,000}$	$\frac{1}{1\,000}\sim\frac{1}{3\,000}$
丘陵灌区	$\frac{1}{2\,000}\sim\frac{1}{5\,000}$	$\frac{1}{1\,000}\sim\frac{1}{3\,000}$	土渠$\frac{1}{2\,000}$，石渠$\frac{1}{500}$	土渠$\frac{1}{1\,000}$，石渠$\frac{1}{300}$
滨湖灌区	$\frac{1}{8\,000}\sim\frac{1}{15\,000}$	$\frac{1}{6\,000}\sim\frac{1}{8\,000}$	$\frac{1}{4\,000}\sim\frac{1}{5\,000}$	$\frac{1}{2\,000}\sim\frac{1}{3\,000}$

干渠及较大支渠、上下游渠段流量变化较大时，可分段选择比降，而且下游段的比降应大些。支渠以下的渠道一般一条渠道只采用一个比降。在满足渠道不冲不淤的条件下，宜采用较缓的渠底比降。

2)渠床糙率 n

渠床糙率是反映渠床粗糙程度的指标。由 $C=\frac{1}{n}R^{1/6}$ 可知，n 值小，C 值大，渠道过水能力大；反之，则过水能力小。设计时如果选用的 n 值大，而渠道建成后的实际 n 值小，则渠道的实际过水能力大于需要的渠道过水能力，这不仅浪费了渠道断面，而且还会因流速增大引起冲刷，因水位降低而影响下级渠道引水和减少自流灌溉面积。相反，如果选用的 n 值小于实际的 n 值，则渠道的实际过水能力小于需要的渠道过水能力，将会造成渠道的过水能力满足不了灌溉用水流量，会因流速减小引起淤积。因此，必须合理选定 n 值，尽量使选用的 n 值和实际的 n 值大致相近。

影响 n 值的主要因素有渠床状况、渠道流量、渠水含沙量、渠道弯曲情况、施工质量、养护情况。一般情况下，渠床糙率可根据渠道特性、渠道流量等参考表4-12选用。设计时，大型渠道的糙率最好通过试验确定。

表 4-12　渠床糙率

1. 土渠糙率

渠道流量(m^3/s)	渠槽特征	灌溉渠道	泄(退)水渠道
>20	平整顺直,养护良好	0.020 0	0.022 5
	平整顺直,养护一般	0.022 5	0.025 0
	渠床多石,杂草丛生,养护较差	0.025 0	0.027 5
20~1	平整顺直,养护良好	0.022 5	0.025 0
	平整顺直,养护一般	0.025 0	0.027 5
	渠床多石,杂草丛生,养护较差	0.027 5	0.030 0
<1	渠床弯曲,养护一般	0.025 0	0.027 5
	支渠以下的固定渠道	0.027 5	0.030 0
	渠床多石,杂草丛生,养护较差	0.030 0	0.035 0

2. 石渠糙率

渠槽表面特征	糙率
经过良好修整	0.025 0
经过中等修整无凸出部分	0.030 0
经过中等修整有凸出部分	0.033 0
未经修整有凸出部分	0.035 0~0.045 0

3. 防渗衬砌渠槽糙率

防渗衬砌结构类别	渠槽特征	糙率
黏土、黏砂混合土、膨润混合土	平整顺直,养护良好	0.022 5
	平整顺直,养护一般	0.025 0
	平整顺直,养护较差	0.027 5
灰土、三合土、四合土	平整,表面光滑	0.015 0~0.017 0
	平整,表面较粗糙	0.018 0~0.020 0
水泥土	平整,表面光滑	0.014 0~0.016 0
	平整,表面较粗糙	0.016 0~0.018 0
砌石	浆砌料石、石板	0.015 0~0.023 0
	浆砌块石	0.020 0~0.025 0
	干砌块石	0.025 0~0.033 0
	浆砌卵石	0.023 0~0.027 5
	干砌卵石,砌工良好	0.025 0~0.032 5
	干砌卵石,砌工一般	0.027 5~0.037 5
	干砌卵石,砌工粗糙	0.032 5~0.042 5

续表 4-12

防渗衬砌结构类别	渠槽特征	糙率
沥青混凝土	机械现场浇筑,表面光滑	0.012 0 ~ 0.014 0
	机械现场浇筑,表面粗糙	0.015 0 ~ 0.017 0
	预制板砌筑	0.016 0 ~ 0.018 0
混凝土	抹光的水泥砂浆面	0.012 0 ~ 0.013 0
	金属模板浇筑,平整顺直,表面光滑	0.012 0 ~ 0.014 0
	刨光木模板浇筑,表面一般	0.015 0
	表面粗糙,缝口不齐	0.017 0
	修整及养护较差	0.018 0
	预制板砌筑	0.016 0 ~ 0.018 0
	预制渠槽	0.012 0 ~ 0.016 0
	平整的喷浆面	0.015 0 ~ 0.016 0
	不平整的喷浆面	0.017 0 ~ 0.018 0
	波状断面的喷浆面	0.018 0 ~ 0.025 0

3)渠道的边坡系数 m

渠道的边坡系数是表示渠道边坡倾斜程度的指标。它的大小关系到渠道的工程量、占地、输水损失和稳定。m 太大,渠道工程量大,占地多,输水损失大;m 太小,边坡不稳定,容易坍塌,不仅管理维修困难,而且影响渠道正常输水。一般梯形断面水深小于或等于 3 m 的挖方渠道,或填方渠道的渠堤填方高度小于或等于 3 m 时,可根据沿渠土质、挖填方深度、渠道流量、渠中水深等因素按表 4-13 和表 4-14 选定。对水深大于 3 m 或地下水位较高的挖方渠道,或填方高度大于 3 m 时的填方渠道的内外边坡系数都应通过土工试验和稳定分析确定。

表 4-13　挖方渠道的最小边坡系数

土质	渠道水深(m)		
	<1	1 ~ 2	>2 ~ 3
稍胶结的卵石	1.00	1.00	1.00
夹砂的卵石或砾石	1.25	1.50	1.50
黏土、重壤土	1.00	1.00	1.25
中壤土	1.25	1.25	1.50
轻壤土、砂壤土	1.50	1.50	1.75
砂土	1.75	2.00	2.25

表 4-14 填方渠道的最小边坡系数

土质	渠道水深(m)					
	<1		1 ~ 2		>2 ~ 3	
	内坡	外坡	内坡	外坡	内坡	外坡
黏土、重壤土	1.00	1.00	1.00	1.00	1.25	1.00
中壤土	1.25	1.00	1.25	1.00	1.50	1.25
轻壤土、砂壤土	1.50	1.25	1.50	1.25	1.75	1.50
砂土	1.75	1.50	2.00	1.75	2.25	2.00

4)渠道断面的宽深比 β

渠道断面的宽深比是指底宽 b 和水深 h 的比值,即 $\beta=\dfrac{b}{h}$,宽深比对渠道工程量和渠床稳定等有较大影响,在设计时应慎重选择。

渠道宽深比的选择要考虑以下要求:

(1)工程量最小。在渠道比降和渠床糙率一定的条件下,通过设计流量所需要的最小过水断面称为水力最优断面,采用水力最优断面的宽深比可使渠道工程量最小。梯形渠道水力最优断面的宽深比按下式计算

$$\beta = 2(\sqrt{1+m^2}-m) \tag{4-22}$$

式中 β——梯形渠道水力最优断面的宽深比;

m——梯形渠道的边坡系数。

根据式(4-22)可算出不同边坡系数相应水力最优断面的宽深比,见表 4-15。

表 4-15 $m \sim \beta$ 关系

边坡系数 m	0	0.25	0.50	0.75	1.00	1.25	1.50	1.75	2.00	3.00
β	2.0	1.56	1.24	1.00	0.83	0.70	0.61	0.53	0.47	0.32

水力最优断面具有工程量最小的优点,小型渠道和石方渠道可以采用。对大型渠道来说,因为水力最优断面比较窄深,开挖深度大,可能受地下水影响,施工困难,劳动效率较低,而且渠道流速可能超过允许不冲流速,影响渠床稳定。可见,水力最优断面仅仅指输水能力最大的断面,不一定是最经济的断面,渠道设计断面的最佳形式还要根据渠床稳定要求、施工难易等因素确定。《灌溉与排水工程设计规范》(GB 50288—99)推荐采用实用经济断面。

(2)断面稳定。渠道断面过于窄深,容易产生冲刷;过于宽浅,又容易淤积,都会使渠床变形。稳定断面的宽深比应满足渠道不冲不淤要求,它与渠道流量、水流含沙情况、渠道比降等因素有关,应在总结当地已成渠道运行经验的基础上研究确定。比降小的渠道应选较小的宽深比,以增大水力半径,加快水流速度;比降大的渠道应选较大的宽深比,以减小流速,防止渠床冲刷。

对于中小型渠道，为使渠道断面稳定，表4-16数值可供选用。

表4-16　渠道稳定断面宽深比

设计流量(m^3/s)	<1	1～3	3～5	5～10
宽深比β	1～2	1～3	2～4	3～5

(3)有利通航。有通航要求的渠道应根据船舶吃水深度、错船所需的水面宽度以及通航的流速要求等确定渠道的断面尺寸。渠道水面宽度应大于船舶宽度的2.6倍，船底以下水深应不小于15～30 cm。

在实际工作中，要按照具体情况初选一个β值，作为计算断面尺寸的参数，再结合有关要求进行校核而确定。

5)渠道的不冲、不淤流速

在稳定渠道中，允许的最大平均流速称为临界不冲流速，简称不冲流速，用v_{cs}表示；允许的最小平均流速称为临界不淤流速，简称不淤流速，用v_{cd}表示。为了维持渠床稳定，渠道通过设计流量时的平均流速(设计流速)v_d应满足以下条件

$$v_{cd} < v_d < v_{cs} \tag{4-23}$$

(1)渠道不冲流速。水在渠道中流动时，具有一定的能量，这种能量随水流速度的增加而增加，当流速增加到一定程度时，渠床上的土粒就会随水流移动，土粒将要移动而尚未移动时的水流速度就是临界不冲流速或简称不冲流速。

重要的干、支渠允许不冲流速应根据渠床土壤性质、水流含沙情况、渠道断面水力要素等因素通过试验研究或总结已成渠道的运用经验而定。一般渠道可按表4-17中的数值选用。

表4-17　土质渠道允许不冲流速

土质	允许不冲流速(m/s)	土质	允许不冲流速(m/s)
轻壤土	0.60～0.80	重壤土	0.70～0.95
中壤土	0.65～0.85	黏土	0.75～1.00

注：表中所列允许不冲流速值为水力半径$R=1.0$ m时的情况；当$R\neq1.0$ m时，表中所列数值应乘以R^a。指数a值可按下列情况采用：①疏松的壤土、黏土，$a=1/4$～$1/3$；②中等密实和密实的壤土、黏土，$a=1/5$～$1/4$。

(2)渠道不淤流速。渠道水流的挟沙能力随流速减小而减小，当流速小到一定程度时，部分泥沙就开始在渠道内淤积。泥沙将要沉积而尚未沉积时的流速就是临界不淤流速。渠道不淤流速主要取决于渠道含沙情况和断面水力要素，也应通过试验研究或总结实践经验而定。在缺乏实际研究成果时，可选用有关经验公式进行计算。这里，仅介绍黄河水利委员会水利科学研究院的不淤流速计算公式

$$v_{cd} = C_0 Q^{0.5} \tag{4-24}$$

式中　v_{cd}——渠道不淤流速，m/s；

C_0——不淤流速系数，随渠道流量和宽深比而变，见表4-18；

Q——渠道的设计流量，m^3/s。

表4-18　不淤流速系数 C_0 值

渠道流量和宽深比		C_0
$Q>10\ m^3/s$		0.2
$Q=5\sim10\ m^3/s$	$b/h>2.0$	0.2
	$b/h<2.0$	0.4
$Q<5\ m^3/s$		0.4

式(4-24)适用于黄河流域含沙量为1.32～83.8 kg/m^3、加权平均泥沙沉降速度为0.0085～0.32 m/s的渠道。

含沙量很小的清水渠道虽无泥沙淤积威胁，但为了防止渠道长草，影响输水能力，对渠道的最小流速仍有一定限制，通常要求大型渠道的平均流速不小于0.5 m/s，小型渠道的平均流速不小于0.3～0.4 m/s。寒冷地区冬春季灌溉用的渠道，为了防止水面结冰，设计平均流速控制不小于1.5 m/s。

2. 渠道水力计算

渠道水力计算的任务是根据上述设计依据，通过计算确定渠道过水断面的水深 h 和底宽 b。下面主要介绍梯形渠道实用经济断面的水力计算方法。

1）水力最优梯形断面的水力计算

计算渠道的设计水深。由梯形渠道水力最优断面的宽深比公式(4-22)和明渠均匀流流量计算公式(4-21)推得水力最优断面的渠道水力要素计算公式

$$h_0 = 1.189\left\{\frac{nQ}{[2(1+m^2)^{1/2}-m]\sqrt{i}}\right\}^{3/8} \tag{4-25}$$

$$b_0 = 2[(1+m^2)^{1/2}-m]h_0 \tag{4-26}$$

$$A_0 = b_0h_0 + mh_0^2 \tag{4-27}$$

$$\chi_0 = b_0 + 2(1+m^2)^{1/2}h_0 \tag{4-28}$$

$$R_0 = A_0/\chi_0 \tag{4-29}$$

$$v_0 = Q/A_0 \tag{4-30}$$

式中　h_0——水力最优断面水深，m；

n——渠床糙率；

Q——渠道设计流量，m^3/s；

m——渠道内边坡系数；

i——渠底比降；

b_0——最优断面底宽，m；

A_0——水力最优断面的过水断面面积，m^2；

χ_0——水力最优断面湿周，m；

R_0——水力最优断面的水力半径，m；

v_0——水力最优断面流速，m/s。

在渠道流速校核中，若设计流速不满足校核条件，说明在已确定的渠床糙率和边坡系

数条件下，不宜采用水力最优断面形式。

【例 4-2】 已知某渠道 $Q_d = 3.2\ m^3/s$，$m = 1.5$，$i = 0.0005$，$n = 0.025$，$v_{cs} = 0.8\ m/s$，$v_{cd} = 0.4\ m/s$，试按水力最优断面计算过水断面尺寸。

解：(1)根据 $m = 1.5$，查表 4-15 得 $\beta_0 = 0.61$。

(2)按式(4-25)计算水深，即

$$h_0 = 1.189\left[\frac{0.025 \times 3.2}{(2\sqrt{1+1.5^2} - 1.5)\ \sqrt{0.0005}}\right]^{3/8} = 1.45(\text{m})$$

(3)按式(4-26)计算底宽

$$b_0 = 2 \times (\sqrt{1+1.5^2} - 1.5) \times 1.45 = 0.88(\text{m})$$

为了便于施工，取 $b_0 = 0.9$ m。

(4)校核流速，即

$$A_0 = (0.9 + 1.5 \times 1.45) \times 1.45 = 4.46(\text{m}^2)$$

$$v_0 = \frac{Q_d}{A_0} = \frac{3.2}{4.46} = 0.72(\text{m/s})$$

满足校核条件：$0.40 < 0.72 < 0.80$。

所以，水力最优断面的尺寸是：$b_0 = 0.9$ m，$h_0 = 1.45$ m。

2)梯形实用经济断面的水力计算

水力最优断面工程量最小是其优点，小型渠道和石方渠道可以采用。但是对于大型渠道来说，水力最优断面并不一定是最经济的断面。因此，提出了一种比较宽浅的断面，一方面使过水断面面积不会增加太多，仍保持水力最优断面工程量最小的优点，另一方面使水深和底宽具有较大的选择范围，使渠道宽浅些，以克服水力最优断面的缺点，满足各种不同的要求，这种断面叫做实用经济断面。

梯形渠道实用经济断面与水力最优断面的水力要素关系式为

$$\alpha = v_0/v = A/A_0 = (R_0/R)^{2/3} = (A_0\chi/A\chi_0)^{2/3} \tag{4-31}$$

$$(h/h_0)^2 - 2\alpha^{2.5}(h/h_0) + \alpha = 0 \tag{4-32}$$

$$\beta = b/h = [\alpha/(h/h_0)^2][2(1+m^2)^{1/2} - m] - m \tag{4-33}$$

式中 α ——水力最佳断面(或过水断面面积)流速与实用经济断面(或过水断面面积)流速的比值；

h ——实用经济断面水深，m；

v ——实用经济断面流速，m/s；

A ——实用经济断面的过水断面面积，m^2；

χ ——实用经济断面湿周，m；

R ——实用经济断面的水力半径，m；

b ——实用经济断面底宽，m；

β ——实用经济断面底宽与水深的比值。

α、β 和 m、h/h_0 关系见表 4-19。

表4-19 α、β 和 m、h/h_0 关系

m	β				
	α				
	1.00	1.01	1.02	1.03	1.04
	h/h_0				
	1.000	0.823	0.761	0.717	0.683
0	2.000	2.985	3.525	4.005	4.453
0.25	1.562	2.453	2.942	3.378	3.792
0.50	1.236	2.091	2.559	2.997	3.374
0.75	1.000	1.862	2.334	2.755	3.155
1.00	0.829	1.729	2.222	2.662	3.080
1.25	0.702	1.662	2.189	2.658	3.104
1.50	0.606	1.642	2.211	2.717	3.198
1.75	0.532	1.954	2.270	2.818	3.340
2.00	0.472	1.689	2.357	2.951	3.516
2.25	0.425	1.741	2.463	3.106	3.717
2.50	0.386	1.806	2.584	3.278	3.938
2.75	0.353	1.880	2.717	3.463	4.172
3.00	0.325	1.961	2.859	3.658	4.418
3.25	0.301	2.049	3.007	3.861	4.673
3.50	0.281	2.141	3.162	4.070	4.934
3.75	0.263	2.232	3.320	4.285	5.202
4.00	0.247	2.337	3.483	4.504	5.474

计算步骤：

(1)已知 Q 、n 、m 、i ，按式(4-25)计算 h_0 值。

(2)按式(4-26)计算 b_0 值。

(3)按式(4-27)～式(4-29)计算 A_0 、χ_0 、R_0 值。

(4)按式(4-30)计算 v_0 值。

(5)由表4-19 查出与 α =1.00、1.01、1.02、1.03、1.04 相应的 h/h_0 值，以及与 α、m 相应的 β 值，并分别计算相应的 h 和 b 的值。

(6)按式(4-31)分别计算与 α = 1.00、1.01、1.02、1.03、1.04 相应的 v 、A 和 R 值。

(7)将以上5组 α 、h/h_0 、β 、h 、b 、v 、A 、R 值列入表4-20。

表 4-20　实用经济断面水力要素计算表

α	h/h_0	β	h	b	v	A	R
(1)	(2)	(3)	(4)	(5)	(6)	(7)	(8)

(8)根据表 4-20 数据绘制 $b = f(h)$ 和 $v = f(h)$ 渠道特性曲线。

(9)根据渠段地形、地质等条件，由渠道特性曲线图上选定设计所需的 h、b、v 值。

(10) 计算与设计选定的 h、b 值相应的 A、χ、R 值。

3. 渠道过水断面以上部分的有关尺寸

1) 安全超高

为了防止风浪引起渠水漫溢，保证渠道安全运行，挖方渠道的渠岸和填方渠道的堤顶应高于渠道的加大水位，要求高出的数值称为渠道的安全超高。《灌溉与排水工程设计规范》(GB 50288—99)建议按下式计算渠道的安全超高 F_b

$$F_b = \frac{1}{4}h_b + 0.2 \tag{4-34}$$

式中　F_b ——渠道岸顶安全超高，m；

h_b ——渠道通过加大流量时的水深，m。

2) 堤顶宽度

为了便于管理和保证渠道安全运行，挖方渠道的渠岸和填方渠道的堤顶应有一定的宽度，以满足交通和渠道稳定的需要。万亩以上灌区干、支渠岸顶宽度不应小于 2 m，斗、农渠不宜小于 1 m；万亩以下灌区可适当减小。渠岸或堤顶的宽度亦可按下式计算

$$D = h_b + 0.3 \tag{4-35}$$

式中　D ——渠岸或堤顶宽度，m；

h_b ——渠道的加大水深，m。

如果渠堤与主要交通道路结合，渠岸或堤顶的宽度应根据交通要求确定。

(二) U 形渠道

U 形断面接近水力最优断面，具有较大的输水输沙能力，占地较少，省工省料，而且由于整体性好，抵抗基土冻胀破坏的能力较强，因此 U 形断面受到普遍欢迎，在我国已广泛使用，多用混凝土现场浇筑。

图 4-19 为 U 形断面示意图，下部为半圆形，上部为稍向外倾斜的直线段。直线段下切于半圆，外倾角 $\alpha = 5° \sim 20°$，随渠槽加深而增大。较大的 U 形渠道采用较宽浅的断面，深宽比 $H/B = 0.65 \sim 0.75$，较小的 U 形渠道则宜窄深一点，深宽比 H/B 可增大至 1.0。

U 形渠道的衬砌超高 a_1 和渠堤超高 a（堤顶或岸边到加大水位的垂直距离）可参考表 4-21 确定。

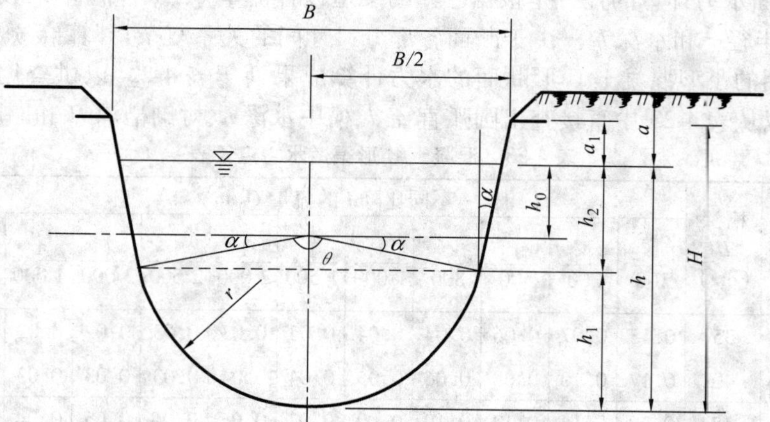

图 4-19　U 形断面

表 4-21　U 形渠道衬砌超高 a_1 和渠堤超高 a 值

加大流量(m^3/s)	<0.5	0.5～1.0	1.0～10	10～30
a_1（m）	0.1～0.15	0.15～0.2	0.2～0.35	0.35～0.5
a（m）	0.2～0.3	0.3～0.4	0.4～0.6	0.6～0.8

注：衬砌顶端以上土堤超高一般用 0.2～0.3 m。

U 形断面有关参数的计算公式见表 4-22。

表 4-22　U 形断面有关参数的计算公式

名称	符号	已知条件	计算公式
过水断面	A	r、α、h_2	$\frac{r^2}{2}\left(\pi\left(1-\frac{\alpha}{90°}\right)-\sin^2\alpha\right)+h_2(2r\cos\alpha+h_2\tan\alpha)$
湿周	χ	r、α、h_2	$\pi r\left(1-\frac{\alpha}{90°}\right)+\frac{2h_2}{\cos\alpha}$
水力半径	R	A、χ	$\frac{A}{\chi}$
上口宽	B	r、α、H	$2\{r\cos\alpha+[H-r(1-\sin\alpha)]\tan\alpha\}$
直线段外倾角	α	r、B、H	$\arctan^{-1}\frac{B/2}{(H-r)}+\arccos\frac{r}{\sqrt{(B/2)^2+(H-r)^2}}-90°$
圆心角	θ	r、B、H	$360°-2\left[\arctan^{-1}\frac{B/2}{(H-r)}+\arccos\frac{r}{\sqrt{(B/2)^2+(H-r)^2}}\right]$
圆弧段高度	h_1	r、α	$r(1-\sin\alpha)$
圆弧段以上水深	h_2	r、α、h	$h-r(1-\sin\alpha)$
水深	h	r、α、h_2	$h_2+r(1-\sin\alpha)$
衬砌渠槽高度	H	h、a_1	$h+a_1$

U 形断面水力计算的任务是根据已知的渠道设计流量 Q、渠床糙率系数 n 和渠底比降 i 求圆弧半径 r 和水深 h。由于断面各部分尺寸间的关系复杂，计算麻烦，为了便于查用，现将常用的小型混凝土 U 形断面的水力计算成果列于表 4-23，以供查用。根据已知的 Q、i 可以从表 4-23 中直接查出圆弧直径 d、槽中水深 h、衬砌槽深 H 和厚度。

表 4-23　混凝土 U 形渠道水力查算表

直径 d (cm)	水深 h (cm)	槽深 H (cm)	不同比降 i 的流量 Q(m^3/s)											混凝土衬砌厚度(cm)
			$\frac{1}{100}$	$\frac{1}{300}$	$\frac{1}{500}$	$\frac{1}{800}$	$\frac{1}{1\,000}$	$\frac{1}{1\,500}$	$\frac{1}{2\,000}$	$\frac{1}{2\,500}$	$\frac{1}{3\,000}$	$\frac{1}{4\,000}$	$\frac{1}{5\,000}$	
40	25	35	0.13	0.07	0.06	0.04	0.04	0.03	0.03	0.03	0.02	0.02	0.02	4
	30	40	0.17	0.10	0.08	0.06	0.05	0.04	0.04	0.03	0.03	0.03	0.02	
50	35	45	0.28	0.16	0.12	0.10	0.09	0.07	0.06	0.06	0.05	0.04	0.04	5
	40	50	0.34	0.20	0.15	0.12	0.11	0.09	0.08	0.07	0.06	0.05	0.05	
60	40	50	0.41	0.24	0.19	0.15	0.13	0.11	0.09	0.08	0.08	0.07	0.06	5
	45	55	0.50	0.29	0.22	0.18	0.16	0.13	0.11	0.10	0.09	0.08	0.07	
	50	60	0.59	0.34	0.26	0.21	0.19	0.15	0.13	0.12	0.11	0.10	0.08	
70	45	55	0.59	0.34	0.26	0.21	0.19	0.15	0.13	0.12	0.11	0.10	0.08	6
	50	60	0.70	0.40	0.31	0.25	0.22	0.18	0.16	0.14	0.13	0.11	0.10	
	55	65	0.81	0.70	0.36	0.29	0.26	0.21	0.18	0.16	0.15	0.13	0.12	
80	45	55	0.68	0.39	0.30	0.24	0.22	0.18	0.15	0.14	0.12	0.11	0.10	6
	50	60	0.81	0.47	0.36	0.29	0.26	0.21	0.18	0.16	0.15	0.13	0.11	
	55	65	0.94	0.54	0.42	0.33	0.30	0.24	0.21	0.19	0.17	0.15	0.13	
	60	70	1.08	0.62	0.48	0.38	0.34	0.28	0.24	0.22	0.20	0.17	0.15	
	65	75	1.23	0.71	0.55	0.43	0.39	0.32	0.27	0.25	0.22	0.19	0.17	
90	55	70	1.07	0.62	0.48	0.38	0.34	0.28	0.24	0.21	0.20	0.17	0.15	6
	60	75	1.23	0.71	0.55	0.44	0.39	0.32	0.28	0.25	0.22	0.20	0.17	
	65	80	1.40	0.81	0.63	0.49	0.44	0.36	0.31	0.28	0.26	0.22	0.20	
	70	85	1.57	0.91	0.70	0.56	0.50	0.41	0.35	0.31	0.29	0.25	0.22	
	75	90	1.75	1.01	0.78	0.62	0.55	0.45	0.39	0.35	0.32	0.28	0.25	
100	60	75	1.38	0.80	0.62	0.49	0.44	0.36	0.31	0.28	0.25	0.22	0.19	7
	65	80	1.57	0.90	0.70	0.55	0.50	0.40	0.35	0.31	0.29	0.25	0.22	
	70	85	1.76	1.02	0.79	0.62	0.56	0.46	0.39	0.35	0.32	0.28	0.25	
	75	90	1.97	1.14	0.88	0.70	0.62	0.51	0.44	0.39	0.36	0.31	0.28	
	80	95	2.18	1.26	0.98	0.77	0.69	0.56	0.49	0.44	0.40	0.35	0.31	
110	65	80	1.73	1.00	0.78	0.61	0.55	0.45	0.39	0.35	0.32	0.27	0.25	7
	70	85	1.95	1.13	0.87	0.69	0.62	0.51	0.44	0.39	0.36	0.31	0.28	
	75	90	2.19	1.26	0.98	0.77	0.69	0.56	0.49	0.44	0.40	0.35	0.31	
	80	95	2.42	1.40	1.08	0.86	0.77	0.63	0.54	0.48	0.44	0.38	0.34	
	85	100	2.67	1.54	1.19	0.94	0.84	0.69	0.60	0.53	0.49	0.42	0.38	

续表 4-23

直径 d (cm)	水深 h (cm)	槽深 H (cm)	不同比降 i 的流量 $Q(m^3/s)$											混凝土衬砌厚度(cm)
			$\frac{1}{100}$	$\frac{1}{300}$	$\frac{1}{500}$	$\frac{1}{800}$	$\frac{1}{1\,000}$	$\frac{1}{1\,500}$	$\frac{1}{2\,000}$	$\frac{1}{2\,500}$	$\frac{1}{3\,000}$	$\frac{1}{4\,000}$	$\frac{1}{5\,000}$	
120	70	85	2.14	1.24	0.96	0.76	0.68	0.55	0.48	0.43	0.39	0.34	0.30	8
	75	90	2.48	1.38	1.07	0.85	0.76	0.62	0.54	0.48	0.44	0.38	0.34	
	80	95	2.66	1.54	1.19	0.94	0.84	0.69	0.60	0.53	0.49	0.42	0.38	
	85	100	2.99	1.69	1.31	1.04	0.93	0.76	0.66	0.59	0.54	0.46	0.41	
	90	105	3.21	1.85	1.44	1.14	1.02	0.83	0.72	0.64	0.59	0.51	0.45	
130	75	90	2.61	1.51	1.17	0.92	0.82	0.67	0.58	0.52	0.48	0.41	0.37	8
	80	95	2.90	1.67	1.30	1.03	0.92	0.75	0.65	0.58	0.53	0.46	0.41	
	85	100	3.20	1.85	1.43	1.13	1.01	0.83	0.72	0.64	0.58	0.51	0.45	
	90	105	3.50	2.02	1.57	1.24	1.11	0.91	0.78	0.70	0.64	0.55	0.50	
	95	110	3.82	2.21	1.71	1.35	1.21	0.99	0.85	0.76	0.70	0.60	0.54	
140	80	95	3.13	1.81	1.40	1.11	0.99	0.81	0.70	0.63	0.57	0.50	0.44	8
	85	100	3.46	2.00	1.55	1.22	1.09	0.89	0.77	0.69	0.63	0.55	0.49	
	90	105	3.79	2.19	1.70	1.34	1.20	0.98	0.85	0.76	0.69	0.60	0.54	
	95	110	4.14	2.39	1.85	1.46	1.31	1.07	0.93	0.83	0.76	0.66	0.59	
	100	115	4.49	2.60	2.01	1.59	1.42	1.16	1.01	0.90	0.82	0.71	0.64	

注：此表适用范围：$r = 20 \sim 70$ cm，$i = \frac{1}{100} \sim \frac{1}{5\,000}$，$\alpha = 8.5°$，$n = 0.015$，常用的小型混凝土 U 形渠道。

【例 4-3】 已知某 U 形渠道 $Q = 1.0\ m^3/s$，$n = 0.017$，$i = \frac{1}{1\,500}$，$\alpha = 8.5°$，求 H、h、r。

解：(1) 求换算流量 $Q_表$，即

$$Q_表 = \frac{n}{n_表}Q = \frac{0.017}{0.015} \times 1.0 = 1.13(m^3/s)$$

(2) 根据 $Q_表 = 1.13\ m^3/s$，$i = \frac{1}{1\,500}$ 查表 4-23，取近似值 $H = 1.15$ m，$h = 1.00$ m，$d = 1.4$ m。

(3) 计算 r，即 $r = \frac{d}{2} = \frac{1.4}{2} = 0.7$ (m)。

(三)横断面结构形式

由于渠道过水断面和渠道沿线地面的相对位置不同，渠道断面有挖方断面、填方断面和半挖半填断面三种形式，其结构各不相同。

1. 挖方渠道断面结构

对于挖方渠道，为了防止坡面径流的侵蚀、渠坡坍塌以及便于施工和管理，除正确选择边坡系数外，当渠道挖深大于 5 m 时，应每隔 3 ~ 5 m 高度设置一级平台。第一级平台的高程和渠岸(顶)高程相同，平台宽度为 1 ~ 2 m。若平台兼作道路，则按道路标准确定

平台宽度。在平台内侧应设置集水沟,汇集坡面径流,并使之经过沉沙井和陡槽集中进入渠道,见图 4-20。挖深大于 10 m 时,不仅施工困难,边坡也不易稳定,应改用隧洞等。第一级平台以上的渠坡根据干土的抗剪强度而定,可尽量陡一些。

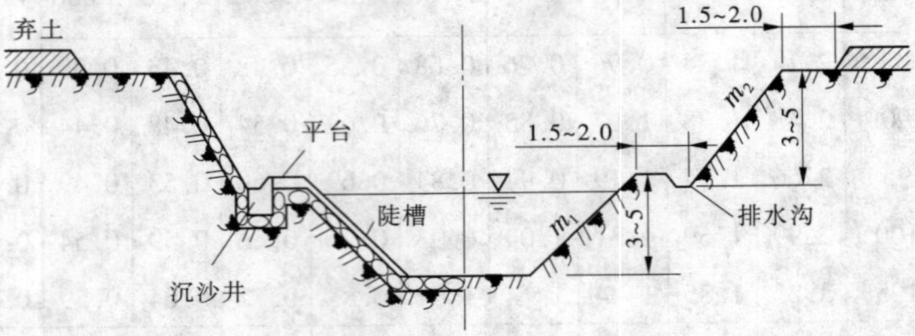

图 4-20 挖方渠道横断面结构示意图 (单位:m)

2. 填方渠道断面结构

填方渠道易于溃决和滑坡,要认真选择内、外边坡系数。填方高度大于 3 m 时,应通过稳定分析确定边坡系数,有时需在外坡脚处设置排水的滤体。填方高度很大时,需在外坡设置平台。位于不透水层上的填方渠道,当填方高度大于 5 m 或高于 2 倍设计水深时,一般应在渠堤内加设纵、横排水槽。填方渠道会发生沉陷,施工时应预留沉陷高度,一般增加设计填高的 10%。在渠底高程处,堤宽应等于(5 ~ 10) h (h 为渠道水深),根据土壤的透水性能而定。填方渠道断面结构见图 4-21。

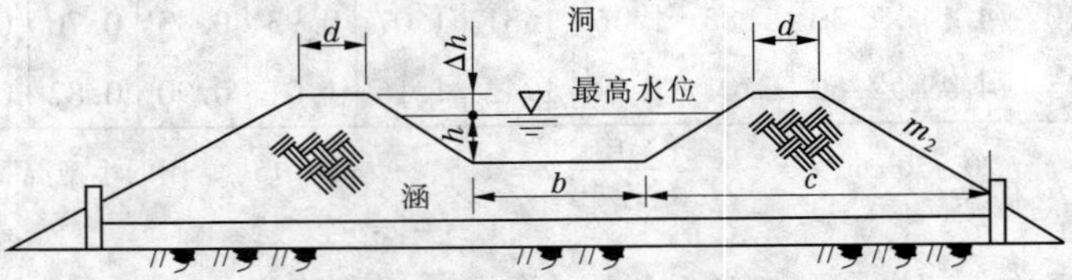

图 4-21 填方渠道横断面结构示意图

3. 半挖半填渠道断面结构

半挖半填渠道的挖方部分可为筑堤提供土料,而填方部分则为挖方弃土提供场所。当挖方量等于填方量时,工程费用最少。挖填土方相等时的挖方深度 x 可按下式计算

$$(b + m_1x)x = (1.1 \sim 1.3)2a(d + \frac{m_1 + m_2}{2}a) \tag{4-36}$$

式中符号的含义如图 4-22 所示。系数 1.1 ~ 1.3 是考虑土体沉陷而增加的填方量,砂质土取 1.1,壤土取 1.15,黏土取 1.2,黄土取 1.3。

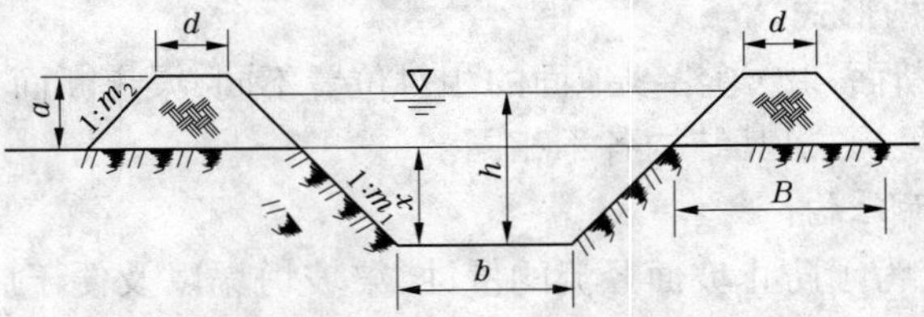

图 4-22 半挖半填渠道横断面结构示意图

为了保证渠道的安全稳定，半挖半填渠道堤底的宽度 B 应满足以下条件

$$B \geqslant (5 \sim 10)(h - x) \tag{4-37}$$

农渠及其以下的田间渠道，为使灌水方便，应尽量采用半挖半填断面或填方断面。

二、渠道的纵断面设计

灌溉渠道不仅要满足输送设计流量的要求，还要满足水位控制的要求。横断面设计通过水力计算确定了能通过设计流量的断面尺寸，满足了前一个要求。纵断面设计的任务是根据灌溉水位要求确定渠道的空间位置，先确定不同桩号处的设计水位，再根据设计水位确定渠底高程、堤顶高程、最小水位等。

（一）灌溉渠道水位推求

1. 渠道进水口处水位推求

为了满足自流灌溉的要求，各级渠道入口处都应具有足够的水位。这个水位是根据灌溉面积上控制点的高程加上各种水头损失，自下而上逐级推算出来的（见图4-23）。水位公式如下

$$H_{进} = A_0 + \Delta h + \sum_{i=1}^{n} L_i i_i + \sum_{i=1}^{n} \psi_i \tag{4-38}$$

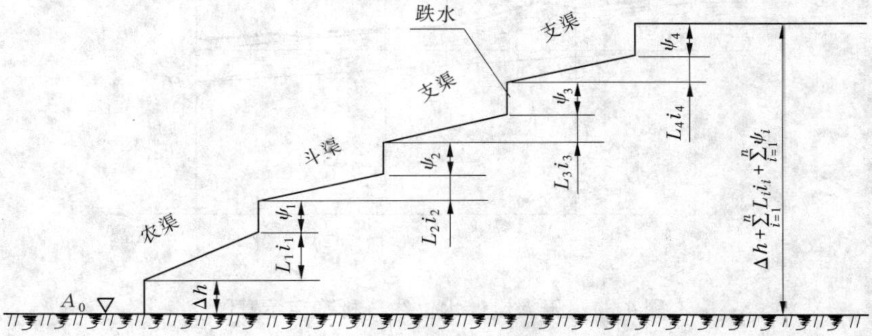

图4-23　分水位推算示意图

式中 $H_{进}$——渠道进水口处的设计水位，m；

A_0——渠道灌溉范围内控制点的地面高程，m，控制点是指较难灌到水的地面，在地形均匀变化的地区，控制点选择的原则是：若沿渠地面坡度大于渠道比降，渠道进水口附近的地面最难控制，反之，渠尾地面最难控制；

Δh——控制点地面与附近末级固定渠道设计水位的高差，一般取0.1～0.2 m；

L——渠道的长度，m；

i——渠道的比降；

ψ——水流通过渠系建筑物的水头损失，m，可参考表4-24所列数值选用。

式(4-38)可用来推算任意一条渠道进水口处的设计水位，推算不同渠道进水口设计水位时所用的控制点不一定相同，要在各条渠道控制的灌溉面积范围内选择相应的控制点。

表 4-24　渠道建筑物水头损失最小数值　　（单位:m）

渠别	控制面积(万亩)	进水闸	节制闸	渡槽	倒虹吸	公路桥
干渠	10 ~ 40	0.1 ~ 0.2	0.10	0.15	0.40	0.05
支渠	1 ~ 6	0.1 ~ 0.2	0.07	0.07	0.30	0.03
斗渠	0.3 ~ 0.4	0.05 ~ 0.15	0.05	0.05	0.20	0
农渠		0.05				

2. 干渠水位的确定

干渠水位应满足各支渠自流引水对水位的要求，它受渠道水位、渠道比降、渠线布置、灌区地形、面积、工程量等多种因素影响，应采取多方案比较慎重确定。

若一条干渠上有 4 条支渠，当各支渠口要求的水位 H_1、H_2、H_3 和 H_4 确定以后，便可结合水源水位、干渠沿线地形和土壤条件等分析确定干渠的比降和水位线，如图 4-24 所示。

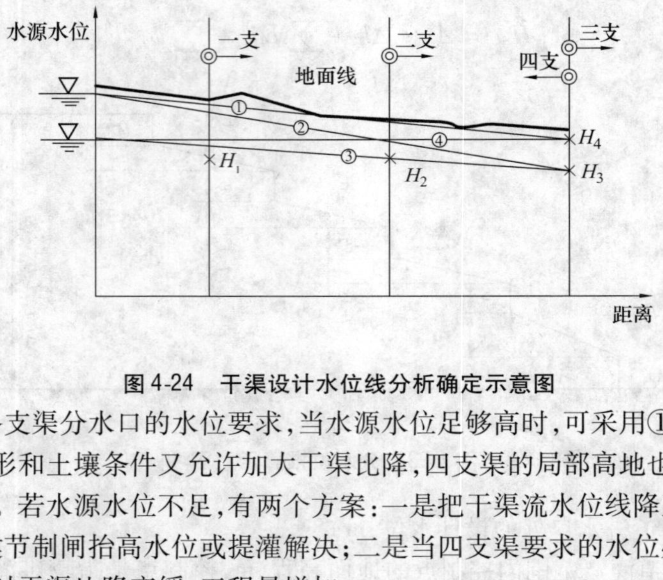

图 4-24　干渠设计水位线分析确定示意图

为了满足各支渠分水口的水位要求，当水源水位足够高时，可采用①线方案。若①线工程量太大，地形和土壤条件又允许加大干渠比降，四支渠的局部高地也允许不自流灌溉时，可改用②线。若水源水位不足，有两个方案：一是把干渠流水位线降至③，四支渠的局部高地采用修建节制闸抬高水位或提灌解决；二是当四支渠要求的水位必须满足时，可采用④线方案，这时干渠比降变缓，工程量增加。

（二）渠道断面设计中的水位衔接

在渠道设计中，常遇到建筑物引起的局部水头损失和渠道分水口处上下级渠道水位要求不同，以及上下游不同渠段间水位不一致等问题，必须给予正确处理。

1. 不同渠段间的水位衔接

由于渠段沿途分水，渠道流量逐段减小，渠道过水断面亦随之减少，为了使水位衔接，可以改变水深或底宽。衔接位置一般结合配水枢纽或交叉建筑物布置，并修建足够的渐变段，保证水流平顺过渡。当水源位置较低，既不能降低下游的设计水位，也不能抬高上游的设计水位时，不得不用抬高下游渠底高程的办法维持设计水位，为了减少不利影响，下游渠底升高的高度不应大于 15 ~ 20 cm。

2. 建筑物前后的水位衔接

渠道上的交叉建筑物(渡槽、隧洞、倒虹吸等)一般都有阻水作用,会产生水头损失,在渠道纵断面设计时,必须予以充分考虑。若建筑物较短,可将进、出口的局部水头损失和沿程水头损失累加起来(通常采用经验数值),在建筑物的中心位置集中扣除;若建筑物较长,则应按建筑的位置和长度分别扣除其进、出口的局部水头损失和沿程水头损失。

跌水上下游水位相差较大,由下落的弧形水舌光滑连接。但在纵断面图上可以简化,只画出上下游渠段的渠底和水位,在跌水所在位置处用垂线连接。

3. 上下级渠道的水位衔接

渠道分水口处的水位衔接有两种处理方案:一是按上下级渠道均通过设计流量,依上级渠道的设计水位 $H_{设}$ 减去过闸水头损失 φ 来确定下级渠道分水口处的水位 $h_{设}$ 和渠底高程。这种情况,当上级渠道通过最小流量时,其相应的水位 $H_{最小}$ 就可能满足不了下级渠道引水要求的水位 $h_{最小}$,这时需修建节制闸,抬高上级渠道的水位 H_0,使闸前后水位差为 δ,以使下级渠道引取最小流量,见图 4-25(a)。二是按上下级渠道均通过最小流量,闸前后的水位差为 δ 来确定下级渠道的渠底高程。在这种情况下,当上下级渠道都通过设计流量时,将有较大的水位差 ΔH,需用分水闸的不同开度来控制进入下级渠道的设计流量,见图 4-25(b)。

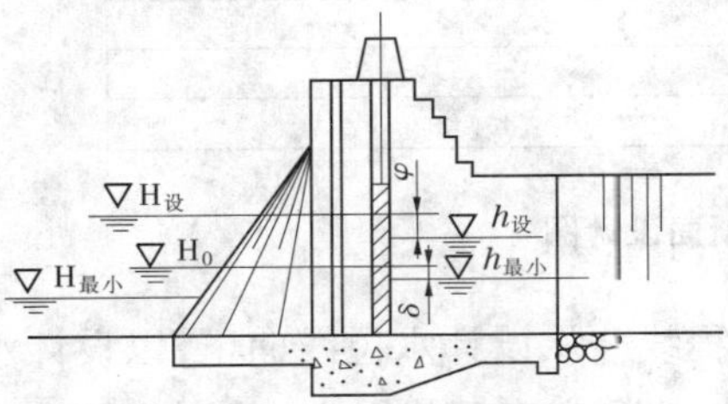

(a)上下级渠道通过相应的设计流量

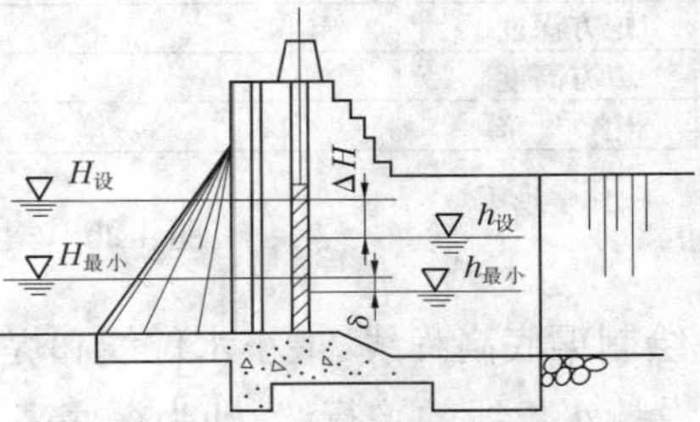

(b)上下级渠道通过相应的最小流量

图 4-25 分水闸前后水位衔接示意图

(三)渠道纵断面图的绘制

渠道纵断面图是渠道纵断面设计成果的具体体现和集中反映,主要包括沿渠地面高程线、渠道设计水位线、渠道最小水位线、渠底高程线、堤顶高程线以及分水口和渠道建筑物的位置与形式等内容,见图 4-26,绘制步骤如下:

(1)选择比例尺,建立坐标系。在方格纸上建立直角坐标系,横坐标表示距离,纵坐标表示高程;高程比例尺视地形高差大小而定,一般设计中,采用 1:100 或 1:200;距离比例尺视渠道长度而定,一般设计中采用 1:5 000 或 1:10 000。

(2)绘制地面高程线。根据渠道沿线各点的桩号和地面工程,点绘地面高程线。

(3)绘制渠道设计水位线。参照水源或上一级渠道的设计水位、沿渠地面坡度、各分水点的水位要求和渠道建筑物的水头损失,确定渠道的设计比降,绘出渠道的设计水位线。绘制纵断面图时所确定的渠道设计比降应和横断面水力计算时所用的渠道比降一致,当二者相差较大,难以采用横断面水力计算所用比降时,应以纵断面图上的设计比降为准,重新设计横断面尺寸。所以,渠道的纵断面设计和横断面设计要交错进行,互为依据。

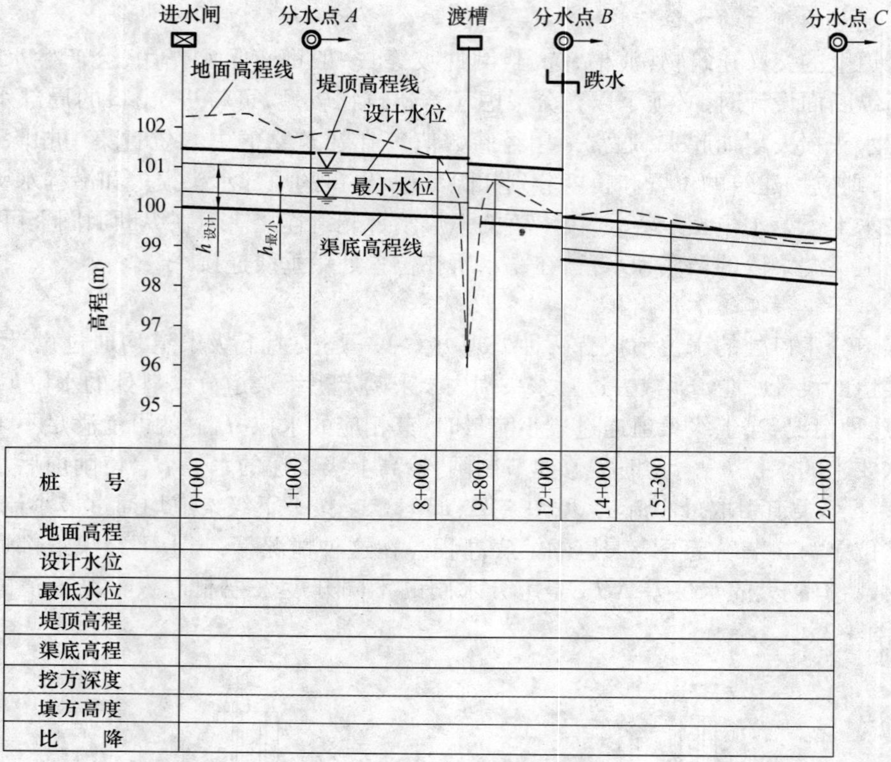

图 4-26　渠道纵断面设计图

(4)绘制渠底高程线、最小水位线和堤顶高程线。从设计水位线向下,以设计水深为间距,作设计水位线的平行线,即为渠底高程线。从渠底高程线向上,分别以最小水深和加大水深与安全超高之和为间距,作渠底线的平行线,即为最小水位线和堤顶高程线。

(5)标出建筑物位置和形式。根据需要确定出建筑物的位置和形式,按图 4-27 所示的图例在纵断面上标出。

(6)标注桩号和高程。在渠道纵断面的下方画一表格(见图 4-26),把分水口和建筑物所在位置的桩号、地面高程线突变的桩号和高程、设计水位线和渠底高程线突变处的桩号和高程以及相应的最低水位和堤顶高程,标注在表格内相应的位置上。桩号和高程必须写在表示该点位置的竖线的左侧,并应侧向写出。在高程突变处,要在竖线左、右两侧分别写出高、低两个高程。

(7)标注挖深和填高。沿渠各桩号的挖深和填高数可由地面高程与渠底高程之差求出,即

$$挖方深度 = 地面高程 - 渠底高程$$

$$填方高度 = 渠底高程 - 地面高程$$

(8)标注渠道比降。在标注桩号和高程的表格底部,标出各渠段的比降。

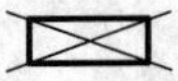	干渠进水闸	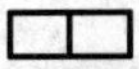	退水或泄水闸		公路桥
	支渠分水闸		倒虹吸		人行桥
	斗渠分水闸		涵　洞		排洪桥
	农渠分水闸	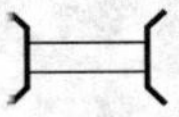	隧　洞	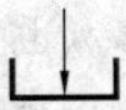	汇流入渠
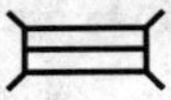	节制闸		跌　水		电　站
	渡　槽		平交道		抽水站

图 4-27　渠道建筑物图例

能力训练

一、基础知识能力训练

1. 灌排渠系规划布置要遵循哪些基本原则？
2. 简述灌排系统的组成。
3. 山丘区干渠布置有哪两种基本形式？
4. 何谓灌排相邻布置和相间布置？两者各适用于什么条件？
5. 简述渠系建筑物的选型与布置的基本原则。
6. 简述渠系建筑物的主要类型。
7. 节制闸有什么作用？在哪些情况下，在何处需要布置节制闸？
8. 田间工程规划包括哪些内容？条田布置时有哪些要求？
9. 田间渠系有哪几种基本布置形式？
10. 土地平整的原则是什么？如何进行土地平整设计？
11. 计算渠道的设计流量、加大流量和最小流量各有什么作用？
12. 轮灌渠道为什么不需计算加大流量？
13. 试说明渠道自由渗流和顶托渗流的特点及发生条件。
14. 如何计算渠道的渗水损失？
15. 何谓渠道水利用系数、渠系水利用系数、田间水利用系数和灌溉水利用系数？
16. 什么叫轮灌？什么叫续灌？它们各有什么优缺点？
17. 在设计渠道时如何合理选择渠道比降和边坡系数？
18. 在设计渠道断面时糙率 n 选择的大些好，还是小些好？为什么？
19. 在设计渠道时，渠床比降和糙率值偏大或偏小各有什么不良影响？
20. 什么是水力最佳断面？为什么水力最佳断面适用于小型渠道，而不适用于大中型渠道？

21. 试编制渠道横断面设计流程图。

22. 渠道横断面结构有哪几种基本类型？

23. 如何推算支渠分水口要求的水位？

24. 在渠道水位推算时如何确定地面参考点？

25. 上下级渠道水位衔接有哪两种处理方案？各适用于什么情况？

26. 简述绘制渠道纵断面图的步骤。

27. U 形渠道有哪些优缺点？

28. 如何提高灌区的灌溉水利用系数？

二、设计计算能力训练

1. 某渠系由两级渠道组成，上级渠道长 8 km，自渠末端共分出 3 条渠道，长度分别为 1.5 km、1.5 km、2 km，净流量分别为 0.5 m^3/s、0.4 m^3/s、0.3 m^3/s，沿渠土壤透水性中等（$K=1.9$，$m=0.4$），试计算渠系水利用系数和上级渠道水利用系数。

2. 某灌溉渠道采用梯形断面，设计流量为 3.2 m^3/s，边坡系数为 1.5，渠底比降为 0.000 5，渠床糙率为 0.025，渠道不冲流速为 0.8 m/s，该渠道为清水渠道，为了防止长草，最小允许流速为 0.4 m/s，试设计渠道过水断面的尺寸。

3. 基本资料：已知某灌区位于我国南方，总灌溉面积为 6.65 万亩。从水源引水，一条干渠全长 8.2 km，在干渠上分设 3 条支渠，具体布置如图 4-18 所示。灌区的主要作物为水稻，相应渠道设计灌水率为 0.5 $m^3/(s\cdot万亩)$，全灌区土壤、水文地质等自然条件和作物种植情况相近，三支渠有 6 条斗渠，斗渠间距 960 m，长 1 800 m。每条斗渠有 10 条农渠，农渠间距 200 m，长 800 m。沿渠土壤均为中壤土，试推求各级渠道的设计流量（配水方式干、支渠采用续灌，斗、农渠采用轮灌）。支渠长度及控制的灌溉面积如表 4-25 所示。

表 4-25　支渠长度及其控制的灌溉面积

项目	一支	二支	三支	合计
支渠分水口位置	1+500	5+600	8+200	
长度(km)	4.1	5.5	4.8	
灌溉面积(万亩)	2.00	2.45	2.2	6.65

第五章　渠道防渗

学习目标

通过学习渠道各防渗措施的特点及渠道防渗工程规划设计方法，能够进行防渗渠道的设计。

学习任务

1. 了解各种防渗材料的特点，能根据工程的具体情况合理选择渠道的防渗材料。

2. 掌握防渗渠道设计的方法，能够进行砌石、混凝土衬砌、膜料防渗渠道设计。

3. 了解渠道冻害发生的原因，能根据具体情况确定衬砌渠道的防冻胀措施。

第一节　渠道防渗工程的类型及特点

一、概述

渠道防渗工程技术是指为减少渠道渗漏损失而采取的各种工程技术措施。渠道防渗是目前应用最广的节水技术之一，也是实现节水型农业的重要内容。我国北方大中型灌区，渠系水利用系数最高的为 0.55 左右，低的仅为 0.24～0.32。为了减少输水损失，进行防渗工程处理，既可减少渠道渗漏损失，提高渠系水利用系数，又可降低渠床糙率，增加流速，加大输水能力，防止渠道冲刷、淤积及坍塌。此外，渠床渗漏减少后将减少地下水位上升，防止土壤次生盐碱化；也能降低成本，提高灌溉效益。

渠道防渗按材料分为土料、水泥土、石料、膜料、混凝土、沥青混凝土等，按防渗特点分为设置防渗层、改变渠床土壤渗漏性质等。其中，前者多采用各种黏土类、灰土类、砌石、混凝土、沥青混凝土、塑膜防渗层等，后者多采用夯实土壤和利用含有黏粒土壤淤填渠床土壤孔隙减少渠道渗漏损失等。各种防渗措施使用的主要材料、防渗效果、适用条件如表 5-1所示。

二、土料防渗

土料防渗是以黏性土、黏砂混合土、灰土、三合土、四合土等为材料的防渗措施，土料防渗是我国沿用已久的防渗措施。

（一）土料防渗的优点

（1）有较好的防渗效果。一般可减少渗漏量的 60%～90%，每天每平方米渗漏量为 0.07～0.17 m^3。

（2）易就地取材。凡有黏土、砂、石灰等材料的地方皆可采用，是一种便于就地取材的防渗形式。

表 5-1　防渗结构的允许最大渗漏量及适用条件

防渗衬砌结构类别		主要原材料	允许最大渗漏量（$m^3/(m^2 \cdot d)$）	使用年限（a）	适用条件
土料	黏性土、黏砂混合土	黏质土、砂、石、石灰等	0.07～0.17	5～15	就地取材，施工简便，造价低，但抗冻性、耐久性较差，工程量大，质量不易保证。可用于气候温和地区的中、小型渠道防渗衬砌
	灰土、三合土、四合土			10～25	
水泥土	干硬性水泥土、塑性水泥土	壤土、砂壤土、水泥等	0.06～0.17	8～30	就地取材，施工较简便，造价较低，但抗冻性较差。可用于气候温和地区，附近有壤土或砂壤土的渠道衬砌
石料	干砌卵石（挂淤）	卵石、块石、料石、石板、水泥、砂等	0.20～0.40	25～40	抗冻、抗冲、抗磨和耐久性好，施工简便，但防渗效果一般不易保证。可用于石料来源丰富，有抗冻、抗冲、耐磨要求的渠道衬砌
	浆砌块石、浆砌卵石、浆砌料石、浆砌石板		0.09～0.25		
埋铺式膜料	土料保护层、刚性保护层	膜料、土料、砂、石、水泥等	0.04～0.08	20～30	防渗效果好，质量轻，运输量小，当采用土料保护层时，造价较低，但占地多，允许流速小。可用于中小型渠道衬砌；采用刚性保护层时，造价较高，可用于各级渠道衬砌
沥青混凝土	现场浇筑、预制铺砌	沥青、砂、石、矿粉等	0.04～0.14	20～30	防渗效果好，适应地基变形能力较强，造价与混凝土防渗衬砌结构相近。可用于有冻害地区且沥青料来源有保证的各级渠道衬砌
混凝土	现场浇筑	砂、石、水泥、速凝剂等	0.04～0.14	30～50	防渗效果、抗冲性和耐久性好。可用于各类地区和各种运用条件下的各级渠道衬砌；喷射法施工宜用于岩基、风化岩基以及深挖方或高填方渠道衬砌
	预制铺砌		0.06～0.17	20～30	
	喷射法施工		0.05～0.16	25～35	

（3）技术简单，造价低。施工技术简单、易掌握，造价低，投资少。灰土类防渗形式适用于中小型渠道，特别适用于较贫困地区资金缺乏的中小型渠道防渗工程。

（二）土料防渗的缺点

（1）允许流速低。除黏土、黏砂混合土、灰土、三合土和四合土的允许流速较高，为0.75～1.0 m/s外，壤土的允许流速为0.7 m/s左右。因此，仅能用于流速较低的渠道。

（2）抗冻性差。在气候寒冷地区，在冻融的反复作用下，防渗层疏松、剥蚀，很快丧失防渗功能。因此，灰土类防渗明渠只能适用于气候温暖无冻害地区。

（3）耐久性差。耐久性与其工作环境、施工质量关系极大，特别要抓好石灰的熟化、拌和、养护等几个关键环节，其耐久性差的弱点是可以得到改善的。

基于土料防渗的缺点，传统的土料防渗措施正在减少，而作为投资少、见效快的防渗材料，土料防渗的比重仍比较大，土的电化密实和防渗技术的发展及化学材料的研制，将给土料防渗带来新的生机。

三、水泥土防渗

水泥土为土料、水泥和水拌和而成的材料，主要靠水泥与土料的胶结与硬化，硬化强度类似混凝土。水泥土防渗按施工方法不同分干硬性水泥土和塑性水泥土两种。干硬性水泥土适用于现场铺筑或预制块铺筑施工，塑性水泥土适用于现场浇筑施工。

（一）水泥土防渗的优点

（1）就地取材。水泥土中土料占80%～90%，土料来源异常丰富，可就地取材。

（2）防渗效果较好。水泥土防渗效果比土料防渗效果要好，一般可减少渗漏量80%～90%，每天每平方米渗漏量为0.06～0.17 m^3。

（3）技术较简单，容易被群众所掌握。

（4）投资较少，造价较低。

（5）可以利用现有的拌和机、碾压机等施工设备施工，能充分发挥设备的作用。

（二）水泥土防渗的缺点

（1）水泥土早期强度低，收缩变形较大，容易开裂，需要加强管理和养护。

（2）水泥土防渗的适应冻融变形性能差，因而只宜用于气候温和的无冻害地区。

四、砌石防渗

砌石防渗按结构形式分护面式和挡土墙式两种，按材料及砌筑方法分干砌卵石、干砌块石、浆砌块石、浆砌石板等多种。

（一）砌石防渗的优点

（1）就地取材。山区渠道和石料丰富的地区，可就地取材，采用砌石防渗，节省造价。

（2）抗冲流速大，耐磨能力强。浆砌石抗冲流速一般为3.0～6.0 m/s，大于混凝土防渗的抗冲流速，而且随着渠道行水后泥沙的淤填，密实性提高，抗冲流速还会增大。因此，对于水中推移质比重大、抗冲要求高的渠道，多采用砌石防渗，或渠底采用砌石防渗、渠坡采用混凝土防渗。

（3）防渗效果较好。当砌筑质量有保证时，浆砌石防渗可减少渗漏损失80%，干砌石防渗可减少渗漏量50%左右。

(4)稳定渠道作用显著。浆砌石防渗属于刚性材料,本身具有固定和稳定渠道的作用。当用做山区石基渠道防渗工程时,可将渠道外堤做成挡土墙式的砌石体,有明显的固定和稳定渠道的作用。

(二)砌石防渗的缺点

(1)不易机械化施工,施工质量较难控制。

(2)砌石用量大,造价高。砌石防渗一般厚度大、工程量大,造价往往高于混凝土等材料的防渗。因此,在石料丰富地区采用此防渗方式,须通过技术经济比较后确定。

五、混凝土防渗

混凝土防渗是指采用预制或现浇混凝土衬砌渠道,减少或防止渗漏损失的渠道防渗技术措施。

(一)混凝土防渗的优点

(1)防渗效果好。一般能减少渗漏损失90%~95%。

(2)强度高,耐久性好。混凝土衬砌强度高,抗压、抗冻、抗冲磨等耐久性能好,能防止动、植物穿透或其他外力的破坏,在良好的设计施工和养护条件下,渠道可运行50年以上。

(3)糙率小,水头损失小。一般糙率 $n=0.012\sim0.018$,可减少沿程水头损失;允许流速大,一般为3~5 m/s,可缩小渠道断面,减少土方工程量和占地面积。

(4)适应性广泛。混凝土具有良好的模塑性,可制成各种形状和大小的构筑物,亦可通过选择原材料、调整混凝土配合比,制成各种性能的混凝土。

(二)混凝土防渗的缺点

混凝土衬砌板属刚性材料,适应变形能力差,并且在缺乏原材料(如砂、石料)的地区,造价较高。

六、膜料防渗

膜料防渗就是用不透水的土工膜来减少或防止渠道渗漏损失的技术措施。土工膜是一种薄型、连续、柔软的防渗材料。

(一)膜料防渗的优点

(1)防渗性能好。只要设计正确、施工精心,就能达到最佳防渗效果。实践证明,膜料防渗渠道一般可减少渗漏损失90%~95%。特别是在地面纵坡缓、土的含盐量大、冻胀严重而又缺乏砂石料源的地区,尤其应当推广。

(2)适应变形能力强。土工膜具有良好的柔性、延伸性和较强的抗拉能力。所以,不仅适用于各种不同形状的断面渠道,而且适用于可能发生沉陷和位移的渠道。

(3)质轻、用量少、材料运输量小。土工膜具有薄、轻、单位质量轻等特点,衬砌面积大,用量少,运输量小,对于交通不便、当地缺乏其他建筑材料的地区具有明显的经济意义。

(4)施工工艺简便,工期短。膜料防渗施工主要是挖填土方、铺膜和膜料接缝处理等，不需复杂技术，方法简便易行，大大缩短工期。

(5)耐腐蚀性强。土工膜具有较好的抵抗细菌侵害和化学作用的性能，不受酸碱和土壤微生物的侵蚀，耐腐蚀性强，特别适用于有侵蚀性水文地质条件及盐碱化地区的渠道或排污渠道的防渗工程。

(6)造价低。由于膜料防渗有上述优点，所以造价低。据经济分析，每平方米塑膜防渗的造价为混凝土防渗的1/5～1/10，为浆砌卵石防渗的1/4～1/10，一层塑膜的造价仅相当于1 cm厚混凝土板造价。

(二)膜料防渗的缺点

膜料防渗的缺点是抗穿刺能力差、与土的摩擦系数小、易老化等。

随着现代塑料工业的发展，将会越来越显示出膜料防渗的优越性和经济性，膜料防渗将是今后渠道防渗工程发展的方向，其推广和使用范围将会越来越广。

七、沥青混凝土防渗

沥青混凝土是以沥青为胶结剂，与矿粉、矿物骨料（碎石、砾石或砂）经加热、拌和、压实而成的具有一定强度的防渗材料。

(一)沥青混凝土防渗的优点

(1)防渗效果好。一般可以减少渗漏损失90%～95%。

(2)具有适当的柔性和黏附性。沥青混凝土防渗工程裂缝时有自愈能力。

(3)适应变形能力强。特别是在低温下，它能适应渠基土的冻胀变形不产生裂缝，防冻害能力强，对北方地区的渠道防渗工程有明显意义，且裂缝率为水泥混凝土防渗层裂缝的1/17。

(4)耐久性好。老化不严重，耐久性好，一般可使用30年。

(5)造价低。沥青混凝土防渗的造价仅为水泥混凝土防渗的70%。

(6)无毒无害，容易修补。沥青混凝土由石油沥青拌制而成，对人畜无害；沥青混凝土发生裂缝的几率较低，是随温度高低而变化的黏弹性材料，修补时对裂缝处加热，然后用锤子击打使裂缝弥合。

(二)沥青混凝土防渗缺点

(1)料源不足。我国沥青的生产规模满足不了社会需求，且我国沥青多为含蜡沥青，满足不了水工沥青的要求，要掺配和改性处理，从而限制了沥青混凝土防渗的发展。

(2)施工工艺要求严格，且加热拌和等在高温下施工。

(3)存在植物穿透问题，在穿透性植物丛生地区，要对基土进行灭草处理。

第二节　渠道防渗工程的规划设计

一、渠道防渗工程规划设计原则

(1)渠道防渗工程规划设计应按照建筑物等级、设计阶段，严格按照设计规范和国家有关规定进行，并与渠道其他工程项目同步进行规划设计。

(2)应结合当地的地形、土壤、气候、水文地质等自然条件，水资源供需、地表水和地下水综合运用的情况，进行技术经济论证，确定渠道防渗的形式、规模和范围等。

(3)应按照渠道防渗和渠基稳定的要求，对防渗、抗冻胀、防冲刷、防淤积、防盐胀、防扬压力和防土壤盐化、渠系综合利用等进行综合分析研究，并使设计方案满足灌区总体布置的要求。

(4)渠道防渗工程应力求技术先进、经济合理、经久耐用、管理方便，并保证设计使用年限，提高效益。

(5)应贯彻因地制宜、就地取材、情况不同区别对待的原则。

二、防渗渠道断面形式

防渗明渠可供选择的断面形式有梯形、弧形底梯形、弧形坡脚梯形、复合形、U 形、矩形，无压防渗暗渠的断面形式可选用城门洞形、箱形、正反拱形和圆形，详见图 5-1。防渗渠道断面形式的选择应结合防渗结构的选择一并进行。

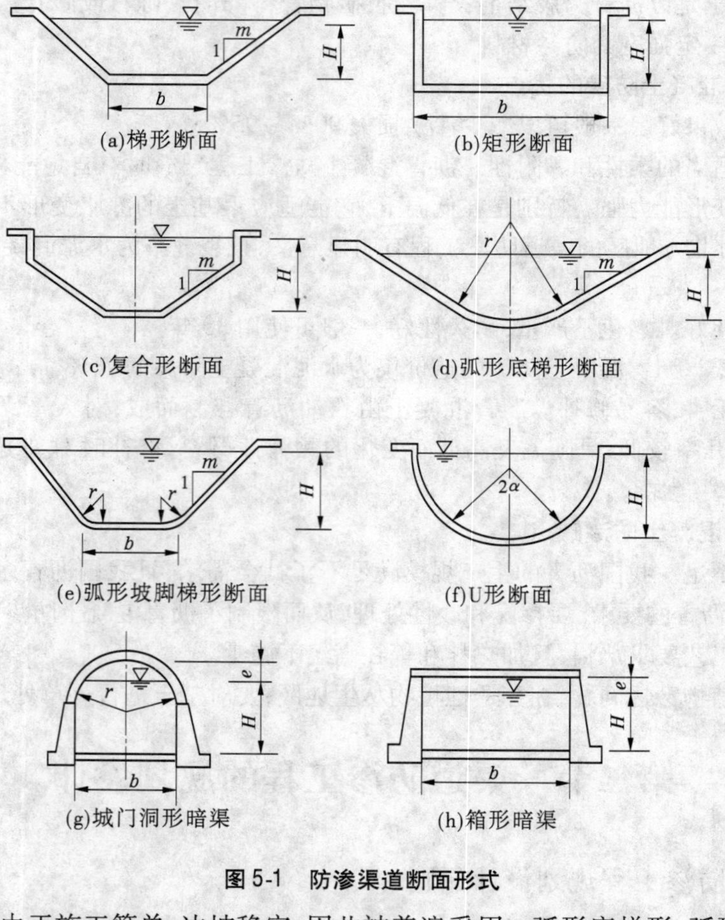

图 5-1　防渗渠道断面形式

梯形断面由于施工简单、边坡稳定，因此被普遍采用。弧形底梯形、弧形坡脚梯形、U 形渠道等，由于适应冻胀变形的能力强，能在一定程度上减轻冻胀变形的不均匀性，也得到了广泛应用。无压防渗暗渠具有占地少、水流不易污染、避免冻胀破坏等优点，故在土地资源紧缺地区应用较多。

三、主要设计参数

（一）边坡系数

防渗渠道的边坡系数选用是否得当，关系到防渗渠道能否安全稳定运行，应谨慎设计选择。影响边坡系数的因素有防渗材料、渠道大小、基础情况等，可按下列要求计算或选定：

（1）堤高超过 3 m 或地质条件复杂的填方渠道，堤岸为高边坡的深挖方渠道，大型的黏性土、黏砂混合土防渗渠道的最小边坡系数，应通过边坡稳定计算确定。

（2）土保护层膜料防渗渠道的最小边坡系数可按表 5-2 选定，大中型渠道的边坡系数宜按规范通过分析计算确定。

表 5-2　土保护层膜料防渗渠道的最小边坡系数

保护层土质类别	渠道设计流量（m^3/s）			
	<2	2~5	5~20	>20
黏土、重壤土、中壤土	1.50	1.50~1.75	1.75~2.00	2.25
轻壤土	1.50	1.75~2.00	2.00~2.25	2.50
砂壤土	1.75	2.00~2.25	2.25~2.50	2.75

（3）混凝土、沥青混凝土、砌石、水泥土等刚性材料防渗渠道，以及用这些材料做保护层的膜料防渗渠道的最小边坡系数，可按表 5-3 选用。

表 5-3　刚性材料防渗渠道的最小边坡系数

防渗结构类别	渠基土质类别	渠道设计水深（m）											
		<1			1~2			2~3			>3		
		挖方	填方		挖方	填方		挖方	填方		挖方	填方	
		内坡	内坡	外坡	内坡	内坡	外坡	内坡	内坡	外坡	内坡	内坡	外坡
混凝土、砌石、灰土、三合土、四合土以及上述材料做保护层的膜料防渗	稍胶结的卵石	0.75	—	—	1.00	—	—	1.25	—	—	1.50	—	—
	夹砂的卵石或砂土	1.00	—	—	1.25	—	—	1.50	—	—	1.75	—	—
	黏土、重壤土、中壤土	1.00	1.00	1.00	1.00	1.00	1.00	1.25	1.25	1.00	1.50	1.50	1.25
	轻壤土	1.00	1.00	1.00	1.00	1.00	1.00	1.25	1.25	1.25	1.50	1.50	1.50
	砂壤土	1.25	1.25	1.25	1.25	1.25	1.50	1.50	1.50	1.50	1.75	1.75	1.50

（二）糙率

（1）不同材料防渗渠道的糙率不同，糙率应根据防渗结构类别、施工工艺、养护情况合理选用,如表4-12所示。

(2)砂砾石保护层膜料防渗渠道的糙率,可按式(5-1)进行计算。计算前,应对拟做保护层的砂砾料,通过试验求出其颗粒级配曲线。

$$n = 0.28d_{50}^{0.1667} \tag{5-1}$$

式中 n——砂砾石保护层的糙率;

d_{50}——通过砂砾石质量50%的筛孔直径,mm。

(三)不冲、不淤流速

防渗渠道的不淤流速按第四章介绍的方法确定。不冲流速因防渗材料及施工条件不同差异很大,通过对我国部分工程实践资料分析,防渗渠道的允许不冲流速可按表5-4选用。

表5-4 防渗渠道的允许不冲流速 (单位:m/s)

防渗结构类别	防渗材料名称与施工情况	允许不冲流速
土料	轻壤土	0.60~0.80
	中壤土	0.65~0.85
	重壤土	0.70~1.00
	黏土、黏砂混合土	0.75~0.95
	灰土、三合土、四合土	<1.00
土保护层膜料	砂壤土、轻壤土	<0.45
	中壤土	<0.60
	重壤土	<0.65
	黏土	<0.70
	砂砾料	<0.90
水泥土	现场浇筑施工	<2.50
	预制铺砌施工	<2.00
沥青混凝土	现场浇筑施工	<3.00
	预制铺砌施工	<2.00
砌石	浆砌料石	4.00~6.00
	浆砌块石	3.00~5.00
	浆砌卵石	3.00~5.00
	干砌卵石挂淤	2.50~4.00
	浆砌石板	<2.50
混凝土	现场浇筑施工	3.00~5.00
	预制铺砌施工	<2.50

注:表中土料防渗及土保护层膜料防渗的允许不冲流速为水力半径$R=1$ m时的情况。当$R\neq1$ m时,表中的数值应乘以R^{α}。砂砾石、卵石、疏松的砂壤土和黏土,$\alpha=1/4\sim1/3$;中等密实的砂壤土、壤土和黏土,$\alpha=1/5\sim1/4$。

(四)伸缩缝、填缝材料

(1)刚性材料渠道防渗结构应设置伸缩缝。伸缩缝的间距应依据渠基情况、防渗材料和施工方式按表5-5选用;伸缩缝的形式见图5-2;伸缩缝的宽度应根据缝的间距、气温变幅、填料性能和施工要求等因素,采用2~3 cm。伸缩缝宜采用黏结力强、变形性能大、耐老化、在当地最高气温下不流淌且在最低气温下仍具柔性的弹塑性止水材料,如用焦油塑料胶泥填筑,或缝下部填焦油塑料胶泥、上部用沥青砂浆封盖,还可用制品型焦油塑料胶泥填筑。有特殊要求的伸缩缝宜采用高分子止水带或止水管等。

表5-5 防渗渠道的伸缩缝间距

防渗结构	防渗材料和施工方式	纵缝间距(m)	横缝间距(m)
土料	灰土,现场填筑	4~5	3~5
	三合土或四合土,现场填筑	6~8	4~6
水泥土	塑性水泥土,现场填筑	3~4	2~4
	干硬性水泥土,现场填筑	3~5	3~5
砌石	浆砌石	只设置沉降缝	
沥青混凝土	沥青混凝土,现场浇筑	6~8	4~6
混凝土	钢筋混凝土,现场浇筑	4~8	4~8
	混凝土,现场浇筑	3~5	3~5
	混凝土,预制铺砌	4~8	6~8

注:1. 膜料防渗不同材料保护层的伸缩缝间距同本表。

2. 当渠道为软基或地基承载力明显变化时,浆砌石防渗结构宜设置沉降缝。

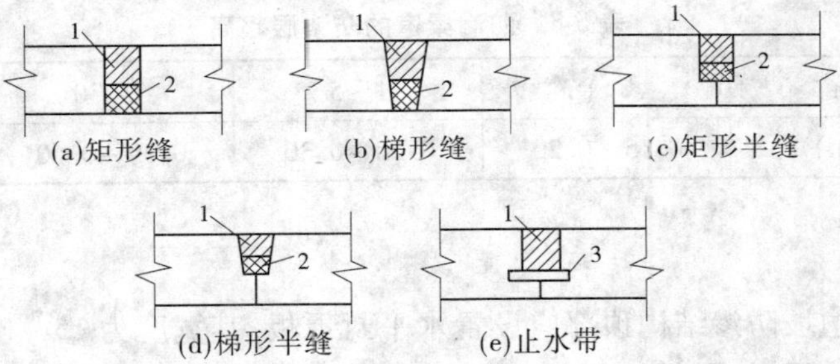

1—封盖材料;2—弹塑性胶泥;3—止水带

图5-2 刚性材料防渗层伸缩缝形式

(2)水泥土、混凝土预制板(槽)和浆砌石,应用水泥砂浆或水泥混合砂浆砌筑,水泥砂浆勾缝。混凝土U形槽也可用高分子止水管及其专用胶安砌,不需勾缝。浆砌石还可用细粒混凝土砌筑。砌筑和勾缝砂浆的强度等级可按表5-6选定;细粒混凝土强度等级不低于C15,最大粒径不大于10 mm,沥青混凝土预制板宜采用沥青砂浆或沥青玛琋脂砌筑。砌筑缝宜采用梯形或矩形缝,缝宽1.5~2.5 cm。

(五)堤顶宽度

防渗渠道堤顶宽度可按表5-7选用,渠堤兼作公路时,应按道路要求确定。U形渠道和矩形渠道,公路边缘宜距渠口边缘 0.5 ~ 1.0 m。堤顶应做成向外倾斜 1/100 ~ 1/50 的斜坡。

表 5-6　砂浆的强度等级　　（单位:MPa）

防渗结构	砌筑砂浆		勾缝砂浆	
	温和地区	严寒和寒冷地区	温和地区	严寒和寒冷地区
水泥土预制板	5.0		7.5 ~ 10.0	
混凝土预制板	7.5 ~ 10.0	10.0 ~ 20.0	10.0 ~ 15.0	15.0 ~ 20.0
料石	7.5 ~ 10.0	10.0 ~ 15.0	10.0 ~ 15.0	15.0 ~ 20.0
块石	5.0 ~ 7.5	7.5 ~ 10.0	7.5 ~ 10.0	10.0 ~ 15.0
卵石	5.0 ~ 7.5	7.5 ~ 10.0	7.5 ~ 10.0	10.0 ~ 15.0
石板	7.5 ~ 10.0	10.0 ~ 15.0	10.0 ~ 15.0	15.0 ~ 20.0

表 5-7　防渗渠道的堤顶宽度

渠道设计流量(m^3/s)	<2	2 ~ 5	5 ~ 20	>20
堤顶宽度(m)	0.5 ~ 1.0	1.0 ~ 2.0	2.0 ~ 2.5	2.5 ~ 4.0

(六)超高

除埋铺式膜料防渗渠道不设防渗层超高外,其他材料防渗层超高和渠堤超高与一般渠道相同,可用经验公式计算,也可按表 5-8 选用。

表 5-8　防渗渠道的防渗层超高

渠道设计流量(m^3/s)	<1	1 ~ 5	5 ~ 30	>30
防渗层超高(m)	0.15 ~ 0.20	0.20 ~ 0.30	0.30 ~ 0.60	0.60 ~ 0.65

(七)封顶板

防渗渠道在边坡防渗结构顶部应设置水平封顶板,其宽度为 15 ~ 30 cm。当防渗结构下有砂砾石置换层时,封顶板宽度应大于二者之和再加 10 cm;当防渗结构高度小于渠深时,应将封顶板嵌入渠堤。

四、断面水力计算

断面水力计算见第四章纵横断面设计部分的内容。

五、防渗结构设计

(一)土料防渗

1. 土料防渗配合比设计

在有试验条件的情况下,土料防渗配合比可通过试验确定,即根据试验确定黏性土、不同配合比各种混合土料的最优含水率和最大干密度，然后制备试样，进行强度和渗透试验，选用强度最高及渗透系数最小的配合比作为设计配合比。黏性土和黏砂混合土还应进行泡水试验。

1）无试验条件土料防渗最优含水率的确定

土料防渗中的水分是控制防渗结构密实度的主要指标。黏性土和黏砂混合土的最优含水率参照表5-9选用，实际选用时，土质轻的宜选用小值，土质重的宜选用大值。灰土的最优含水率可采用20%～30%，三合土、四合土可采用15%～20%。

表5-9　黏性土、黏砂混合土的最优含水率　（%）

土质	最优含水率	土质	最优含水率
低液限黏质土	12～15	高液限黏质土	23～28
中液限黏质土	15～25	黄土	15～19

2）无试验条件土料防渗配合比的确定

（1）灰土的配合比应根据石灰的质量、土的性质和工程要求选定，可采用石灰与土之比为1∶3～1∶9。

（2）三合土的配合比宜采用石灰与土砂总质量之比为1∶4～1∶9，其中土质量一般为土砂总质量的30%～60%；高液限黏质土，土质量不宜超过土砂总质量的50%。

（3）四合土可在三合土配合比的基础上加入25%～35%的卵石或碎石。

（4）黏砂混合土中，高液限黏质土与砂石总重之比宜为1∶1。

2. 土料防渗结构的厚度

土料防渗结构的厚度应根据防渗要求通过试验确定。无试验条件或中小型渠道也可参照表5-10选用。

表5-10　土料防渗结构的厚度　（单位：cm）

土料种类	渠底	渠坡	侧墙
高液限黏质土	20～40	20～40	—
中液限黏质土	30～40	30～60	—
灰土	10～20	10～20	—
三合土	10～20	10～20	20～30
四合土	15～20	15～25	20～40

（二）水泥土防渗

1. 水泥土配合比

水泥土配合比应通过试验确定，气候温和地区水泥土的抗冻等级不宜低于F12；允许最小抗压强度值应满足表5-11的要求，渗透系数不应大于1×10^{-6} cm/s，允许最小干密度值应满足表5-12的要求。

设计水泥土配合比时,水泥土的强度按施工时的配制强度设计,配制强度为设计强度的1.2~1.25倍。

表5-11 水泥土允许最小抗压强度值 (单位:MPa)

水泥土种类	渠道运行条件	28 d抗压强度
干硬性水泥土	常年输水	2.5
	季节性输水	4.5
塑性水泥土	常年输水	2.0
	季节性输水	3.5

表5-12 水泥土允许最小干密度值 (单位:g/cm^3)

水泥土种类	含砾土	砂土	壤土	风化页岩渣
干硬性水泥土	1.9	1.8	1.7	1.8
塑性水泥土	1.7	1.5	1.4	1.5

1)水泥土含水率

当土料为细粒土时,干硬性水泥土的含水率宜为12%~16%。塑性水泥土应按施工要求经过试验确定。当土料为微含细粒土砂和页岩风化料时,水泥土的含水率宜为20%~30%。当为细粒土时,水泥土的含水率宜为25%~35%。

2)水泥掺量

水泥掺量通常随土料中粉粒和黏粒含量的增大而加大,一般水泥掺量宜为8%~12%。

2.水泥土防渗结构的厚度及结构设计

水泥土防渗结构的厚度宜采用8~10 cm,小型渠道不应小于5 cm。水泥土预制板的尺寸应根据制板机、压实功能、运输条件和渠道断面尺寸等因素确定,每块预制板的质量不宜超过50 kg。对于耐久性要求高的明渠水泥土防渗结构,宜用塑性水泥土铺筑,表面用水泥砂浆、混凝土预制板、石板等材料做保护层。水泥土28 d的抗压强度不应低于1.5 MPa。

(三)砌石防渗

砌石防渗厚度设计应符合以下规定:

(1)浆砌料石、浆砌块石挡土墙式防渗结构的厚度,根据使用要求确定。护面式防渗结构的厚度:浆砌料石宜采用15~25 cm,浆砌块石宜采用20~30 cm,浆砌石板不宜小于3 cm(寒区浆砌石板厚度不宜小于4 cm)。

为了提高防渗效果,浆砌石板防渗层下可铺设厚度为2~3 cm的砂料,或低强度等级水泥砂浆作为垫层。对防渗要求高的大中型渠道,可在砌石层下加铺黏土、三合土、塑性水泥土或塑膜层。

软基上挡土墙式浆砌石防渗结构宜设沉陷缝,缝距可采用10~15 cm。

砌石防渗层与建筑物连接处应按伸缩缝结构要求处理。

(2)浆砌卵石、干砌卵石挂淤护面式防渗结构的厚度应根据使用要求和当地料源情况确定,可采用15~30 cm。干砌卵石挂淤渠道可在砌体下面设置砂砾石垫层,或铺设复合土工膜料层。

(四)混凝土防渗

1.混凝土性能及配合比设计

大中型渠道防渗工程混凝土的配合比,应按《水工混凝土试验规程》(DL/T 5150—2001)进行试验确定,其选用配合比应满足强度、抗渗、抗冻和和易性的设计要求。小型渠道混凝土的配合比,可参照当地类似工程的经验采用。

1)混凝土性能指标

混凝土性能指标不应低于表5-13中的值。严寒和寒冷地区的冬季过水渠道,抗冻等级应比表5-13内的数值提高一级。渠道流速大于3 m/s,或水流中挟带推移质泥沙时,混凝土的抗压强度不应低于15 MPa。

表5-13 混凝土性能指标

工程规模	混凝土性能	严寒地区	寒冷地区	温和地区
小型	强度(C)	10	10	10
	抗冻(F)	50	50	—
	抗渗(W)	4	4	4
中型	强度(C)	15	15	10
	抗冻(F)	100	50	50
	抗渗(W)	6	6	6
大型	强度(C)	20	15	10
	抗冻(F)	200	150	50
	抗渗(W)	6	6	6

注:1. 强度等级的单位为MPa。

2. 抗冻等级的单位为冻融循环次数。

3. 抗渗等级的单位为0.1 MPa。

4. 严寒地区为最冷月平均气温低于-10 ℃,寒冷地区为最冷月平均气温不低于-10 ℃但不高于-3 ℃,温和地区为最冷月平均气温高于-3 ℃。

2)混凝土的水灰比

混凝土的水灰比为砂石料在饱和面干状态下的单位用水量与胶凝材料的比值,其允许最大值可参照表5-14选用。

表5-14 混凝土水灰比的允许最大值

运用情况	严寒地区	寒冷地区	温和地区
一般情况	0.50	0.55	0.60
受水流冲刷部位	0.45	0.50	0.50

3）砂率和用水量的选择

用水量应根据石子最大粒径、坍落度外加剂及砂率通过试拌确定。坍落度、试拌用水量和砂率可分别参考表 5-15～表 5-17 选用。

表 5-15　不同浇筑部位混凝土的坍落度　　（单位：cm）

混凝土类别	部位		机械捣固	人工捣固
混凝土	渠底		1～3	3～5
	渠坡	有外模板	1～3	3～5
		无外模板	1～2	—
钢筋混凝土	渠底		2～4	3～5
	渠坡	有外模板	2～4	5～7
		无外模板	1～3	—

注：1. 低温季节施工时，坍落度宜适当减小；高温季节施工时，宜适当增大。

2. 采用衬砌机施工时，坍落度不大于 2 cm。

表 5-16　混凝土用水量　　（单位：kg/m³）

坍落度（cm）	不同石料最大粒径（mm）的混凝土用水量		
	20	40	80
1～3	155～165	135～145	110～120
3～5	160～170	140～150	115～125
5～7	165～175	145～155	120～130

注：1. 表中值适用于卵石、中砂和普通硅酸盐水泥拌制的混凝土。

2. 用火山灰水泥时，用水量宜增加 15～20 kg/m³。

3. 用细砂时，用水量宜增加 5～10 kg/m³。

4. 用碎石时，用水量宜增加 10～20 kg/m³。

5. 用减水剂时，用水量宜减少 10～20 kg/m³。

表 5-17　混凝土的砂率

石料最大粒径（mm）	水灰比	砂率（%）	
		碎石	卵石
40	0.4	26～32	24～30
40	0.5	30～35	28～33
40	0.6	33～38	31～36

注：石料常用两级配，即粒径 5～20 mm 的占 40%～45%，20～40 mm 的占 55%～60%。

大中型渠道所用的混凝土，其胶凝材料的最小用量不宜少于 225 kg/m³；严寒地区不宜少于 275 kg/m³。用人工捣固时，应增加 25 kg/m³；当掺用外加剂时，可减少 25 kg/m³。

粉煤灰等掺合料的掺量，大中型渠道应按《水工混凝土掺用粉煤灰技术规范》（DL/T 5055—2007）通过试验确定，小型渠道混凝土的粉煤灰掺量可按表 5-18 选定。

设计细砂、特细砂混凝土配合比时，水泥用量较中砂、粗砂混凝土宜增加 20～30

kg/m³，并宜掺加塑化剂，严格控制水灰比。砂率较中砂混凝土减少 15% ~30%。砂、石的允许含泥量应符合相应规范的规定。采用低流态或半干硬性混凝土时，坍落度不应大于 3 cm，工作度不应大于 30 s。

表 5-18　粉煤灰掺量

水泥等级	混凝土性能指标		粉煤灰掺量(%)
	强度	抗冻	
32.5	C10	F50	20 ~40
	C15	F50	30
	C20	F50	25

设计喷射混凝土的配合比时，水泥、砂和石料的质量比宜为水泥: 砂: 石子 =1:(2 ~2.5):(2 ~2.5)；采用中、粗砂时，砂率宜为 45% ~55%，砂的含水率宜为 5% ~7%；石料最大粒径不宜大于 15 mm；水灰比宜为 0.4 ~0.5；宜选用普通硅酸盐水泥，其用量为375 ~400 kg/m³；速凝剂的掺量宜为水泥用量的 2% ~4%。

2. 防渗结构设计

混凝土防渗结构层的结构形式如图 5-3 所示。一般宜采用等厚板，当渠基有较大膨胀、沉陷等变形时，除采取必要的地基处理措施外，对大型渠道宜采用楔形板、肋梁板、中部加厚板或 Π 形板。小型渠道应采用整体式 U 形或矩形渠槽，槽长不宜小于 1.0 m。特种土基宜采用板膜复合式结构。

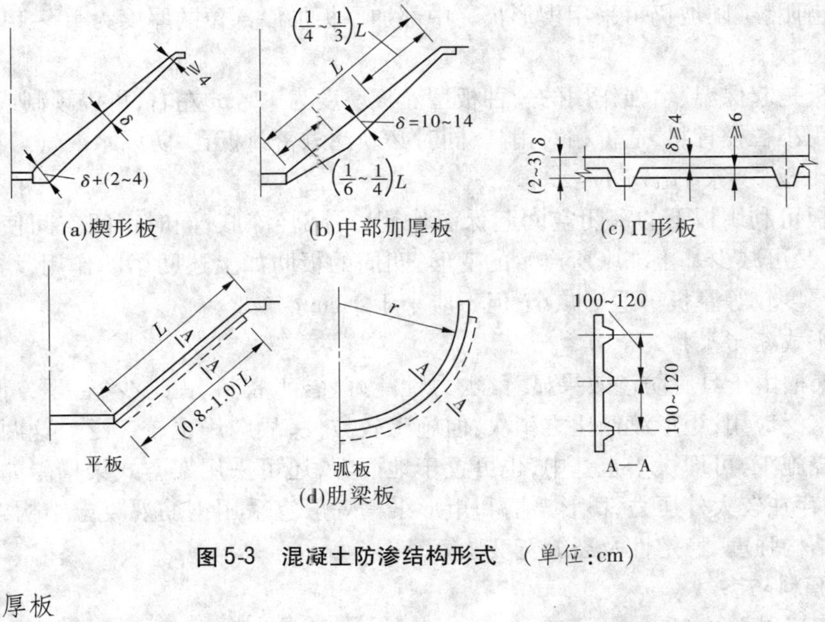

图 5-3　混凝土防渗结构形式　(单位:cm)

1) 等厚板

等厚板因施工方便，质量易控制，应用较广泛。渠道流速小于 3 m/s 时，梯形渠道混凝土等厚板的最小厚度应符合表 5-19 的规定；流速为 3 ~4 m/s 时，最小厚度宜为 10 cm；

流速为4～5 m/s时，最小厚度宜为12 cm。水流中含有砾石类推移质时，渠底板的最小厚度宜为12 cm。渠道超高部分的厚度可适当减小，但不应小于4 cm。

表5-19　混凝土防渗层的最小厚度　（单位：cm）

工程规模	温和地区			寒冷地区		
	钢筋混凝土	混凝土	喷射混凝土	钢筋混凝土	混凝土	喷射混凝土
小型		4	4		6	5
中型	7	6	5	8	8	7
大型	7	8	7	9	10	8

2）楔形板

楔形板是在等厚板的基础上为了使承载能力更合理而采用的改进结构形式，主要用于渠坡现浇法施工。为了减少混凝土工程量，渠道的阴、阳坡可以区别对待，一般阴坡冻胀量大，板的厚度可大些。

3）肋梁板

在楔形板下，每隔1 m左右，增加肋梁，肋高为板厚的2～3倍，就成为肋梁板。实践证明，肋梁板较楔形板承载能力强。肋梁板的厚度较等厚板可适当减小，但不应小于4 cm。

4）中部加厚板

为增强裂缝常发处（如厚混凝土板）的承载能力可采用中部加厚板，主要用于现浇法施工的渠道阴坡，阳坡仍可采用楔形板。中部加厚板加厚部位的厚度为10～14 cm。

5）空心板

空心板是起保温、增强作用的一种板型。板厚度为12 cm左右，可以预制或现浇。这种板需要用小粒径骨料，造价相对稍高，同时必须注意密封板孔，防漏水漏气。

6）Π形板

Π形板可利用板下的密闭空间起保温作用，可减轻冻胀，同时密闭空间使板与土基脱离接触，又可减少基土冻胀所产生的变形；四周的板肋如上述肋梁的作用，增加抗冻胀能力。其厚度较等厚板可适当减小，但不应小于4 cm。

7）U形或矩形渠槽

U形渠槽由于具有防渗效果显著、水力性能好、省工省料、占地少、管理方便等优点，目前已被广泛应用；矩形渡槽比之稍次，但施工较方便，故应用也较广泛。这两种渠槽可预制或现浇施工，可埋设于土基中，也可置于地面上，还可采用架空式渠槽。如果渠基土不稳定，或存在较大外压力，U形渠槽和矩形渠槽一般宜采用钢筋混凝土结构，并根据外荷载进行结构强度、稳定性及裂缝宽度验算。

（五）膜料防渗

1. 防渗膜料的选用

防渗膜料的基本材料是聚合物和沥青，按材料的性质可分为塑料类、橡胶类、沥青和环氧树脂类，目前我国渠道防渗工程普遍采用聚乙烯膜和聚氯乙烯膜，其次是沥青玻璃纤维布油毡和复合土工膜。

塑膜的变形性能好、质轻、运输量小，一般宜优先选用。聚氯乙烯膜的抗拉强度较聚乙烯膜高，抗植物穿透能力较强，在芦苇等植物丛生地区，宜优先选用聚氯乙烯膜；聚乙烯膜耐低温，抗老化性能较聚氯乙烯膜好，严寒地区可选用聚乙烯膜。

沥青玻璃纤维布油毡抗拉强度较塑膜大，施工中不易受损，中小型渠道防渗可选用。复合土工膜具有防渗和平面导水的综合功能，抗拉强度较高，抗穿透和抗老化等性能好，可不设过渡层，但价格较高，适用于地质条件差、基土冻胀性较大或标准较高的渠道防渗工程。

2. 膜料防渗结构设计

为保证膜料发挥防渗效果，延长使用寿命，膜料应采用埋铺式结构。按铺膜范围可分为全铺、半铺和底铺三种。全铺为渠坡、渠底全铺，渠坡铺膜高度与渠道正常水位齐平；半铺为渠底全铺，渠坡铺膜高度为渠道正常水位的 1/2 ~ 2/3；底铺为仅铺渠底。通常多采用全铺。

埋铺式膜料防渗结构一般包括膜料防渗层、过渡层和保护层，如图 5-4 所示。

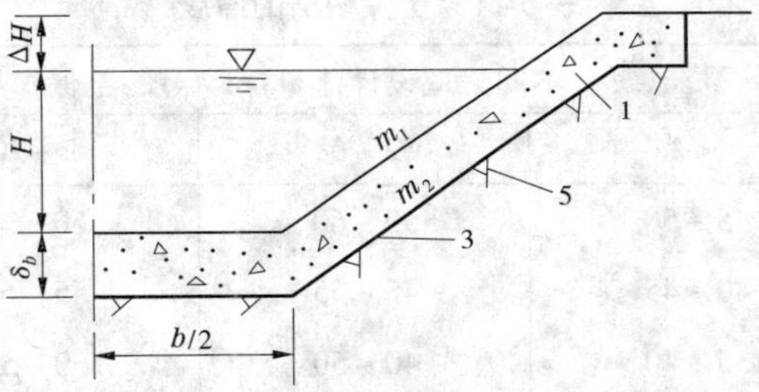

(a)无过渡层的防渗结构

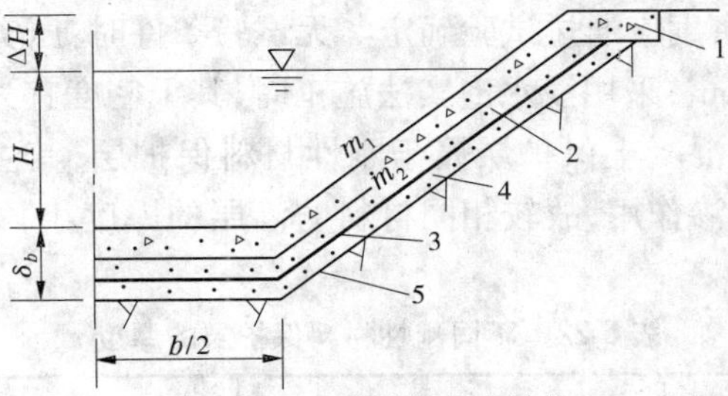

(b)有过渡层的防渗结构

1—黏性土、水泥土、灰土或混凝土、石料、砂砾石保护层；
2—膜上过渡层；3—膜料防渗层；4—膜下过渡层；5—土渠基或岩石

图 5-4　埋铺式膜料防渗结构

1）过渡层

过渡层的作用是保护膜料不被损伤，分膜下过渡层和膜上过渡层。土渠基一般可不设膜下过渡层，岩石和砂砾石渠基应设膜下过渡层；采用黏性土、灰土、水泥土保护层时一般不设膜上过渡层，采用砂砾石、石料、现浇碎石混凝土或预制混凝土板做保护层时应设膜上过渡层；采用复合土工膜做防渗层时，土工织物侧一般不设过渡层。

用做过渡层的材料很多，如水泥土、灰土和水泥砂浆。在温暖地区膜上过渡层可选用灰土或水泥土，在寒冷和严寒地区膜上过渡层可选用砂浆；采用土及砂料做膜上过渡层，在砌缝较多时会被水流冲走或淘空，应采取防止淘刷的措施。膜下过渡层一般宜采用粉砂、细砂等透水材料，以排除透过土工膜的水和地基内部的渗流水。过渡层厚度可按表5-20选用。

表 5-20　过渡层的厚度　　（单位：cm）

过渡层材料	厚度
灰土、塑性水泥土、砂浆	2～3
土、砂	3～5

2）保护层

土、水泥土、砂砾、石料和混凝土等都可做膜料防渗的保护层。土保护层的厚度应根据渠道流量大小、保护层土质情况，按表5-21 选用。

表 5-21　土保护层的厚度　　（单位：cm）

保护层土质	不同渠道设计流量（m^3/s）的土保护层的厚度			
	<2	2～5	5～20	>20
砂壤土、轻壤土	45～50	50～60	60～70	70～75
中壤土	40～45	45～55	55～60	60～65
重壤土、黏土	35～40	40～50	50～55	55～60

土保护层的设计干密度应通过试验确定。无试验条件时：压实法施工，砂壤土和壤土的干密度不小于 1.5 g/cm^3；采用浸水泡实法施工时，其干密度宜为 1.40～1.45 g/cm^3。

此外，水泥土、石料、混凝土保护层属于刚性材料保护层，其主要作用是保护防渗膜料，可不考虑其本身的防渗作用，故较相同材料防渗层的厚度小，不同刚性材料保护层的厚度可按表5-22 选用。

表 5-22　不同刚性材料保护层的厚度　　（单位：cm）

保护层材料	水泥土	块石、卵石	砂砾石	石板	混凝土	
					现浇	预制
保护层厚度	4～6	20～30	25～40	≥3	4～10	4～8

3）防渗结构与建筑物的连接

防渗结构与渠系建筑物的连接是否正确，将直接影响渠道防渗效果和工程使用寿命，连接不佳，会导致渠水渗漏，冲走过渡层材料，引起保护层塌陷，表面凹凸不平，甚至整体下滑。

膜料防渗结构应按图5-5 用黏结剂将膜料与建筑物粘牢。

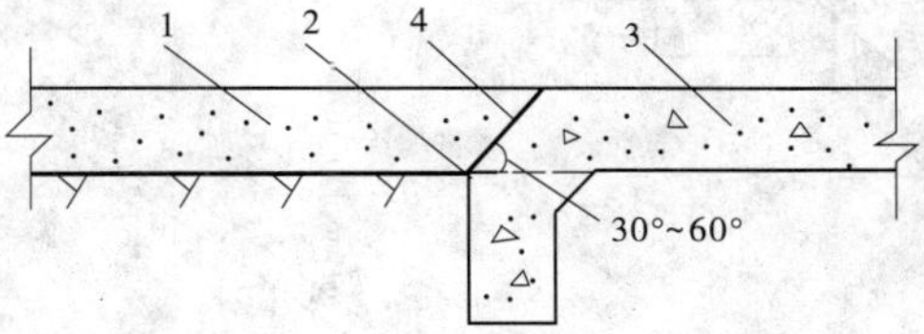

1—保护层;2—膜料防渗层;3—建筑物;
4—膜料与建筑物黏结层

图 5-5　膜料防渗与建筑物的连接

土保护层与跌水、闸、桥连接时,应在建筑物上下游改用石料、水泥土、混凝土保护层,以防流速、流态变化及波浪淘刷等影响,引起边坡滑塌等事故。

水泥土、石料和混凝土保护层与建筑物连接处应设置伸缩缝。

4)膜料顶部铺设

膜料顶部按图 5-6 铺设。

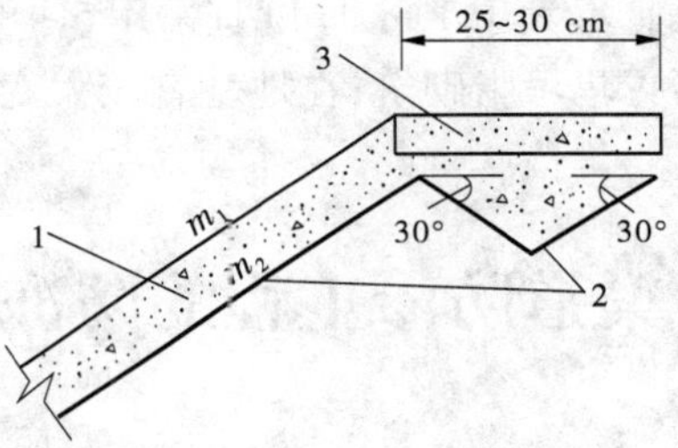

1—保护层;2—膜料;3—混凝土盖板

图 5-6　膜料顶部铺设形式

(六)沥青混凝土防渗

1. 沥青混凝土防渗技术要求

防渗层沥青混凝土:孔隙率不大于 4%,渗透系数不大于 1×10^{-7} cm/s,斜坡流淌值小于 0.80 cm,水稳定系数大于 0.90,低温下不得开裂。

整平胶结层沥青混凝土:渗透系数不小于 1×10^{-3} cm/s,热稳定系数小于 4.5。

2. 沥青混凝土的配合比

沥青混凝土的配合比应根据技术要求,经过室内试验和现场铺筑确定,亦可参照《土石坝沥青混凝土面板和心墙设计准则》(SLJ 01—88)选用。防渗层沥青含量应为6% ~9%,整平胶结沥青含量应为 4% ~6%。石料最大粒径,防渗层不得超过一次压实厚度的 1/3 ~1/2,整平胶结层不得超过一次压实厚度的 1/2。

3. 防渗结构设计

沥青混凝土防渗结构由封闭层、防渗层和整平胶结层构成,无整平胶结层断面宜用于土质地基,有整平胶结层断面宜用于岩石地基。结构形式见图 5-7。

封闭层用沥青玛瑅脂涂刷,厚度为 2 ~3 mm。沥青玛瑅脂配合比满足高温下不流淌、低温下不脆裂的要求。

防渗层宜为等厚断面,其厚度宜采用 5 ~10 cm。有抗冻要求的地区,渠坡防渗层可

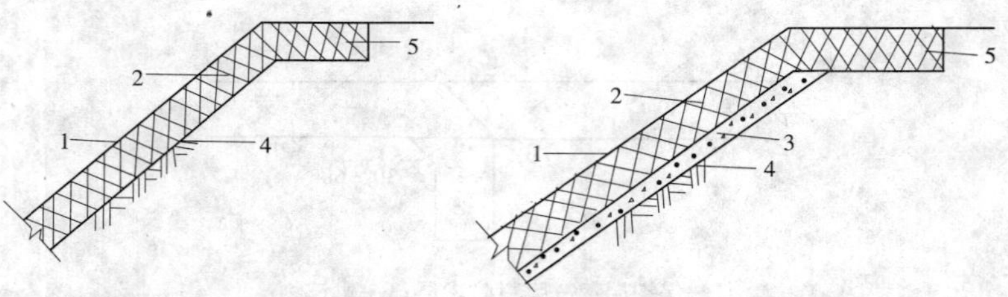

(a)无整平胶结层的防渗结构　　(b)有整平胶结层的防渗结构

1—封闭层;2—防渗层;3—整平胶结层;4—土(石)渠基;5—封顶板

图 5-7　沥青混凝土渠道防渗结构形式

采用上薄下厚的断面,坡顶厚度可采用 5 ~ 6 cm,坡底厚度可采用 8 ~ 10 cm。

当防渗层沥青混凝土不能满足低温抗裂性能的要求时,可掺用高分子聚合物材料进行改性,其掺量经过试验确定。若改性沥青混凝土仍不能满足抗裂要求,可按规定设置伸缩缝。

沥青混凝土预制板的边长宜不大于 1 m,厚度宜采用 5 ~ 8 cm,密度大于 2. 30 g/cm^3。

预制板宜用沥青砂浆或沥青玛瑅脂砌筑;在地基有较大变形时,也可采用焦油塑料胶泥填筑。

第三节　渠道防渗工程的防冻胀措施

一、渠道防渗工程的冻害及原因

(一)冻害的主要类型

我国绝大部分地区冬季气温都要降到零下,负气温对渠道防渗衬砌工程有一定的破坏作用,我们把这种破坏称为对渠道防渗工程的冻害。根据负气温造成各种破坏作用的性质,冻害可分成以下三种类型。

1. 防渗材料的冻融破坏

渠道防渗材料具有一定的吸水性,又经常处在有水的环境中,这些水分在负温下冻结成冰,体积发生膨胀,当膨胀作用引起的应力超过材料强度时,渠道产生裂缝并增大吸水性。在正温下融化,经过多次冻融循环和应力的作用,使材料破坏、剥蚀、冻酥,从而使结构完全受到破坏而失去防渗作用。可改善材料性质、改进施工工艺来防止此类冻害的发生。

2. 渠道基土冻融对防渗结构的破坏

由于渠道渗漏、地下水和其他水源补给、渠道基土含水量较高,在冬季负温作用下,土壤中的水分发生冻结而造成土体膨胀,使混凝土衬砌开裂、隆起而折断。在春季消融时又造成渠床表土层过湿、疏松而使基土失去强度和稳定性,导致衬砌体的滑塌,该种冻害是渠道防渗工程的主要冻害。

3. 渠道中水体结冰造成防渗工程破坏

当渠道在负温期间通水时,渠道内的水体将发生冻结。在冰层封闭且逐渐加厚时,对两岸衬砌体产生冻压力，造成衬砌体破坏，或在冰推力作用下，砌块被推上坡，产生破坏性变形。因此，渠道在严寒地区进行冬季输水，要采取防治措施，以保安全。

（二）冻胀破坏形式

1. 混凝土防渗破坏形式

混凝土属于刚性材料，抗压强度高，但抗拉强度低，适应不均匀变形能力较差，在冻胀力或热应力作用下，容易破坏，主要有以下四种破坏形式：

（1）鼓胀及裂缝。在冬季，混凝土衬砌板和渠床基土冻结成一个整体，承受着冻胀力作用及混凝土板收缩产生的拉应力作用，当应力值大于极限应力时，板体就发生破坏。冻胀裂缝多出现在尺寸较大的混凝土板顺水流方向，当冬季渠道积水或行水时，冰面附近渠坡含水量较高，冻胀量较大，一般易出现裂缝。

（2）隆起架空。地下水位较高的渠段，渠床冻胀量大，而渠顶冻胀量小，造成混凝土衬砌板大幅度隆起、架空。一般出现在坡脚或水面以上 0.5～1.5 m 坡长处和渠底中部。

（3）滑塌。有两种形式：一种是由于冻胀隆起架空，使坡脚支撑受到破坏，衬砌板垫层失去稳定平衡，基土融化时，上部板块顺坡向下滑移错位；另一种是渠坡基土融化期的大面积滑坡，渠坡滑塌，导致坡脚混凝土板被推开，上部衬砌板塌落下滑。

（4）整体上抬。渠深 1.0 m 左右的渠道，基土的冻胀不均匀性较小，尤其是在弱冻胀地区和衬砌整体性较好时可能发生整体上抬，如小型 U 形渠道。

2. 砌石防渗破坏形式

砌石亦属于刚性衬砌材料，冻害破坏形式与混凝土类似，有裂缝、隆起架空、滑塌等形式，浆砌石防渗渠道往往还由于勾缝砂浆受冻融作用而开裂。

3. 沥青混凝土防渗破坏形式

沥青混凝土具有一定柔性，能适应一定的低温变形，但冻胀量大时仍可能破坏。沥青混凝土温度收缩系数大，低温下易产生收缩裂缝，拌和不均匀或碾压不密实的地方，会出现冻融剥落等破坏现象。

4. 膜料防渗破坏形式

膜料防渗破坏主要表现在膜料的保护层上，土料保护层常因冻融剥蚀变薄，甚至膜料外露而遭到破坏；混凝土等刚性保护层在冻胀地区可能会出现类似于上述刚性材料衬砌的破坏形式。

（三）冻害的原因

1. 渠床水分

渠床土含水量决定着土体的冻胀与否，只有当土中水分超过一定界限值时才能产生冻胀。在无外界水源补给时，土体的冻胀性强弱主要取决于土中含水量；在有外界水源补给时，尽管土体初始含水量不大，但在冻结时外界水源的补给却可以使土体的冻胀性剧烈增加。地下水位在临界埋深以下时，渠底和坡下部发生轻微冻胀或无冻胀，对衬砌体破坏作用不大；地下水位在渠底以下，但小于临界深度，渠道内不行水、无积水，此时渠底有较大的冻胀，并沿渠坡向上，冻胀量由大到小；地下水位高于渠底，渠内有积水或渠道行水时，由于渠内水的保温作用，渠底冻胀较小，甚至渠底不冻或无冻胀现象，两侧坡由于土的含水量较高和水分迁移的补给水源充足，在水面以上的范围内冻胀量最大。

2. 渠床土质

冻结过程中的水分积聚和冻胀与土质密切相关，通常认为与土的粉黏粒含量成正相关。当渠床为细粒土特别是粉质土，在渠床土含水量较大，且有地下水补给时，就会产生很大的冻胀量。粗颗粒土壤则冻胀量较小。

3. 温度

温度条件包括外界负气温、土温、土中的温度梯度和冻结速度等。土的冻胀过程的温度特征值有冻胀起始温度和冻胀停止温度，土的冻胀停止温度值表征当温度达到该值后，土中水的相变已基本停止，土层不再继续冻胀。在封闭系统中，黏土的冻胀停止温度为 -8 ~ -10 ℃，亚黏土为 -5 ~ -7 ℃，亚砂土为 -3 ~ -5 ℃，砂土为 -2 ℃。

4. 压力

增加土体外部荷载可抑制一部分水分迁移和冻胀。如果继续增加荷载，使其等于土粒中冰水界面产生的界面能量时，冻结锋面将不能吸附未冻土体中的水分，土体冻胀停止。为防止地基土的冻胀所需的外荷载是很大的，因而单纯依靠外荷载抑制冻胀是不现实的。

5. 人为因素

渠道防渗衬砌工程会由于施工和管理不善而加重冻害破坏，如抗冻胀换基材料不符合质量要求或铺设过程中掺混了冻胀性土料；填方质量不善引起沉陷裂缝或施工不当引起收缩裂缝，加大了渗漏，从而加重了冻胀破坏；防渗层施工未严格按施工工艺要求，防渗效果差，使冻胀加剧；排水设施堵塞失效，造成土层中壅水或长期滞水等。另外，渠道停水过迟，土壤中水分不及时排除就开始冻结。开始放水的时间过早，甚至还在冻结状态下，极易引起水面线附近部位的强烈冻胀，或在冻结期放水后又停水，常引起滑塌破坏；对冻胀裂缝不及时修补，造成裂缝年复一年的扩大，变形积累，造成破坏。

二、防冻害措施

根据冻害成因分析，防渗工程是否产生冻胀破坏，其破坏程度如何，取决于土冻结时水分迁移和冻胀作用，而这些作用又与当时当地的土质、土的含水量、负温度及工程结构等因素有关。因而，防止衬砌工程的冻害，要针对产生冻胀的因素，根据工程具体条件从渠系规划布置、渠床处理、排水、保温、衬砌的结构形式、材料、施工质量、管理维修等方面着手，全面考虑。

（一）回避冻胀法

回避冻胀是在渠道衬砌工程的规划设计中，注意避开出现较大冻胀量的自然条件，或者在冻胀性土存在地区，注意避开冻胀对渠道衬砌工程的作用。

（1）避开较大冻胀的自然条件。尽可能避开黏土、粉质土壤、松软土层、淤泥土地带、有沼泽和高地下水位的地段，选择透水性较强不易产生冻胀的地段或地下水位埋藏较深的地段，将渠底冻结层控制在地下水毛管补给高度以上。尽可能采用填方渠道，使渠线布置在较高的地带，避免两侧水流入渠。

（2）埋入措施。将渠道做成管或涵埋入冻结深度以下，可以免受冻胀力、热作用力等影响，是一种可靠的防冻胀措施，它基本上不占地，易于适应地形条件。

(3)置槽措施。置槽可避免侧壁与土接触以回避冻胀,常被用于中小型填方渠道上,是一种价廉的防治措施。

(4)架空渠槽。用桩、墩等构筑物支承渠槽,使其与基土脱离,避免冻胀性基土对渠槽的直接破坏作用,但必须保证桩、墩等不被冻拔。此法形似渡槽,占地少,易于适应各种地形条件,不受水头和流量大小限制,管理养护方便,但造价高。

(二)削减冻胀法

当估算渠道冻胀变形值较大,且渠床在冻融的反复作用下,可能产生冻胀累积或后遗性变形情况时,可采取削减冻胀的措施,将渠床基土的最大冻胀量削减到衬砌结构允许变位范围内。

(1)置换法。是在冻结深度内将衬砌板下的冻胀性土换成非冻胀性材料的一种方法,通常采用铺设砂砾石垫层。砂砾石垫层不仅本身无冻胀,而且能排除渗水和阻止下卧层水向表层冻结区迁移,所以砂砾石垫层能有效地减少冻胀,防止冻害现象发生。

(2)隔垫保温。将隔热保温材料(如炉渣、石蜡渣、泡沫水泥、蛭石粉、玻璃纤维、聚苯乙烯泡沫板等)布设在衬砌体背后,以减轻或消除寒冷因素,并可减少置换深度,隔断下层土的水分补给,从而减轻或消除渠床的冻深和冻胀。

目前,采用较多的是聚苯乙烯泡沫塑料,具有自重轻、强度高、吸水性低、隔热性好、运输和施工方便等优点,主要适用于强冻胀大中型渠道,尤其适用于地下水位高于渠底冻深范围且排水困难的渠道。

(3)压实法。压实使土的干密度增加,孔隙率降低,透水性减弱。密度较高的压实土冻结时,具有阻碍水分迁移、聚集,从而削减甚至消除冻胀的能力。压实措施尤其对地下水影响较大的渠道有效。

(4)防渗排水。当土中的含水量大于起始冻胀含水量时,才明显地出现冻胀现象。因此,防止渠水和渠堤上的地表径流入渗,隔断水分对冻层的补给,以及排除地下水,是防止地基土冻胀的根本措施。

(三)优化结构法

所谓优化结构法,就是在设计渠道断面衬砌结构时采用合理的形式和尺寸,使其具有消减、适应、回避冻胀的能力。

弧形渠底梯形断面和U形渠道已在许多工程中应用,证明对防止冻胀有效。弧形渠底梯形断面适用于大中型渠道,虽然冻胀量与梯形断面相差不大,但变形分布要均匀得多,消融后的残余变形小,稳定性强,U形断面适用于小型支、斗渠,冻胀变形为整体变位,且变位较均匀。

能力训练

一、基础知识能力训练

1. 渠道防渗工程措施有哪些基本类型？试说明各种类型适用的条件。

2. 防渗渠道断面形式有哪些类型?

3. 渠道防渗工程规划主要的设计参数有哪些？各参数的确定与哪些因素有关？分别如何确定？

4. 混凝土衬砌材料配合比应满足哪些具体性能指标？

5. 土料防渗材料配合比如何确定？

6. 膜料防渗结构一般包括哪几层？过渡层材料如何选择？

7. 渠道防渗工程冻害的主要类型有哪些？冻胀破坏的形式有哪些？

8. 针对渠道冻害如何采取防冻措施？

二、设计计算能力训练

某渠道通过的流量为 5 m^3/s，沿渠土壤为中壤土，地面比降为 1/3 000，渠道水为清水，允许不淤流速为 0. 3 m/s。试将此渠道设计成混凝土梯形渠道，并进行结构设计。

第二篇　管道灌溉工程技术

第六章　井灌区规划

学习目标

通过学习地下水资源的评价方法、机井设计方法、井灌区规划方法，能够进行地下水资源的评价并进行井灌区的规划和机井的设计。

学习任务

1. 掌握地下水资源评价的方法，能够用区域均衡法评价地下水的允许开采量。
2. 掌握机井设计的方法，能够进行机井的设计。
3. 掌握井灌区规划方法，能够进行井灌区的规划。

第一节　地下水资源评价

一、地下水资源的特点

地下水资源与其他资源相比，有许多特点，最基本的特点是可恢复性、调蓄性和转化性。

（一）可恢复性

地下水资源不像其他资源，它在开采后能得到补给，具有可恢复性，合理开采不会造成资源枯竭，但开采过量，又得不到相应的补给，就会出现亏损。所以，保持地下水资源开采与补给的相对平衡是合理开发利用地下水应遵循的基本原则。

（二）调蓄性

地下水可利用含水层进行调蓄，在补给季节（或丰水年）把多余的水储存在含水层中，在非补给季节（或枯水年）动用储存量以满足生产与生活的需要。利用地下水资源的调蓄性，在枯水季节（或年份）可适当加大开采量，以满足用水需要，到丰水季节（或年份）则将多余的水量予以回补。"以丰补枯"是充分开发利用地下水的合理性原则。

（三）转化性

地下水与地表水在一定条件下可以相互转化。例如，当河道水位高于沿岸的地下水位时，河道水补给地下水；相反，当沿岸地下水位高于河道水位时，则地下水补给河道水。认识地下水资源的转化性，可以避免水资源开发利用上的绝对化，如大量开采地下水使河

(泉)水断流,破坏生态平衡。转化性是开发利用地下水和地表水资源的适度性原则。

二、地下水资源的分类

目前,地下水资源的分类方法较多,下面仅介绍以水均衡为基础的分类法。将地下水资源分为补给量、排泄量和储存量三类。

(一)补给量

补给量是指某时段内进入某一单元含水层或含水岩体的重力水体积,它包括降雨入渗补给量、河流与大型沟渠补给量、灌溉补给量、越层补给量、侧向补给量和人工回灌补给量。

1. 降雨入渗补给量

降雨是潜水的主要补给来源,降雨入渗补给量直接影响潜水的动态变化,降雨补给受到地形、土质、潜水的埋深、降雨情况等因素的影响。一般在地面坡度缓、土壤透水性大、潜水埋深浅、降雨历时长、降雨强度大的条件下降雨入渗补给量多;反之,降雨入渗补给量少。降雨入渗补给量一般采用经验方法进行计算,如降雨入渗补给系数法,其公式为

$$W_1 = \alpha PA \tag{6-1}$$

式中 W_1——降水入渗补给量,m^3;

α——降水入渗补给系数(%);

P——降水量,m;

A——计算补给区面积,m^2。

降水入渗补给系数是指在一定时间段内降水补给地下水的水量与同期降水量之比值,其值如表 6-1 所示。

表 6-1　多年平均的年降水入渗补给系数 α

岩性	降水量(mm)								
	50	100	200	400	600	800	1 000	1 200	1 500
黏土	0 ~ 0.02	0.01 ~ 0.03	0.03 ~ 0.05	0.05 ~ 0.11	0.08 ~ 0.14	0.09 ~ 0.15	0.08 ~ 0.15	0.07 ~ 0.14	0.06 ~ 0.12
砂质黏土	0.01 ~ 0.05	0.02 ~ 0.06	0.04 ~ 0.10	0.08 ~ 0.15	0.11 ~ 0.20	0.13 ~ 0.23	0.14 ~ .23	0.13 ~ 0.21	0.11 ~ 0.18
黏质砂土	0.02 ~ 0.07	0.04 ~ 0.09	0.07 ~ 0.13	0.12 ~ 0.20	0.15 ~ 0.24	0.17 ~ 0.26	0.18 ~ 0.26	0.17 ~ 0.25	0.15 ~ 0.22
粉细砂	0.05 ~ 0.11	0.07 ~ 0.13	0.10 ~ 0.17	0.15 ~ 0.23	0.2 ~ 0.29	0.22 ~ 0.31	0.22 ~ 0.31	0.21 ~ 0.29	
砂卵砾石	0.08 ~ 0.12	0.10 ~ 0.15	0.15 ~ 0.21	0.22 ~ 0.3	0.26 ~ 0.36	0.28 ~ 0.38	0.28 ~ 0.38	0.27 ~ 0.37	

2. 河流与大型沟渠补给量

河流与大型沟渠的渗漏是潜水的又一主要补给来源,当河流与沟渠中的水位高于两岸的潜水位时,河渠的渗漏水就会补给潜水,其补给量可以用下面两种方法确定。

(1)根据河流与沟渠测水资料确定。选择一定长度河渠段,测定其进出口断面的流量,若不考虑河渠的水面蒸发量,则进出口断面的流量差除以河渠段长度,即得单位长度河渠对地下水的补给量。

(2)根据观测井资料估算。在河流和沟渠岸边垂直地下水流方向布设观测井,根据

观测井测得的水位进行估算，即

$$W_2 = KIA_0Lt \tag{6-2}$$

式中 W_2——河渠一侧的渗漏补给量，m^3；

K——含水层的平均渗透系数，m/d，见表6-2；

I——地下水的水力坡降；

A_0——单位长度河流垂直于地下水流方向的剖面面积，m^2/m；

L——计算河道长度，m；

t——渗漏时间，d。

表6-2 不同岩性渗透系数 （单位：m/d）

岩性	渗透系数	岩性	渗透系数
黏土	0.001～0.054	细砂	5～15
砂质黏土	0.02～0.50	中砂	10～25
黏质砂土	0.2～1.0	粗砂	20～50
粉砂	1～5	砂砾石	50～150
粉细砂	3～8	砂卵石	80～300

3. 灌溉补给量

灌溉对地下水的补给量包括田间灌水入渗补给量和渠系输水渗漏补给量两部分，这里主要指支渠以下的灌溉水渗漏补给量。其计算公式如下

$$W_3 = W(1 - \eta) \tag{6-3}$$

式中 W_3——在某一时段内，支渠以下的渗漏补给量，m^3；

W——支渠引进的总水量，m^3；

η——支渠以下灌溉水利用系数。

4. 越层补给量

当承压水层的压力水位与潜水位不同时，由于含水层之间存在水头差，二者之间可以互相补给。当承压水位高于潜水位时，承压水补给潜水；当潜水位高于承压水位时，潜水补给承压水。其补给量可用式(6-4)计算，即

$$W_4 = K_e\Delta HA_1t_2 \tag{6-4}$$

式中 W_4——越层补给量，m^3；

K_e——越流系数，即 $K_e = K'/M'$（其中 K' 为弱透水层渗透系数，m/d，M' 为弱透水层厚度，m）；

ΔH——深浅含水层的压力水头差，m；

t_2——计算越流时段，d；

A_1——越层补给区面积，m^2。

5. 侧向补给量

侧向补给的水量主要来自相邻地区因地下水位下降和含水层疏干而排出的水量，这只是相邻地区水量的相互调剂，对整个含水层来说，侧向径流并无变化，水量并没有增加。侧向补给量可用式(6-2)估算。

6. 人工回灌补给量

通过井孔、河渠、坑塘等工程建筑物人为地将地表水渗入地下补给地下水的量称为人工回灌补给量，一般采用实测统计方法，也可按回灌工程的类型选择有关公式计算。

（二）排泄量

排泄量是指某时段内从某一单元含水层或含水岩体中排泄出去的重力水体积。排泄量包括潜水蒸发量、地下水的侧向流出量和越层排泄量。

1. 潜水蒸发量

潜水蒸发量与其埋深、土壤毛细管力、气候条件等有着密切联系。地下水埋深较浅时，主要取决于蒸发力；地下水埋深较大时，则主要取决于土壤毛细管力的大小。潜水蒸发量可用下式计算

$$E = CE_0A \tag{6-5}$$

式中 E——潜水蒸发量，m^3；

C——潜水蒸发系数（%），为潜水蒸发量与水面蒸发量的比值，表 6-3 中的数值可供参考；

E_0——水面蒸发量（E601），m；

A——计算面积，m^2。

表 6-3 潜水蒸发系数

地区	岩性	地下水埋深（m）					
		0.5	1.0	1.5	2.0	3.0	4.0
黑龙江流域季节冻土地区	砂质黏土	0.1～0.15	0.08～0.12	0.06～0.09		0.03～0.06	0.01～0.03
	黏质砂土	0.21～0.26	0.16～0.21	0.13～0.17	0.08～0.14	0.04～0.09	0.03～0.07
	粉细砂	0.23～0.37	0.18～0.31	0.14～0.26	0.10～0.20	0.03～0.10	0.01～0.05
内陆河流域严重干旱区	砂质黏土	0.22～0.37	0.09～0.20	0.04～0.10	0.02～0.04	0.01～0.02	0.01～0.02
	黏质砂土	0.26～0.48	0.19～0.37	0.15～0.26	0.08～0.17	0.03～0.07	0.01～0.03
其他地区	砂质黏土	0.40～0.52	0.16～0.27	0.08～0.14	0.04～0.08	0.02～0.03	0.01～0.02
	黏质砂土	0.54～0.62	0.38～0.48	0.26～0.35	0.16～0.23	0.05～0.09	0.01～0.03
	砂砾石	0.5 左右	0.07 左右	0.02 左右	0.01 左右		

2. 地下水的侧向流出量

地下水的侧向流出量计算公式与侧向补给量相同。

3. 越层排泄量

越层排泄量计算公式同式（6-2）。

（三）储存量

储存量是指储存在含水层内的重力水体积，可用下式计算

$$W = \mu V \tag{6-6}$$

式中 W——含水层中的容积储存量，m^3；

μ——给水度，指饱和岩土在重力作用下可自由排出重力水的体积与岩土体积之比，随岩性和地下水埋深不同而变化，其值见表6-4；

V——计算区含水层的体积，m^3。

表6-4 不同岩性给水度 μ

岩性	给水度	岩性	给水度
黏土	0.01~0.03	粉细砂	0.07~0.10
砂质黏土	0.03~0.045	细砂	0.08~0.11
黏质砂土	0.04~0.055	中砂	0.09~0.13
黄土	0.025~0.05	粗砂	0.11~0.15
粉砂	0.05~0.065	砂卵砾石	0.13~0.20

由于地下水位是随时变化的，所以储存量也随时增减。天然条件下，在补给期，补给量大于排泄量，多余的水量便在含水层中储存起来；在非补给期，地下水消耗大于补给，则动用储存量来满足消耗。在人工开采条件下，当开采量大于补给量时，就要动用储存量，以支付不足；当补给量大于开采量时，多余的水变为储存量。总之，储存量起着调节作用。

三、地下水资源评价

地下水资源评价就是对一个地区地下水资源的质量、数量、时空分布特征和开发利用的技术要求做出科学的定量分析，并评价其开采价值，它是地下水资源合理开发与科学管理的基础。地下水资源评价的主要任务包括水质评价和水量评价。

（一）水质评价

对水质的要求是随其用途的不同而不同的。因此，必须根据用水部门对水质的要求进行水质分析，评价其可用性并提出开采区水质监测与防护措施。用于灌溉的地下水应符合《农田灌溉水质标准》（GB 5084—2005）。

（二）地下水允许开采量估算

地下水允许开采量是指在一定的开采条件下允许从地下水中提取的最大水量。地下水允许开采量的大小取决于开采地区的水文地质条件、开采条件、一定时期内的地下水补给量。计算地下水允许开采量的方法很多，这里主要介绍水量均衡法。

水量均衡法的基本原理是：对一个均衡区的含水层来说，在任一时段 Δt 内的补给量和消耗量之差，恒等于含水层中水体积的变化量。据此，可建立如下水均衡方程式

$$Q_{补} - Q_{消} = \pm \mu A \frac{\Delta h}{\Delta t} \quad （潜水） \tag{6-7a}$$

$$Q_{补} - Q_{消} = \pm \mu^{*} A \frac{\Delta H}{\Delta t} \quad （承压水） \tag{6-7b}$$

式中 $Q_{补}$——各种补给的总量，m^3/a；

$Q_{消}$——各种消耗的总量，m^3/a；

μ——给水度，以小数计；

μ^{*}——弹性释水（贮水）系数，无因次；

A——均衡区的面积,m^2;

Δh——均衡期 Δt 内潜水位的变化,m;

ΔH——均衡期 Δt 内承压水头的变化,m;

Δt——均衡期,a。

地下水在人工开采以前,在天然补给和消耗的作用下,形成一个不稳定的天然流场。雨季补给量大于消耗量,含水层内储存量增加,水位上升;雨季过后(特别是旱季),消耗量大于补给量,储存量减少,水位下降。补给与消耗总是这样不平衡地发展着,但这种不平衡的发展过程具有一定的周期性(年周期和多年周期),从一个周期来看,这段时间的总补给量和总消耗量是接近相等的,否则,要么含水层中的水被逐步疏干,要么水会储满含水层而溢出地表,形成泉、沼泽等。所以,在天然条件下,地下水的补给和消耗总是处于动平衡状态。人工开采等于增加了一个地下水消耗项,它改变了地下水的天然补给和消耗条件,使地下水运动发生变化,即在天然流场上叠加了一个人工流场。人工开采在破坏原来补给与消耗之间天然动平衡的同时,建立新的开采状态的动平衡。人工开采形成降落漏斗,使天然流场发生变化,令天然消耗量减小而天然补给量增大。因此,开采状态下的水均衡方程式(6-7a)可改写为

$$(Q_{补}+\Delta Q_{补})-(Q_{消}-\Delta Q_{消})-Q_{开}=-\mu A\frac{\Delta h}{\Delta t} \tag{6-8}$$

式中 $Q_{补}$——开采前的天然补给总量,m^3/a;

$\Delta Q_{补}$——开采时增加的补给总量,m^3/a;

$Q_{消}$——开采前的天然消耗总量,m^3/a;

$\Delta Q_{消}$——开采时天然消耗量的减少量总值,m^3/a;

$Q_{开}$——人工开采量,m^3/a;

μ——含水层的给水度,以小数计;

A——开采时引起水位下降的面积,m^2;

Δh——在 Δt 时段,开采影响范围内的平均水位下降值,m;

Δt——开采的时段,a。

由于开采前的天然补给总量与消耗总量在一个周期内是接近相等的,即 $Q_{补}\approx Q_{消}$,所以式(6-8)简化为

$$Q_{开}=\Delta Q_{补}+\Delta Q_{消}+\mu A\frac{\Delta h}{\Delta t} \tag{6-9}$$

式(6-9)表明开采量是由下列三部分组成的:

(1)增加的补给总量($\Delta Q_{补}$),也就是由于开采而夺取的额外补给总量,可称为开采补给量。

(2)减少的消耗量总值($\Delta Q_{消}$),如由于开采而引起的蒸发消耗量减少、泉流量减少甚至消失、侧向流出量减少等,这部分水量实质上是取水建筑物截取的天然消耗量的总值,可称为开采截取量,它的最大极限等于天然消耗总量,即接近于天然补给总量。

(3)可动用的储存量($\mu A\frac{\Delta h}{\Delta t}$),是含水层中永久储存量所提供的一部分。

开采量中 $\Delta Q_{补}$ 只能合理地夺取，不能影响已建水源地的开采和已经开采含水层的水量，地表水的补给增量也应考虑是否允许利用。开采量中的 $\Delta Q_{消}$ 应尽可能地截取，但也应考虑已经被利用的天然消耗量，例如天然消耗量中的泉水如果已经被利用，由于增加开采量而使泉的流量可能减少甚至枯竭，这是不允许的。截取天然消耗量的多少与取水建筑物的种类、布置地点、布置方案及开采强度有关，只有选择最佳开采方案才能最大限度地截取，开采截取量的最大极限就是天然消耗总量，接近于天然补给总量。开采量中可动用的储存量应慎重确定，首先要看永久储量是否足够大，再看所用抽水设备的最大允许降深是多少，然后算出从天然低水位至最大允许降深动水位这段含水层中的储存量，按需要的开采年数(T)平均分配到每年的开采量中，作为允许开采量的一个组成部分。若用 $\mu A\dfrac{S_{max}}{T}$ 表示慎重确定的可动用储存量，其 S_{max} 为最大允许降深(m)，即天然低水位至最大允许降深动水位这段含水层的厚度；T 为开采年限(a)；用 $\Delta Q_{允补}$ 来表示合理的开采夺取量；用 $\Delta Q_{允消}$ 来表示合理的开采截取量；当开采量为允许开采量时，式(6-9)就可改写为允许开采量的计算公式，即

$$Q_{允开} = \Delta Q_{允补} + \Delta Q_{允消} + \mu A\frac{S_{max}}{T} \tag{6-10}$$

通常将式(6-10)表示的开采动态称为合理的消耗型开采动态，因为这种开采动态类型要消耗永久储量。当不消耗永久储量时，$S_{max}=0$，则式(6-10)变为

$$Q_{允开} = \Delta Q_{允补} + \Delta Q_{允消} \tag{6-11}$$

式(6-11)表示的开采动态通常称为稳定型开采动态。

【例6-1】 宁夏银北引黄灌区总面积为 4 355 km^2，现有渠灌面积 260 万亩，宜垦荒地 265 万亩。灌区地面平缓(从南到北，坡降为 1/6 000 ~ 1/10 000；由西向东，无明显坡降)，粉砂遍布，春季第一次灌水前潜水埋深不足 1.8 m 的耕地占总耕地的 58%，灌溉期间潜水埋深仅 0.8 m 左右，潜水年平均埋深 1.60 m，潜水含水层上部以细砂和粉细砂为主，给水度 μ 为 0.057 5。因此，明沟排水困难，土壤盐渍化较为严重。现准备在银北开荒 100 万亩，改造中、低产田 100 万亩。如利用潜水发展井灌 100 万亩(每亩年用水量 570 m^3)，降低潜水位，改造中、低产田，试用表 6-5 提供的潜水年均衡计算求潜水年开采量并估算井灌的土壤改良效果。

表 6-5 宁夏银北引黄灌区潜水年均衡计算

灌水补(排水)量	补给量(亿 m^3/a)					排泄量(亿 m^3/a)			
	总计	渠系渗漏	田间灌溉水渗漏	降雨入渗	其他	总计	垂直蒸发	水平排泄	其他
	11.144 7	6.914 0	1.621 8	1.113 6	1.495 3	11.352 5	8.414 4	1.794 2	1.143 9
各补给(排泄)项占补给(排泄)总量的百分比(%)	100	62.04	14.55	9.99	13.42	100	74.12	15.80	10.08

解：(1) 利用公式(6-8)计算年开采量，不动用潜水层的永久储存量，$\Delta h = 0$，则

$$(11.144\ 7 + \Delta Q_{补}) - (11.352\ 5 - \Delta Q_{消}) - Q_{开} = 0$$

$$Q_{开} = -0.207\ 8 + \Delta Q_{补} + \Delta Q_{消}$$

为消除土壤盐渍化，令 $\Delta Q_{消}$ 等于垂直蒸发，则

$$Q_{开} = -0.207\ 8 + 8.414\ 4 + \Delta Q_{补} = 8.206\ 6 + \Delta Q_{补}$$

即

$$8.206\ 6 < Q_{开} = 8.206\ 6 + \Delta Q_{补}$$

100 万亩井灌区需水 5.7 亿 m^3/a，小于 8.206 6 亿 m^3/a，所以潜水资源足够而且有余。

(2) 估算井灌的土壤改良效果。

均衡区面积为 $435\ 5 \times 10^6\ m^2$，潜水层上部给水度为 0.057 5，井灌年用水量为 5.7 亿 m^3，则井灌引起的潜水位下降为

$$\Delta h = \frac{Q_{井}}{\mu A} = \frac{5.7 \times 10^8}{0.057\ 5 \times 4\ 355 \times 10^6} = 2.276(\mathrm{m})$$

即可将潜水位由年平均埋深 1.6 m 增至 3.876 m，井灌使潜水蒸发为零，这样土壤盐渍化将根本消除。

第二节　单井设计

一、井型选择

井是开发利用地下水使用最广泛的取集水建筑物。由于地下水埋藏条件、补给条件、开采条件和当地的经济技术条件的不同，用以取集地下水的工程也就多种多样。一般水井可分为以下几种类型。

(一) 管井

通常将直径较小、深度较大和井壁采用各种管子加固的井型称为管井。这种井型须采用专用机械施工和机泵抽水，故群众习惯上称为机井，如图 6-1 所示。管井是使用范围最广泛的井型，可适用于开采浅、中、深层地下水，深度可由几十米到几百米以上，井壁管和滤水管多采用钢管、铸铁管、石棉水泥管、混凝土管和塑料管等。管井采用钻机施工，具有成井快、质量好、出水量大、投资省等优点，在条件允许的情况下宜尽可能采用管井。

(二) 筒井

筒井一般是由人工或机械开挖，井深较小，井径较大，用于开采浅层地下水的一种常用井型。因其口大且形状类似圆筒而得名，常称筒井。井深一般为 10 ~ 20 m，深的达 50 ~ 60 m，直径一般为 1 ~ 2.5 m，也有直径达 10 m 以上的。筒井多用预制混凝土管、钢筋混凝土管或用砖石材料圈砌，故也叫石井、砖井等。筒井由井头、井筒、进水部分和沉砂部分组成，如图 6-2 所示。筒井具有出水量大、施工简单、就地取材、检修容易、使用年限长等优点，但由于潜水位变化较大，对一些井深较小的筒井会影响其单井出水量。另外，由于筒井的井径较大，造井所用的材料和劳力也较多。它主要适用于埋藏较浅的潜水、浅

层承压水丰富、上部水质为淡水的地区。

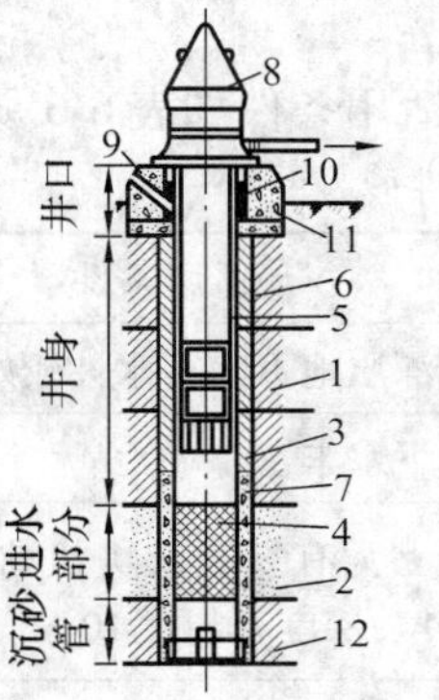

1—非含水层；2—含水层；3—井壁管；4—滤水管；
5—泵管；6—封闭物；7—滤料；8—水泵；
9—水位观测孔；10—护管；11—泵座；12—不透水层

图 6-1　管井示意图

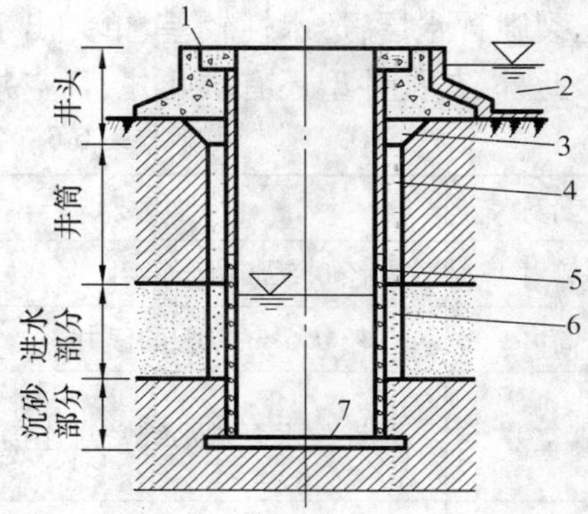

1—井台；2—出水池；3—截墙；4—护衬井壁；
5—透水井壁；6—滤料；7—井盘

图 6-2　筒井示意图

（三）筒管井

筒管井是在筒井底部打管井，是筒井和管井结合使用的一种形式。筒管井施工容易、投资少、便于取水。它适用于浅层水贫乏、深层水丰富的地区，在旧筒井地下水下降、出水量减少时也可将其底部打成管井，增加井的出水量，或者在筒井施工继续开挖有困难时，用钻机施工，打成管井，如图 6-3 所示。

（四）辐射井

辐射井是由垂直集水井和若干水平集水管（辐射管）（孔）联合构成的一种井型，如图 6-4 所示。因其水平集水管呈辐射状，故将这种井称为辐射井。集水井不需要直接从含水层中取水，因此井壁与井底一般都是密封的，主要是施工时用做安装集水管的工作场所和成井后汇集辐射管的来水，同时便于安装机泵。辐射管是用以引取地下水的主要设备，均设有条孔，地下水可渗入各条孔，集中于集水井中；辐射管一般高出集水井底 1 m 左右，以防止淤积堵塞辐射管口；辐射管一般沿集水井四周均匀布设，数目为 3 ~ 10 根，其长度根据要求的水量和土质而定，一般为 3 m 左右。辐射井主要适用于含水层埋深浅、厚度

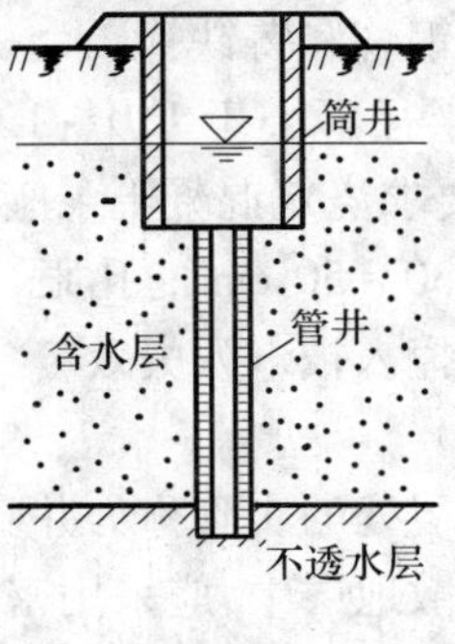

图 6-3　筒管井示意图

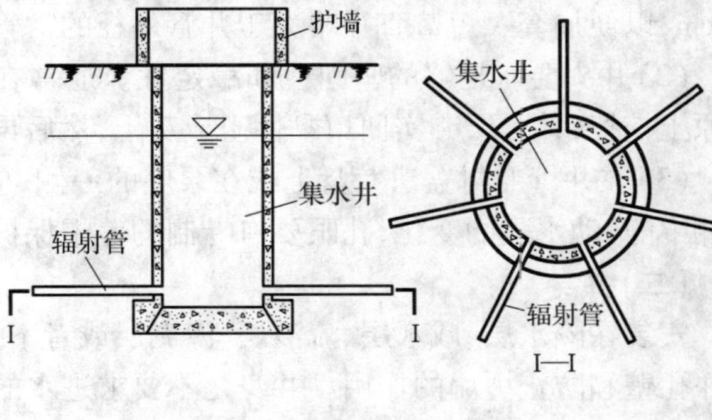

图 6-4　辐射井示意图

薄、富水性强、有补给来源的砂砾含水层,裂隙发育、厚度大的含水层,富水性弱的砂层或黏土裂隙含水层,透水性较差、单井出水量较小的地区。

此外,其他井型还有坎儿井、真空井等。各种井型的适用条件如表 6-6 所示。

表 6-6　各种井型及其适用条件

名称	结构要点	适用条件
管井	直径 0.5 m 以下的井	浅层或深层地下水富水性较好
筒井	直径 0.5 m 以上的浅井	浅层地下水丰富
真空井	井管与水泵进水管密封连接	地层以上为有裂隙或块状黏土,透水性好,其下为砂层,深度不超过 10 m
辐射井	在筒井中向四周打横管	潜水不丰富,上部土层透水性差,下有薄砂层
虹吸井	由 1 眼抽水主井和 1 ~ 4 眼供水副井组成,副井的水用虹吸管送到主井	潜水不丰富,单井出水量不能满足开泵的要求
大骨料井	管材为直径 65 ~ 75 cm 无砂混凝土管,洗井前进行填料,再边填边洗加入骨料	含水层为薄砂层,其顶板为一定厚度呈透镜体的黏土

二、机井设计

管井因水文地质条件、施工方法、配套水泵和用途等不同,其结构形式也相异。但大体上可分为井口、井身、进水部分和沉砂管四个部分。

(一)井口

通常将管井上端接近地表的一部分称为井口,可密封置于户外或与机电设备同设在一个泵房内。

井口不是管井的主要结构部分,但若设计施工不当,不仅会给管理工作带来不便,同时还会影响整个井的质量和寿命,因此设计时应注意以下几点:

(1)管井出口处的井管应与水泵连接紧密。通常井管口需露出泵房地板或地表 30 ~ 50 cm,以便加套一短节直径略大于井管外径的护管,护管宜用钢管和铸铁管。

(2)井头要有足够的坚固性和稳定性。通常在井口周围半径不小于 1.0 ~ 1.5 m 内将原土挖掉,并分层夯实回填黏性土或灰土,然后再在其上按要求浇筑混凝土泵座。

(3)在井管的封盖法兰盘上或在泵座的一侧,应预留直径 30 ~ 50 cm 的孔眼,以便观测井中静、动水位的变化,孔眼要有专制的盖帽保护,以防杂物掉入被卡死失效。

(二)井身

安装在隔水层、咸水层、流沙层、淤泥层或者不拟开采含水层处的实管称为井身,起支撑井孔壁和防止坍塌的作用。井身是不要求进水的,在一般松散地层中,应采用密实井管加固。如果井身部分的岩层是坚固稳定的基岩或其他岩层,也可不用井管加固,但如果有要求隔离有害的和不计划开采的含水层时,则仍需井管严密封闭。井身部分是安装水泵和泵管的处所，为了保证井泵的顺利安装和正常工作，要求其轴线要相当端直。井身的长度通常所占的比例较大，故在设计和施工时不容忽视。

井管的类型很多，主要根据井深进行选用。当井深不大时，可采用造价较低的水泥管、石棉水泥管、塑料管和铸铁管；当井深较大时，则应采用强度较大的钢管或玻璃钢管。可参考表 6-7 选用。

表 6-7　各种管材适宜深度　　（单位：m）

管材类型	钢管	铸铁管	钢筋混凝土管	混凝土管
适宜深度	>400	200～400	100～200	≤100

井管的直径主要是根据机井的设计出水量和要选用的抽水设备来确定的，一般要求金属井管的直径应大于水泵吸水管最小外径 50 mm，水泥井管的直径应大于水泵吸水管最小外径 100 mm。各种井深、井孔直径、井管直径与井管类型的配合关系如表 6-8 所示。

表 6-8　井深、井孔直径、井管直径与井管类型的配合关系

井深（m）	井孔直径（mm）	井管直径（mm）	井管类型
<60	>500	200、250、300	砖瓦管、混凝土管、铸铁管
60～300	400～500	200、250、300	混凝土管、塑料管、铸铁管、钢管
300～450	400～500	200、250	铸铁管、钢管
>450	250～350	150、200	钢管

（三）进水部分

进水部分是指安装在所开采含水层处的透水管，又叫滤水管，主要起滤水和阻砂作用，它是管井的心脏，结构是否合理对整个井来说是至关重要的，它直接影响管井的质量和使用寿命。除在坚固的裂隙岩层处，一般对松散含水层，甚至对破碎的和易溶解成洞穴的坚固含水层，均须装设各种形式的滤水管。

1. 滤水管设计的基本要求

滤水管的结构要求：一方面能使地下水从含水层经滤水管流入井内时受到的阻力最小，即要有高的透水性；另一方面又要求在抽水时能有效地拦截含水层中的细砂粒，以防随水进入井内，即要有很强的拦砂能力。因此，设计时一定要按所开采含水层的特性，确定其合理的结构。

滤水管设计的基本要求大致有以下几点，供设计时参考。

（1）防止产生涌砂。滤水管孔隙的大小必须根据含水层的颗粒大小合理确定，这是防止产生涌砂的首要条件。

（2）滤水管的结构要能有效地防止机械堵塞和化学堵塞。

（3）滤水管要具有适宜含水层的最大可能的透水性和最小的阻力，其进水孔眼或通道要尽可能地均匀分布。

（4）滤水管要具有合理的强度和耐久性，以防在施工和管理中损坏。

（5）制作滤水管的材料，要具有抗腐蚀和抗锈结的能力。

(6)滤水管在满足上述要求的情况下，其结构要简单、易于制作，而且造价要尽可能的低廉。

上述条件既是相互联系的，又是相互制约的，因此在设计时，绝不能孤立地从某一方面考虑，而必须全面综合审慎对待，才能达到合理。

2. 滤水管的类型及选择

管井滤水管的类型繁多，概括起来大致可分为不填砾和填砾两大类。

1）不填砾类

这类滤水管主要适用于粗砂、砾石以上的粗颗粒松散含水层和基岩破碎带及含泥沙石灰岩溶洞等含水层，有以下几种常用类型。

(1)圆孔式滤水管。这种滤水管是最古老而又简单的一种形式，如图 6-5(a)所示，其孔眼根据不同管材可用不同方法制成，孔眼的大小主要按所开采含水层的颗粒粒径而定，一般可用下式计算

$$t \leqslant \beta d_{50} \tag{6-12}$$

式中 t——进水孔眼的直径，mm；

d_{50}——含水层取样标准筛分时，累积过筛量占 50% 的颗粒直径，mm；

β——换算比例系数，与含水层的颗粒粒度有关，对较小粒度的均匀含水层可取 2.5 ~ 3，而对粗粒度和非均匀含水层可取 3 ~ 4。

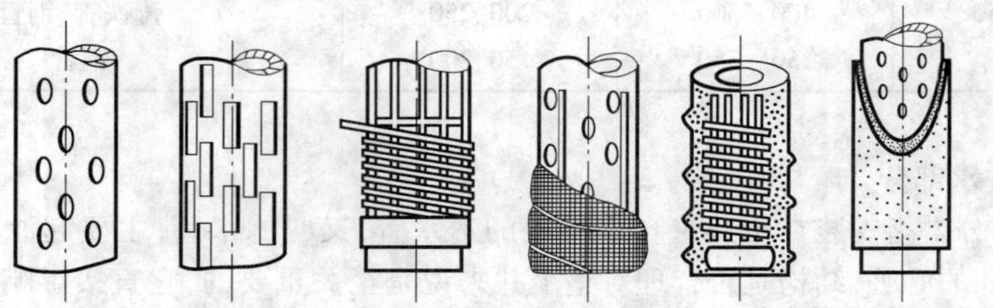

(a) 圆孔式 (b) 条孔式 (c) 缝式 (d) 包网式 (e) 填砾式 (f) 贴砾式

图 6-5 滤水管类型示意图

进水孔眼在管壁上的布置形式通常采用相互交错的梅花形，如图 6-6 所示，进水孔眼的相互位置，还可以分为等腰三角形和等边三角形两种。

等腰三角形

水平孔距 $a = (3 \sim 5)t$ (6-13)

垂直孔距 $b = 0.667a$ (6-14)

等边三角形

水平孔距 $a = (3 \sim 5)t$ (6-15)

垂直孔距 $b = 0.866a$ (6-16)

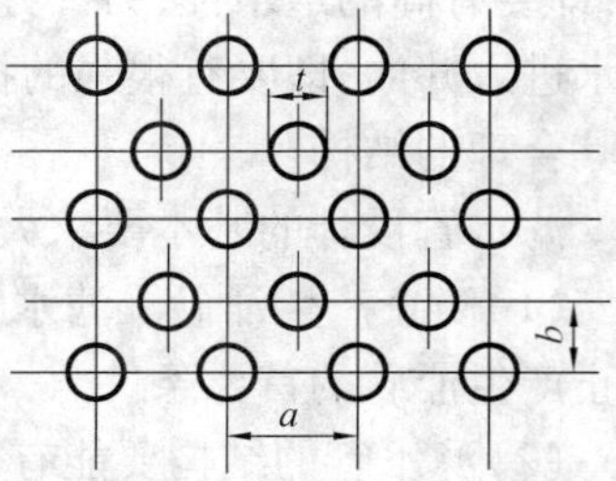

图 6-6 进水孔眼布置

经初步计算，选定孔眼布置的水平与垂直孔距后，还应按对不同管材所要求的开孔率再加以调整，并使其孔距基本为整数以便于加工。所谓的开孔率是指单位长度滤水管孔眼的有效总面积与管壁外表面积之比的百分数，各种管材的适宜开孔率见表 6-9。

孔眼为圆形的开孔率为

$$A = \frac{n_1 n_2 d^2}{4DL} \tag{6-17}$$

式中 A——滤水管壁上圆孔的开孔率(%);

n_1——滤水管圆周上孔眼的行数;

n_2——滤水管每行的孔眼数;

d——孔眼直径,cm;

D——滤水管的外径,cm;

L——滤水管工作部分的长度,cm。

表 6-9 各种管材的适宜开孔率

管材	钢管	铸铁管	钢筋混凝土管	塑料管	混凝土管	无砂混凝土管
开孔率(%)	25 ~ 30	20 ~ 25	≥15	≥12	≥12	渗透系数≥400 m/d 孔隙率≥15%

注:无砂混凝土管为体积孔隙率,即为体积孔隙和相应井管体积的比值。

圆形孔眼的优点是易于加工,对脆性材料较为适宜。其缺点主要是易堵塞且进水阻力较大,当开孔率增大后,对滤水管强度影响较大。目前,其直接使用逐渐减少。

(2)条孔式滤水管。这种滤水管进水孔眼的几何形状呈细长矩形,多用于金属类井管冲压、烧割或用楔形金属杆条和支撑环焊接组成,如图 6-5(b)所示。条孔滤水管根据条孔在滤水管上的布置形式不同,还可以分为垂直条孔和水平条孔,因垂直条孔稳定细颗粒能力相对较差,故多用水平条孔,但水平条孔相对阻力略大。条孔的宽度(或缝宽)可用下式估算

$$t \leqslant (1.5 \sim 2)\,d_{50} \tag{6-18}$$

式中 t——条孔宽度,mm;

其余符号含义同前。

条孔式滤水管的开孔率较大,可达 30% ~ 40%,因而进水阻力较小,不易机械堵塞,目前在生产上已逐渐推广使用。

(3)缝式滤水管。条孔式滤水管比圆孔式滤水管有很多优点,但加工须有专门的设备,且冲压对滤水管强度影响较大,对脆性非金属管,尤其是水泥类井管,要加工成规则而又均匀的条孔较为困难。鉴于此原因,如在易于加工的圆孔式滤水管外周缠绕各种金属和非金属线材,用以构成合适的进水缝,一般将这种形式的滤水管称为缝式滤水管,如图 6-5(c)所示。一般在花管的外周点焊直径 6 ~ 8 mm 纵向垫条,其间距 50 ~ 70 mm,然后再在垫条上缠绕直径 2 ~ 3 mm 的镀锌铁丝、铜丝。为防止缠丝松散脱落,用锡焊将缠丝与垫条固定在一起。镀锌铁丝的使用寿命较短,甚至 2 ~ 3 年就有破坏的;铜丝虽较耐久,但造价高,且易使滤水管遭到电化学腐蚀,因此垫条和缠丝都应采用无毒、耐久且价廉的非金属材料,建议垫条采用塑料、玻璃钢条,缠丝采用玻璃纤维增强聚乙烯丝,或其他非金属高强线材。近些年来,我国试验和发展了一种编竹笼形缝式滤水器,用竹笼代替垫条和缠丝,其结构一般视圆孔花管的直径大小而定,纵条(或径条)约 7 mm ×7 mm 计 11 ~

17 根，保持间距 50 ~ 60 mm；横篦（纬条）为 2 ~ 3 mm，按设计缝宽手工编织而成。

（4）包网式滤水管。在细颗粒砂层的含水层中，穿孔式滤水管若直接使用，会在抽水时产生大量的涌砂，若在其外周垫条并包裹以各种材料，如铜丝、镀锌细铁丝和尼龙丝等，编织成网子或天然棕网，即所谓的包网式滤水管，如图 6-5(d) 所示。

包网式滤水管的使用历史悠久，制作容易，但孔眼易被堵塞，因而进水阻力也大，在水下耐久性差，目前已很少使用。

2）填砾类

（1）填砾滤水管。天然砂砾石是一种良好的滤水材料，将滤料均匀填于上述各种滤水管与含水层的井孔间隙内，构成一定厚度的砂砾石外罩，便成为填砾滤水管，此时滤料成为滤水管的重要组成部分，对滤水效果起决定作用，如图 6-5(e) 所示。填砾滤水管是机井建设中的一大改革，它不仅增大了滤水管的透水性，使管井的单位出水量显著增加，同时也降低了滤水阻力，涌砂量减少，减少了机械堵塞和化学堵塞，对细颗粒含水层也可有效地开采。尽管对一些粗颗粒含水层，从理论上讲是不需要填滤料的，但在生产上为了安全可靠，大都采用填砾滤水管，目前 98% 以上的滤水管都采用此类型。

（2）无砂混凝土滤水管。填砾滤水管通过生产验证，是一种比较好的滤水管类型，但要将其砂砾石滤料施工围填至理想的均匀密实状态，有时难以完全做到，特别对细颗粒的含水层和井的深度愈大时，其难度也就相应增大。鉴于上述原因，在良好的天然砂砾石中，掺加适量高强度等级的水泥作为胶结剂，制作成的滤水管，即为无砂混凝土滤水管。它一方面具有填砾滤水管透水性强的优点，同时又减去了填砾滤水管复杂的骨架管，从而大大降低了滤水管的造价；另一方面又克服了填砾滤水管围填滤料施工质量难以保证的缺点。

（3）贴砾滤水管。将砂石滤料用一定剂量的树脂等高强胶结剂拌和均匀，并紧贴（粘）在骨架管的外周，便成为贴砾滤水管，如图 6-5(f) 所示。这种滤水管实质上是多孔混凝土滤水管的另一种使用方式，它可将多孔混凝土的厚度减薄至 15 ~ 20 mm，可用于深度很大和钻孔直径较小的井中，特别适用于该种情况的粉细砂含水层，可减少扩孔和围填滤料的费用。

3. 滤水管设计

（1）滤水管直径。滤水管口径的大小对机井的出水量影响极大。在潜水含水层中，机井出水量的增加与滤水管直径增加的半数成正比；在承压含水层中，出水量与滤水管直径的增加略成线性关系。在松散岩层中，滤水管的内径一般不得小于 200 mm，但滤水管直径大于 400 mm 以后，出水量增加不明显。

滤水管的直径可用下式计算

$$d = \frac{Q}{\pi L v_c} \tag{6-19}$$

式中 d——滤水管的直径，m，对于填砾滤水管即为井的开孔直径；

Q——钻孔出水量，m^3/d；

L——滤水管进水部分的长度，m；

v_c——含水层的允许渗流速度，m/d，$v_c = 65\sqrt[3]{K}$，K 为含水层的渗透系数，m/d。

(2)滤水管长度。滤水管长度关系到机井的建设投资和出水量,应根据含水层的厚度和颗粒组成、出水量大小及滤水管直径而定。当含水层厚度小于 10 m 时,其长度应与含水层厚度相等;当含水层厚度很大时,其长度可取含水层厚度的 3/4。每节滤水管长一般不超过 20 ~ 30 m。滤水管的长度也可用下式计算

$$L = \frac{\alpha Q}{d} \tag{6-20}$$

式中 L——滤水管设计长度,m;

α——经验系数,按表 6-10 取值;

Q——机井设计出水量,m^3/h;

d——滤水管的外径,mm。

表 6-10 不同含水层的 α 值

含水层岩性	渗透系数 K(m/d)	α 值	含水层岩性	渗透系数 K(m/d)	α 值
粉细砂	2 ~ 5	90	砾石	30 ~ 70	30
中砂	5 ~ 15	60	砾卵石	70 ~ 150	20
粗砂	15 ~ 30	50			

4. 滤料设计

填砾滤水管的砾石是滤水管的重要组成部分,如何正确选用滤料以及合理的填砾厚度是设计填砾滤水管的关键。

(1)填砾位置和高度。填砾的位置和高度应根据滤水管的位置和长度来确定,要求所有滤水管的周围都必须填砾料。承压井第一个含水层上部的填砾高度应高出含水层顶板 8 ~ 12 m,以防止洗井、抽水后砾料下沉(下沉率一般为 1/10)露出滤水管;填砾还应低于滤水管下端 2 ~ 3 m,防止因填砾错位而露出滤水管。

(2)滤料粒径。滤料是密切配合含水层、起拦砂透水的作用、决定管井质量的关键部位。因此,选择滤料粒径大小应遵循一个最基本的原则:所选的滤料,既要使在强力洗井或除砂的条件下,能将井孔周围含水层中的额定部分的较细粒砂和泥质等滤出,又能保证在正常工作条件下,不会产生任何涌砂。所选配的滤料并不要求将含水层中大小颗粒全部拦住,而只希望拦住其中较大颗粒的一部分,这一部分留于滤料层之外,形成一层天然滤料层或滤料与含水层之间的缓冲过渡层,一般将设计冲出额定部分的最大颗粒粒径称为含水层的标准颗粒粒径。在选滤料时,滤料粒径可参考表 6-11 取用,一般可按下式进行计算

$$D_b = Md_b \tag{6-21}$$

式中 D_b——滤料标准颗粒粒径,mm;

d_b——含水层标准颗粒粒径,mm;

M——倍比系数,以 8 ~ 10 为最佳,均匀含水层取小值,非均匀含水层取大值。

(3)滤料围填厚度。滤料围填厚度过薄时,围填质量难以保证,会出现疏密不均和若干“空白点”现象;如果过厚,会造成洗井困难,对井的单位出水量增加不显著,同时造成

表 6-11　滤料粒径　（单位:mm）

含水层	含水层砂的粒径	规格滤料	混合滤料
粉砂	0.05～0.10	0.75～1.5	1.0～2.0
细砂	0.10～0.25	1.0～2.5	1.0～3.0
中砂	0.25～0.50	2.0～5.0	1.0～5.0
粗砂	0.50～2.00	4.0～7.0	1.0～7.0

不必要的浪费。若井管在井孔中同心度不够,可能使回填滤料厚薄不一,难以保证有效厚度。建议滤料围填厚度对于粉细砂含水层可选取 150～200 mm,对于粗砂以上的粗粒含水层可选取 100～150 mm。根据试验和实践经验,一般滤料围填厚度不小于 100 mm,最厚可达 250 mm,平均厚度一般为 100～150 mm。

(4)滤料的质量。滤料的质量不仅取决于选取的粒度和围填厚度,还与其几何形状和成分有关。一般应尽量选取磨圆度高的砾石和卵石,而不宜采用碎石和石屑作为滤料,这是因为圆球形滤料形成孔隙直径较大,孔隙率高,透水性较强,滤水效果较好。滤料质地一般以石英为最佳,泥灰岩等不宜作为滤料。

5. 封闭止水

封闭止水是为了使取水层与有害的或不良的含水体隔离开来,以免互相串通使井的水质恶化。封闭位置应超过拟封闭含水层上下各不少于 5 m。井口附近也应封闭,厚度为 3～5 m,以防止地表水渗入污染井水。若水压较大或要求较高,可用水泥浆或水泥砂浆封闭。

(四)沉砂管

管井最下部装设的一段不透水的井管称为沉砂管。其用途是在使用和管理过程中,沉淀井中泥沙,以备定期清淤。沉砂管长度一般按含水层颗粒大小和厚度而定,当管井所开采含水层的颗粒较细、厚度较大时,可取长些;反之,可取短些。松散地层中的管井,浅井为 2～4 m,深井为 4～8 m。若含水层较薄,为了增大井的出水量,应尽量将沉砂管设在含水层底板的不透水层内,但不要因装设沉砂管而减少了滤水管长度。

沉砂管的下面为底盘和导向木塞,施工时起托住井管和导正管子的作用,下完井管后即为井底。

三、成井工艺

成井工艺流程主要有:钻进→清孔→井管连接→下管→回填滤料及封闭止水→洗井及抽水试验→竣工验收。

(一)钻进

井孔钻进的方法很多,有冲击钻进、回转钻进、反循环钻进和空气钻进等,但在农用管井施工中,目前普遍使用的方法多为冲击钻进和回转钻进。冲击钻进设备施工方法简单,在松散岩层中工效高。回转钻进适用于颗粒较细的松散岩层,易于被群众掌握。

在钻孔前要平整夯实场地,准备好水源,为保护孔口不坍塌,在开钻前要下入护筒,护筒一般由铁板制成，其直径比开孔钻头大 50 ~ 100 mm，长度一般为 1.5 ~ 3 m。钻井机械按规程进行安装，做到安全可靠、易于操作。

钻孔过程要严格按钻机的钻进技术规程操作，以免引起井壁坍塌，损坏机件。具体钻机安装和钻进技术规程可参考《水利工程施工》教材有关章节。

（二）清孔

下管是成井工艺中一道关键工序。为避免井管断裂、错位、扭斜等事故的发生，下管前先要进行井孔的处理。钻孔结束后，用直眼钻头疏孔，直眼钻头一般比终孔直径小30 ~ 50 mm，长度不小于 4 m。疏孔应一次到井底，为下管扫清障碍，使井孔圆直，上下畅通，一般要求倾斜度不超过 1.5°。疏孔结束后要进行冲孔，用泥浆冲洗液逐渐稀释，以冲掉井壁上的厚泥皮，利于地下水进入井内。下管前还要对井孔、井壁管、沉淀管、滤水管等的规格质量严格把关，各种偏差要在允许范围内，且符合设计标准。

（三）井管连接

由于制管和运输要求，一般井管多制成 1 ~ 4 m 的短管，因此在安装时须将每一节短管牢固连接，并保证形成一根端直的整体管柱。如果连接处发生松脱、错口、张裂等现象，就会影响成井的质量，严重的会造成涌砂、漏砾、污水侵入，或使井泵难于顺利装入井内，从而使井成为病井或废井。

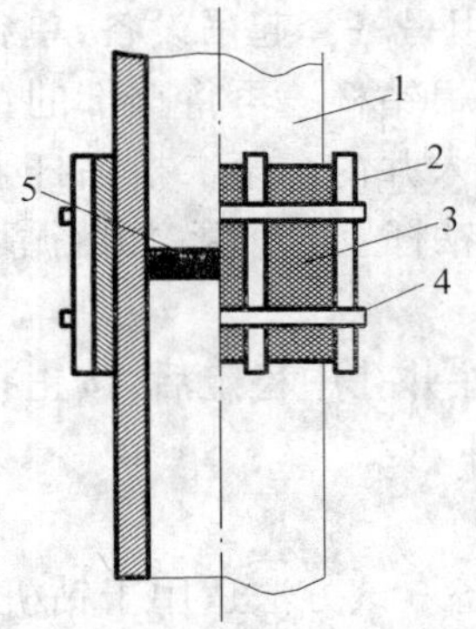

1—井管；2—毛竹片；3—铅丝；4—沥青布；5—黏接层

图 6-7　沥青黏接井管接头示意图

混凝土井管接头常采用黏接和焊接两种。供焊接连接的混凝土管，须在预制时在其纵向钢筋的端头处，焊有与井管外径相一致，且宽为 40 ~ 50 mm 的短节钢管或 4 ~ 6 根扁钢片，连接时先在下面井管口涂以沥青或其他黏结材料，再将上面管口对正黏合在一起，然后用短节圆钢或扁钢焊于上下管口预埋短管或扁钢上，便可牢固连接。对于未预埋短节钢管或扁钢的混凝土井管和难于预埋钢件的石棉水泥井管则宜采用黏接。黏接时先在两节井管搭接处涂一层沥青黏接，井管外壁接缝处可用涂有沥青的布包一周，搭接长度不小于 30 cm，井管外壁用 4 ~ 6 根钢筋或竹片竖向捆扎，如图 6-7所示。井管底座应平整，与井管接触处可涂一层沥青，并用涂有沥青的布包 1 ~ 2 层。

一般钢管和塑料管采用焊接和管箍丝扣连接。铸铁管和其他金属管以及玻璃钢管均可采用管箍丝扣连接。

（四）下管

井管安装简称下管，是管井施工中最关键的一道工序，常见的下管方法有钻杆托盘下管法和悬吊下管法两种。

1. 钻杆托盘下管法

该法适用于非金属管材建造的深井，使用较为普遍。钻杆托盘下管法如图 6-8 所示，其主要的设备为托盘、钻杆、井架及起重设备，托盘如图 6-9 所示。

钻杆托盘下管法的方法步骤如下：

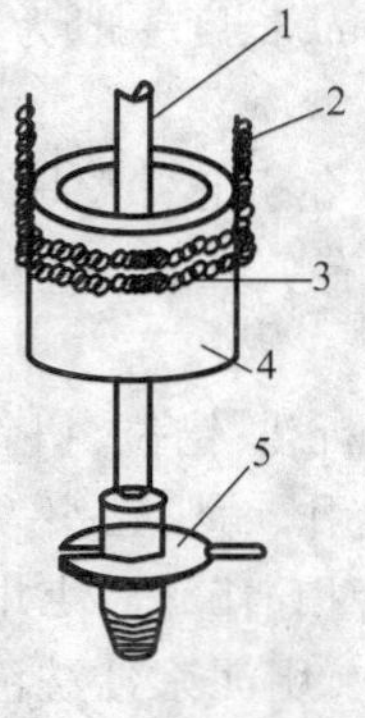

1—钻杆;2—大绳;3—大绳套;
4—井管; 5—圆形垫叉

图 6-8 钻杆托盘下管法示意图

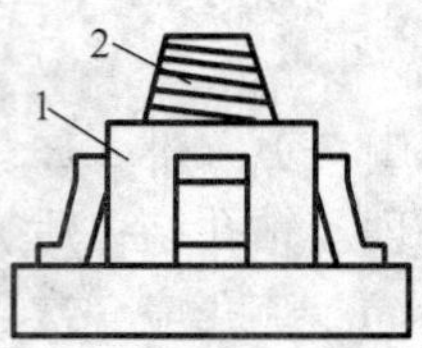

1—托盘;2—反丝扣接头

图 6-9 托盘示意图

第一步:将第一根带反丝接箍的钻杆与托盘中心的反丝锥接头连接好,然后将井管吊起套于钻杆上,徐徐落下,使托盘与井管端正连接在一起。

第二步:把装好井管的第二根钻杆吊起后放入井内,用垫叉在井口枕木或垫轨上将钻杆上端卡住,另用提引器吊起另一根钻杆。

第三步:将第二根钻杆对准第一根钻杆上端接头,然后用另一套起吊设备,单独将套在第二根钻杆上的井管提高一段距离,拿去垫叉,对接好两根钻杆。再将全部的钻杆提起,并使两根井管在井口接好之后,即将接好的井管全部下入井内。第二根钻杆上端接头,再用垫叉卡在井口枕木上,去掉提引器,准备提吊第三根钻杆上的井管,如此循环直至下完井管。

待全部井管下完及管外回填已有一定的高度且使井管在井孔中稳定后,按正扣方向用人力转动钻杆,使之与托盘脱离,然后将钻杆逐根提出井外。

2. 悬吊下管法

悬吊下管法主要设备有管卡、钢丝绳套、井架和起重设备。该方法适用于钻机钻进,并且是由金属管材和其他能承受拉力的管材建造的深井。悬吊下管法如图 6-10 所示。其步骤较为简单,先用管卡将底端设有木塞的第一根井管在箍下边夹紧,并将钢丝绳套套在管卡的两侧,通过滑车将井管提起下入孔内,使管卡轻轻落在井口垫木上,随后取下第一根井管上的钢丝绳套。用同样的方法起吊第二根井管,并将第二根井管的下端外丝扣与第一根井管上端的内丝扣对正,并用绳索或链钳上紧丝扣,然后将井管稍稍吊起,卸开第一根井管上端的管卡,向井孔下入第二根井管,按此方法直至将井管全部安装完毕。

(五)回填滤料及封闭止水

回填滤料是成井工艺中的主要环节,直接影响井的质量和使用寿命。滤料规格必须满足设计要求,并清洗干净。投放滤料前应检查井管是否对中,并设法固定。井内泥浆比重应控制在 1.05 左右,按设计要求在井管周围缓慢均匀投放,以免冲击井管,使管子产生偏移,不论井孔深浅,填料必须一次填完,以免大小颗粒发生离析现象。

管外封闭通常都是与回填滤料同时进行或交替进行的。按设计要求,在井管周围均匀投放黏土球或水泥浆进行封闭,以达到隔离止水的目的。

（六）洗井及抽水试验

下管、填砾、封闭后应立即洗井。通过洗井可以洗掉井底内的泥沙、井壁上的泥皮以及井孔附近含水层中的细颗粒物质，以增加井孔周围含水层的透水性和井的出水量。洗井的方法很多，常见的有水泵洗井、活塞洗井、空压机洗井、CO_2 洗井和焦磷酸钠洗井等几种。由于井管的材质不同，选择洗井的方法也不相同，在钢管及铸铁管井中洗井可任意选择洗井方法，而在水泥管井中洗井时，由于水泥管性脆、强度低，加上其内径较大，多年来一直沿用单一的水泵洗井。水泵洗井即在钻孔、下管、填料等工序完成后，下泵进行大流量抽水，抽至水泵出清水为止。其成败的关键在于泥皮的厚薄和泵的吸力。当泥皮难以破坏时，含水层的水被隔离，导致井不出水，也就是平常所说的干井。

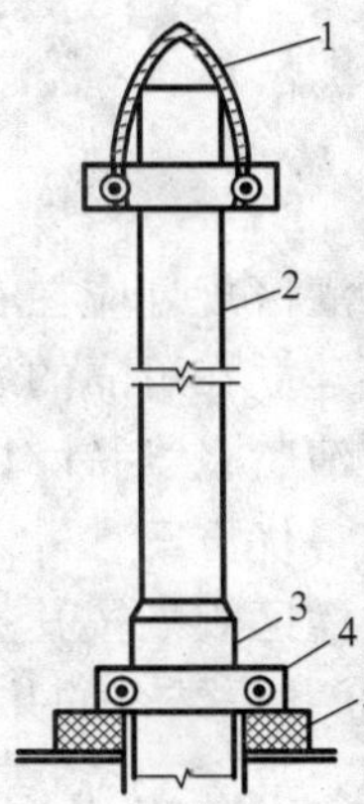

1—钢丝绳套；2—井管；3—管箍；
4—铁夹板；5—方木
图 6-10　悬吊下管法示意图

活塞洗井是一种设备简单、效果显著的洗井方法，可缩短洗井时间，降低洗井费用，提高洗井效率，保证洗井质量，因此得到广泛使用。

活塞洗井原理如图 6-11 所示。当活塞上提时，活塞下部形成负压，含水层中的地下水急速向井内流动，可冲破泥皮并将含水层中的细颗粒带入井内。当活塞下降时，又可将井中水从滤水管处压出，以冲击泥皮和含水层。如此反复升降活塞，即可在短时间内将孔壁泥皮全部破坏，并将渗入到含水层中的泥浆冲洗出来，最后用抽砂筒或空压机将井底淤积物掏出或冲出井外。

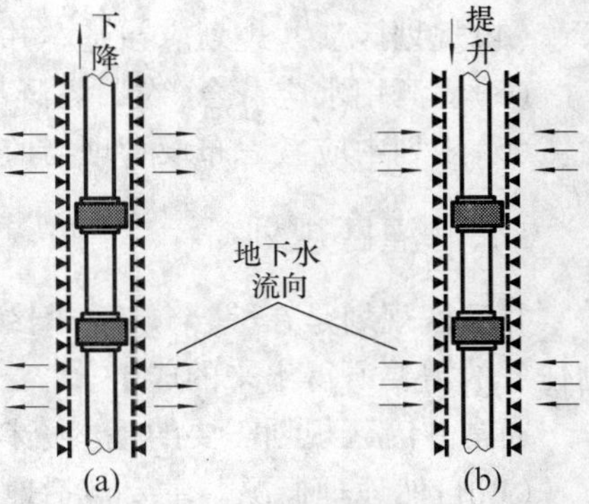

图 6-11　活塞洗井原理示意图

在使用活塞洗井时，要注意不能使用直径过大的活塞，防止因活塞过紧难以升降或卡死在井管中，特别是对木制活塞更要注意。此外，升降速度不能过快，一般应控制在 0.5 ~ 1.0 m/s。

对于每一个含水层来说，活塞洗井的时间不能太长，不能追求水清砂净，以防止因冲洗时间过长而使井孔产生涌砂坍塌现象。

（七）竣工验收

成井工艺的最后阶段就是质量验收。管井竣工后要全面进行质量鉴定，基本符合设计标准时，才能交付使用。验收的主要项目有：①井斜度，对于安装深井泵的井不超过 1°，对于安装潜水泵的井不得超过 2°。②滤水管安装位置必须与含水层位置相对应，其深度偏差不能超过 0.5 ~ 1.0 m。③井的出水量不应低于设计出水量。④滤料及封闭材料除其质量要符合要求外，围填数量与设计数量不能相差太大，一般要求填入数量不能少于计算数量的 95%。⑤在粗砂、砾石、卵石含水层中，其含砂量应小于 1/5 000；在细砂、中砂含水层中，其含砂量应小于 1/5 000 ~ 1/10 000。⑥水质符合设计用水对象的要求。

第三节　井灌区规划

井灌区规划应在农业区域规划和区域综合利用各种水资源规划的前提下进行，规划一定要建立在可靠的地下水资源评价的基础上，并对区内各用水对象对水质和水量的要求调查清楚，然后针对主要规划任务进行全面综合规划，通过对方案的经济效益分析，从中选出最优方案。

井灌区规划按其主要任务不同可分为：①计划发展的新井灌区；②对旧井灌区的改建规划；③井渠结合的井灌区；④防渍涝和治碱等综合治理的井灌区。

一、井灌区规划原则

根据我国北方各地多年井灌规划的经验，在规划时，可参考下列基本规划原则：

(1)充分利用当地地表水，合理开采与涵养地下水。

(2)以浅层潜水开发利用为主，严格控制开采深层承压水。

(3)集中与分散开采相结合，在有良好含水层和补给来源充沛的地区，可集中开采；在补给来源有限的地区，宜分散开采。

(4)规划区新井规划应在基本井的基础上合理布置，即新旧井结合布置。

(5)灌溉用水应符合《农田灌溉水质标准》(GB 5084—2005)。

(6)规划中应考虑布设管理与监测地下水位的观测网。

二、井灌区规划

井灌区规划是在综合分析与归纳区内各种基本资料的基础上，根据规划原则，结合规划任务的需要所得出来的成果。

通常井灌区规划需要的基本资料主要包括以下几个方面：

(1)自然地理概况。主要包括地理和地貌特征，地表水的分布和特征，规划区总面积和耕地面积特点，土壤的类别、性质和分布情况等。

(2)水文和气候。主要包括历年降水量和蒸发量、地表水体的水文变化、历年旱涝灾害、历年气温和霜期、冰冻层深度等情况。

(3)地质条件与水文地质条件。主要包括地质构造和地层岩性特征，地下水的补给、径流和排泄条件，地下水的水质评价，地下水的动态，主要的水文地质参数，地下水资源评价和可开采量评价，环境水文地质情况等。

(4)农业生产情况。主要包括用水对象的用水情况和水利现状，农作物的种类、种植面积、复种指数和单位面积的产量等，农业生产需水量和其他用水对象对水质的要求与需水量，当地和附近灌溉、排水等经验，现有渠灌和井灌的情况等。

(5)社会经济条件和技术经济条件。主要包括专业和技术设备、能源供应、建筑材料等情况。

(6)一般对井灌区规划所需要的图件和图表，最基本的有：①第四纪地质地貌图；②水文地质分区图(附各区典型钻孔柱状图和主要地质剖面图)；③典型年和季节地下水等水位线或等埋深线图;④承压水等水压线图;⑤分区典型观测孔潜水动态图;⑥分区抽水试验和有关水文地质参数汇总表。

(一)井型选择

井型选择主要根据当地水文地质条件和技术经济条件、计划开采含水层的位置和埋深来定。具体的井型选定可参考本章第二节的有关知识来确定。

(二)井位与井网布置

井位的选定与井网的布置对灌溉效益和抽水成本有着直接的影响,除要考虑地质条件外,还应考虑以下几个问题:

(1)结合地形条件,便于自流灌溉。地形平坦时,井位尽量布置在田块的中心,以减少渠道输水损失和缩短灌水时间。地形单向倾斜或起伏不平时,井位可设在灌溉田块地势较高的一端,以利于灌水和减少渠道的填方量。

(2)考虑含水层分布和地下水流向,减少井群抽水干扰。在地形平坦、地下水力坡度较小时,应按网格状布置,如图6-12所示。在沿河地段,含水层呈平行河道的带状分布时,井位应按直线布置,如图6-13所示。在地下水力坡度较大的地区,井网应垂直地下水流向交错布置,如图6-14所示。对于井渠双灌区,井要和渠道平行相间布置。

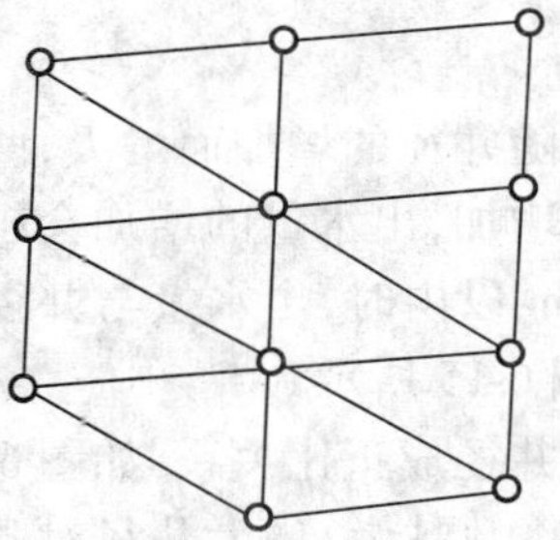

图6-12 网格状布井

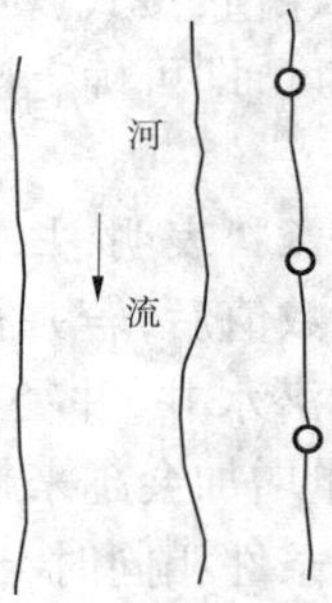

图6-13 沿河直线布井

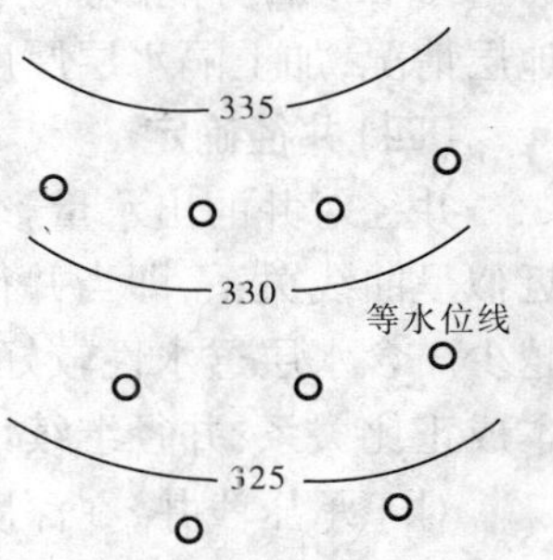

图6-14 垂直地下水流向布井

(3)考虑渠、沟、路、林、电的综合规划,做到占地少,利于交通、机耕和管理,输电线最短。

(4)在原有井灌区布井,应优先考虑旧井的改造利用,不要轻易废除旧井,以免造成浪费。

(三)井深确定

井深应根据当地水文地质条件和单井出水量来确定。当地水文地质条件包括含水层埋深、岩性、厚度、层次结构、出水率和水质等。单井出水量的大小与水文地质条件有关,也取决于井型和成井工艺等。所以,单井出水量最好是进行实地抽水试验确定,也可按下式估算

$$Q = (q_1H_1 + q_2H_2 + \cdots + q_nH_n)S \tag{6-22}$$

式中 Q——单井出水量,m^3/h;

q_1、…、q_n——各砂层的出水率,$m^3/(h \cdot m \cdot m)$;

H_1、H_2、…、H_n——各砂层的厚度，m；

S——设计水位降深，采用离心泵抽水时一般取 4 ~ 6 m。

砂层出水率是指每米砂层在水位降深 1 m 时的水井出水量，可根据当地打井经验和抽水试验资料确定，也可参考表 6-12 中经验值选用。

表 6-12　各种砂层出水率经验值　（单位：m^3/(h·m·m)）

含水层岩性	井径(mm)				
	管井		筒井		
	200	300	500	700	1 000
粉砂	0.10	0.15	0.20	0.30	0.40
细砂	0.20	0.30	0.40	0.60	0.80
中砂	0.40	0.50	0.60	0.80	1.00
粗砂	0.60	0.80	1.00	2.00	3.00
砂砾石	1.00	1.50	2.00	3.00	5.00

根据设计要求，给定单井出水量（一般要求单井出水量为 50 ~ 60 m^3/h，最少也应有 20 ~ 30 m^3/h，方能成井）和设计水位降深值，按式(6-22)求出所需砂层总厚度，综合考虑地层情况，加上隔水层厚度和沉砂管长度，即可确定出机井的深度。

(四)井径确定

井径对井的出水量影响很大，试验资料表明，井的出水量随井径的增加而增大，两者近似呈曲线关系，即当井径增加至某一数值后，若井径再继续增加，出水量的增加会越来越少。含水层透水性较好、水量丰富的潜水井，井径在 300 mm 以内时，出水量与井径基本成正比关系；井径继续增大时，出水量增加会越来越小，如图 6-15 所示。

对于承压浅井，在深度及水文地质条件相同时，出水量与井径成正比关系，如图 6-16 所示。从图 6-16 中可以看出，含水层颗粒越粗、越均匀，渗透系数越大，增大井径对井的出水量增加越显著。

在实际中，井径的选择除应考虑水文地质条件和井径对出水量的影响外，还要考虑井深、凿井机具、提水工具和农田基本建设投资等因素。一般井深为 50 ~ 60 m 时，井径最好为 700 ~ 1 000 mm；井深为 60 ~ 150 m 的中深井，井径为 300 ~ 500 mm；井深超过 150 m 时，井径可选用 200 ~ 300 mm。

(五)井距和井数确定

井距的合理确定是井灌区规划的重要内容之一，直接关系到机井的效益和建设费用以及农作物的用水等方面。井距确定要综合考虑井的出水量、可开采资源量、地下水补给情况，同时还要考虑单井灌溉面积、渠系布置、作物种植、灌水定额、轮灌天数、每天浇地时数等因素，全面分析、合理进行确定。下面介绍两种确定井距的常用方法，以供参考。

1. 单井灌溉面积法

在大面积水文地质条件差异不大，地下水补给比较充足，地下水资源比较丰富，地下水能满足作物需水要求，地下水位降深在一定时间内可以达到相对稳定（采补基本平衡）时，水井的间距主要取决于井的出水量和所能灌溉的面积。单井灌溉面积可按式(6-23)

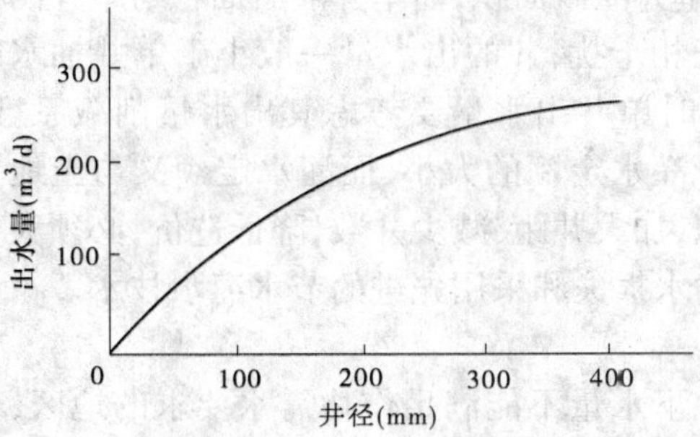

图 6-15　潜水井的出水量与井径关系曲线

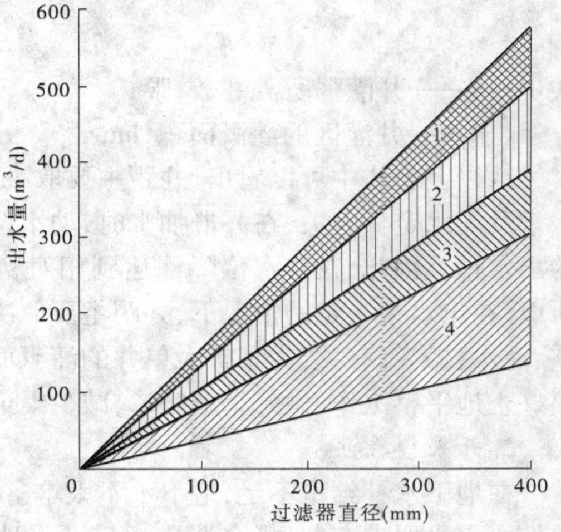

1—砂砾;2—粗砂;3—中砂;4—细砂

图 6-16　承压浅井的出水量与井径关系曲线

计算,即

$$F = \frac{QTt\eta(1 - \eta_1)}{m} \tag{6-23}$$

式中　F——单井控制的灌溉面积,hm^2;

Q——单井出水量,m^3/h;

T——整个灌溉面积完成一次灌水所需要的时间(灌水轮期),d,一般取 7 ~ 10 d;

t——每天灌水时间,h/d,一般取 20 h/d 左右;

η——渠系水利用系数;

η_1——井群干扰抽水时的出水量削减系数,北方干旱地区一般取 0.1 ~ 0.3;

m——灌水定额,m^3/hm^2。

单井灌溉面积确定后,即可按井网的布置形式来布置井距。

(1)正方形布井时,单井控制的灌溉面积为 $F = D^2$,则

$$D = 100\sqrt{F} \tag{6-24}$$

(2)梅花形网状布井时,如图 6-17 所示,单井控制的灌溉面积为 $F = Db = \frac{\sqrt{3}}{2}D^2$,则 $b = \frac{\sqrt{3}}{2}D$,此时井距为

$$D = 107\sqrt{F} \tag{6-25}$$

式中　D——井的间距,m;

b——井的排距,m。

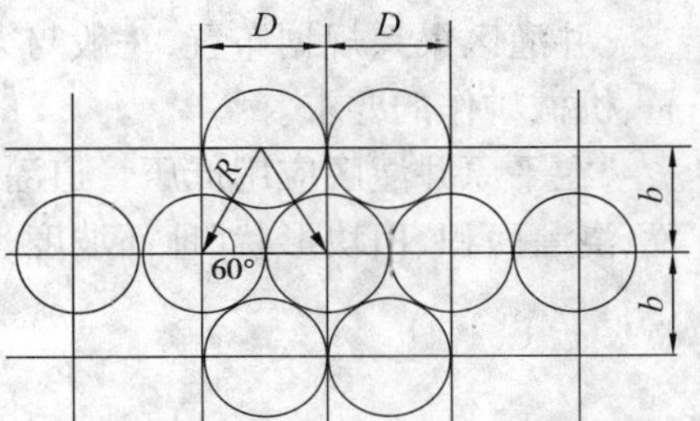

图 6-17　梅花形网状布井示意图

井距确定后,便可根据井灌区的灌溉面积和单井控制的灌溉面积,按下式计算井数

$$n = \frac{A}{F} \tag{6-26}$$

式中　n——井灌区所需井数,眼;

A——井灌区的灌溉面积,hm^2。

从以上公式中可以看出,井距主要取决于单井灌溉面积,而单井灌溉面积与单井的出水量及灌水定额有关,在井群抽水时,动水位互相干扰,井的出水量一般小于单井抽水时的出水量。因此,在静水位降深达到相对稳定时单井出水量要考虑其出水量削减系数。所以,在出水量一定的情况下,井距主要取决于灌水定额的大小,而灌水定额又与土地平整、灌水技术等有关,为了扩大单井的灌溉面积,加大井距,减少井数,降低造价,必须大力搞好土地平整工作,做好渠道防渗,减少渠道输水损失和采用先进的节水灌水技术。

2. 开采模数法

在地下水补给量不足,地下水不太丰富,地下水量不能满足作物需水要求的地区,若按作物需水要求布井,将会造成超量开采地下水,使地下水位持续下降,这是不允许的。因此,应根据计划开采量等于地下水允许开采量,使地下水量保持均衡的原则进行布井。根据地下水资源评价,单位面积允许开采量(即开采模数)一经确定后,可按下列公式计算每平方千米的井数和井距,即

$$N = \frac{q}{QTt} \tag{6-27}$$

式中　N——每平方千米平均布井数,眼/km^2;

q——开采模数,$m^3/(km^2 \cdot a)$;

Q——单井出水量,m^3/h;

T——单井每年抽水天数,d/a;

t——单井每天抽水时数,h/d。

单井控制的灌溉面积为

$$F = \frac{100}{N} \quad (hm^2/\text{眼}) \tag{6-28}$$

井距可以根据井网的布置形式确定。

若按正方形或梅花形网状布井时,井距可分别按式(6-24)、式(6-25)进行计算。

(六)井灌区规划布置

井灌区渠系规划布置,一般与渠灌区的田间系统基本相似,要同时考虑灌溉、田间交通、机械耕作的要求。

在平原井灌区应用低压管道灌溉系统比较普遍,其基本固定管网布置可根据水井位置、浇灌面积、田块形状、地面坡度、作物种植方向等条件确定。

能力训练

一、基本知识能力训练

1. 地下水有哪些基本特点?地下水可以分为哪几类?

2. 地下水资源评价的主要任务是什么？什么是地下水的允许开采量？如何确定？

3. 按构造不同，水井可分为哪几种类型？各有什么特点？

4. 管井设计的主要内容有哪些？

5. 管井的成井工艺过程包括哪些内容？

6. 如何确定井的深度？

7. 如何确定单井控制的灌溉面积？

8. 井网布置有哪两种基本形式？简述这两种布置形式井距的计算方法。

9. 井位的选定应考虑哪些因素？

10. 简述井灌区规划的内容。

二、设计计算能力训练

某地区地下水丰富，宜于发展机井灌溉，采用梅花形网状布井，单井出水量为 60 m^3/h，渠系水利用系数为 0.87，灌一轮水需要 8 d，每天抽水 16 h，削减系数为 0.1，灌水定额为 40 m^3/亩，试计算单井灌溉面积和井距。

第七章　喷灌工程技术

学习目标

学习喷灌系统的类型及特点、喷灌的主要设备、喷灌系统规划设计方法，能够进行喷灌工程的规划设计。

学习任务

1. 了解喷灌系统的类型及特点，能够根据具体条件合理选择喷灌系统。
2. 了解喷灌设备的特点，能够合理选择喷灌设备。
3. 掌握喷灌工程规划设计方法，能够进行喷灌工程规划设计。

第一节　喷灌系统的类型及特点

喷灌是一种利用喷头等专用设备把有压水喷洒到空中，形成水滴落到地面和作物表面的灌水方法。

一、喷灌的特点

（一）喷灌的优点

喷灌是一种新的灌溉技术，它与地面灌溉相比具有许多优越性，有着广阔的发展前景。喷灌具有以下优点。

1. 省水

喷灌可以控制喷洒水量和均匀性，避免产生地面径流和深层渗漏，水的利用率高，一般比地面灌溉节省水量30%～50%。对于透水性强、保水能力差的砂质土地，其节水效果更为明显，用同样的水能浇灌更多的土地。对于可能产生次生盐碱化的地区，采用喷灌的方法，可严格控制湿润深度，消除深层渗漏，防止地下水位上升和次生盐碱化。同时，省水还意味着节省动力，可以降低灌水成本。

2. 省工

喷灌取消了田间的输水沟渠，提高了灌溉机械化程度，大大减轻了灌水劳动强度，便于实现机械化、自动化，同时还可以结合施入化肥和农药，大量节省劳动力。据统计，喷灌所需的劳动量仅为地面灌溉的1/5。

3. 节约用地

采用喷灌可以大量减少土石方工程，无需田间的灌水沟渠和畦埂，可以腾出田间沟渠占地，用于种植作物。比地面灌溉更能充分利用耕地，提高土地利用率，一般可增加耕种面积7%～10%。

4. 增产

喷灌可以采用较小的灌水定额进行浅浇勤灌，便于严格控制土壤水分，使土壤湿度维持在作物生长最适宜的范围，使土壤疏松多孔、通气性好，保持土壤肥力，既不破坏土壤团粒结构，又可促进作物根系在浅层发育，有利于充分利用土壤表层的肥分。喷灌还可以调节田间的小气候，增加近地表空气湿度，在空气炎热的季节可以调节叶面温度，冲洗叶面尘土，有利于植物的呼吸和光合作用，达到增产效果。大田作物可增产 20%，经济作物可增产 30%，蔬菜可增产 1～2 倍，同时还可以改变产品的品质。

5. 适应性强

喷灌对各种地形的适应性强，不需要像地面灌溉那样进行土地平整，在坡地和起伏不平的地面均可进行喷灌。在采用地面灌水方法难以实现的场合，都可以采用喷灌的方法，特别是土层薄、透水性强的砂质土，非常适合使用喷灌。

喷灌不仅适应所有大田旱作物，而且对于各种经济作物、蔬菜、草场，例如谷物、蔬菜、香菇、木耳、药材，都可以产生很好的经济效果。同时，可兼作喷洒肥料、喷洒农药、防霜冻、防暑降温和防尘等。

（二）喷灌的缺点

1. 投资较高

喷灌需要一定的压力、动力设备和管道材料，单位面积投资较大，成本较高。

2. 能耗较大

喷灌所需压力通过消耗能源获得，所需压力越高，耗能越大，灌溉成本就越高。

3. 操作麻烦，受风的影响较大

对于移动或半固定式喷灌，由于必须移动管道和喷头，所以操作较为麻烦，还容易踩踏伤苗和破坏土壤；在有风的天气下，水的飘移损失较大，灌水均匀度和水的利用程度都有所降低。

二、喷灌系统的组成与分类

（一）喷灌系统的组成

喷灌系统主要由水源工程、水泵及动力设备、输配水管网系统、喷头和附属工程、附属设备等部分组成，如图 7-1 所示。

1. 水源工程

河流、湖泊、水库、井泉及城市供水系统等，都可以作为喷灌的水源，但需要修建相应的水源工程，如泵站及附属设施、水量调节池等。

在植物整个生长季节，水源应有可靠的供水保证，保证水量供应。同时，水源水质应满足《农田灌溉水质标准》（GB 5084—2005）的要求。

2. 水泵及动力设备

喷灌需要使用有压力的水才能进行喷洒。通常利用水泵，将水提吸、增压、输送到各级管道及各个喷头中，并通过喷头喷洒出来。如在利用城市供水系统作为水源的情况下，往往不需要加压水泵。

喷灌用泵可以是各种农用泵，如离心泵、潜水泵、深井泵等。有电力供应的地方，用电

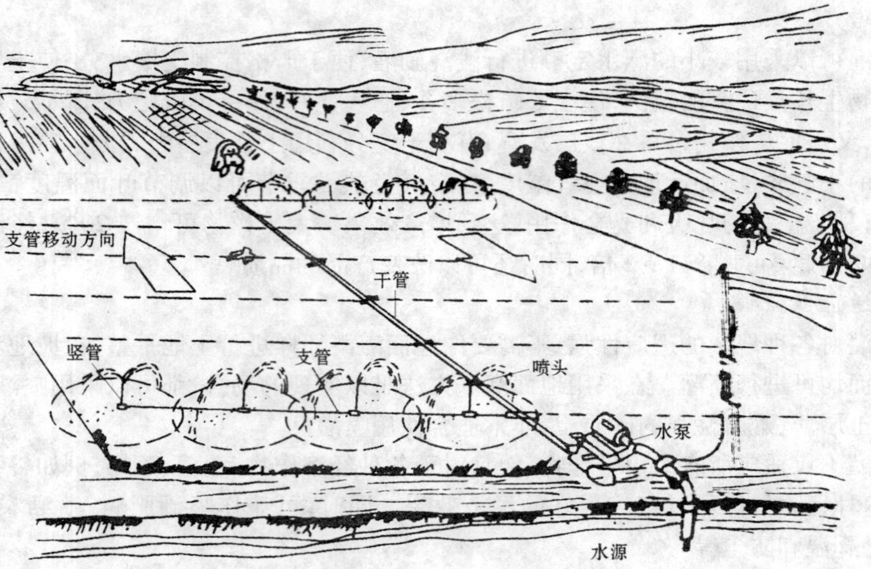

图 7-1　喷灌系统示意图

动机为水泵提供动力;用电困难的地方,用柴油机、拖拉机或手扶拖拉机等为水泵提供动力,动力机功率大小根据水泵的配套要求确定。

3. 输配水管网系统

管网的作用是将压力水输送并分配到所需灌溉的种植区域。管网一般包括干管、支管两级水平管道和竖管。干管和支管起输、配水作用,竖管安装在支管上,末端接喷头。根据需要在管网中安装必要的安全装置,如进排气阀、限压阀、泄水阀等。

管网系统需要各种连接和控制的附属配件,包括闸阀、三通、弯头和其他接头等,在干管或支管的进水阀后还可以接施肥装置。

4. 喷头

喷头将管道系统输送来的有压水流通过喷嘴喷射到空中,分散成细小的水滴散落下来,灌溉作物,湿润土壤。喷头一般安装在竖管上,是喷灌系统中的关键设备。

5. 附属工程、附属设备

喷灌工程中还用到一些附属工程和附属设备。如从河流、湖泊、渠道取水,则应设拦污设施;为了保护喷灌系统的安全运行,必要时应设置进排气阀、调压阀、安全阀等。在灌溉季节结束后应排空管道中的水,需设泄水阀,以保证喷灌系统安全越冬。为观察喷灌系统的运行状况,在水泵进出水管路上应设置真空表、压力表和水表,在管道上还要设置必要的闸阀,以便配水和检修。考虑综合利用时,如喷洒农药和肥料,应在干管或支管上端设置调配和注入设备。

(二)喷灌系统的分类

按水流获得压力的方式不同,分为机压式喷灌系统、自压式喷灌系统和提水蓄能式喷灌系统;按系统的喷洒特征不同,分为定喷式喷灌系统和行喷式喷灌系统;按喷灌设备的形式不同,分为机组式喷灌系统和管道式喷灌系统。

1. 机组式喷灌系统

喷灌机是将喷灌系统中有关部件组装成一体，组成可移动的机组进行作业。机组式喷灌系统类型很多，按大小分可分为轻型、小型、中型、大型喷灌机组系统。

1）机组式喷灌系统的分类

（1）轻型、小型喷灌机组。在我国主要是手推式或手台式轻型、小型喷灌机组，行喷式喷灌机一边走一边喷洒，定喷式喷灌机在一个位置上喷洒完后再移动到新的位置进行喷洒。

在手抬式或手推车式拖拉机上安装一个或多个喷头、水泵、管道，以电动机或柴油机为动力进行喷洒灌溉。其优点是：结构紧凑、机动灵活、机械利用率高，能够一机多用，单位喷灌面积的投资低。

（2）中型喷灌机组。中型喷灌机组多见的是卷管式（自走）喷灌机、双悬臂式（自走）喷灌机、滚移式喷灌机和纵拖式喷灌机。

（3）大型喷灌机组。控制面积可达百亩，如平移式自走喷灌机、大型摇滚式机等。

2）机组式喷灌系统的选用

（1）地区与水源影响。南方地区河网较密，宜选用轻型（手抬式）、小型（手推车式）喷灌机，少数情况下也可选中型喷灌机（如绞盘式喷灌机）。轻型、小型喷灌机特别适用于田间渠道配套性好或水源分布广、取水点较多的地区。

北方田块较宽阔，根据水源情况各种类型机组都有适用的可能性。但对大型农场，则宜选大型、中型喷灌机，因为大型、中型喷灌机工作效率比较高。

（2）因地制宜。在耕地比较分散、水管理比较分散的地方适合发展轻型、小型移动式喷灌机组；在干旱草原、土地连片、种植统一、缺少劳动力的地方适合发展大型、中型喷灌机组。

2. 管道式喷灌系统

管道式喷灌系统指的是以各级管道为主体组成的喷灌系统，按照可移动的程度分为固定式、移动式和半固定式三种。比较适用于我国北方水源较为紧缺、需要节水、取水点少的地区。

1）固定管道式喷灌系统

固定管道式喷灌系统由水源、水泵、管道系统及喷头组成。动力、水泵固定，输（配）水干管（分干管）及工作支管均埋入地下。喷头可以常年安装在与支管连接伸出地面的竖管上，也可以按轮灌顺序轮换安装使用。固定管道式喷灌系统的优点是操作管理方便，便于实行自动化控制，生产效率高。缺点是投资大，亩均投资约在1 000元（不含水源），竖管对机耕和其他农业操作有一定影响，设备利用率低。固定管道式喷灌系统一般适用于经济条件较好的城市园林、花卉和草地的灌溉，以及灌水次数频繁、经济效益高的蔬菜和果园等，也可用在地面坡度较陡的山丘和利用自然水头喷灌的地区。

2）移动管道式喷灌系统

移动管道式喷灌系统的组成与固定式喷灌系统相同，它直接从田间渠道、井、塘吸水，其动力、水泵、管道和喷头全部可以移动，可在多个田块之间轮流喷洒作业。这种系统的机械设备利用率高，应用广泛。缺点是所有设备（特别是动力机和水泵）都要拆卸、搬运，劳动强度大,生产效率低,设备维修保养工作量大,可能损伤作物。一般适用于经济较为落后、气候严寒、冻土层较深的地区。

3)半固定管道式喷灌系统

半固定管道式喷灌系统的组成与固定管道式喷灌系统相同。动力、水泵固定,输、配水干管、分干管埋入地下,通过连接在干管、分干管伸出地面的给水栓向支管供水,支管、竖管和喷头等可以拆卸移动,在不同的作业位置上轮流喷灌,可以人工移动,也可以机械移动。半固定管道式喷灌系统设备利用率较高,运行管理比较方便,为世界各国广泛采用,投资适中(亩均投资 650 ~ 800 元),是目前国内使用较为普遍的一种管道式喷灌系统。一般适用于地面较为平坦,灌溉对象为大田粮食作物。

第二节 喷灌的主要设备

一、喷头

喷头是喷灌系统的主要组成部分,其作用是把压力水流喷射到空中,散成细小的水滴并均匀地散落在地面上。因此,喷头的结构形式及其制造质量的好坏,直接影响到喷灌质量。

(一)喷头的分类

喷头的种类很多,通常按喷头工作压力或结构形式进行分类。

1. 按工作压力分类

喷头按工作压力分类及其适用范围如表 7-1 所示。

表 7-1 喷头按工作压力分类及其适用范围

喷头类别	工作压力(kPa)	射程(m)	流量(m^3/h)	适用范围
低压喷头(低射程喷头)	<200	<15.5	<2.5	射程近,水滴打击强度低,主要用于苗圃、菜地、温室、草坪、园林、自压喷灌的低压区或行喷式喷灌机
中压喷头(中射程喷头)	200 ~ 500	15.5 ~ 42	2.5 ~ 32	喷灌强度适中,适用范围广,果园、草地、菜地、大田及各类经济作物均可使用
高压喷头(远射程喷头)	>500	>42	>32	喷洒范围大,但水滴打击强度也大,多用于对喷洒质量要求不高的大田作物和牧草等

2. 按结构形式分类

喷头按结构形式分类主要有固定式(见图 7-2)、孔管式、旋转式三类。固定式又分为折射式、缝隙式、离心式三种形式,孔管式又分为单(双)孔口、单列孔、多列孔三种形式,

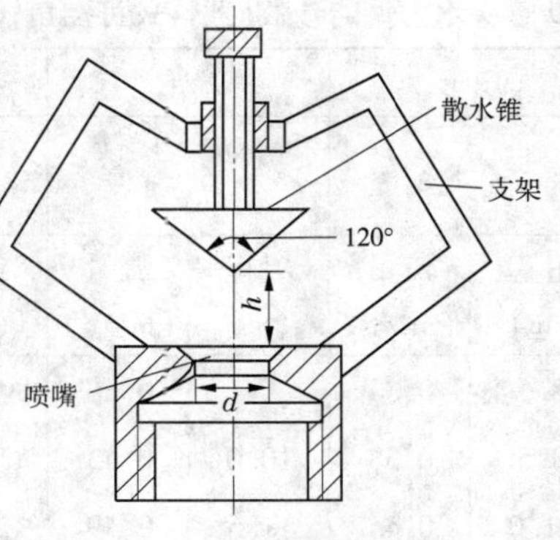

图 7-2　固定式喷头示意图

旋转式又分为摇臂式、叶轮式、反作用式三种形式。

喷头采用的材质有铜、铝合金和塑料三种类型，我国已定型生产 PY_1、PY_2、ZY－1、ZY－2等系列摇臂式喷头。

常用摇臂式喷头见图 7-3，其中 PY 型喷头性能参数见表 7-2、表 7-3、表 7-4。

表 7-2　PYS05 喷头水力性能参数（外螺纹接头）

接头	1/2″	3/8″	1/2″	3/8″	1/2″	3/8″	1/2″	3/8
喷洒方式	全圆		全圆		全圆		全圆	
喷嘴直径（mm）	2.0		2.5		3.0		3.5	
工作压力（kPa）	射程（m）	流量（m^3/h）	射程（m）	流量（m^3/h）	射程（m）	流量（m^3/h）	射程（m）	流量（m^3/h）
150	7.5	0.17	7.8	0.23	8.0	0.31	8.0	0.48
200	7.8	0.19	8.0	0.27	8.3	0.36	8.3	0.56
250	8.0	0.22	8.3	0.30	8.5	0.45	8.8	0.62
300	8.3	0.24	8.5	0.33	8.8	0.48	9.0	0.68
350	8.3	0.26	8.8	0.35	8.9	0.53	9.3	0.73

表 7-3　PYS20 喷头水力性能参数（G3/4″外螺纹接头）

喷洒方式	全圆		全圆		全圆		全圆		全圆	
喷嘴直径（mm）	3.5		4.0		4.5		5.0		5.5	
工作压力（kPa）	射程（m）	流量（m^3/h）	射程（m）	流量（m^3/h）	射程（m）	流量（m^3/h）	射程（m）	流量（m^3/h）	射程（m）	流量（m^3/h）
200	14.0	0.71	14.5	0.88	14.5	1.04	15.0	1.25	16.5	1.46
250	14.5	0.81	15.0	0.99	15.0	1.19	16.0	1.41	17.0	1.66
300	15.0	0.88	15.5	1.09	16.0	1.33	17.0	1.54	18.0	1.82
350	15.5	0.95	16.0	1.18	16.5	1.41	17.5	1.67	18.5	1.99
400	16.0	1.02	16.5	1.27	17.5	1.51	18.0	1.78	19.0	2.13
450	16.5	1.08	17.0	1.35	18.0	1.61	18.5	1.88	19.5	2.26

表 7-4　PYSK10 喷头水力性能参数（摇臂式可控角，G1/2″外螺纹接头）

喷洒方式	扇形		扇形		扇形		扇形		扇形	
喷嘴直径（mm）	2.5		2.8		3.0		3.5		4.5	
工作压力（kPa）	射程（m）	流量（m^3/h）	射程（m）	流量（m^3/h）	射程（m）	流量（m^3/h）	射程（m）	流量（m^3/h）	射程（m）	流量（m^3/h）
150	8.5	0.30	8.5	0.33	9.0	0.36	9.0	0.53	9.0	0.84
200	9.5	0.34	9.5	0.38	10.0	0.43	10.5	0.59	10.5	0.91
250	11.0	0.38	11.0	0.45	11.5	0.49	11.5	0.66	12.0	0.98
300	11.5	0.41	11.5	0.48	11.6	0.52	12.0	0.72	12.5	1.10
350	12.0	0.44	12.0	0.52	12.0	0.56	13.0	0.77	13.0	1.22

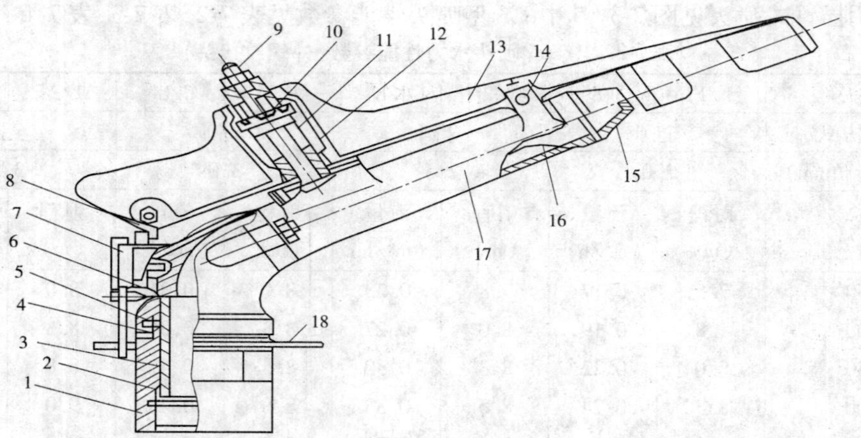

1—空心轴套；2—减磨密封圈；3—空心轴；4—防砂弹簧；5—弹簧罩；6—喷体；7—换向器；8—反向钩；9—摇臂调位螺钉；10—弹簧座；11—摇臂轴；12—摇臂弹簧；13—摇臂；14—打击块；15—喷嘴；16—稳流器；17—喷管；18—限位环

图 7-3　摇臂式喷头示意图

（二）喷头的基本性能参数

喷头的基本性能参数包括喷头的几何参数、工作参数和水力性能参数。

1. 喷头的几何参数

1）进水口直径 D

进水口直径是指喷头空心轴或进水口管道的内径 D（mm）。通常比竖管内径小，因而使流速增加，一般流速应控制在 3 ~ 4 m/s 的范围内，以求水头损失小而又不致使喷头体积太大。喷头的进水口直径确定后，其过水能力和结构尺寸也就大致确定了，喷头与竖管的连接一般采用螺纹连接。我国 PY 系列摇臂式喷头以进水口公称直径命名喷头的型号，如常用的 $PY_1$20 喷头，其进水口的公称直径为 20 mm。

2）喷嘴直径 d

喷嘴直径是指喷嘴流道等截面段的直径 d(mm)，喷嘴直径反映喷头在一定工作压力下的过水能力。同一型号的喷头，往往允许配用不同直径的喷嘴，如 ZY－2 喷头可以配用直径为 6～10 mm 的 9 种喷嘴，这时如果工作压力相同，则喷嘴直径越大，喷水量就越大，射程也越远，但雾化程度要相对降低。

3）喷射仰角 α

喷射仰角是指喷嘴出口处射流与水平面的夹角 α。在相同工作压力和流量的情况下，喷射仰角是影响射程和喷洒水量分布的主要参数。适宜的喷射仰角能获得最大的射程，从而可以降低喷灌强度和扩大喷头的控制范围，降低喷灌系统的建设投资。喷射仰角一般为 20°～30°，大中型喷头的 α 大于 20°，小喷头的 α 小于 20°，目前我国常用喷头的 α 多为 27°～30°。为了提高抗风能力，有些喷头已采用 21°～25°的喷射仰角。对于小于 20°的喷射仰角，称为低喷射仰角。低喷射仰角喷头一般多用于树下喷灌。对于特殊用途的喷灌，还可以将 α 制造得更小。

2. 喷头的工作参数

1）工作压力 P

喷头的工作压力是指喷头进水口前的内水压力，一般以 P 表示，单位为 kPa 或 m。喷头工作压力减去喷头内的水头损失等于喷嘴出口处的压力，简称喷嘴压力，以 P_z 表示。

2）喷头流量 q

喷头流量又称喷水量，是指单位时间内喷头喷出的水的体积（或水量），单位为m^3/h、L/s 等。影响喷头流量的主要因素是工作压力和喷嘴直径，同样的喷嘴，工作压力越大，喷头流量也就越大，反之亦然。

3）射程 R

射程是指在无风条件下，喷头正常工作时喷洒湿润的半径，一般以 R 表示，单位为 m。喷头的射程主要取决于喷嘴压力、喷水流量（或喷嘴直径）、喷射仰角、喷嘴形状和喷管结构等因素。另外，整流器、旋转速度等也不同程度地影响射程。因此，在设计或选用喷头射程时应考虑以上各项因素。

二、喷灌的技术参数

（一）喷灌强度

喷灌强度是指单位时间内喷洒在单位面积上的水量，以水深表示，单位为 mm/h 或 mm/min。喷灌强度分为点喷灌强度、平均喷灌强度和组合喷灌强度等。

1. 点喷灌强度

点喷灌强度是指单位时间内喷洒在土壤表面某点的水深，可用下式表示

$$\rho_i = \frac{h_i}{t} \tag{7-1}$$

式中 ρ_i——点喷灌强度，mm/h；

h_i——喷灌水深，mm；

t——喷灌时间，h。

2. 平均喷灌强度

平均喷灌强度是指一定湿润面积上各点在单位时间内喷灌水深的平均值，以下式表示

$$\bar{\rho} = \frac{\bar{h}}{t} \tag{7-2}$$

式中 $\bar{\rho}$——平均喷灌强度，mm/h；

$\bar{h}$——平均喷灌水深，mm；

t——喷灌时间，h。

不考虑水滴在空气中的蒸发和飘移损失，根据喷头喷出的水量与喷洒在地面上的水量相等的原理计算的平均喷灌强度，又称为计算喷灌强度，其公式为

$$\rho_s = \frac{1\,000q}{A} \tag{7-3}$$

式中 q——喷头流量，m^3/h；

ρ_s——无风条件下单喷头喷洒的平均喷灌强度，mm/h；

A——单喷头喷洒控制面积，m^2。

3. 组合喷灌强度

在喷灌系统中，喷洒面积上各点的平均喷灌强度，称做组合喷灌强度。组合喷灌强度可用公式(7-4)计算，即

$$\rho = K_\omega C_\rho \rho_s \tag{7-4}$$

式中 C_ρ——布置系数，查表 7-5；

K_ω——风系数，查表 7-6；

其他符号意义同前。

表 7-5 不同运行情况下的 C_ρ 值

运行情况	C_ρ
单喷头全圆喷洒	1
单喷头扇形喷洒（扇形中心角 α）	$\dfrac{360°}{\alpha}$
单支管多喷头同时全圆喷洒	$\dfrac{\pi}{\pi-(\pi/90)\arccos(a/2R)+(a/R)\sqrt{1-(a/2R)^2}}$
多支管多喷头同时全圆喷洒	$\dfrac{\pi R^2}{ab}$

注：表内各式中 R 为喷头射程，a 为喷头在支管上的间距，b 为支管间距。

喷灌工程中，组合喷灌强度不应超过土壤的允许入渗率（渗吸速度），以便使喷洒到土壤表面上的水能及时渗入土壤中，而不形成积水和径流。对定喷式喷灌系统，设计喷灌强度不得大于土壤的允许喷灌强度。行喷式喷灌系统的设计喷灌强度可略大于土壤的允许喷灌强度。

不同质地土壤的允许喷灌强度可按表 7-7 确定。当地面坡度大于 5% 时，允许喷灌强度应按表 7-8 进行折减。

表 7-6　不同运行情况下的 K_ω 值

运行情况		K_ω
单喷头全圆喷洒		$1.15v^{0.314}$
单支管多喷头同时全圆喷洒	支管垂直风向	$1.08v^{0.194}$
	支管平行风向	$1.12v^{0.302}$
多支管多喷头同时喷洒		1.0

注：1. 式中 v 为风速，以 m/s 计。

2. 单支管多喷头同时全圆喷洒，若支管与风向既不垂直又不平行，则可近似地用线性插值方法求取 K_ω。

3. 本表公式适用于风速 v 为 1 ~ 5.5 m/s 的区间。

表 7-7　各类土壤的允许喷灌强度　（单位：mm/h）

土壤类别	允许喷灌强度	土壤类别	允许喷灌强度
砂土	20	黏壤土	10
砂壤土	15	黏土	8
壤土	12		

注：有良好覆盖时，表中数值可提高 20%。

表 7-8　坡地允许喷灌强度降低值

地面坡度（%）	允许喷灌强度降低值（%）	地面坡度（%）	允许喷灌强度降低值（%）
5 ~ 8	20	13 ~ 20	50
9 ~ 12	40	>20	75

（二）喷灌均匀系数

喷灌均匀系数是衡量喷灌面积上喷洒水量分布均匀程度的一个指标。规范规定：定喷式喷灌系统喷灌均匀系数不应低于 0.75，对于行喷式喷灌系统喷灌均匀系数不应低于 0.85。喷灌均匀系数在有实测数据时应按公式（7-5）计算，即

$$C_u = 1 - \frac{\Delta h}{h} \quad (7\text{-}5)$$

式中　C_u——喷灌均匀系数；

h——喷洒水深的平均值，mm；

Δh——喷洒水深的平均高差，mm。

在设计中可通过控制以下因素实现喷灌均匀性：设计风速下喷头的组合间距，喷头的喷洒水量分布，喷头工作压力。

（三）喷灌的雾化指标

雾化指标是反映水滴打击强度的一个指标，反映了喷射水流的碎裂程度。一般用喷头工作压力与喷嘴直径的比值表示，可按公式（7-6）计算，并应符合表 7-9 的要求。

$$W_h = \frac{h_p}{d} \quad (7\text{-}6)$$

式中 W_h——喷灌的雾化指标；

h_p——喷头的工作压力水头，m；

d——喷头的主喷嘴直径，m。

表 7-9 给出了不同作物适宜的雾化指标范围。

表 7-9　不同作物适宜的雾化指标范围

作物种类	h_p/d
蔬菜及花卉	4 000 ~ 5 000
粮食作物、经济作物及果树	3 000 ~ 4 000
牧草、饲料作物、草坪及绿化林木	2 000 ~ 3 000

三、管道及附件

管道是喷灌工程的重要组成部分，管材必须保证在规定的工作压力下不发生开裂、爆管现象，工作安全可靠。管材在喷灌系统中需用数量多，投资比重较大，需要在设计中按照因地制宜、经济合理的原则加以选择。此外，管道附件也是管道系统中不可缺少的配件。

（一）喷灌管材

喷灌管道按照材质分为金属管道和非金属管道，按照使用方式分为固定管道和移动管道。

目前，喷灌工程中可以选用的管材主要有塑料管、钢管、铸铁管、混凝土管、薄壁铝合金管、薄壁镀锌钢管以及涂塑软管等。一般来讲，地埋管道尽量选用塑料管，地面移动管道可选用薄壁铝合金管以及涂塑软管。

1. 塑料管

塑料管是由不同种类的树脂掺入稳定剂、添加剂和润滑剂等挤出成型的。按其材质可以分为聚氯乙烯管（PVC）、聚乙烯管（PE）和改性聚丙烯管（PP）等。喷灌工程中常采用承压能力为 400 ~ 1 000 kPa 的管材。

塑料管的优点是重量轻，便于搬运，施工容易，能适应一定的不均匀沉陷，内壁光滑，不生锈，耐腐蚀，水头损失小。其缺点是存在老化脆裂问题，随温度升降变形大。喷灌工程中如果将其作为地埋管道使用，可以最大限度地克服老化脆裂缺点，同时减小温度变化幅度，因此地埋管道多选用塑料管。其规格尺寸见表 7-10。

塑料管的连接形式分为刚性连接和柔性连接，刚性连接有法兰连接、承插黏接和焊接等，柔性连接多为一端 R 型扩口或使用铸铁管件套橡胶圈止水承插连接。

2. 钢管

常用的钢管有无缝钢管（热轧和冷拔）、焊接钢管和水煤气钢管等。

钢管的优点是能够承受动荷载和较高的工作压力，与铸铁管相比较，管壁较薄，韧性强，不易断裂，节省材料，连接简单，铺设简便。其缺点是造价较高，易腐蚀，使用寿命较短。因此，钢管一般用于系统的首部连接、管路转弯、穿越道路及障碍等处。

钢管一般采用焊接、法兰连接或者螺纹连接方式。

表 7-10　硬聚氯乙烯管材规格与尺寸公差　（单位：mm）

公称外径	平均外径极限偏差	公称压力 0.25 MPa		公称压力 0.40 MPa		公称压力 0.63 MPa		公称压力 1.00 MPa		公称压力 1.25 MPa	
		壁厚	极限偏差	壁厚	极限偏差	壁厚	极限偏差	壁厚	极限偏差	壁厚	极限偏差
20	+0.3					0.7	+0.3	1.0	+0.3	1.2	+0.4
25	+0.3			0.5	+0.3	0.8	+0.3	1.2	+0.4	1.5	+0.4
32	+0.3			0.7	+0.3	1.0	+0.3	1.6	+0.4	1.9	+0.4
40	+0.3	0.5	+0.3	0.8	+0.3	1.3	+0.4	1.9	+0.4	2.4	+0.5
50	+0.3	0.7	+0.3	1.0	+0.3	1.6	+0.4	2.4	+0.5	3.0	+0.5
63	+0.3	0.8	+0.3	1.3	+0.4	2.0	+0.4	3.0	+0.5	3.8	+0.6
75	+0.3	1.0	+0.3	1.5	+0.4	2.3	+0.5	3.6	+0.6	4.5	+0.7
90	+0.3	1.2	+0.4	1.8	+0.4	2.8	+0.5	4.3	+0.7	5.4	+0.8
110	+0.4	1.4	+0.4	2.2	+0.5	3.4	+0.6	5.3	+0.8	6.6	+0.8
125	+0.4	1.6	+0.4	2.5	+0.5	3.9	+0.6	6.0	+0.8	7.4	+1.0
140	+0.5	1.8	+0.4	2.8	+0.5	4.3	+0.7	6.7	+0.9	8.3	+1.1
160	+0.5	2.0	+0.4	3.2	+0.6	4.9	+0.7	7.7	+1.0	9.5	+1.2
180	+0.6	2.3	+0.5	3.6	+0.6	5.5	+0.8	8.6	+1.1		
200	+0.6	2.5	+0.5	3.9	+0.6	6.2	+0.9	9.6	+1.2		
225	+0.7	2.8	+0.5	4.4	+0.7	6.9	+0.9				
250	+0.8	3.1	+0.6	4.9	+0.7	7.7	+1.0				
280	+0.9	3.5	+0.6	5.5	+0.8	8.6	+1.1				
315	+1.0	3.9	+0.6	6.2	+0.9	9.7	+1.2				

注：1. 本表摘自《喷灌用硬聚氯乙烯管》（SL/T 96.1—1994）；

2. 公称压力是管材在 20 ℃下输送水的压力。

3. 铸铁管

铸铁管可分为铸铁承插直管、砂型离心铸铁管和铸铁法兰直管。

铸铁管的优点是承压能力大，一般为 1 MPa，工作可靠，寿命长，可使用 30 ~ 50 年，管件齐全，加工安装方便等。其缺点是质量大，搬运不方便，造价高，内部容易产生铁瘤阻水。铸铁管一般采用法兰接口或者承插接口方式进行连接。

4 钢筋混凝土管

钢筋混凝土管分为自应力钢筋混凝土管和预应力钢筋混凝土管，均是在混凝土浇筑过程中，使钢筋受到一定拉力，从而保证其在工作压力范围内不会产生裂缝。

钢筋混凝土管的优点是不易腐蚀，经久耐用；长时间输水，内壁不结污垢，保持输水能力，安装简便，性能良好。其缺点是质脆，质量较大，搬运困难。

钢筋混凝土管的连接一般采用承插式接口，分为刚性接头和柔性接头。

5. 薄壁铝合金管

薄壁铝合金管材的优点是质量轻；能承受较大的工作压力；韧性强，不易断裂；不锈蚀，耐酸性腐蚀；内壁光滑，水力性能好；寿命长，一般可使用 15～20 年。其缺点是价格较高，抗冲击能力差，耐磨性不及钢管，不耐强碱性腐蚀等。喷灌用薄壁铝合金管材的规格见表 7-11。

表 7-11　喷灌用薄壁铝合金管材的规格

<table>
<tr><th>外径 D
（mm）</th><th>外径公差
（mm）</th><th>壁厚
（mm）</th><th>壁厚公差
（mm）</th><th>定尺长度 L
（mm）</th><th>长度公差
（mm）</th><th>圆度
（%D）</th><th>直度
（%L）</th></tr>
<tr><td>32</td><td rowspan="3">－0.35</td><td rowspan="4">1.0</td><td rowspan="4">±0.12</td><td rowspan="16">6 000
5 000</td><td rowspan="16">＋15</td><td rowspan="16">±0.15</td><td rowspan="16">0.3</td></tr>
<tr><td>40</td></tr>
<tr><td>50</td></tr>
<tr><td>60</td><td rowspan="5">－0.45</td></tr>
<tr><td>65</td><td rowspan="5">1.5</td><td rowspan="5">±0.18</td></tr>
<tr><td>70</td></tr>
<tr><td>75</td></tr>
<tr><td>80</td></tr>
<tr><td>90</td><td rowspan="5">－0.60</td></tr>
<tr><td>100</td><td rowspan="2">2.0</td><td rowspan="2">±0.22</td></tr>
<tr><td>105</td></tr>
<tr><td>110</td><td rowspan="2">2.5</td><td rowspan="2">±0.25</td></tr>
<tr><td>120</td></tr>
<tr><td>130</td><td rowspan="3">－0.80</td><td rowspan="3">3.0</td><td rowspan="3">±0.30</td></tr>
<tr><td>150</td></tr>
<tr><td>160</td></tr>
</table>

注：本表摘自《喷灌用金属薄壁管》（GB 5896—86）。

薄壁铝合金管材的配套管件多为铝合金铸件和冲压镀锌钢件。铝合金铸件不怕锈蚀，使用管理简便，有自泄功能；冲压镀锌钢件转角大，对地形变化适应能力强。

薄壁铝合金管材的连接多采用快速接头连接。

6. 涂塑软管

用于喷灌工程中的涂塑软管主要有锦纶塑料软管和维纶塑料软管两种。锦纶塑料软管是用锦纶丝织成网状管坯后在内壁涂一层塑料而成的，维纶塑料软管是用维纶丝织成网状管坯后在内、外壁涂注聚氯乙烯而成的。

涂塑软管的优点是质量轻，便于移动，价格低。其缺点是易老化，不耐磨，怕扎、怕压折，一般只能使用2～3年。

涂塑软管接头一般采用内扣式消防接头，常用规格有ϕ50 mm、ϕ65 mm和ϕ80 mm等几种。这种接头用橡胶密封圈止水，密封性能较好。

(二)管道附件

喷灌工程中的管道附件主要为控制件和连接件。它们是管道系统中不可缺少的配件。

控制件的作用是根据喷灌系统的要求来控制管道系统中水流的流量和压力，如阀门、逆止阀、安全阀、空气阀、减压阀、流量调节器等；连接件的作用是根据需要将管道连接成一定形状的管网，也称为管件，如弯头、三通、四通、异径管、堵头等。

1. 阀门

阀门是控制管道启闭和调节流量的附件。按其结构不同，可分为闸阀、蝶阀、截止阀等几种，采用螺纹或法兰连接，一般手动驱动。

给水栓是半固定喷灌系统和移动式喷灌系统的专用阀门，常用于连接固定管道和移动管道，控制水流的通断。

2. 逆止阀

逆止阀也称止回阀，是一种根据阀门前后压力差而自动启闭的阀门，它使水流只能沿一个方向流动，当水流要反方向流动时则自动关闭阀门。在管道式喷灌系统中常在水泵出口处安装逆止阀，以避免水泵突然停机时回水引起的水泵高速倒转。

3. 安全阀

安全阀用于减少管道内超过规定的压力值，它可以防护关闭水锤和充水水锤。喷灌系统常用的安全阀是A49X－10型开放式安全阀。

4. 空气阀

喷灌系统中的空气阀常为KQ42X－10型快速空气阀。它安装在系统的最高部位和管道隆起的顶部，可以在系统充水时将空气排出，并在管道内充满水后自动关闭。

5. 减压阀

减压阀的作用是当管道系统中的水压力超过工作压力时，自动降低到所需压力。适用于喷灌系统的减压阀有薄膜式、弹簧薄膜式和波纹管式等。

6. 管件

不同管材配套不同的管件。塑料管件和水煤气管件规格和类型比较系列化，能够满足使用要求，在市场中一般能够购置齐全。钢制管件通常需要根据实际情况加以制造。

1)三通和四通

三通和四通主要用于上一级管道和下一级管道的连接，对于单向分水的用三通，对于双向分水的用四通。

2)弯头

弯头主要用于管道转弯或坡度改变处的管道连接。一般按转弯的中心角大小分类，常用的有90°、45°等。

3)异径管

异径管又称大小头，用于连接不同管径的直管段。

4）堵头

堵头用于封闭管道的末端。

7. 竖管和支架

竖管是连接喷头的短管，其长度可按照作物茎高不同或同一作物不同的生长阶段来确定，为了拆卸方便，竖管下部常安装可快速拆装的自闭阀（插座）。支架是为防止竖管因喷头工作时产生晃动而设置的，硬质支管上的竖管可用两脚支架固定，软质支管上的竖管则需要用三脚支架固定。

第三节　喷灌工程规划设计

一、喷灌工程规划设计的要求

（1）喷灌工程规划设计应符合当地水资源开发利用规划，符合农业、林业、牧业、园林绿地规划的要求，并与灌排设施、道路、林带、供电等系统建设相结合，与土地整理复垦规划、农业结构调整规划相结合。

（2）喷灌工程规划应根据灌区地形、土壤、气象、水文与水文地质、作物种植以及社会经济条件，通过技术经济分析及环境评价确定。

（3）在经济作物、园林绿地及蔬菜、果树、花卉等高附加值的作物地区，灌溉水源缺乏的地区，高扬程提水灌区，受土壤或地形限制难以实施地面灌溉的地区，有自压喷灌条件的地区，集中连片作物种植区及技术水平较高的地区，可以优先发展喷灌工程。

二、喷灌系统规划设计方法

喷灌系统规划设计前应首先确定灌溉设计标准，按照《喷灌工程技术规范》（GB/T 50085—2007）的规定，喷灌工程的灌溉设计保证率不应低于85%。

下面以管道式喷灌系统为例，说明喷灌系统规划设计方法。

（一）基本资料收集

进行喷灌工程的规划设计，需要认真收集灌区的一些基本资料。主要包括自然条件（地形、土壤、作物、水源、气象资料）、生产条件（水利工程现状、生产现状、喷灌区划、农业生产发展规划和水利规划、动力和机械设备、材料和设备生产供应情况、生产组织和用水管理）和社会经济条件（灌区的行政区划、经济条件、交通情况，以及市、县、镇发展规划）。

（二）水源分析计算

喷灌工程设计必须进行水源水量和喷灌用水量的平衡计算。当水源的天然来水过程不能满足喷灌用水量要求时，应建蓄水工程。

喷灌水质应符合现行《农田灌溉水质标准》（GB 5084—2005）的规定。

【例7-1】　某项目水源水量和灌溉用水量的平衡计算。

某井灌区有6眼机井，单井平均出水量为110 m^3/h左右，总出水量为660 m^3/h，灌溉期可供水量为$118.35\times10^4\ m^3$。

现状年地面灌溉净需水量为$114.84\times10^4\ m^3$，毛需水量为$196.98\times10^4\ m^3$。

节水项目实施后计算的灌溉净需水量为 $89.1\times10^4\ m^3$，毛需水量为 $99.02\times10^4\ m^3$。

平衡计算：

水源水量 − 节水灌溉毛需水量 $=118.35\times10^4-99.02\times10^4=19.33\times10^4(m^3)$

满足要求。

项目实施后比项目实施前的地面灌溉方式年节约水量 $97.96\times10^4\ m^3$。

（三）系统选型

系统类型应因地制宜，综合以下因素选择：水源类型及位置；地形地貌，地块形状、土壤质地；作物生长期降水量，灌溉期间风速、风向；灌溉对象；社会经济条件、生产管理体制、劳动力状况及劳动者素质；动力条件。具体选择如下：

（1）地形起伏较大、灌水频繁、劳动力缺乏，灌溉对象为蔬菜、茶园、果树等经济作物及园林、花卉和绿地的地区，选用固定式喷灌系统。

（2）地面较为平坦的地区，灌溉对象为大田粮食作物；气候严寒、冻土层较深的地区，选用半固定式喷灌系统和移动式喷灌系统。

（3）土地开阔连片、地势平坦、田间障碍物少；使用管理者技术水平较高；灌溉对象为大田作物、牧草等；集约化经营程度相对较高时，选用大中型机组式喷灌系统。

（4）丘陵地区零星、分散耕地的灌溉；水源较为分散、无电源或供电保证率较低的地区，选用轻小型机组式喷灌系统。

（四）喷头的布置

1. 喷头的选择

选择喷头时，需要根据作物种类、土壤性质以及当地喷头与动力的生产与供需情况，考虑喷头的工作压力、流量、射程、组合喷灌强度、喷洒扇形角度能否调节、土壤的允许喷灌强度、地块大小形状、水源条件、用户要求等因素，进行选择。喷头选定后要符合下列要求：

（1）组合后的喷灌强度不超过土壤的允许喷灌强度。

（2）组合后的喷灌均匀系数不低于《喷灌工程技术规范》（GB/T 50085—2007）规定的数值。

（3）雾化指标应符合作物要求的数值。

（4）有利于减少喷灌工程的年费用。

2 喷头的布置

喷灌系统中喷头的布置包括喷头的喷洒方式、喷头的组合形式、组合的校核、喷头沿支管上的间距及支管间距等。喷头布置的合理与否直接关系到整个系统的灌水质量。

1）喷头的喷洒方式

喷头的喷洒方式因喷头的形式不同可有多种，如全圆喷洒、扇形喷洒、带状喷洒等。在管道式喷灌系统中，除在田角路边或房屋附近使用扇形喷洒外，其余均采用全圆喷洒。全圆喷洒能充分利用射程，允许喷头有较大的间距，并可使组合喷灌强度减小。

2）喷头的组合形式

喷头的组合形式是指喷头在田间的布置形式，一般用相邻的 4 个喷头的平面位置组成的图形表示。喷头的组合间距用 a 和 b 表示：a 表示同一支管上相邻两喷头的间距，b 表示相邻两支管的间距。喷头的组合形式可分为正方形组合、矩形组合、平行四边形组合等。正方形组合 $a=b$。喷头组合形式的选择要根据地块形状、系统类型、风向风速等因素综合考虑。

3）喷头组合间距的确定

喷头组合间距的合理与否直接影响喷灌质量。因此，喷头的组合间距不仅直接受喷头射程的制约，同时也受到喷灌系统所要求的喷灌均匀度和喷灌区土壤允许喷灌强度的限制。一般可按以下步骤确定喷头的组合间距：

（1）根据设计风速和设计风向确定间距射程比。为使喷灌的组合均匀系数 C_u 达到 75% 以上，旋转式喷头在设计风速下的间距射程比可按表 7-12 确定。

表 7-12　旋转式喷头在设计风速下的间距射程比

设计风速（m/s）	组合间距	
	垂直风向 K_a	平行风向 K_b
0.3～1.6	(1.1～1)R	1.3R
1.6～3.4	(1～0.8)R	(1.3～1.1)R
3.4～5.4	(0.8～0.6)R	(1.1～1)R

注：1. R 为喷头射程；

2. 在每一档风速中可按内插法取值；

3. 在风向多变采用等间距组合时，应选用垂直风向栏的数值；

4. 表中风速是指地面以上 10 m 高处的风速值。

（2）确定组合间距。根据初选喷头的射程 R 和选取的间距射程比 K_a、K_b 值，按下式计算组合间距：

喷头间距
$$a = K_a R \tag{7-7}$$
支管间距
$$b = K_b R \tag{7-8}$$

计算得到 a、b 值后，还应调整到可适应管道的规格长度。对于固定式喷灌系统和移动式喷灌系统，计算的喷头组合间距可按调整后采用，但对于半固定式喷灌系统，则需要把 a、b 值调整为标准管节长的整数倍。调整后的 a、b 值，如果与式(7-7)、式(7-8)计算的结果相差较大，则应校核计算间距射程比 K_a、K_b 值是否超过表 7-12 中规定的数值，若不超过，则 $C_u \geqslant 75\%$ 仍满足，若超出表 7-12 中所列数值，则需重新调整间距。

4）组合喷灌强度的校核

在选喷头、定间距的过程中已满足了雾化指标和均匀度的要求，但是否满足喷灌强度的要求，还需进行验证。验证的公式为

$$\rho \leqslant [\rho] \tag{7-9}$$

将式(7-4)代入式(7-9)，得

$$K_\omega C_\rho \rho_s \leqslant [\rho] \tag{7-10}$$

式中　$[\rho]$——灌区土壤的允许喷灌强度，mm/h；

其他符号意义同前。

如果计算出的组合喷灌强度大于土壤的允许喷灌强度，可以通过以下方式加以调整，直至校核满足要求：

（1）改变运行方式，变多行多喷头喷洒为单行多喷头喷洒，或者变扇形喷洒为全圆喷洒；

(2)加大喷头间距或支管间距；

(3)重选喷头，重新布置计算。

5)喷头布置

喷头布置要根据不同地形情况进行布置，图 7-4 ~ 图 7-6 给出了不同地形时的喷头布置形式。

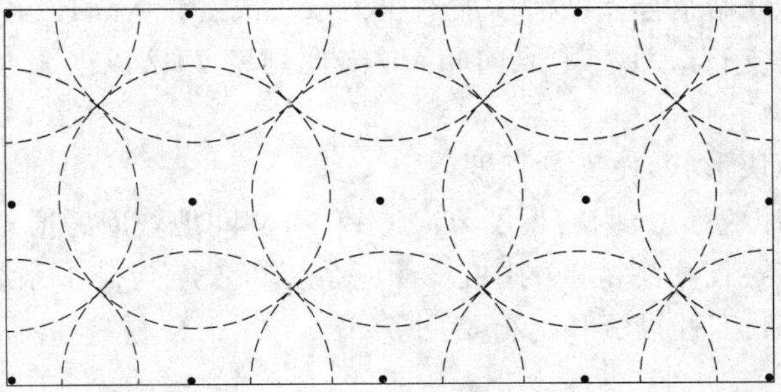

图 7-4　长方形区域的喷头布置形式

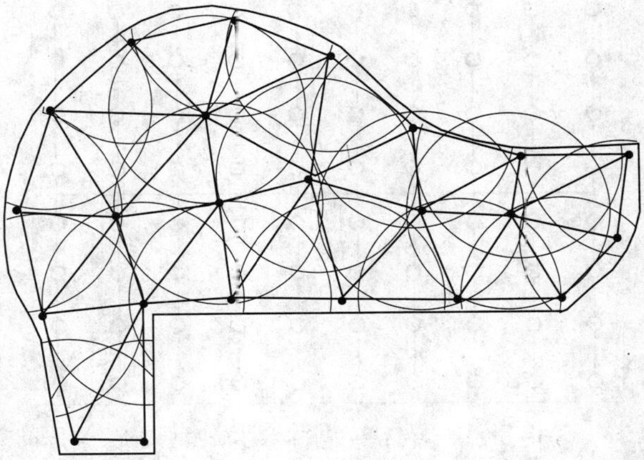

图 7-5　不规则地块的喷头布置形式

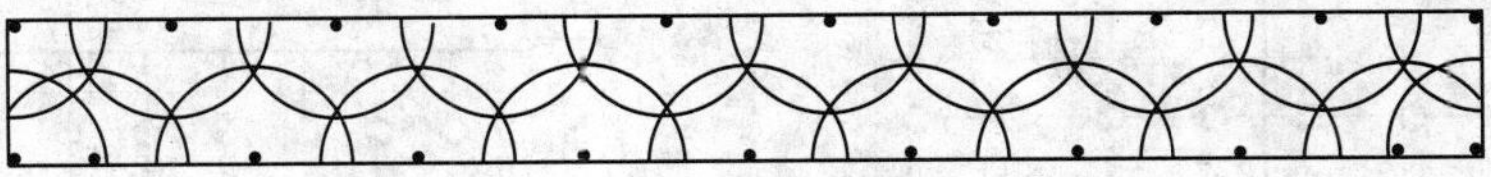

图 7-6　狭长区域的喷头布置形式

(五)管道系统的布置

喷灌系统的管道一般由干管、分干管和支管三级组成，喷头通常通过竖管安装在最末一级管道上。管道系统需要根据水源位置、灌区地形、作物分布、耕作方向和主风向等条件进行布置。

1. 布置原则

(1)管道总长度最短、水头损失最小、管径小，且有利于水锤防护，各级相邻管道应尽量垂直。

（2）干管一般沿主坡方向布置，支管与之垂直并尽量沿等高线布置，保证各喷头工作压力基本一致。

（3）平坦地区支管应尽量与作物的种植方向一致。

（4）支管必须沿主坡方向布置时，需按地面坡度控制支管长度，上坡支管根据首尾地形高差加水头损失小于0.2倍的喷头设计工作压力、首尾喷头工作流量差小于等于10%确定管长；下坡支管可缩小管径抵消增加的压力水头或者设置调压设备。

（5）多风向地区支管应垂直主风向布置（出现频率75%以上），便于加密喷头，保证喷洒均匀度。

（6）充分考虑地块形状，使支管长度一致。

（7）支管通常与温室或大棚的长度方向一致，对棚间地块应考虑地块的尺寸。

（8）水泵尽量布置在喷洒范围的中心，管道系统布置应与排水系统、道路、林带、供电系统等紧密结合，降低工程投资和运行费用。

2. 布置形式

管道系统的布置形式主要有丰字形和梳齿形两种，见图7-7～图7-9。

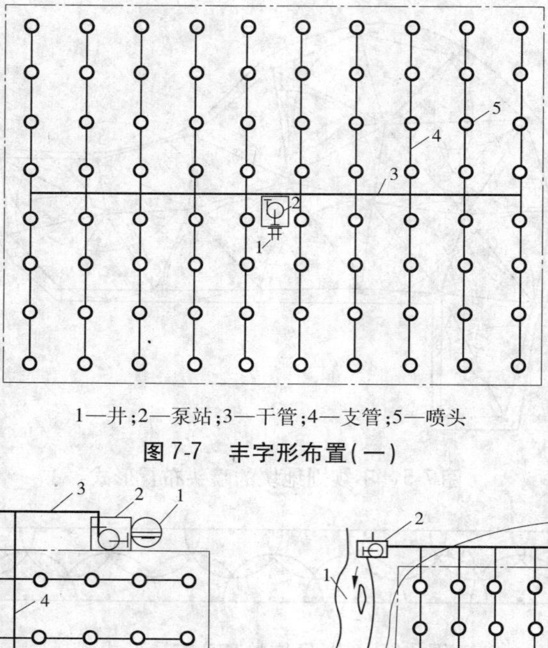

1—井；2—泵站；3—干管；4—支管；5—喷头

图7-7 丰字形布置（一）

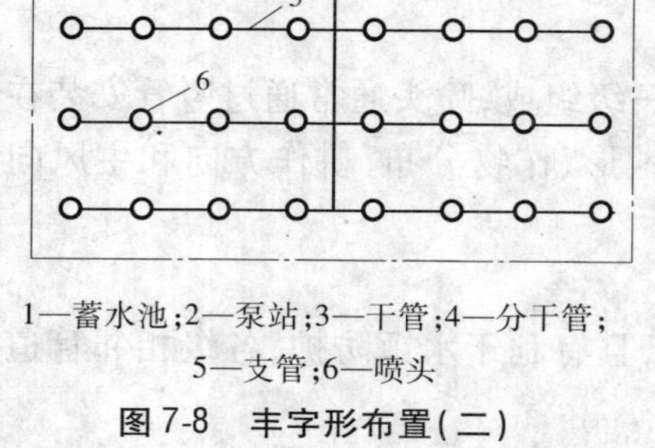

1—蓄水池；2—泵站；3—干管；4—分干管；
5—支管；6—喷头

图7-8 丰字形布置（二）

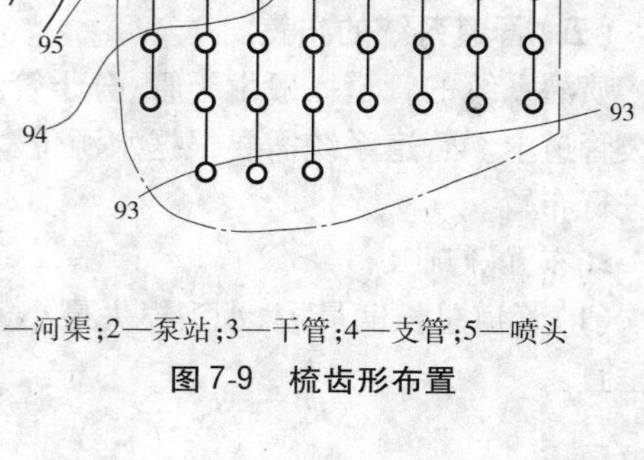

1—河渠；2—泵站；3—干管；4—支管；5—喷头

图7-9 梳齿形布置

（六）喷灌制度设计

1. 喷灌制度

1）灌水定额

最大灌水定额根据试验资料确定，或采用公式（7-11）确定，即

$$m_m = 10\gamma h(\beta_1 - \beta_2)/\eta \tag{7-11}$$

式中 m_m——最大灌水定额，mm；

γ——土壤干密度，g/cm^3；

h——计划湿润层深度，cm，一般大田作物取 40 ~ 60 cm，蔬菜取 20 ~ 30 cm，果树取 80 ~ 100 cm；

η——喷洒水利用系数；

β_1——适宜土壤含水量上限（质量百分比），可取田间持水量的 85% ~ 95%；

β_2——适宜土壤含水量下限（质量百分比），可取田间持水量的 60% ~ 65%。

设计灌水定额根据作物的实际需水要求和试验资料按式（7-12）选择

$$m \leqslant m_m \tag{7-12}$$

式中 m——设计灌水定额，mm。

2）灌水周期

灌水周期和灌水次数根据当地试验资料确定。当缺少试验资料时，灌水次数可根据设计代表年按水量平衡原理制定的灌溉制度确定。

灌水周期按公式（7-13）计算

$$T \leqslant \frac{m\eta}{ET_d} \tag{7-13}$$

式中 T——设计灌水周期，计算值取整，d；

m——设计灌水定额，mm；

ET_d——作物日蒸发蒸腾量，取设计代表年灌水高峰期平均值，mm/d，对于缺少气象资料的小型喷灌灌区，可参见表 7-13；

η——喷洒水利用系数。

表 7-13 作物蒸发蒸腾量 ET_d （单位：mm/d）

作物	ET_d	作物	ET_d
果树	4 ~ 6	烟草	5 ~ 6
茶园	6 ~ 7	草坪	6 ~ 8
蔬菜	5 ~ 8	粮、棉、油等作物	5 ~ 8

2. 喷灌工作制度的制定

喷灌工作制度包括喷头在一个喷点上的喷洒时间、喷头每日可工作的喷点数（即喷头每日可移动的次数）、每次需要同时工作的喷头数、每次同时工作的支管数以及确定轮灌编组和轮灌顺序。

1）喷头在一个喷点上的喷洒时间

单喷头在一个位置上的喷洒时间与设计灌水定额、喷头的流量及喷头的组合间距有关，按公式（7-14）计算

$$t = \frac{mab}{1\ 000 q_p \eta_p} \tag{7-14}$$

式中 t——喷头在一个工作位置的灌水时间,h;

m——设计灌水定额,mm;

a——喷头布置间距,m;

b——支管布置间距,m;

q_p——喷头的设计流量,m^3/h;

η_p——田间喷洒水利用系数,根据气候条件可在下列范围内选取:风速低于3.4 m/s,$\eta = 0.8 \sim 0.9$,风速为3.4~5.4 m/s,$\eta = 0.7 \sim 0.8$。

2)喷头每日可以工作的喷点数

喷头每日可以工作的喷点数按公式(7-15)计算,即

$$n_d = \frac{t_d}{t + t_y} \tag{7-15}$$

式中 n_d——喷头每日可以工作的喷点数;

t_d——日灌水时间,h,参见表7-14;

t——喷头在一个工作位置的灌水时间,h;

t_y——移动喷头时间,h,有备用喷头交替使用时取零,可据实际情况确定。

表7-14 适宜日灌水时间 (单位:h)

喷灌系统类型	固定管道式			半固定管道式	移动管道式	定喷机组式	行喷机组式
	农作物	园林	运动场				
灌水时间	12~20	6~12	1~4	12~18	12~16	12~18	14~21

3)每次需要同时工作的喷头数

每次需要同时工作的喷头数按公式(7-16)计算

$$n_p = \frac{N_p}{n_d T} \tag{7-16}$$

式中 n_p——同时工作的喷头数;

N_p——灌区喷头总数;

其他符号含义同前。

4)每次同时工作的支管数

半固定式喷灌系统和移动式喷灌系统由于尽量将支管长度布置相同,所以同时工作的喷头数除以支管上的喷头数,就可以得到同时工作的支管数,即

$$n_{支} = \frac{n_p}{n_{喷头}} \tag{7-17}$$

式中 $n_{支}$——每次同时工作的支管数;

$n_{喷头}$——支管上的喷头数。

当支管长度不同时,需要考虑工作压力和支管组合的喷头来具体计算轮灌组内的支管数。

5）轮灌组划分

喷灌系统的工作制度分续灌和轮灌。续灌是对系统内的全部管道同时供水，即整个喷灌系统同时灌水。其优点是灌水及时，运行时间短，便于管理；缺点是干管流量大，工程投资高，设备利用率低，控制面积小。因此，续灌的方式只用于单一且面积较小的情况。绝大多数灌溉系统一般采用轮灌工作制度，即将支管划分为若干组，每组包括一个或多个阀门，灌水时通过干管向各组轮流供水。

（1）轮灌组划分的原则。①轮灌组的数目满足需水要求，控制的灌溉面积与水源可供水量相协调；②轮灌组的总流量尽可能一致或相近，以便稳定水泵运行，提高动力机和水泵的效率，降低能耗；③轮灌组内喷头型号要一致或性能相似，种植品种要一致或灌水要求相近；④轮灌组所控制的范围最好连片集中便于运行操作和管理。自动灌溉控制系统往往将同一轮灌组中的阀门分散布置，最大限度地分散干管中流量，减小管径，降低造价。

（2）支管的轮灌方式。支管的轮灌方式就是固定式喷灌系统支管的轮流喷洒顺序，半固定式喷灌系统支管的移动方式。正确选择轮灌方式可以减小干管管径，降低投资。两根、三根支管的经济轮灌方式如图 7-10 所示：图 7-10（a）、（b）两种情况干管全部长度上均要通过两根支管的流量，干管管径不变；图 7-10（c）、（d）两种情况只有前半段干管通过全部流量，而后半段干管只需通过一根支管的流量，这样后半段干管的管径可以减小，所以图 7-10（c）、（d）两种情况较好；图 7-10（e）为三条支管同时工作的情况。

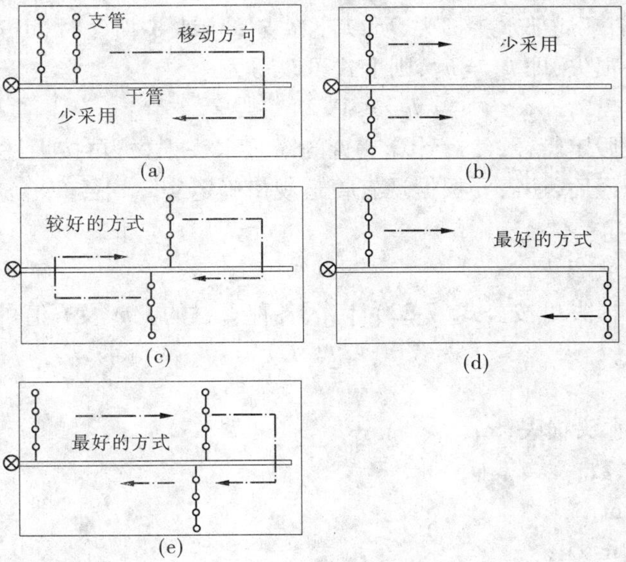

图 7-10　两根、三根支管的经济轮灌方式

（七）管道水力计算

管道水力计算的任务是确定各级管道管径和计算管道水头损失。

1. 管径的选择

1）干管管径确定

对于规模不太大的喷灌工程，可用如下经验公式来估算这类管道的管径。

当 $Q < 120\ m^3/h$ 时 $$D = 13\sqrt{Q} \tag{7-18}$$

当 $Q \geqslant 120\ m^3/h$ 时 $$D = 11.5\sqrt{Q} \tag{7-19}$$

式中 Q——管道流量，m^3/h；

D——管径，mm。

2）支管管径确定

支管管径确定时，为使喷洒均匀，要求同一条支管上任意两个喷头之间的工作压力差应在设计喷头工作压力的20%以内。显然，支管若在平坦的地面上铺设，其首末两端喷头间的工作压力差应最大。若支管铺设在地形起伏的地面上，则其最大的工作压力差并不一定发生在首末喷头之间。考虑地形高差 ΔZ 的影响时上述规定可表示为

$$h_w + \Delta Z \leqslant 0.2h_p \tag{7-20}$$

式中 h_w——同一支管上任意两喷头间支管段水头损失，m；

ΔZ——两喷头的进水口高程差，m，顺坡铺设支管时 ΔZ 的值为负，逆坡铺设支管时 ΔZ 的值为正；

h_p——喷头设计工作压力水头，m。

因此，同一支管上工作压力差最大的两喷头间的水头损失即为

$$h_w \leqslant 0.2h_p - \Delta Z$$

当一条支管选用同管径的管子时，从支管首端到末端，由于沿程出流，支管内的流速水头逐次减小，抵消了局部水头损失，所以计算支管内水头损失时，可直接用沿程水头损失来代替其总水头损失，即 $h'_f = h_\omega$，则上式可改写为

$$h'_f \leqslant 0.2h_p - \Delta Z \tag{7-21}$$

设计时一般先假定管径，然后计算支管的沿程水头损失，再按上述公式校核，最后选定管径。计算出管径后，还需要根据现有管道规格确定实际管径。

2. 管道水力计算

1）管道沿程水头损失

管道沿程水头损失可按公式（7-22）计算，各种管材的 f、m 及 b 值可按表7-15确定。

$$h_f = f\frac{LQ^m}{d^b} \tag{7-22}$$

式中 h_f——沿程水头损失，m；

f——摩阻系数；

L——管长，m；

Q——流量，m^3/h；

d——管道内径，mm；

m——流量指数；

b——管径指数。

2）等距等流量多喷头（孔）支管的沿程水头损失

等距等流量多喷头（孔）支管的沿程水头损失可按式（7-23）、式（7-24）计算，即

$$h'_{fz} = Fh_{fz} \tag{7-23}$$

表 7-15　f、m、b 数值

管材		f	m	b
混凝土管、钢筋混凝土管	$n=0.013$	1.312×10^6	2.00	5.33
	$n=0.014$	1.516×10^6	2.00	5.33
	$n=0.015$	1.749×10^6	2.00	5.33
钢管、铸铁管		6.25×10^5	1.90	5.10
硬塑料管		0.948×10^5	1.77	4.77
铝管、铝合金管		0.861×10^5	1.74	4.71

注：n 为粗糙系数。

$$F=\frac{N\left(\frac{1}{m+1}+\frac{1}{2N}+\frac{\sqrt{m-1}}{6N^2}\right)-1+X}{N-1+X} \tag{7-24}$$

式中　h'_{fz}——多喷头(孔)支管沿程水头损失；

F——多口系数，初步计算时可采用表 7-16 确定；

N——喷头或孔口数；

X——多孔支管首孔位置系数，即支管入口至第一个喷头(或孔口)的距离与喷头(或孔口)间距之比。

表 7-16　多口系数计算简表

N	$m=1.74$		$m=1.75$		$m=1.77$		$m=1.85$		$m=1.9$		$m=2$	
	$X=1$	$X=0.5$	$X=1$	$X=0.5$	$X=1$	$X=0.5$	$X=1$	$X=0.5$	$X=1$	$X=0.5$	$X=1$	$X=0.5$
2~3	0.600	0.496	0.598	0.495	0.596	0.492	0.587	0.481	0.582	0.474	0.572	0.461
4~5	0.485	0.420	0.484	0.418	0.481	0.416	0.471	0.404	0.466	0.398	0.455	0.386
6~7	0.446	0.399	0.445	0.398	0.442	0.395	0.432	0.384	0.426	0.378	0.415	0.366
8~11	0.420	0.388	0.419	0.386	0.416	0.383	0.406	0.373	0.400	0.366	0.389	0.354

3) 管道局部水头损失

管道局部水头损失应按公式(7-25)计算，初步计算可按沿程水头损失的 10%~15% 考虑。

$$h_j=\xi\frac{v^2}{2g} \tag{7-25}$$

式中　h_j——局部水头损失，m；

ξ——局部阻力系数；

v——管道流速，m/s；

g——重力加速度，取 9.81 m/s^2。

(八) 水泵及动力选择

1. 喷灌系统设计流量

喷灌系统设计流量按公式(7-26)计算

$$Q = \sum_{i=1}^{n_p} \frac{q_p}{\eta_c} \tag{7-26}$$

式中 Q——喷灌系统设计流量，m^3/h；

q_p——设计工作压力下的喷头流量，m^3/h；

n_p——同时工作的喷头数目；

η_c——管道系统水利用系数，取0.95～0.98。

2.喷灌系统的设计水头

喷灌系统的设计水头按公式(7-27)计算

$$H = Z_d - Z_s + h_s + h_p + \sum h_f + \sum h_j \tag{7-27}$$

式中 H——喷灌系统设计水头，m；

Z_d——典型支管入口的地面高程，m；

Z_s——水源水面高程，m；

h_s——典型喷点的竖管高度，m；

h_p——典型喷点喷头的工作压力水头，m；

$\sum h_f$——由水泵进水管至典型支管入口之间管道的沿程水头损失，m；

$\sum h_j$——由水泵进水管至典型支管入口之间管道的局部水头损失，m。

自压喷灌支管首端的设计水头的计算见《喷灌工程技术规范》(GB/T 50085—2007)。

(九)结构设计

结构设计应详细确定各级管道的连接方式，选定阀门、三通、四通、弯头等各种管件规格，绘制纵断面图、管道系统布置示意图及阀门井、镇墩结构等附属建筑物结构图等。

(1)固定管道一般应埋设在地下，埋设深度应大于最大冻土层深度和最大耕作层深度，以防被破坏；在公路下埋深应为0.7～1.2 m；在农村机耕道下埋深为0.5～0.9 m。

(2)固定管道的坡度应力求平顺，减少折点。一般管道纵坡应与自然地面坡度相一致。在连接地埋管和地面移动管的出地管上应设给水栓；在地埋管道阀门处应设阀门井。

(3)管径D较大或有一定坡度的管道，应设置镇墩和支墩以固定管道，防止发生位移，支墩间距为(3～5)D，镇墩设在管道转弯处或管长超过30 m的管段。

(4)随地形起伏时，管道最高处应设排气阀，在最低处安装泄水阀。

(5)应在干管、支管首端设置闸阀和压力表，以调节流量和压力，保证各处喷头都能在额定的工作压力下运行，必要时应根据轮灌要求布设节制阀。

(6)为避免温度和沉陷产生的固定管道损坏，固定管道上应设置一定数量的柔性接头。

(7)竖管高度以作物的植株高度不阻碍喷头喷洒为最低限度，一般高出地面0.5～2 m。

(8)管道连接。硬塑料管的连接方式主要有扩口承插式、胶结黏合式、热熔连接式。扩口承插式是目前管道灌溉系统中应用最广泛的一种形式。附属设备的连接一般有螺纹连接、承插连接、法兰连接、管箍连接、黏合连接等。在工程设计中，应根据附属设备维修、运行等情况来选择连接方式。公称直径大于50 mm的阀门、水表、安全阀、进排气阀等多选用法兰连接；对于压力测量装置以及公称直径小于50 mm的阀门、水表、安全阀等多选用螺纹连接。附属设备与不同材料管道连接时,需通过一段钢法兰管或一段带丝头的钢管与之连接,并应根据管材不同采用不同的方法。与塑料管连接时,可直接将法兰管或钢管与管道承插连接后,再与附属设备连接。

(十)技术经济分析

规划设计结束时,最后列出材料设备明细表,并编制工程投资预算,进行工程经济效益分析,为方案选择和项目决策提供科学依据。

第四节 喷灌工程规划设计示例

一、基本资料

(一)地理位置和地形

某小麦喷灌地块长 470 m,宽 180 m。地势平坦,有 1:2 000 的地形图。

(二)土壤

土质为砂壤土,土质肥沃,田间允许最大含水率 23%(占干土质量百分数),允许最小含水率 18%(占干土质量百分数),土壤干密度 $\gamma = 1.36\ g/cm^3$,土壤允许喷灌强度 $[\rho] = 15\ mm/h$,设计根区深度为 40 cm,设计最大日耗水强度 4 mm/d,喷灌水利用系数取 0.8。

(三)气候

暖温带季风气候,半干旱地区。年平均气温 13.5 ℃。无霜期一般为 200 ~ 220 d,农作物可一年两熟。日照时数为 2 400 ~ 2 600 h,多年平均降水量 630.7 mm,一般 6 ~ 9 月的降雨量占全年降水量的 70% 以上。灌溉季节风向多变,风速为 2 m/s。

(四)作物

一般种植小麦和玉米,一年两熟,南北方向种植。其中,小麦生长期为 10 月上旬至翌年 6 月上旬,约 240 d,全生长期共需灌水 4 ~ 6 次。

(五)水源

地下水资源丰富,水质较好,适于灌溉。地块中间位置有机井一眼,机井动水位埋深 24 m,出水量 50 m^3/h。

(六)社会经济情况和交通运输

本地区经济较发达,交通十分便利,电力供应有保证,喷灌设备供应充足。

二、喷灌制度制定

(一)设计灌水定额

设计灌水定额利用公式(7-11)计算。式中各项参数取值为:$\gamma = 1.36\ g/cm^3$,$h = 40\ cm$,$\beta_1 = 23\%$,$\beta_2 = 18\%$,$\eta = 0.8$,则

$$m = 10\gamma h(\beta_1 - \beta_2)/\eta = 10 \times 1.36 \times 40 \times (23\% - 18\%)/0.8 = 34(mm)$$

(二)设计喷灌周期

设计喷灌周期利用公式(7-13)计算,式中 $ET_d = 4\ mm/d$,则

$$T = \frac{m}{ET_d}\eta = \frac{34}{4} \times 0.8 = 6.8\ (\mathrm{d})$$

取 7 d。

三、喷灌系统选型

该地区种植作物为大田作物，经济价值较低，喷洒次数相对较少，确定采用半固定式喷灌系统，即干管采用地埋式固定 PVC 管道，支管采用移动比较方便的铝合金管道。

四、喷头选型与组合间距确定

(一) 喷头选择

根据《喷灌工程技术规范》(GB/T 50085—2007)，粮食作物的雾化指标不得低于 3 000 ~4 000。

初选 ZY－2 型喷头，喷嘴直径 7.5/3.1 mm，工作压力 0.25 MPa，流量 3.92 m^3/h，射程 18.6 m。该类型喷头的雾化指标为

$$W_h = \frac{1\,000H}{D} = \frac{1\,000 \times 25}{7.5} = 3\,333$$

满足作物对雾化指标的要求。

(二) 组合间距确定

本喷灌范围灌溉季节风向多变，喷头宜做等间距布置。风速为 2 m/s，取 $K_a = K_b = 0.95$，则

$$a = b = K_a R = 0.95 \times 18.6 = 17.67(\mathrm{m})$$

取 $a = b = 18$ m。

(三) 设计喷灌强度

土壤允许喷灌强度 $[\rho] = 15$ mm/h，按照单支管多喷头同时全圆喷洒情况计算设计喷灌强度。

$$C_\rho = \frac{\pi}{\pi - (\pi/90^\circ)\arccos(a/2R) + (a/R)\sqrt{1-(a/2R)^2}} = 1.692$$

$$K_\omega = 1.12v^{0.302} = 1.12 \times 2^{0.302} = 1.381$$

$$\rho_s = \frac{1\,000q}{\pi R^2} = \frac{1\,000 \times 3.92}{\pi \times 18.6^2} = 3.61(\mathrm{mm/h})$$

$$\rho = K_\omega C_\rho \rho_s = 1.381 \times 1.692 \times 3.61 = 8.44(\mathrm{mm/h}) < [\rho] = 15\ \mathrm{mm/h}$$

设计喷灌强度满足土壤允许喷灌强度的要求。

五、管道系统布置

喷灌区域地形平坦，地块形状十分规则，中间位置有机井一眼。基于上述情况，拟采用干、支管两级布置。干管在地块中间位置东西方向穿越灌溉区域，两边分水，支管垂直干管，平行作物种植方向南北布置。

平面布置详图见图 7-11。

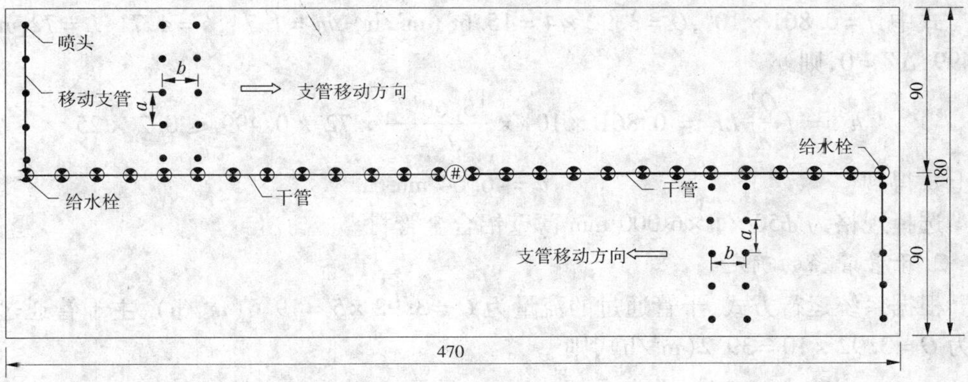

图 7-11　系统平面布置图　(单位:m)

六、喷灌工作制度制定

(1)喷头在一个喷点上的喷洒时间,即

$$t = \frac{abm}{1\ 000q} = \frac{18 \times 18 \times 34}{1\ 000 \times 3.92} = 2.81(\text{h})$$

(2)喷头每日可工作的喷点数,即

$$n_d = \frac{t_日}{t + t_y} = \frac{12}{2.81} = 4.27(次)$$

取 4 次,这样每天的实际工作时间为 4 ×2.81 =11.24(h),即 11 小时 14 分。

(3)每次需要同时工作的喷头数,即

$$n_p = \frac{N}{n_c T} = \frac{260}{4 \times 7} = 9.3(个)$$

取 10 个。

(4)每次需要同时工作的支管数,即

$$n_支 = \frac{n_p}{n_{喷头}} = \frac{10}{5} = 2(根)$$

(5)运行方案。根据同时工作的支管数以及管道布置情况,决定在干管两侧分别同时运行一条支管,每一条支管控制喷灌区域一半面积,分别自干管两端起始向另一端运行。

七、管道水力计算

(一)管径的选择

1. 支管管径的确定

支管管径可按下式求解

$$h_\omega + \Delta Z \leqslant 0.2h_p$$

$$h_\omega = f\frac{Q_支^m}{d^b}LF$$

喷灌区域地形平坦，h_ω 应为支管上第一个喷头与最末一个喷头之间的水头损失。

式中，$f=0.861\times10^5$，$Q=3.92\times4=15.68(\mathrm{m^3/h})$，$m=1.74$，$b=4.71$，$L=72\ \mathrm{m}$，$F=0.499$，$\Delta Z=0$，则

$$h_\omega = f\frac{Q_{支}^m}{d^b}LF = 0.861\times10^5\times\frac{15.68^{1.74}}{d^{4.71}}\times72\times0.499 \leqslant 0.2\times25$$

解上式得到

$$d=46.64\ \mathrm{mm}$$

选择规格为 $\phi50\times1\times6\ 000$ mm 薄壁铝合金管材。

2. 干管管径的确定

根据系统运行方式，干管通过的流量为 $Q=3.92\times5=19.6(\mathrm{m^3/h})$，主干管通过的流量为 $Q=3.92\times10=39.2(\mathrm{m^3/h})$，则

$$D_{干} = 13\sqrt{Q} = 13\times\sqrt{19.6} = 57.55(\mathrm{mm})$$

$$D_{主干} = 13\sqrt{Q} = 13\times\sqrt{39.2} = 81.39(\mathrm{mm})$$

据此，选择干管时为了减少水头损失，确定采用规格为 $\phi75\times2.3$ mm 的 PVC 管材，承压能力为 0.63 MPa，主干管选择 DN80 焊接钢管。

(二)管道水力计算

1. 沿程水头损失

1)支管沿程水头损失

支管长度 $L=81$ m，则

$$h_{支f} = f\frac{Q_{支}^m}{d^b}LF = 0.861\times10^5\times\frac{19.6^{1.74}}{48^{4.71}}\times81\times0.412 = 6.14(\mathrm{m})$$

2)干管沿程水头损失

干管长度 $L=225$ m，则

$$h_{干f} = f\frac{Q_{干}^m}{d^b}L = 0.948\times10^5\times\frac{19.6^{1.77}}{70.4^{4.77}}\times225 = 6.36(\mathrm{m})$$

3)主干管沿程水头损失

DN80 焊接钢管，长度按 35 m 计算，则

$$h_{主干f} = f\frac{Q_{主干}^m}{d^b}L = 6.25\times10^5\times\frac{39.2^{1.9}}{80^{5.1}}\times35 = 4.59(\mathrm{m})$$

沿程水头总损失为

$$\sum h_f = 6.14+6.36+4.59 = 17.09(\mathrm{m})$$

2. 局部水头损失

局部水头总损失为

$$\sum h_j = 0.1\sum h_f = 1.71(\mathrm{m})$$

八、水泵及动力选择

(1)设计流量，即

$$Q = Nq = 10\times3.92 = 39.2(\mathrm{m^3/h})$$

(2)设计扬程,即

$$H = h_p + \sum h_f + \sum h_j + \Delta = 25 + 17.09 + 1.71 + 25 = 68.80(\text{m})$$

式中 Δ——典型喷头高程与水源水位差,喷头距地面高取 1 m,动水位埋深 24 m。

(3)选择水泵及动力。根据当地设备供应情况及水源条件,选择 175QJ40 - 72/6 深井潜水电泵,其性能参数见表 7-17。

表 7-17 水泵性能参数

型号	额定流量(m^3/h)	设计扬程(m)	水泵效率(%)	出水口直径(mm)	最大外径(mm)	额定功率(kW)	额定电流(A)	电机效率(%)
175QJ 40 - 72/6	40	72	70	80	168	13	30.1	80

九、管网系统结构设计

根据本喷灌工程的具体情况,ϕ75 × 2.3 mm PVC 管道之间连接采用 R 扩口胶圈连接,与给水栓三通之间采用热承插胶连接。主干管 DN80 焊接钢管,一端与井泵出水口法兰连接,另一端通过变径三通与干管 ϕ75 × 2.3 mm PVC 管材连接。

主干管和干管三通分水连接处需浇筑镇墩,以防管线充水时发生位移。镇墩规格为 0.5 m × 0.5 m × 0.5 m。首部管道高点安装空气阀,便于气体排出,也可以在停机时补充气体,截断管道水流,防止水倒流入井引起的电机高速反转。

考虑冻土层深度和机耕作业影响,要求地埋管道埋深 0.5 m。出地管道上部安装给水栓下体,并通过给水栓开关与移动铝合金管道连接。

喷头、支架、竖管成套系统通过插座与铝合金三通管连接。

一、喷灌工程材料、设备用量

喷灌工程材料、设备用量详见表 7-18。

表 7-18 喷灌工程材料、设备用量

序号	材料、设备名称	规格型号	单位	数量
1	潜水电泵	175QJ40 - 72/6	套	1
2	控制器		套	1
3	首部连接系统	DN80	套	1
4	水压力表	1.0 MPa	套	1
5	闸阀	DN80	只	1
6	空气阀	KQ42X - 10	只	1
7	钢变径三通	ϕ75 × DN80 × ϕ75	只	1
8	PVC 管材	ϕ75 × 2.3	m	450
9	给水栓三通	ϕ75 × 50	只	24

续表 7-18

序号	材料、设备名称	规格型号	单位	数量
10	给水栓弯头	$\phi75\times50$	只	2
11	法兰截阀体	$\phi50$	只	26
12	截阀开关	$\phi50$	只	4
13	快接软管	$\phi50\times3\ 000$	根	4
14	铝合金直管	$\phi50\times6\ 000$	根	32
15	铝合金三通管	$\phi50\times33\times6\ 000$	根	20
16	铝合金堵头	$\phi50$	只	4
17	插座	$\phi33$	只	20
18	竖管	$\phi33\times1\ 000$	根	20
19	支架	$\phi33\times1\ 500$	副	20
20	喷头 ZY－2	7.5/3.1	只	20

能力训练

一、基础知识能力训练

1. 什么叫喷灌？简述喷灌的优点和缺点。
2. 喷灌系统由哪些部分组成？
3. 喷灌有哪三个技术要素？喷灌设计时对三者各有什么要求？
4. 简述管道式喷灌系统干、支管的布置原则。
5. 喷头是如何分类的？喷头的主要几何参数和工作参数有哪些？
6. 选择喷头时应考虑哪些因素？
7. 喷头组合形式有哪几种？设计时如何选择喷头的组合形式？
8. 如何确定喷头的组合间距？
9. 如何计算喷灌灌水定额、灌水时间和喷灌周期？
10. 如何确定管道式喷灌系统干、支管内径？
11. 如何计算管道式喷灌系统水泵的设计流量和扬程？

二、设计计算能力训练

半固定式喷灌工程设计。项目区水源基本情况为：新打机井作为灌溉水源，区内机井动水位为 14～18 m，设计机井出水量为 32 m^3/h。项目区作物种植以花卉苗木为主，作物日蒸发蒸腾量 ET_d 为 4.5 mm/d。区内土壤为中壤土，计划湿润层深度为 40 cm，田间持水率 $\beta_{田}=25\%$，土壤干密度 $\gamma=1.45\ g/cm^3$，最大冻土层深度为0.5～0.8 m，区内高低压线路及电力配套设施齐全，可以满足发展半固定式喷灌工程需求。

要求：进行井灌区喷灌系统设计。（提示：先制定喷灌制度，再确定井灌面积）

第八章　微灌工程技术

学习目标

学习微灌系统的类型组成、微灌设备、微灌工程规划设计方法，能够进行微灌工程的规划设计。

学习任务

1. 了解微灌系统的类型、特点及微灌系统的组成。
2. 了解微灌设备组成，能够合理地选择微灌设备。
3. 掌握微灌工程设计方法，能够进行微灌系统设计。

第一节　概　述

一、微灌系统的类型与特点

（一）微灌系统的类型

微灌是利用专门设备将有压水流变成细小的水流或水滴，湿润作物根部附近土壤的灌水方法，它包括滴灌、微喷灌和涌泉灌等。因此，微灌系统也可以分为滴灌系统、微喷灌系统和涌泉灌系统等。

1. 滴灌

滴灌即滴水灌溉，是利用塑料管道和安装在直径约 10 mm 毛管上孔口非常小的灌水器（滴头或滴灌带等），消杀水中具有的能量，使水一滴一滴缓慢而又均匀地滴在作物根区土壤中进行局部灌溉的灌水形式，如图 8-1 所示。由于滴头流量很小，只湿润滴头所在位置的土壤，水主要借助土壤毛管张力入渗和扩散。它是目前干旱缺水地区最有效的一种节水灌溉方式，其水的利用率可达 95%，因此较喷灌具有更高的节水增产效果，同时还可以结合灌溉给作物施肥，提高肥效一倍以上。其适用于果树、蔬菜、经济植物及温室大棚灌溉，在干旱缺水的地方也可用于大田作物灌溉。其不足之处是滴头出流孔口小，流程长，流速又非常缓慢，易结垢和堵塞，因此应对水源进行严格的过滤处理。

2. 微喷灌

微喷灌又称微型喷洒灌溉，是利用塑料管道输水，通过很小的喷头（微喷头）将水喷洒在土壤或作物表面进行局部灌溉，如图 8-2 所示。与一般的喷灌相比，微喷头的工作压力明显下降，有利于节约能源、节省设备投资，同时具有调节田间小气候的优点，又可结合灌溉为作物施肥，提高肥效，可使作物增产 30%。微喷灌与滴灌相比，微喷头的工作压力与滴头相近，不同的是微喷头可以充分利用水中能量，将水喷到空中，在空气中消杀能量，且微喷头不仅比滴头湿润面积大，流量和出流孔口都较大，水流速度也明显加快，大大减

图 8-1　滴灌灌溉示意图

图 8-2　微喷灌灌溉示意图

小了堵塞的可能性。可以说,微喷灌是扬喷灌和滴灌之所长、避其所短的一种理想灌水形式。微喷灌主要应用于果树、经济植物、花卉、草坪、温室大棚等灌溉。

3. 涌泉灌

涌泉灌又称为涌灌、小管灌溉,是通过从开口小管涌出的小水流将水灌入土壤的灌水方式,如图 8-3 所示。由于灌水流量较大(但一般不大于 220 L/h),有时需在地表筑沟埂来控制灌水。此灌水方式的工作压力很低,不易堵塞,但田间工程量较大,适用于地形较平坦地区的果树等灌溉。

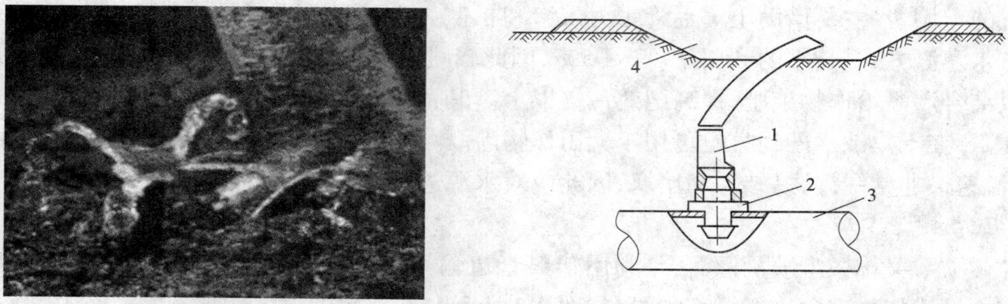

1—ϕ4 mm 小管;2—接头;3—毛管;4—灌水沟

图 8-3　涌泉灌灌溉示意图

(二)常用微灌系统的特点

1. 微灌的优点

(1)省水。每亩次用水量相当于地面灌溉用水量的 1/8～1/6、喷灌用水量的 1/3。

（2）省地。干、支管全部埋在地下，可节省渠道占用的土地（占耕地2%～4%）。

（3）省肥、省工。随水滴施化肥，减少肥料流失，提高肥效；减少修渠、平地、开沟筑畦的用工量，比地面灌溉省工约50%以上。

（4）节能。微灌与喷灌相比，要求的压力低，灌水量少，抽水量减少和抽水扬程降低，从而减少了能量消耗。

（5）灌水效果好。能适时地给作物供水供肥，不会造成土壤板结和水土流失，且能充分利用细小水源，为作物根系发育创造良好条件。

（6）对土壤和地形的适应性强。微灌系统可以有效地控制灌水速度，使其不产生地面径流和深层渗漏；微灌靠压力管道输水，对地面平整程度要求不高。

2. 微灌的缺点

尽管微灌有许多优点，但也存在一些缺点，需引起重视。

（1）灌水器容易堵塞。由于灌水器的孔径较小，容易被水中的杂质、污物堵塞。因此，微灌用水需进行净化处理。一般应先进行沉淀，除去大颗粒泥沙，再经过滤器过滤，除去细小颗粒的杂质等，特殊情况下还需进行化学处理。

（2）限制根系发展。由于微灌只湿润作物根区部分土壤，加上作物根系生长的向水性，因而会引起作物根系向湿润区生长，从而限制了根系的生长范围。因此，在干旱地区采用微灌时，要正确布置灌水器，在平面上布置要均匀，在深度上最好采用深埋式；在补充性灌溉的半干旱地区，因每年有一定量降雨补充，因此上述问题不很突出。

（3）会引起盐分积累。当在含盐量高的土壤上进行微灌或是利用咸水微灌时，盐分会积累在湿润区的边缘。若遇到小雨，这些盐分可能会被冲到作物根区而引起盐害，这时应继续进行微灌。在没有充分冲洗条件的地方或是秋季无充足降雨的地方，不要在高含盐量的土壤上进行微灌或利用咸水微灌。

二、微灌系统的组成

微灌系统由水源工程、首部枢纽、管道系统和灌水器组成，如图8-4所示。

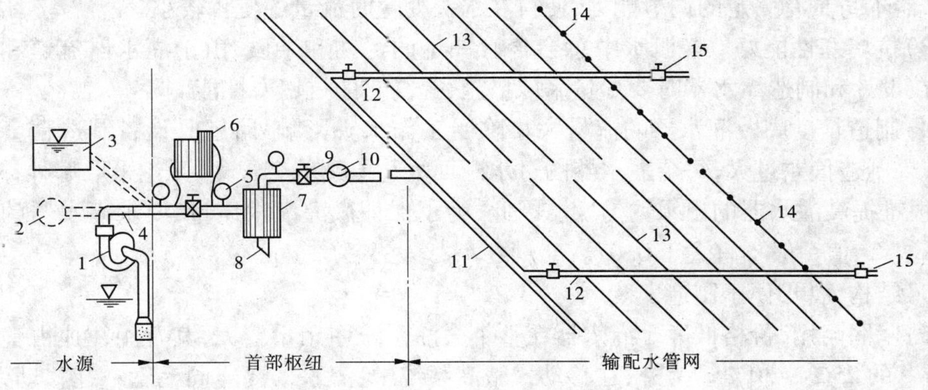

1—水泵；2—供水管；3—蓄水池；4—逆止阀；5—压力表；6—施肥罐；7—过滤器；
8—排污管；9—阀门；10—水表；11—干管；12—支管；13—毛管；14—灌水器；15—冲洗阀门

图8-4 微灌系统示意图

(一)水源工程

河流、湖泊、塘堰、沟渠、井泉等,只要水质符合微灌要求,均可作为微灌的水源,否则将使水质净化设备过于复杂,甚至引起微灌系统的堵塞。为了充分利用各种水源进行灌溉,往往需要修建引水、蓄水和提水工程,以及相应的输配电工程。这些通称为水源工程。

(二)首部枢纽

微灌系统的首部通常由水泵及动力机、控制阀门、水质净化装置、施肥装置、测量和保护设备等组成。首部枢纽担负着整个系统的驱动、检测和调控任务,是全系统的控制调度中心。

(三)输配水管网

微灌系统的输配水管网一般分干、支、毛三级管道。通常干、支管埋入地下,也有将毛管埋入地下的,以延长毛管的使用寿命。

(四)灌水器

微灌系统的灌水器安装在毛管上或通过连接小管与毛管连接,有滴头、微喷头、涌水器和滴灌带等多种形式,或置于地表,或埋入地下。灌水器的结构不同,水流的出流形式也不同,有滴水式、喷水式和涌泉式等。

第二节　微灌系统的主要设备

一、灌水器

(一)微灌工程对灌水器的基本要求

(1)出水量小。灌水器出水量的大小取决于工作水头高低、过水流道断面大小和出流受阻的情况。微灌工程用的灌水器的工作水头一般为 5 ~ 15 m。过水流道直径或孔径一般为 0.3 ~ 2 mm,出水流量在 2 ~ 200 L/h 范围内。

(2)出水均匀、稳定。一般情况下灌水器的出流量随工作水头变化而变化。因此,要求灌水器本身具有一定的调节能力,使得在水头变化时流量的变化较小。

(3)抗堵塞性能好。灌溉水中总会含有一定的污物和杂质,由于灌水器流道和孔口较小,在设计和制造灌水器时要尽量采取措施,提高它的抗堵塞性能。

(4)制造精度高。灌水器的流量大小除受工作水头影响外,还受设备制造精度的影响。如果制造偏差过大,每个灌水器的过水断面大小差别就会很大,无论采取哪种补救措施,都很难提高灌水器的出水均匀度。因此,为了保证微灌灌水质量,要求灌水器的制造偏差系数 C_v 值一般不宜大于 0.07。

(5)结构简单,便于制造安装。

(6)坚固耐用,价格低廉。灌水器在整个微灌系统中用量较大,其费用往往占整个系统总投资的 25% ~30%。另外,在移动式微灌系统中,灌水器要连同毛管一起移动,为了延长使用寿命,要求在降低价格的同时还要保证产品的经久耐用。

实际上,绝大多数灌水器不能同时满足上述所有要求。因此,在选用灌水器时,应根据具体使用条件,只满足某些主要要求即可。例如,使用水质不好的地面水源时,要求灌水器的抗堵塞性能较高,而在使用相对较干净的井水时,对灌水器的抗堵塞性能的要求就可以低一些。

(二)灌水器的分类

灌水器种类很多,按结构和出流形式可分为滴头、滴灌带、微喷头、涌水器等。

1. 滴头

滴头的作用是消杀经毛管输送来的有压水流中的能量,使其以稳定的速度一滴一滴地滴入土壤。滴头常用塑料压注而成,工作压力约为 100 kPa,流道最小孔径为 0.3 ~ 1.0 mm,流量为 0.6 ~ 1.2 L/h。其基本形式有微管式、管式、涡流式和孔口式,前三种通过立面或平面呈螺旋状的长流道来消能。以管式滴头应用最普遍,按其在毛管上的安装方式又分管间式和管上滴头;孔口式滴头流量稍大,水流呈紊流,它是通过令水流折射来消能的。为了减少滴头堵塞,管上滴头和孔口式两头还可做成具有自动清洗功能的补偿式滴头。另外,还有带脉冲装置、间隔一定时间呈喷射状出水的脉冲式滴头。

按结构来分,滴头有以下几种:

(1)流道型滴头。靠水流与流道壁之间的摩阻消能来调节出水量的大小,如微管滴头、内螺纹管式滴头等,如图 8-5、图 8-6 所示。

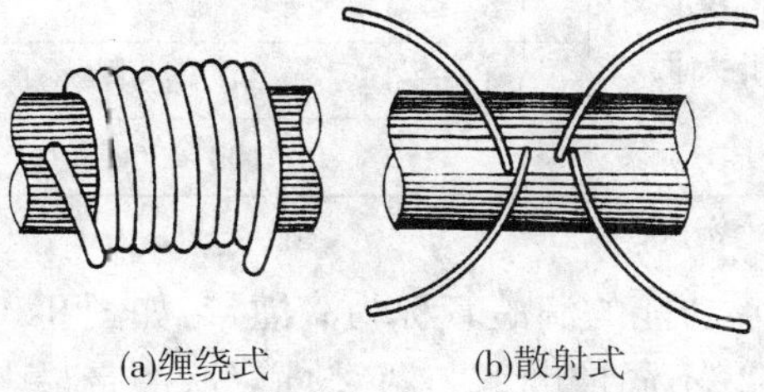

图 8-5 微管滴头

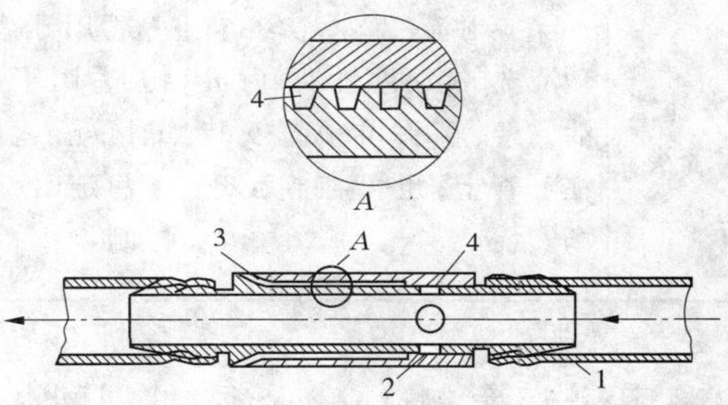

1—毛管;2—滴头;3—滴头出水;4—螺纹流道

图 8-6 内螺纹管式滴头

(2)孔口型滴头。靠孔口出流造成的局部水头,如图 8-7 所示。

(3)涡流型滴头。靠水流进入灌水器的涡室内形成涡流来消能和调节出水量的大小,如图 8-8 所示。

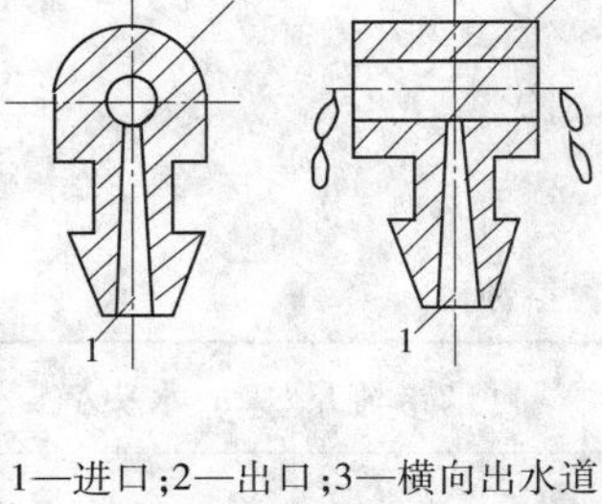

1—进口;2—出口;3—横向出水道

图 8-7 孔口型滴头

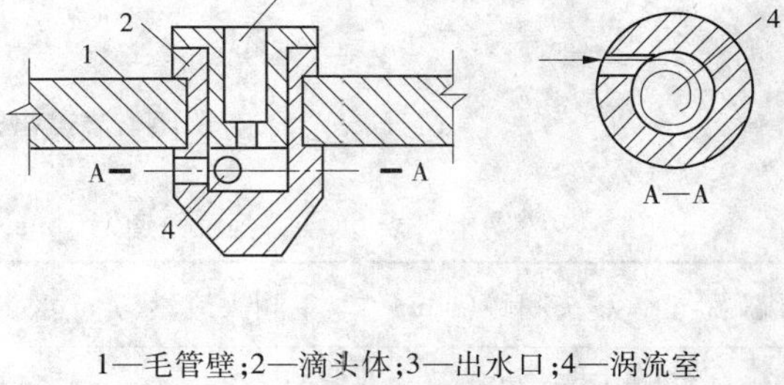

1—毛管壁;2—滴头体;3—出水口;4—涡流室

图 8-8 涡流型滴头

(4)压力补偿型滴头。利用水流玉力压迫槽口滴头内的弹性体(片)使流道(或孔口)形状改变或过水断面面积发生变化,从而使出流量自动保持稳定,同时还具有自清洗功能,如图 8-9 所示。表 8-1 给了部分压力补偿式滴头的性能。

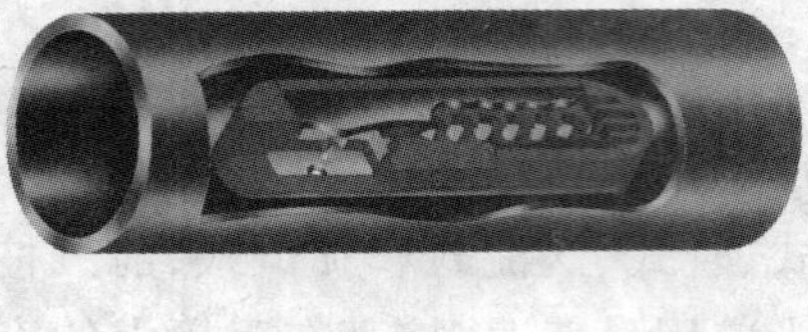

(a)

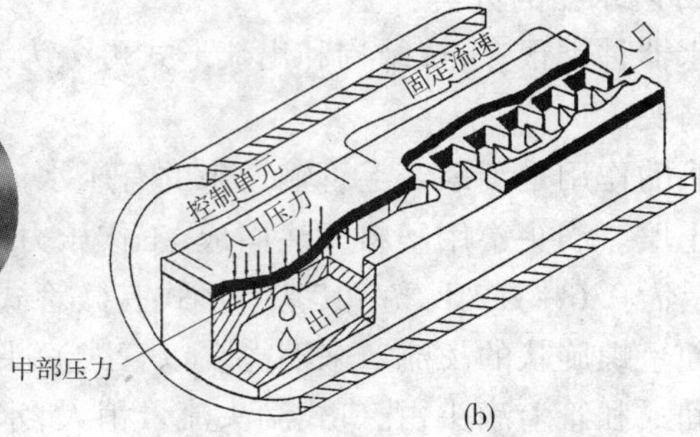

(b)

图 8-9　压力补偿式滴头

表 8-1　压力补偿式滴头的性能

名称	优点	适应性	流量(L/h)	压力补偿范围(kPa)
压力补偿式滴头	保持恒流,灌水均匀;自动清洗,抗堵塞性能好;灵活方便,滴头可预先安装在毛管上,也可在施工现场安装	适用于各种地形及作物,适用于滴头间距变化的情况,适用于系统压力不稳定时,适用于大面积控制	2	80 ~ 400
			4	
			8	
			4	70 ~ 350
			4	100 ~ 300

2. 滴灌带

将滴头与毛管制造成一个整体兼具配水和滴水功能的滴灌管称为滴灌带,如图 8-10 所示。“蓝色轨道”16 mm 滴灌带流量参数见表 8-2,不同坡度下“蓝色轨道”滴灌带最大铺设长度见表 8-3,其他滴管带参数见表 8-4。

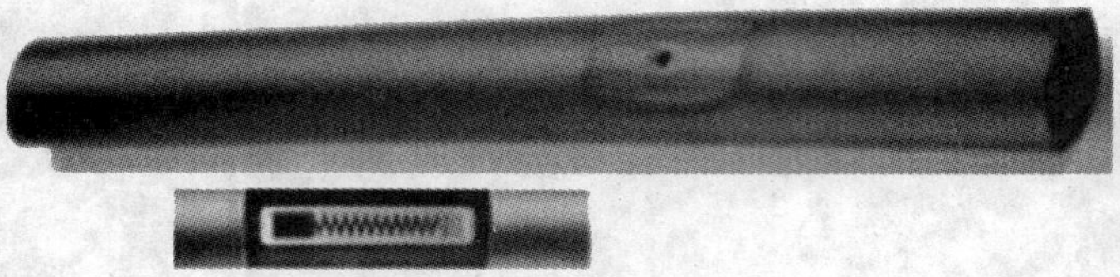

(a)

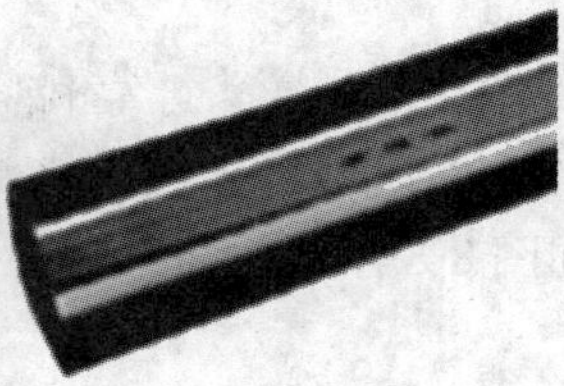

(b)

图 8-10　滴灌带示意图

表 8-2　“蓝色轨道”16 mm 滴灌带流量参数

编码	滴头间距(mm)	单滴头流量(7 m 水头)(L/h)	百米带流量(7 m 水头)(L/h)
EA5 × ×1234	300	0.84	274
EA5 × ×2428	600	1.40	230

表 8-3　不同坡度下"蓝色轨道"滴灌带最大铺设长度　（单位：m）

流量	滴头间距（cm）	EU（均匀度）（%）	下坡	下坡	下坡	平坡	上坡	上坡
			+3%	+2%	+1%	0	-1%	-2%
低	30	90	73	320	333	260	131	76
超高	40	90	213	223	245	173	109	72

表 8-4　其他滴管带参数

管径（mm）	壁厚（mm）	流量（L/h）	工作压力（bar）	滴头间距（mm）	编号
16	0.3	2.7	0.3～1.2	300	1233
16 地埋	0.4	2.7	0.3～1.5	300	1243C

3. 微喷头

微喷头是将压力水流以细小水滴喷洒在土壤表面，湿润土壤满足作物需水要求的灌水器。单个微喷头的喷水量一般不超过 250 L/h，射程一般小于 7 m。有射流式、离心式、折射式、缝隙式等，种类繁多，可供选择的余地很大。在工程设计使用中可以兼顾方方面面的需求加以选定。全圆均匀喷洒的各种微喷头性能参数见表 8-5，部分微喷头的外形见图 8-11。

表 8-5　全圆均匀喷洒的各种微喷头性能参数

编号	产品名称	喷嘴直径（mm）	工作压力（bar）	流量（L/h）	喷洒半径（m）
2020A	双桥折射微喷头	1.2	2.0～3.5	75～91	0.75～1.0
2240	十字雾化喷头	1.0	2.5～4.0	4～7.5	1.2～3.0
2110	单嘴旋转微喷头	1.4	1.5～3.5	102～135	3.0～3.5

（三）灌水器的结构参数和水力性能参数

结构参数和水力性能参数是微灌灌水器的两项主要技术参数。结构参数主要指流道或孔口尺寸，对滴灌带还包括管带的直径和壁厚。水力性能参数主要指流态指数、制造偏差系数、工作压力、流量，对微喷头还包括射程、喷灌强度、水量分布等。

1. 灌水器的流量与压力关系

微灌灌水器的流量与压力关系用下式表示

$$q = kh^x \tag{8-1}$$

式中　q——灌水器流量；

h——工作水头；

k——流量系数；

x——流态指数，反映了灌水器的流量对压力变化的敏感程度，当滴头内水流为全层流时，流态指数 x 等于 1，即流量与工作水头成正比，当滴头内水流为全紊流时，流态指数 x 等于 0.5，全压力补偿器的流态指数 x 等于 0，即出水流量不受压力变化的影响，其他各种形式的灌水器的流态指数在 0～1.0 之间变化。

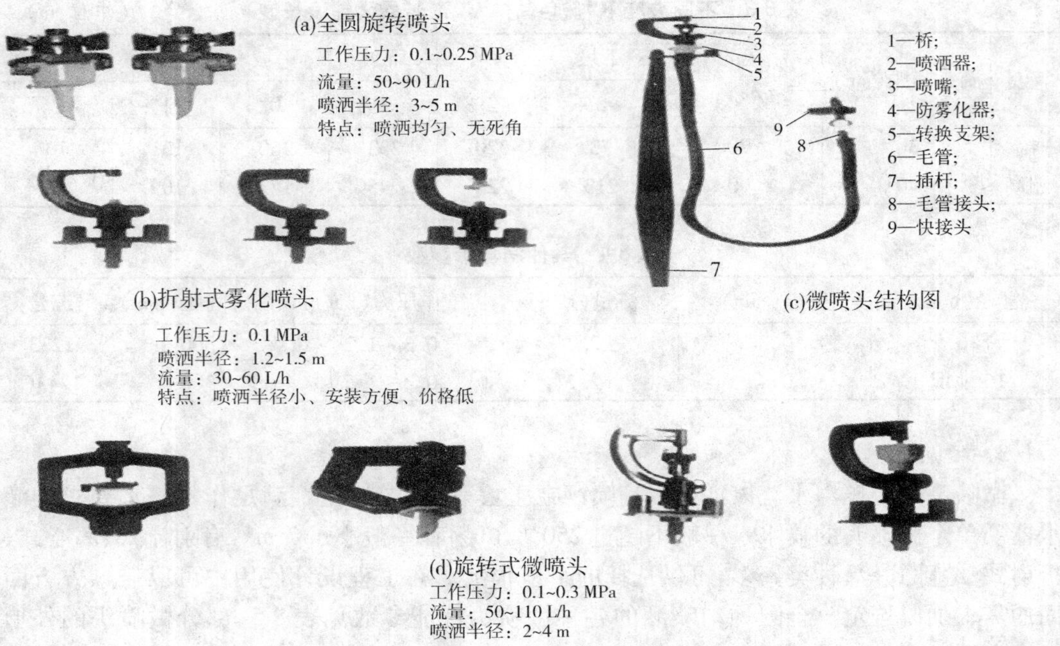

图 8-11　部分微喷头的外形

2. 制造偏差系数

灌水器的流量与流道直径的2.5~4次幂成正比,制造上的微小偏差将会引起较大的流量偏差。在灌水器制造中,由于制造工艺和材料收缩变形等的影响,不可避免地会产生制造偏差,其制造偏差系数分类见表8-6。在实践中,一般用制造偏差系数来衡量产品的制造精度,其计算式为

$$C_v = \frac{S}{\bar{q}} \tag{8-2}$$

$$S = \sqrt{\frac{1}{n-1}\sum_{i=1}^{n}(q_i - \bar{q})^2} \tag{8-3}$$

$$\bar{q} = \frac{\sum_{i=1}^{n} q_i}{n} \tag{8-4}$$

式中　C_v——灌水器的制造偏差系数；

S——流量标准偏差；

q_i——所测每个滴头的流量,L/h；

n——所测灌水器的个数,个。

表 8-6　灌水器制造偏差系数分类

质量分类	滴头或微喷头	滴灌带
好	$C_v \leqslant 0.05$	$C_v \leqslant 0.1$

续表 8-6

质量分类	滴头或微喷头	滴灌带
一般	$0.05 < C_v \leqslant 0.07$	$0.1 < C_v \leqslant 0.2$
好较差	$0.07 < C_v \leqslant 0.11$	
差	$0.11 < C_v \leqslant 0.15$	$0.2 < C_v \leqslant 0.3$
不能接受	$0.15 < C_v$	$0.3 < C_v$

二、管道及附件

管道是微灌系统的主要组成部分。各种管道与连接件按设计要求组合安装成一个微灌输配水管网,按作物需水要求向田间和作物输水和配水。管道与连接件在微灌工程中用量大、规格多、所占投资比重大,其型号规格和质量的好坏不仅直接关系到微灌工程费用大小,而且也关系到微灌能否正常运行和管道使用寿命的长短。

(一)对微灌用管与连接件的基本要求

(1)能承受一定的内水压力。微灌管网为压力管网,各级管道必须能承受设计工作压力,才能保证安全输水与配水。因此,在选择管道时一定要了解各种管材与连接件的承压能力。而管道的承压能力与管材及连接件的材质、规格、型号及连接方式等有直接关系。

(2)耐腐蚀、抗老化性能强。微灌系统中灌水器孔口很小,因此微灌管网要求所用的管道与连接件应具有较强的耐腐蚀性能和抗老化性能。

(3)规格尺寸与公差必须符合技术标准。管径偏差与壁厚偏差应在技术标准允许范围内,管道内壁要光滑、平整、清洁,外观光滑,无凹陷、裂纹和气泡,连接件无飞边和毛刺。

(4)价格低廉。微灌管道及连接件在微灌系统投资中所占比重大,应力求选择满足微灌工程要求且价格便宜的管道及连接件。

(5)安装施工容易。各种连接件之间及连接件与管道之间的连接要简单、方便、牢固且不漏水。

(二)微灌用管的种类

微灌工程一般采用塑料管。塑料管具有抗腐蚀、柔韧性较好、能适应较小的局部沉陷、内壁光滑、输水摩阻小、比重小、质量轻和运输安装方便等优点,是理想的微灌用管。塑料管的主要缺点是受阳光照射时易老化,但埋入地下时,塑料管的老化问题将会得到较大程度的缓解,使用寿命可达 20 年以上。对于大型微灌工程的骨干输水管道(如输水总干管等),当塑料管不能满足设计要求时,也可采用其他材质的管道,但要防止因锈蚀而堵塞灌水器。

图 8-12 PE 管材

微灌系统常用的塑料管主要有两种:聚乙烯管(PE)(见图 8-12)和聚氯乙烯管(PVC),ϕ63 mm 以下的管采用聚乙烯管,ϕ63 mm 以上的管采用聚氯乙稀管。聚乙烯管(LDPE、LLDPE)的管材规格见表 8-7,聚氯乙烯管的管材规格见表 7-10。

表 8-7　聚乙烯管(LDPE、LLDPE)的管材规格　(单位:mm)

公称外径	平均外径极限偏差	公称压力(MPa)							
		0.25		0.4		0.60		1.00	
		壁厚	极限偏差	壁厚	极限偏差	壁厚	极限偏差	壁厚	极限偏差
6	+0.3		0.5	+0.3					
8	+0.3		0.6	+0.3					
10	+0.3	0.5	+0.3	0.8	+0.3				
12	+0.3	0.6	+0.3	0.9	+0.3				
16	+0.3	0.8	+0.3	1.2	+0.3	2.3	+0.5	2.7	+0.5
20	+0.3	1.0	+0.3	1.5	+0.4	2.3	+0.5	3.4	+0.6
25	+0.3	1.2	+0.3	1.9	+0.4	2.8	+0.5	4.2	+0.7
32	+0.3	1.6	+0.4	2.4	+0.5	3.6	+0.6	5.4	+0.8
40	+0.4	1.9	+0.4	3.0	+0.5	4.5	+0.7	6.7	+0.9
50	+0.5	2.4	+0.5	3.7	+0.6	5.6	+0.8	8.3	+1.1
63	+0.6	3.0	+0.5	4.7	+0.7	7.1	+1.0	10.5	+1.3
75	+0.7	3.6	+0.6	5.5	+0.8	8.4	+1.1	12.5	+1.5
90	+0.9	4.3	+0.7	6.6	+0.9	10.1	+1.3	15.0	+1.7
110	+1.0					12.3	+1.5	18.3	+2.10

注:公称压力是管材在 20 ℃下输送水的压力。

(三)微灌管道连接件的种类

连接件是连接管道的部件,亦称管件。管道种类及连接方式不同,连接件也不同。鉴于微灌工程中大多用聚乙烯管,因此这里仅介绍聚乙烯管连接件。目前,国内微灌用聚乙烯塑料管的连接方式和连接件有两大类:一是外接式管件(ϕ20 mm 以下的管也采用内接式管件),二是内接式管件。两者的规格尺寸相异,选用时一定要了解连接管道的规格尺寸,选用与其相匹配的管件。

(1)接头。接头的作用是连接管道。根据两个被连接管道的管径大小分为同径连接接头和异径连接接头。根据连接方式不同,聚乙烯接头分为螺纹式接头、内插式接头和外接式接头三种。

(2)三通。三通是用于管道分叉时的连接件，与接头一样，三通有同径和异径两种。每种型号又有内插式和螺纹式两种。

(3)弯头。在管道转弯和地形坡度变化较大之处就需要用弯头连接。其结构也有内插式和螺纹式两种。

(4)堵头。堵头是用来封闭管道末端的管件。有内插式和螺纹式两种。

(5)旁通。用于支管与毛管间的连接。

(6)插杆。用于支撑微喷头，使微喷头置于规定高度。

(7)密封紧固件。用于内接式管件与管连接时的紧固。

三、微灌的过滤设备

微灌要求灌溉水中不含有造成灌水器堵塞的污物和杂质。而任何水源(包括水质良好的井水)都不同程度地含有污物和杂质。这些污物和杂质可分为物理、化学和生物类，诸如尘土、砂粒、微生物及生物体的残渣等有机物质，碳酸钙等宜产生沉淀的化学物质，以及菌类、藻类等水生动植物。在进行微灌工程规划设计前，一定要对水源水质进行化验分析，并根据选用的灌水器类型和抗堵塞性能，选定水质净化设备。

过滤设备主要有以下几种：

(1)旋流式水砂分离器，又称离心式或涡流式过滤器。旋流式水砂分离器的优点是水砂分离器能连续过滤高含砂量的灌溉水。缺点是：①不能除去与水比重相近或比水轻的有机质等杂物，特别是水泵启动和停机时过滤效果会下降，会有较多的砂粒进入系统，另外水头损失也较大；②水砂分离器只能作为初级过滤器，然后使用筛网过滤器进行第二次处理，这样可减轻网式过滤器的负担，增长冲洗周期。

(2)砂石过滤器，又称砂介质过滤器。它是利用砂石作为过滤介质的砂石过滤器，主要由进水口、出水口、过滤罐体、砂床和排污孔等部分组成。

(3)筛网过滤器。筛网过滤器是一种简单而有效的过滤设备。这种过滤器的造价较为便宜，在国内外微灌系统中使用最为广泛。筛网过滤器由筛网、壳体、顶盖等部分组成。

(4)叠片式过滤器。叠片式过滤器是用数量众多的带沟槽的薄塑料圆片作为过滤介质，工作时水流通过叠片，泥沙被拦截在叠片沟槽中，清水通过叠片的沟槽进入下游。

各种过滤器如图 8-13 所示，其性能见表 8-8。

(a)离心式过滤器　　(b)砂石过滤器　　(c)全塑过滤器

图 8-13　各种过滤器

表 8-8 各种过滤器的性能

规格		砂石过滤器	离心式过滤器	全塑过滤器
1″	流量			6.3 m^3/h
	压力			0.4 MPa
2″	流量	5~17 m^3/h	5~20 m^3/h	22.5 m^3/h
	压力	0.8 MPa	0.8 MPa	0.4 MPa
3″	流量	10~35 m^3/h	10~40 m^3/h	45 m^3/h
	压力	0.8 MPa	0.8 MPa	0.4 MPa
4″	流量		40~80 m^3/h	
	压力		0.8 MPa	

注:1″=2.54 cm。

【例 8-1】 某滴灌系统过滤器的选择:

项目地所用水源为地下水,水中含有细砂及少量大粒径砂粒,属于水质条件较好的水源种类。采用二级过滤系统,第一级采用离心式过滤器,可过滤水中的大部分砂石;第二级采用叠片式过滤器,可进一步对水质进行净化,确保水质清洁,以保证滴灌管线长期使用而不会发生堵塞的现象。

四、施肥装置

利用微灌系统施可溶性肥料或农药溶液可通过安装在首部的施肥(施农药)装置进行。施肥装置有压差式施肥罐、开敞式肥料罐、文丘里注入器、注入泵等,如图 8-14 所示。

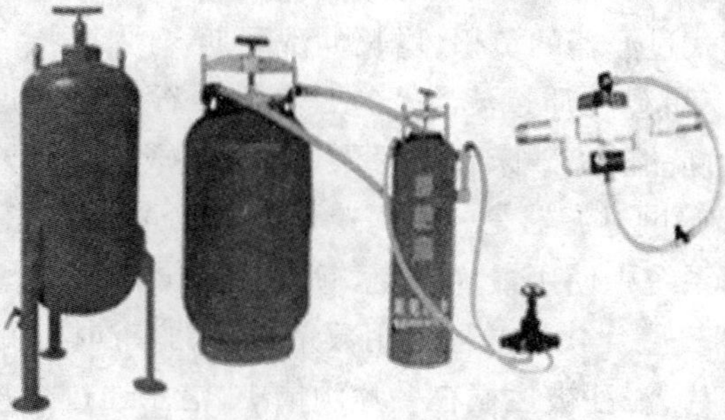

图 8-14 各种施肥器

(1)压差式施肥罐。由储液罐、进水管、出水管、调压阀等几部分组成,是利用干管上的调压阀所造成的压差,使储液罐中的液肥注入干管。其优点是加工制造简单,造价较低,不需外加动力设备。缺点是溶液浓度变化大,无法控制,罐体容积有限,添加化肥次数频繁且较麻烦。输水管道因设有调压阀而造成一定的水头损失。

(2)开敞式肥料罐。此种施肥装置用于自压滴灌系统中,在自压水源如蓄水池的正常水位下部适当的位置安装肥料罐,将其供水管(及阀门)与水源相连,打开肥料罐供水管阀门,打开肥料罐输液阀,肥料罐中的肥液就自动随水流输送到灌溉管网及各个灌水器对作物施肥。

(3)文丘里注入器。一般并联于管路上,它与开敞式肥料箱配套组成一套施肥装置

(见图8-14),使用时先将化肥或农药溶于开敞式化肥箱中,然后接上输液管即可开始施肥。其结构简单,使用方便,主要适用于小型微灌系统向管道注入肥料或农药。

微灌系统施肥或施农药应当注意如下事项:

(1)化肥或农药的注入一定要放在水源与过滤器之间,使肥液先经过过滤器之后再进入灌溉管道,以免堵塞管道及灌水器。

(2)施肥和施农药后,必须利用清水把残留在系统内的肥液或农药全部冲洗干净,防止设备被腐蚀。

(3)在化肥或农药输液管与罐水管联接处一定要安装逆止阀,防止肥液或农药流进水源。

五、控制测量与保护装置

(一)量测仪表

流量、压力量测仪表用于测量管线中的流量或压力,包括水表、压力表等。水表用于测量管线中流过的总水量,根据需要可以安装于首部,也可以安装于任何一条干、支管上,如果安装在首部,须设于施肥装置之前,以防肥料腐蚀;压力表用于测量管线中的内水压力,在过滤器和密封式施肥装置的前后各安设一个压力表,可观测其压力差,通过压力差的大小能够判定施肥量的大小和过滤器是否需要清洗。

(二)控制装置

控制器用于对系统进行自动控制,一般控制器具有定时或编程功能,根据用户给定的指令操作电磁阀或水动阀,进而对系统进行控制。

阀门是直接用来控制和调节微灌系统压力流量的操纵部件,布置在需要控制的部位上,其形式有闸阀、逆止阀、空气阀、水动阀、电磁阀等。

(三)安全装置

为保证微灌系统安全运行,需在适当位置安装安全保护装置。微灌系统常用的安全装置主要有压力调节器进排气阀、泄水阀等,如图8-15所示。进排气阀与泄水阀工作压力为:3/4″、0.4 MPa,$1\frac{1}{2}$″、0.8 MPa。其性能特点为:能自动向管道进气与排气,有效防止管道破裂;自动关闭与开启系统末端出水口,以防管道存水冻裂。

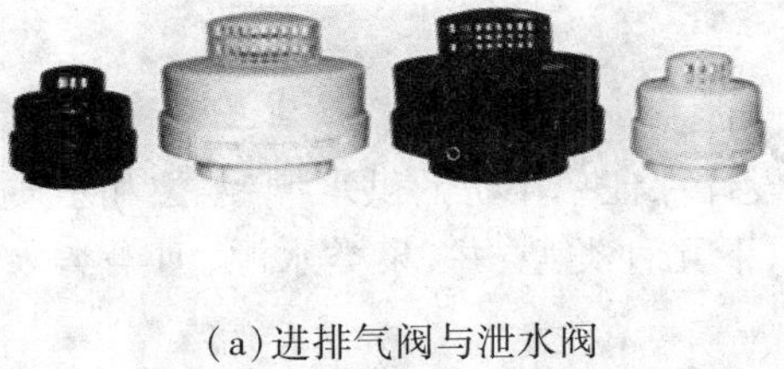

(a)进排气阀与泄水阀

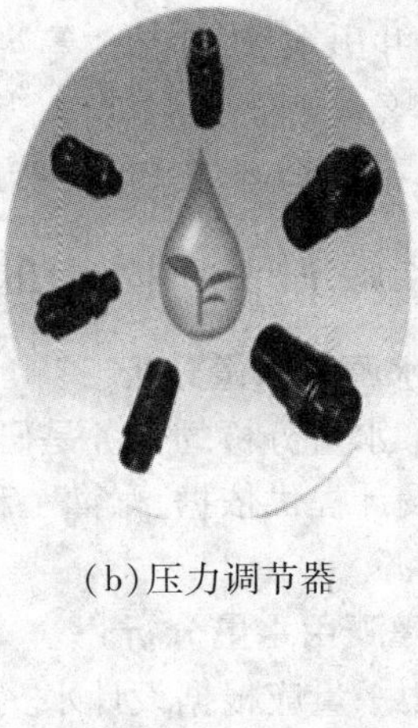

(b)压力调节器

图8-15　安全装置示意图

第三节　微灌工程规划设计

一、微灌工程规划设计的原则

(1)微灌工程的规划应与其他的灌溉工程统一安排。如喷灌和管道输水灌溉,都是节水、节能灌水新技术,各有其特点和适用条件。在规划时应结合各种灌水技术的特点,因地制宜地统筹安排,使各种灌水技术都能发挥各自的优势。

(2)微灌工程规划应考虑多目标综合利用。目前,微灌大多用于干旱缺水的地区,规划微灌工程时应与当地人畜饮水与乡镇工业用水统一考虑,以求达到一水多用。这样不仅可以解决微灌工程投资问题,而且还可以促进乡镇工业的发展。

(3)微灌工程规划要重视经济效益。尽管微灌具有节水、节能、增产等优点,但一次性投资较高。兴建微灌工程应力求获得最大的经济效益。为此,在进行微灌工程规划时,要先考虑在经济收入高的经济作物区发展微灌。

(4)因地制宜、合理地选择微灌形式。我国地域辽阔,各地自然条件差异很大,山区、丘陵、平原、南北方、气候、土壤、作物等都各不相同。加之微灌的形式也较多,又各有其优缺点和适用条件,因此在规划和选择微灌形式时,应贯彻因地制宜的原则,切忌不顾条件盲目照搬外地经验。

(5)近期发展与远景规划相结合。微灌系统规划要将近期安排与远景发展结合起来,既要着眼长远发展规划,又要根据现实情况,讲求实效,量力而行。根据人力、物力和财力,作出分期开发计划,使微灌工程建成一处,用好一处,尽快发挥工程效益。

二、基本资料的收集

(1)地形资料。地形图(1∶200～1∶500)且标注灌区范围。

(2)土壤资料。土壤质地、田间持水率、渗透系数等。

(3)作物情况。作物的种植密度、走向、株行距等。

(4)水文资料。取水点水源来水系列及年内月分配资料、泥沙含量、水井位置、供电保证率、水井出水量、动水位等。

(5)气象资料。逐月降雨、蒸发、平均温度、湿度、风速、日照、冻土深。

(6)其他社会经济情况。行政单位人口、土地面积、耕地面积、管理体制等。

三、水源分析与用水量的计算

(一)水源来水量分析

水源来水量分析的任务是研究水源在不同设计保证率年份的供水量、水位和水质,为工程规划设计提供依据,微灌工程水源通常有以下几种类型:井、泉类水源,河渠类水源,塘、坝类水源。

(二)灌溉用水量分析

微灌用水量应根据设计水文年的降雨、蒸发、作物种类及种植面积等因素计算确定。

（三）水量平衡计算

水量平衡计算的目的是根据水源情况确定微灌面积或根据面积确定需要供水的流量。

1. 微灌面积的确定

已知来水量确定灌溉面积，其计算公式为

$$A = \frac{\eta Qt}{10E_a} \tag{8-5}$$

式中 A——可灌面积，hm^2；

Q——可供流量，m^3/h；

E_a——设计耗水强度，mm/d；

t——水源每日供水时数，h/d；

η——灌溉水利用系数。

2. 确定需要的供水流量

当灌溉面积已经确定时，计算需要的供水流量，可以采用公式(8-5)计算。

【例 8-2】 某地埋滴灌系统水量平衡计算。

(1)基本资料：某井灌区机井出水量在 200 m^3/h 以上，地埋滴灌系统面积为 1 200 亩，作物最大耗水强度为 4.5 mm/d，试确定微灌面积。

(2)计算单井控制面积，其中：$E_a = 4.5$ mm/d，$t = 20$ h，$\eta = 0.95$。

根据现有机井出水量，计算控制面积为

$$A = \eta Qt/10E_a = \frac{0.95 \times 200 \times 20}{10 \times 4.5} = 84.44(hm^2) = 1\ 267 \text{ 亩}$$

最大控制面积为 1 267 亩。

(3)平衡分析：系统面积为 1 200 亩，小于 1 267 亩，机井出水量满足设计要求。

四、微灌系统布置

微灌系统的布置通常是在地形图上作初步布置，然后将初步布置方案带到实地与实际地形作对照，进行修正。微灌系统布置所用的地形图比例尺一般为 1:200 ~ 1:500。

微灌管网应根据水源位置、地形、地块等情况分级，一般应由干、支管和毛管三级管道组成。面积大时可增设总干管、分干管或分支管，面积小时可只设支、毛管两级管道。

（一）毛管和灌水器的布置

毛管和灌水器的布置方式取决于作物种类和所选灌水器的类型。下面分别介绍滴灌系统、微喷灌系统毛管和灌水器的一般布置形式。

1. 滴灌系统毛管和灌水器的布置

(1)单行毛管直线布置，如图 8-15(a)所示。毛管顺作物行布置，一行作物布置一条毛管，滴头安装在毛管上。这种布置方式适用于幼树和窄行密植作物。

(2)单行毛管带环状管布置，如图 8-16(b)所示。当滴灌成龄果树时，常常需要用一根分毛管绕树布置，其上安装 4 ~ 6 个单出水口滴头，环状管与输水毛管相连接。这种布置形式增加了毛管总长。

(3)双行毛管平行布置,滴灌高大作物可用双行毛管平行布置,如图8-16(c)所示,沿作物行两边各布置一条毛管,每株作物两边各安装2~3个滴头。

(4)单行毛管带微管布置,如图8-16(d)所示。当使用微管滴灌果树时,每一行树布置一条毛管,再用一段分水管与毛管连接,在分水管上安装4~6条微管,也可将微管直接插于输水毛管上,这种安装方式毛管的用量少,因而降低了工程造价。

上述各种布置形式滴头的位置与树干的距离一般约为树冠半径的2/3。

2.微喷灌系统毛管和灌水器的布置

微喷头的结构和性能不同,毛管和微喷头的布置也不同。根据微喷头的喷洒直径和作物种类,一条毛管可控制一行作物,也可控制若干行作物。图8-17是常见的几种布置形式。

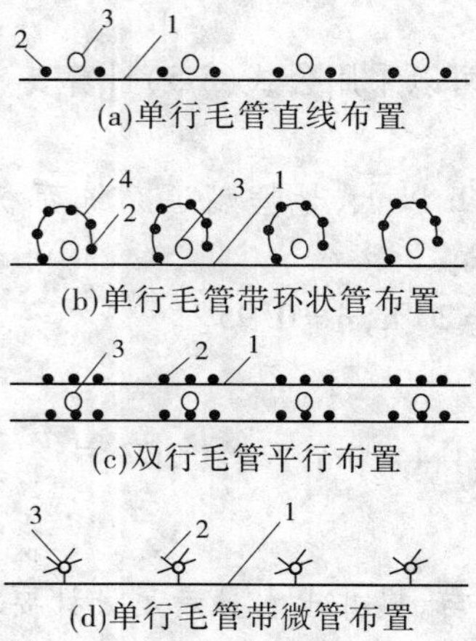

1—毛管;2—灌水器;3—果树;4—绕树环状管

图8-16　滴灌系统毛管和灌水器布置形式

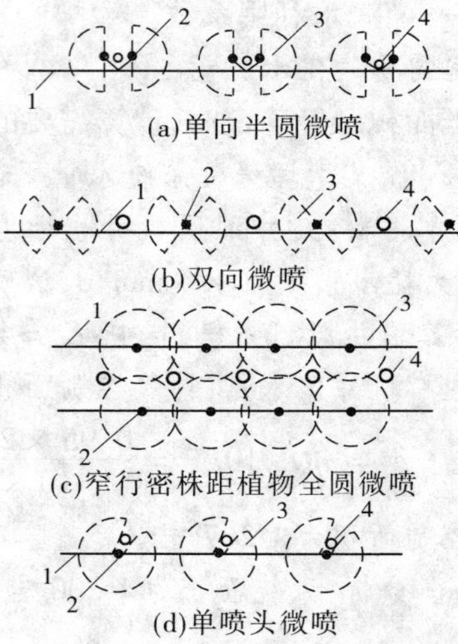

1—毛管;2—微喷头;3—土壤湿润;4—果树

图8-17　微喷灌系统毛管与灌水器布置图

(二)干、支管布置

干、支管的布置取决于地形、水源、作物分布和毛管的布置。其布置应满足管理方便、工程费用少的要求。在山区,干管多沿山脊布置,或沿等高线布置,支管则垂直等高线布置,向两边的毛管配水。在平地,干、支管应尽量双向控制,两侧布置下级管道,以节省管材。

系统布置方案不是唯一的,有很多可以选择的方案,具体实施时,应结合水力设计优化管网布置,尽量缩短各级管道的长度。

(三)首部枢纽布置

首部枢纽是整个微灌系统操作控制的中心,其位置的选择主要是以投资省、便于管理为原则。一般首部枢纽与水源工程相结合。如果水源较远,则首部枢纽可布置在灌区旁边,有条件时尽可能布置在灌区中心,以减少输水干管的长度。

五、微灌工程规划设计参数的确定

(一)设计耗水强度

设计耗水强度采用设计年灌溉季节月平均耗水强度峰值,并由当地试验资料确定,无实测资料时可通过计算或按表 8-9 选取。

表 8-9　设计耗水强度　(单位:mm/d)

作物	滴灌	微喷灌	作物	滴灌	微喷灌
果树	3~5	4~6	蔬菜	4~7	5~8
葡萄、瓜类	3~6	4~7	粮、棉、油等作物	4~6	5~8
蔬菜(保护地)	2~3	—			

注:干旱地区取上限值。

(二)微灌设计土壤湿润比

微灌的土壤湿润比是指在计划湿润土层内,湿润土体占总土体的比值。通常以地面以下 20~30 cm 处湿润面积占总灌溉面积的百分比来表示。土壤湿润比取决于作物、灌水器流量、灌水量、灌水器间距和所灌溉土壤的特性等。

规划设计时,要根据作物的需要、工程的重要性及当地自然条件等,按表 8-10 选取。

表 8-10　微灌设计土壤湿润比　(%)

作物	滴灌	微喷灌	作物	滴灌	微喷灌
果树	25~40	40~60	蔬菜	60~90	70~100
葡萄、瓜类	30~50	40~70	粮、棉、油等	60~90	100

注:干旱地区宜取上限值。

由于设计土壤湿润比越大,工程保证程度就要求越高,投资及运行费用也越大。

设计时将选定的灌水器进行布置,并计算土壤湿润比。要求其计算值稍大于设计土壤湿润比,若小于设计值就要更换灌水器或修改布置方案。常用灌水器典型布置形式的土壤湿润比 P 的计算公式如下。

1. 滴灌

(1)单行毛管直线布置,土壤湿润比按式(8-6)计算

$$P = \frac{0.785D_w^2}{S_eS_l} \times 100\% \tag{8-6}$$

式中 P——土壤湿润比(%);

D_w——土壤水分水平扩散直径或湿润带宽度,其大小取决于土壤质地、滴头流量和灌水量大小,m;

S_e——灌水器或出水点间距,m;

S_l——毛管间距,m。

(2)双行毛管平行布置,按式(8-7)计算

$$P = \frac{P_1S_1 + P_2S_2}{S_r} \times 100\% \tag{8-7}$$

式中 S_1——一对毛管的窄间距，m；

P_1——与 S_1 相对应的土壤湿润比（%）；

S_2——一对毛管的宽间距，m；

P_2——与 S_2 相对应的土壤湿润比（%）；

S_r——作物行距，m。

（3）单行毛管带环状管布置，按式（8-8）、式（8-9）计算

$$P = \frac{0.785D_w^2}{S_tS_r} \times 100\% \tag{8-8}$$

$$P = \frac{nS_eS_w}{S_tS_r} \tag{8-9}$$

式中 D_w——地表以下 30 cm 深处的湿润带宽度，m；

S_t——果树株距，m；

S_r——果树行距，m；

n——一株果树下布置的灌水器数；

S_e——灌水器或出水口间距，m；

S_w——湿润带宽度，m；

其他符号意义同前。

2. 微喷灌

（1）微喷头沿毛管均匀布置时的土壤湿润比为

$$P = \frac{A_w}{S_eS_l} \times 100\% \tag{8-10}$$

$$A_w = \frac{\theta}{360^\circ}\pi R^2 \tag{8-11}$$

式中 A_w——微喷头的有效湿润面积，m^2；

θ——湿润范围平面分布夹角，（°），当为全圆喷洒时，$\theta = 360°$；

R——微喷头的有效喷洒半径，m；

其他符号意义同前。

（2）一株树下布置 n 个微喷头时的土壤湿润比计算公式为

$$P = \frac{nA_w}{S_tS_r} \times 100\% \tag{8-12}$$

式中 n——一株树下布置的微喷头数；

其他符号意义同前。

【例 8-3】 土壤湿润比的校核。

荔枝基本沿等高线种植，株距×行距为 4.5 m×6.0 m，每行树布置一条毛管，毛管沿等高线布置，毛管间距等于果树行距，即 6.0 m。沿毛管上微喷头间距与荔枝树株距相等，即 4.5 m。微喷头的射程为 2.0 m。设计土壤湿润比为 40%，试校核微灌土壤湿润比。

解:计算微灌土壤湿润比

$$P = \frac{\pi R^2}{6 \times 4.5} \times 100\% = \frac{3.14 \times 2^2}{6 \times 4.5} \times 100\% = 46.5\% \geqslant 40\%$$

满足设计湿润比的要求。

(三)微灌的灌水均匀度

影响灌水均匀度的因素很多,如灌水器工作压力的变化、灌水器的制造偏差、堵塞情况、水温变化、微地形变化等。目前,在设计微灌工程时能考虑的只有水力学(压力变化)和制造偏差两种因素对均匀度的影响。微灌的灌水均匀度可以用克里斯琴森(Christiansen)均匀系数 C_u 来表示,并由下式计算

$$C_u = \frac{1 - \overline{\Delta q}}{\bar{q}} \tag{8-13}$$

$$\overline{\Delta q} = \frac{1}{n}\sum_{i=1}^{n} |q_i - \bar{q}| \tag{8-14}$$

式中 C_u——微灌均匀系数;

$\overline{\Delta q}$——灌水器流量的平均偏差,L/h;

q_i——各灌水器流量,L/h;

$\bar{q}$——灌水器平均流量,L/h;

n——所测的灌水器数目。

《微灌工程技术规范》(SL 103—95)规定,微灌均匀系数不低于0.8。

(四)灌水器流量偏差率和工作水头偏差率

流量偏差率指同一灌水小区内灌水器的最大、最小流量之差与设计流量的比值。工作水头偏差率指同一灌水小区内灌水器的最大、最小工作水头差与设计工作水头的比值。灌水器流量偏差率和工作水头偏差率按下式计算

$$q_v = \frac{q_{max} - q_{min}}{q_d} \times 100\% \tag{8-15}$$

$$h_v = \frac{h_{max} - h_{min}}{h_d} \times 100\% \tag{8-16}$$

式中 q_v——灌水器流量偏差率(%),其值取决于均匀系数 C_u,当 C_u 为98%、95%、92%时,q_v 为10%、20%、30%;

q_{max}——灌水器最大流量,L/h;

q_{min}——灌水器最小流量,L/h;

q_d——灌水器设计流量,L/h;

h_v——灌水器工作水头偏差率(%);

h_{max}——灌水器最大工作水头,m;

h_{min}——灌水器最小工作水头,m;

h_d——灌水器设计工作水头,m。

灌水器流量偏差率与工作水头偏差率之间的关系可用下式表示

$$h_v = \frac{q_v}{x}\left(1 + 0.15\frac{1-x}{x}q_v\right) \tag{8-17}$$

式中　x——灌水器流态指数。

《微灌工程技术规范》(SL 103—95)规定,灌水器的流量偏差率不应大于20%,即$[q_v] \leqslant 20\%$。

(五)灌溉水有效利用系数

微灌的主要水量损失是由于灌水不均匀和某些不可避免的损失所造成的,常用下式表示微灌的灌水有效利用率,即

$$\eta = \frac{V_m}{V_a} \tag{8-18}$$

式中　η——灌溉水有效利用系数;

V_m——微灌时储存在作物根层的水量,m^3/亩;

V_a——微灌的灌溉供水量,m^3/亩。

《微灌工程技术规范》(SL 103—95)规定,微灌灌溉水有效利用系数滴灌不低于0.90,微喷灌不低于0.85。

(六)灌溉设计保证率

《微灌工程技术规范》(SL 103—95)规定,微灌工程灌溉设计保证率应根据自然条件和经济条件确定,不应低于85%。

六、微灌系统的设计

(一)微灌灌溉制度的确定

微灌灌溉制度是指作物全生育期(对于果树等多年生作物则为全年)每一次的灌水量、灌水周期、一次灌水延续时间、灌水次数和全生育期(或全年)灌水总量。

1. 设计灌水定额 m

设计灌水定额m可根据当地试验资料或按式(8-19)计算确定

$$m = 0.1\gamma z P(\theta_{max} - \theta_{min})/\eta \tag{8-19}$$

式中　m——设计灌水定额,mm;

γ——土壤干密度,g/cm^3;

z——计划湿润土层深度,m;

P——微灌设计土壤湿润比(%);

θ_{max}——适宜土壤含水率上限,占干土质量的百分比;

θ_{min}——适宜土壤含水率下限,占干土质量的百分比;

η——灌溉水利用系数。

2. 设计灌水周期 T

设计灌水周期取决于作物、水源和管理情况,可根据试验资料确定。在缺乏试验资料的地区,可参照邻近地区的试验资料并结合当地实际情况按下式计算确定

$$T = \frac{m}{E_a}\eta \tag{8-20}$$

式中 T——设计灌水周期,d;

其他符号意义同前。

3. 一次灌水延续时间 t

一次灌水延续时间可按下式计算,即

$$t = \frac{mS_eS_l}{q} \tag{8-21}$$

式中 t——一次灌水延续时间,h;

q——灌水器流量,L/h;

其他符号意义同前。

对于成龄果树,一株树安装 n 个灌水器时,t 可按下式计算

$$t = \frac{mS_eS_l}{nq} \tag{8-22}$$

(二)微灌系统工作制度的确定

微灌系统的工作制度有续灌和轮灌两种。不同的工作制度要求系统的流量不同,因而工程费用也不同,在确定工作制度时,应根据作物种类、水源条件和经济状况等因素作出合理选择。

1. 续灌

续灌是对系统内全部管道同时供水,灌区内全部作物同时灌水的一种工作制度。它的优点是每株作物都能得到适时灌水,操作管理简单。其缺点是干管流量大,工程投资和运行费用高;设备利用率低;在水源不足时,灌溉控制面积小。一般只有在小系统,例如几十亩的果园,才采用续灌的工作制度。

2. 轮灌

轮灌是支管分成若干组,由干管轮流向各组支管供水,而各组支管内部同时向毛管供水。这种工作制度减少了系统的流量,从而可减少投资,提高设备的利用率。通常采用的是这种工作制度。

在划分轮灌组时,要考虑水源条件和作物需水要求,以使土壤水分能够得到及时补充,并便于管理。有条件时最好是一个轮灌组集中连片,各组控制的灌溉面积相等。按照作物的需水要求,全系统轮灌组的数目 N 为

$$N \leqslant \frac{CT}{t} \tag{8-23}$$

日轮灌次数 n 为

$$n = \frac{C}{t} \tag{8-24}$$

式中 C——系统日工作时间,可根据当地水源和农业技术条件确定,一般不宜大于 20 h。

(三)微灌系统水力计算

微灌系统水力计算是在已知所选灌水器的工作压力和流量以及微灌工作制度情况下确定各级管道通过的流量,通过计算输水水头损失,来确定各级管道合理的内径。

1. 管道流量的确定

1) 毛管流量的确定

毛管流量是毛管上灌水器流量的总和,即

$$Q_{毛} = \sum_{i=1}^{n} q_i \tag{8-25}$$

当毛管上灌水器流量相同时

$$Q_{毛} = nq_d \tag{8-26}$$

式中 $Q_{毛}$——毛管流量,L/h;

n——毛管上同时工作的灌水器个数;

q_i——第 i 号灌水器的设计流量,L/h;

q_d——流量相同时单个灌水器的设计流量,L/h。

2) 支管流量计算

支管流量是支管上各条毛管流量的总和,即

$$Q_{支} = \sum_{i=1}^{n} Q_{毛i} \tag{8-27}$$

式中 $Q_{支}$——支管流量,L/h;

$Q_{毛i}$——不同毛管的流量,L/h。

3) 干管流量的确定

由于支管通常是轮灌的,有时是两条以上支管同时运行,有时是一条支管运行,故干管流量是由干管同时供水的各条支管流量的总和,即

$$Q_{干} = \sum_{i=1}^{n} Q_{支i} \tag{8-28}$$

式中 $Q_{干}$——干管流量,L/h 或 m^3/h;

$Q_{支i}$——不同支管的流量,L/h 或 m^3/h。

若一条干管控制若干个轮灌区,在运行时各轮灌区的流量不一定相同,为此,在计算干管流量时,对每个轮灌区要分别予以计算。

2. 各级管道管径的选择

为了计算各级管道的水头损失,必须先确定各级管道的管径。管径必须在满足微灌的均匀度和工作制度的前提下确定。

1) 允许水头偏差的计算

一般在进行微灌水力计算时,把每条支管上同时运行的毛管所控制的面积看成是一个微灌小区,为保证整个小区内灌水的均匀性,对小区内任意两个灌水器的水力学特性有如下要求:

(1) 灌水小区的流量偏差率或水头偏差率应满足如下条件

$$q_v \leqslant [q_v] \tag{8-29}$$

$$h_v \leqslant [h_v] \tag{8-30}$$

式中 $[q_v]$——设计允许流量偏差率,按规范规定不应大于20%;

$[h_v]$——设计允许水头偏差率,此值可通过下式计算

$$[h_v] = \frac{[q_v]}{x}\left(1 + 0.15\frac{1-x}{x}[q_v]\right) \quad (8\text{-}31)$$

式中 x——灌水器流态指数。

(2)灌水小区的允许水头偏差,应按下式计算

$$[\Delta h] = [h_v]h_d \quad (8\text{-}32)$$

式中 $[\Delta h]$——灌水小区的允许水头偏差,m;

h_d——灌水器设计工作水头,m。

采用补偿式灌水器时,灌水小区内设计允许的水头偏差应为该灌水器允许的工作水头范围。

2)允许水头偏差的分配

由于灌水小区的水头偏差是由支管和毛管两级管道共同产生的,应通过技术经济比较来确定其在支、毛管间的分配。

(1)毛管进口不设调压装置时。当为均匀地形坡度,且支、毛管比降不大于1时,分配比例按下式计算

$$\left.\begin{aligned}
\beta_1 &= \frac{[\Delta h] + L_2J_2 - L_2J_1(a_1n_1)^{(4.75-1.75a)/(4.75+a)}}{[\Delta h]\times\left[\dfrac{L_2}{L_1}(a_1n_1)^{(4.75-1.75a)/(4.75+a)} + 1\right]} \\
&(r_1 \leqslant 1, r_2 \leqslant 1) \\
\beta_2 &= 1 - \beta_1 \\
C &= b_0d^a
\end{aligned}\right\} \quad (8\text{-}33)$$

式中 β_1——允许水头偏差分配给支管的比例;

β_2——允许水头偏差分配给毛管的比例;

L_1——支管长度,m;

L_2——毛管长度,m;

J_1——沿支管地形比降;

J_2——沿毛管地形比降;

a_1——支管上毛管布置系数,单侧布置时为1,双侧对称布置时为2;

n_1——支管上单侧毛管的根数;

r_1、r_2——支管、毛管的降比;

a——指数;

C——管道价格,元/m;

b_0——系数;

其他符号意义同前。

则毛管允许水头偏差为

$$[\Delta h_2] = \beta_2[\Delta h]$$

由于式(8-33)计算分配比例较为麻烦,而美国 J. Keller 和 D. Curmidin 则认为在平坦地形时,支、毛管经济的水头损失分配比例应为0.45和0.55。中、小型微灌工程在设计时,若缺乏资料,可按此法进行分配。

(2)坡地毛管进口设置调压装置时。当山区坡地毛管布置时,一般均在毛管进口安装水阻管、压力调节器等,以使各毛管进口压力值相等,此时小区设计允许的水头偏差应全部分配给毛管,即

$$[\Delta h] = [h_v]h_d \tag{8-34}$$

式中 $[\Delta h]$——允许的毛管水头偏差,m。

3)毛管管径的确定

按毛管的允许水头损失值,初步估算毛管的内径 $d_{毛}$ 为

$$d_{毛} = \sqrt[b]{\frac{KFfQ_{毛}^{m} L}{[\Delta h]_{毛}}} \tag{8-35}$$

式中 $d_{毛}$——初选的毛管内径,mm;

K——考虑到毛管上管件或灌水器产生的局部水头损失而加大的系数,其取值一般为 1.1~1.2;

F——多口系数,$F = \frac{1}{m+1}\left(\frac{N+0.48}{N}\right)^{m+1}$,$N \geqslant 3$;

f——摩阻系数;

$Q_{毛}$——毛管流量,L/h;

L——毛管长度,m;

m——流量指数;

b——管径指数。

由于毛管的直径一般均大于 8 mm,式(8-35)中各种管材的 f、m、b 值,可按表 8-11 选用。

表 8-11 各种塑料管材的 f、m、b 值

管材			f	m	b
塑料硬管	光滑区		0.094	1.77	4.77
铝管、铝合金管	光滑区		0.086 1	1.74	4.74
微灌用聚乙烯管	$D>8$ mm		0.505	1.75	4.75
	$D\leqslant 8$ mm	$Re>2\ 320$	0.595	1.69	4.69
		$Re\leqslant 2\ 320$	1.75	1	4

注:1. Re 为雷诺数。

2. 微灌用聚乙烯管相应于水温 10 ℃,其他温度时应修正。

4)支管管径的确定

(1)平坦地形、毛管进口未设调压装置时,支管管径的初选可按上述分配给支管的允许水头差,用下式初估支管管径 $d_{支}$,即

$$d_{支} = \sqrt[b]{\frac{KFfQ_{支}^{m} L}{0.45[h_v]h_d}} \tag{8-36}$$

式中　K——考虑到支管管件产生的局部水头损失而加大的系数，通常 K 的取值范围为 1.05～1.1；

L——支管长度，m。

其他符号意义同前，且 f、m、b 值仍从表 8-11 中选取，需注意的是，应按支管的管材种类正确选用表 8-11 中的系数。

(2)当为坡地，毛管进口采用调压装置时，由于此时设计允许的水头差均分配给了毛管，支管应按经济流速来初选其管径 $d_{支}$

$$d_{支}=1\,000\sqrt{\frac{4Q_{支}}{3\,600\pi v}} \tag{8-37}$$

式中　$d_{支}$——支管内径，mm；

$Q_{支}$——支管进口流量，m^3/h；

v——塑料管经济流速，m/s，一般取 v 为 1.2～1.8 m/s。

5)干管管径的确定

干管管径可按毛管进口安装调压装置时，支管管径的确定方法计算确定。

在上述三级管道管径都计算出后，还应根据塑料管的规格，最后确定实际各级管道的管径。必要时还需根据管道的规格，进一步调整管网的布局。

微灌系统使用的管材与管件，必须选择其公称压力符合微灌系统设计要求的产品，地面铺设的管道应不透光、抗老化、施工方便、连接牢固可靠。一般情况下，直径 50 mm 以上各级管道和管件可选用聚氯乙烯产品，直径在 50 mm 以下各级管道和管件应选用微灌用聚乙烯产品。

3. 管网水头损失的计算

1)沿程水头损失的计算

对于直径大于 8 mm 的微灌用塑料管道，应采用勃氏公式计算沿程水头损失，即

$$h_f=\frac{fQ^m}{d^b}L \tag{8-38}$$

式中　h_f——沿程水头损失，m；

f——摩阻系数；

Q——流量，L/h；

d——管道内径，mm；

L——管长，m；

m——流量指数；

b——管径指数。

式(8-38)中各种塑料管材的 f、m、b 值可从表 8-11 中选取。

微灌系统中的支、毛管出流孔口较多，一般可视为等间距、等流量分流管，其沿程水头损失可按下式计算(当 $N\geqslant3$ 时)

$$h_f'=\frac{fSq_d^m}{d^b}\left[\frac{(N+0.48)^{m+1}}{m+1}-N^m\left(1-\frac{S_0}{S}\right)\right] \tag{8-39}$$

式中　h_f'——等距多孔管沿程水头损失，m；

S——分流孔的间距,m;

S_0——多孔管进口至首孔的间距,m;

N——分流孔总数;

q_d——毛管上单孔或灌水器的设计流量,L/h;

其他符号意义同前。

2)局部水头损失的计算

局部水头损失的计算公式为

$$h_w = \sum \zeta \frac{v^2}{2g} \tag{8-40}$$

式中 h_w——局部水头损失,m;

ζ——局部水头损失系数;

v——管中流速,m/s;

g——重力加速度,m/s^2。

当参数缺乏时,局部水头损失也可按沿程水头损失的一定比例估算,支管为0.05~0.1,毛管为0.1~0.2。

4.毛管的极限孔数与极限铺设长度

水平毛管的极限孔数按公式(8-41)计算。设计采用的毛管分流孔数不得大于极限孔数。

$$N_m = \mathrm{INT}\left[\frac{5.446[\Delta h_2]d^{4.75}}{KS_e q_d^{1.75}}\right]^{0.364} \tag{8-41}$$

式中 N_m——毛管的极限分流孔数;

INT[ ]——将括号内实数舍去小数取整数;

$[\Delta h_2]$——毛管的允许水头偏差,m;

d——毛管内径,mm;

K——水头损失扩大系数,$K = 1.1 \sim 1.2$;

S_e——毛管上分流孔的间距,m;

q_d——毛管上单孔或灌水器的设计流量,L/h。

均匀地形坡毛管的极限孔数计算按《微灌工程技术规范》(SL 103—95)进行。

极限铺设长度采用以下公式计算

$$L_m = N_m S_e + S_0 \tag{8-42}$$

式中 S_0——多孔管进口至首孔的间距,取0.4 m;

其他符号意义同前。

【例8-4】 毛管设计及水力计算。已知毛管设计最长铺设长度120 m,支管进口压力水头为 $h_d = 11$ m。计算:

(1)设计滴头工作压力偏差率 h_v,设计允许流量偏差率 $[q_v] = 0.2$,流态指数 $x = 0.45$。

(2)毛管极限孔数 N_m。毛管上单孔的设计流量 $q_d = 1.1$ L/h,毛管的内径 $D = 15.9$ mm,毛管水头损失扩大系数 $K = 1.1$,毛管滴头间距 $S_e = 0.4$ m。

(3)毛管最大铺设长度 L。多孔管进口至首孔的间距 $S_0=0.4$ m。

解:(1)毛管允许工作压力偏差率为

$$[h_v]=\frac{1}{x}[q_v]\left(1+0.15\frac{1-x}{x}[q_v]\right)=\frac{1}{0.45}\times 0.2\times\left(1+0.15\times\frac{1-0.45}{0.45}\times 0.2\right)=0.46$$

(2)毛管极限孔数为

$$N_m=\left(\frac{5.446D^{4.75}h_d[h_v]}{KS_eq_d^{1.75}}\right)^{0.364}+0.52$$

$$=\left(\frac{5.446\times 15.9^{4.75}\times 11\times 0.46}{1.1\times 0.4\times 1.1^{1.75}}\right)^{0.364}+0.52=507.4\approx 507$$

毛管最大铺设长度为

$$L_m=N_mS_e+S_0=507\times 0.4+0.4=203(\text{m})$$

毛管设计铺设长度 100 m 是合理的。

5.节点的压力均衡验算

微灌管网必须进行节点的压力均衡验算。从同一节点取水的各条管线同时工作时,节点的水头必须满足各条管线对该节点的水头要求。由于各条管线对节点水头要求不一致,因此必须进行处理,处理办法有:一是调整部分管段直径,使各条管线对该节点的水头要求一致;二是按最大水头作为该节点的设计水头,其余管线进口根据节点设计水头与该管线要求的水头之差,设置调压装置或安装调压管(又称水阻管)加以解决,压力调节器价格较高,国外微灌工程中经常采用,我国则采用后一种方法即在管线进口处安装一段比该管管径细得多的塑料管,以造成较大水阻力,消除多余压力。

从同一节点取水的各条管线分为若干轮灌组时,各组运行时的压力状况均需计算,同一轮灌组内各条管线对节点水头要求不一致时,应按上述处理方法进行平衡计算。

(四)机泵选型配套

微灌系统的机泵选型配套主要依据系统设计扬程、流量和水源取水方式而定。

1.微灌系统的设计流量

系统设计流量可按下式计算

$$Q=\sum_{i=1}^{n}q_i \tag{8-43}$$

式中 Q——系统的设计流量,L/h;

q_i——第 i 号灌水器的设计流量,L/h;

n——同时工作的灌水器个数。

2.系统设计扬程

系统设计扬程按最不利轮灌条件下系统设计水头计算

$$H=Z_p-Z_b+h_0+\sum h_f+\sum h_w \tag{8-44}$$

式中 H——系统的扬程,m;

Z_p——典型毛管进口的高程,m;

Z_b——系统水源的设计水位,m;

h_0——典型毛管进口的设计水头,m;

$\sum h_f$——水泵进水管至典型毛管进口的管道沿程水头损失,m;

$\sum h_w$——水泵进水管至典型毛管进口的管道局部水头损失,m。

3. 机泵选型

根据设计扬程和流量,就可以从水泵型谱或水泵性能表中选取适宜的水泵。一般水源设计水位或最低水位与水泵安装高度间的高差超过 8.0 m 时,宜选用潜水泵;反之,则可选用离心泵等。根据水泵的要求,选配适宜的动力机,防止出现"大马拉小车"或"小马拉大车"的情况。在电力有保证的条件下,动力机应首选电动机。必须说明的是,所选水泵必须使其在高效区工作,并应为国家推荐的节能水泵。

(五)首部枢纽设计

首部枢纽设计就是正确选择和合理配置有关设备和设施。首部枢纽对微灌系统运行的可靠性和经济性起着重要作用。

(1)过滤器。选择过滤器主要考虑水质和经济两个因素。筛网过滤器是最普遍使用的过滤器,但含有机污染物较多的水源使用砂砾过滤器能得到更好的过滤效果,含砂量大的水源可采用离心式过滤器,但必须与筛网过滤器配合使用。

(2)施肥器。应根据各施肥设备的特点及灌溉面积的大小选择,小型灌溉系统可选用文丘里施肥器。

(3)水表。水表的选择要考虑水头损失值在可接受的范围内,并配置于肥料注入口的上游,防止肥料对水表的腐蚀。

(4)压力表。压力表是系统观测设备,均应设置在干管首部,一般装置 2.5 级精度以上的压力表,以控制和观测系统供水压力。

(5)阀门。在管道系统中要设计节制阀、放水阀、进排气阀等。一般节制阀设置在水泵出口处的干管上和每条支管的进口处,以控制水泵出口流量和控制支管流量,实行轮灌。每个节制阀控制一个轮灌区。放水阀一般设置在干、支管的尾部,其作用是放掉管中积水。上述两种阀门处应设置阀门井,其顶部应高于阀门 20 ~ 30 cm,其余尺寸以方便操作为度。非灌溉季节,阀门井用盖板封闭,以保护阀门和冬季保温。

进排气阀一般设置在干管上。在管道布置时,因地形的起伏有时不可避免地产生凸峰,管网运行时这些地方易产生气团,影响输水效率,故应设置排气阀将空气排出。逆止阀一般设置在输水干管首部。

当水泵运行压力较高时,由于停电等原因突然停机,将造成较大的水锤压力,当水锤压力超过管道试验压力,水泵最高反转转速超过额定转速 1.25 倍,管道水压接近汽化压力时,应设置逆止阀。

(六)投资预算及经济评价

规划设计结束时,列出材料设备用量清单,并进行投资预算与效益分析,为方案选择和项目决策提供科学依据。

第四节　微灌工程规划设计示例

一、大棚黄瓜滴灌工程设计说明

（一）基本资料

项目区位于山东寿光，种植反季节蔬菜，本项目为一大棚，长×宽为60 m×9 m，面积A=0.81 亩；土质为壤土，干密度γ=1.45 g/cm^3，田间持水量$\theta_{田}$=26%；作物为黄瓜，沿南北向（沿OY方向）种植，见图8-18。株距×行距为0.3 m×0.6 m，大棚内全额灌溉，黄瓜是喜水作物，生长时间长，需水量比较大，根据《北方保护地滴灌黄瓜节水灌溉制度及需水量的试验研究》（侯松泽等，《第六次全国微灌大会论文汇编》），结合本工程所在地气候特点，盛果期灌溉补充强度E_a取为8 mm/d；水源为井水，水质好，适于饮用，井的出水量为40 m^3/h，井旁有容积为25 m^3、高8 m的水塔。

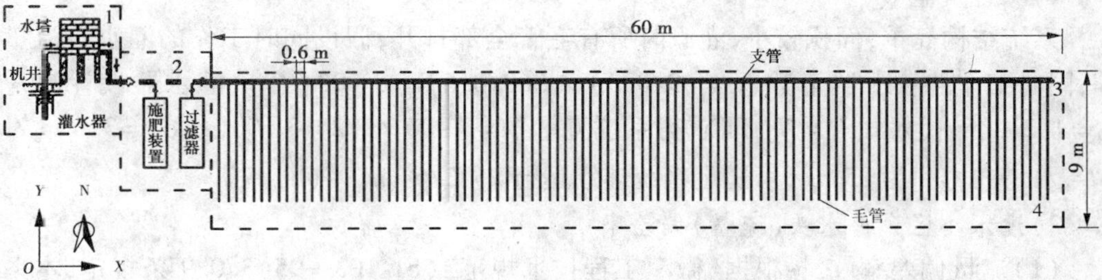

1—水源工程；2—首部枢纽；3—支管；4—毛管（含灌水器）

图8-18　工程布置简图

（二）系统布置及设计参数

1.系统布置

本工程由四部分组成，沿水流方向依次为水源工程、首部枢纽、输配水管网、毛管（灌水器）。

1）水源工程

本滴灌系统的水源为已建机井，井水经水塔以重力流方式输入大棚，向作物供水。井的出水量可满足灌溉要求。

2）首部枢纽

首部枢纽包括过滤设施、施肥装置等。由于项目区水质好，选用"筛网过滤器"能满足使用要求，施肥装置采用文丘里施肥器施肥（安装于筛网过滤器之前）。

3）输配水管网

大棚南北（OY）向短，东西（OX）向长，种植方向为南北（OY）向，本系统仅设支管，沿东西向（OX）铺设，既承担输水任务，又起向毛管配水的作用；毛管与支管垂直即沿南北（OY）向铺设；支管、毛管采用PE管，均铺设于地面，布置见图8-18。

4）灌水器

根据土壤、种植作物、气候条件，采用新疆天业生产的灌水器与毛管合为一体的单翼迷宫式滴灌带，一管一行铺设，其参数见表 8-12。

表 8-12　滴灌带参数

项目	参数	项目	参数
型号	WDF12/1.8－100	滴头间距 S_e(m)	0.3
灌水器设计流量 q_d(L/h)	1.2	毛管布设间距 S_l(m)	0.6
灌水器设计工作水头 h_d(m)	5	灌水器压力流量关系式	$q=0.479h^{0.5709}$
毛管内径 d(mm)	12	滴灌带铺设长度(m)	9

2. 设计参数

1）系统流量 Q

系统结构简单，面积较小，灌溉时所有毛管全部打开，假设同时工作的灌水器流量相等，同时工作的灌水器个数 $N=(9/0.3)\times(60/0.6)=3\ 000$（个），灌水器设计流量为 $q_d=1.2$ L/h，代入式 $Q=Nq_d$ 可求得系统流量 $Q=3\ 000\times1.2=3\ 600$(L/h)$=3.6$ m^3/h。

水塔的容积为 25 m^3，可满足系统连续运行 25/3.6＝6.94(h)。

2）灌水小区允许水头（流量）偏差率

(1)流量偏差率$[q_v]$：根据《微灌工程技术规范》(SL 103—95)3.0.9 条规定，本系统取$[q_v]=20\%$。

(2)水头偏差率$[h_v]$：$x=0.570\ 9$，$[q_v]=20\%$，代入式$[h_v]=\frac{[q_v]}{x}(1+0.15\times\frac{1-x}{x}[q_v])$，可得$[h_v]=0.358$。

3）土壤湿润比 P

毛管沿作物直线布置，各参数按图 8-19 计算，$n=1$，$S_e=0.3$ m，$S_w=0.45$ m，$S_t=0.3$ m，$S_l=0.6$ m，用式 $P=\frac{S_wS_t}{S_eS_l}\times100\%$ 计算得土壤湿润比 $P=75\%$。

4）设计灌水定额 m

由于该系统结构简单，输配水管线短，管道接头及控制阀门少，水量损失小，灌溉水利用率高，依据《微灌工程技术规范》(SL 103—95)3.0.4 条，灌溉水有效利用系数取 $\eta=0.95$，按黄瓜需水高峰期根系深度取 $z=0.4$ m，$\gamma=1.45$ g/cm^3，$P=75\%$，$\theta_{max}=90\%\times26\%=23.4\%$，$\theta_{min}=65\%\times26\%=16.9\%$，代入式 $m=0.1\gamma zP(\theta_{max}-\theta_{min})/\eta$，计算得灌水定额 $m=29.76$ mm＝19.84 m^3/亩。

5）设计灌水周期 T

由 $m=29.76$ mm，$E_a=8$ mm/d，$\eta=0.95$，得 $T=\frac{29.76}{8}\times0.95=3.5$(d)，取 3 d。

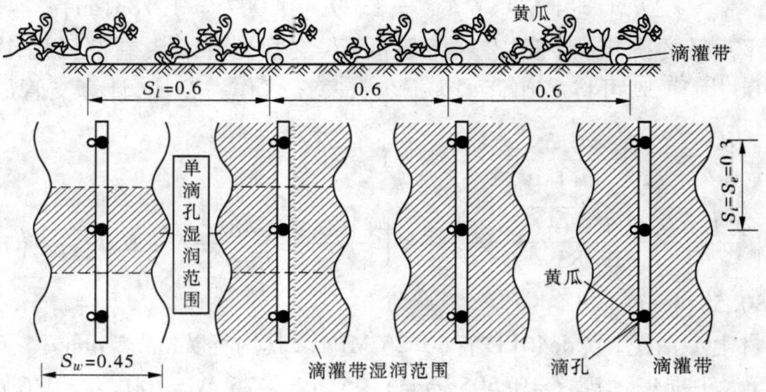

图 8-19　滴灌带与作物布置简图　（单位：m）

6）一次灌水延续时间 t

由 $m=29.76$ mm，$S_e=0.3$ m，$S_l=0.6$ m，$q=1.2$ L/h，$t=\dfrac{mS_eS_l}{q}$，计算得 $t=4.5$ h/组。

设计参数汇总如表 8-13 所示。

表 8-13　系统设计参数汇总

序号	项目		参数值	序号	项目	参数值
1	灌溉补充强度 I_a(mm/d)		8	4	土壤湿润比 P(%)	75
2	灌溉水有效利用系数 η		0.95	5	设计灌水定额 m(mm)/(m^3/亩)	29.76/19.84
3	灌水小区允许的偏差率	流量偏差率$[q_v]$	0.2	6	设计灌水周期 t(d)	3
		水头偏差率$[h_v]$	0.358	7	一次灌水延续时间 t(h/组)	4.5

（三）毛管和支管水力设计

大棚的管网结构简单，一个棚内支管与其供水的毛管（即所采用的单翼迷宫式滴灌带）构成一个灌水小区，毛管的铺设长度已定，其水力设计主要是计算小区允许水头偏差及毛管水头损失，以确定支管允许水头损失，从而确定支管管径和进口压力。

1. 灌水小区允许水头偏差

由$[h_v]=0.358$，$h=5$ m，代入式$[\Delta h]=[h_v]h_d$，得灌水小区允许水头偏差$[h]=1.79$ m。

2. 毛管水力计算

（1）毛管水头损失 $h_毛$：$f=0.505$，$m=1.75$，$b=4.75$，$N=30$，$q=1.2$ L/h，$S_0=0.15$ m，$K=1.1$，代入式 $h_毛=K\dfrac{fSq^m}{d^b}\left[\dfrac{(N+0.48)^{m+1}}{m+1}-N^m\left(1-\dfrac{S_0}{S}\right)\right]$，计算得 $h_毛=0.007$ m。

（2）毛管进口工作压力 $h_{0毛}$：毛管水头损失极小，可认为灌水器的设计工作水头即为毛管进口压力 $h_{0毛}=5$ m。

3. 支管水力设计

（1）支管允许水头偏差：毛管水头损失为 0.007 m，则支管允许的水头偏差为

$$[\Delta h_1] = [\Delta h] - h_{毛} = 1.79 - 0.007 = 1.783(\mathrm{m})$$

(2)支管管径的确定：支管长度、毛管间距、支管允许水头差都已确定，支管为多孔管，孔数为100，大于3，可将多孔管水头损失计算公式作一变换，计算支管最小管内径，即

$$d_{\min} = \left\{\frac{KfSq^m}{[\Delta h_1]}\left[\frac{(N+0.48)^{m+1}}{m+1} - N^m\left(1-\frac{S_0}{S}\right)\right]\right\}^{\frac{1}{4.75}}$$

$$= \left\{\frac{1.1\times 0.505\times 0.6\times 36^{1.75}}{1.783}\times\left[\frac{(100+0.48)^{2.75}}{2.75} - 100^{1.75}\times\left(1-\frac{0.3}{0.6}\right)\right]\right\}^{\frac{1}{4.75}}$$

$$= 30.58(\mathrm{mm})$$

根据管材生产情况，取de40PE管(0.25 MPa)，其内径为35.2 mm。

(3)支管水头损失计算：$f=0.505$，$m=1.75$，$b=4.75$，$N=100$，$S_l=0.6$ m，$q=36$ L/h，$S_0=0.3$ m，$d=35.2$ mm，$K=1.1$，代入式 $h_{支}=K\frac{fSq^m}{d^b}\left[\frac{(N+0.48)^{m+1}}{m+1}-N^m\left(1-\frac{S_0}{S}\right)\right]$，计算得 $h_{支}=0.91$ m，小于允许水头差1.783 m，满足要求。

(4)支管进口压力计算：支管为多孔管，$h_d=5$ m，$N=100$，$R=0.73$ m，$S_l=0.6$ m，$q=36$ L/h，$S_0=0.3$ m，$d=35.2$ mm，$K=1.1$，用公式 $h_{0支}=h_{0毛}+h_{支}+h_{毛}$ 计算支管进口工作水头，式中 $h_{支}$ 为支管的水头损失，则 $h_{0支}=5.917$ m，即支管进口设计压力为5.917 m。

(四)首部枢纽设计

本系统田间部分实际为重力滴灌，首部枢纽的设计包括过滤装置、施肥设施、控制量测设施及保护装置的设计。由于系统面积较小，结构简单，运行压力低，控制量测设施及保护装置简单，这里不作介绍。

(1)过滤器。因水源为井水，水质好，根据系统设计流量(3.6 $\mathrm{m^3/h}$)并结合灌水器对水质的要求，选用规格型号为1″、过滤精度为120目的筛网过滤器即可。

(2)施肥设施。本系统选用1″文丘里施肥器。

(五)系统运行复核

水塔高8 m，过滤器水头损失及首部枢纽水头损失按2.1 m计，故支管进口压力为5.9 m，与设计压力基本相符，所差0.017 m，影响甚微，不作调整。

1. 节点压力推算

各节点压力见图8-20。

2. 灌水小区流量与压力偏差复核

选取灌水小区压力最大的滴头和最小的滴头进行计算。因地形平坦，计算中不考虑地形高差引起的水头变化。根据灌水器流量公式 $q=0.479h^{0.5709}$，由 $h_{\max}=5.917$ m，$h_{\min}=5.0$ m计算对应值 $q_{\max}=1.32$ L/h，$q_{\min}=1.20$ L/h，依据式(8-15)和式(8-16)，流量偏差率 $q_v=10\% < [q_v]=20\%$，压力偏差率 $h_v=17.7\% < [h_v]=35.8\%$，满足要求。

(六)投资概算

1. 材料设备用量

本滴灌系统所需材料及设备用量详见表8-14，在表8-14中对易耗材料增加5%损耗量，滴灌带增加10%损耗量。

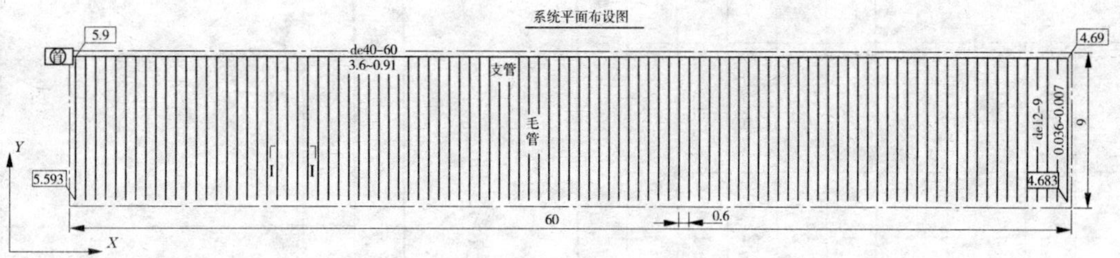

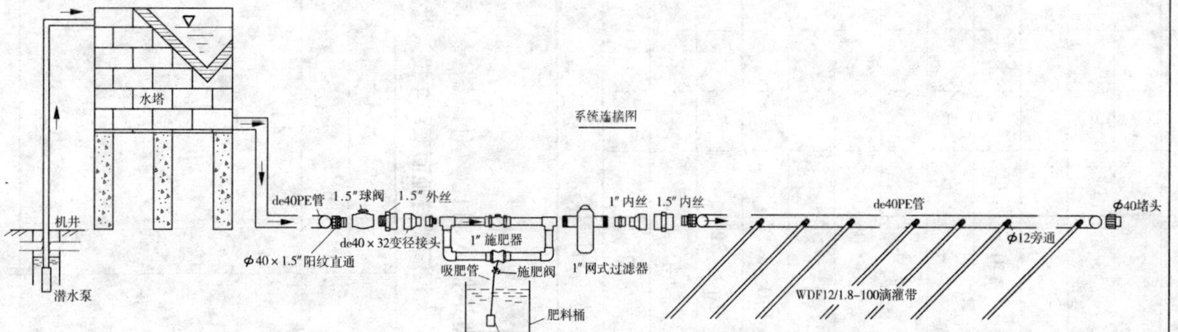

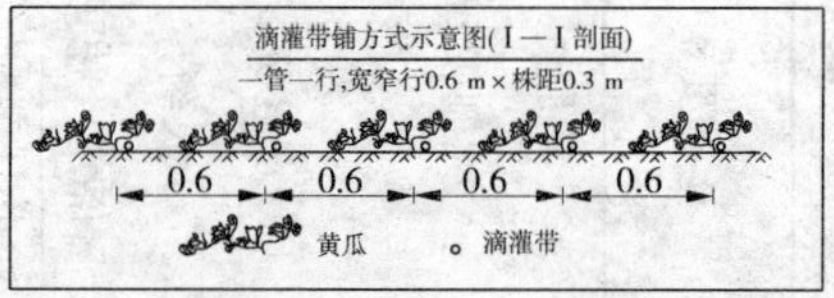

图例

首部	Ⓜ	支管	——	毛管	——	大棚边界	—·—
de40–60 / 3.6–0.91	管道外径(mm)–管道长度(m) / 流量(m³/h)–水头损失(m)		5.9 → 节点压力水头(m)		注：水头损失=沿程损失+局部损失		

设计参数表

作物种类	黄瓜
作物种植模式　行距(cm)×株距(cm)	60×30
土壤质地	壤土
计划湿润深度(cm)	40
计划土壤湿润比(%)	75
土壤干密度(g/cm³)	1.45
适宜土壤含水率上、下限(%)	90、65
田间持水率(%)	26
设计灌水定额(mm)	29.76(19.84 m³/亩)
盛果期设计日耗水强度(mm/d)	8
灌溉水利用系数	0.95
灌水周期(d)	3
灌水器一次灌溉水延续时间(h)	4.5

说明：1.图中尺寸除管径单位以mm计外,其余均以m计。

2.本系统控制面积0.81亩,土质属壤土,种植作物黄瓜,水源为井水,经潜水泵抽至高8 m,容积为25 m³/h的水塔后自压滴灌,水泵的型号为200QJ40 52,功率为9.2 kW。

3.选用毛管与灌水器相结合的单翼迷宫式滴灌带，滴孔设计平均流量 Q = 1.2 L/h，滴孔间距 S_e =0.3 m，毛管间距 S_l =0.6 m，毛管内径为12 mm，壁厚0.14 mm。

4.支管为PE管；支管外径40 mm,壁厚2.4 mm,工作压力0.25 MPa,水头损失扩大系数取 K =1.1。

5.盛果期一次灌水延续时间为4.5 h,其他时期可视黄瓜生长情况而定。

单位名称				
核定	×××	山东大棚黄瓜滴灌工程		施工　阶段
审核	×××			施工　部分
校核	×××	滴灌设计布置图		
设计	×××			
制图	×××	比例	日期	×××
描图	×××	图号	设计证号	×××

图 8-20　大棚黄瓜滴灌工程系统设计图

表 8-14　大棚重力滴灌所需材料及设备用量

序号	名称	规格型号	单位	数量	单价(元)	复价(元)
1	PE 管	de40	m	70	0.7	49
2	滴灌带	WDF12/1.8 - 100	m	990	0.2	198
3	旁通	ϕ12	个	105	0.6	63
4	筛网过滤器	1″	个	1	80	80
5	施肥器	1″	个	1		
6	内丝	ϕ40	个	1	2.4	2.4
7		ϕ32	个	1	1.2	1.2
8	外丝	ϕ40	个	1	2.4	2.4
9		ϕ32	个	1	1.2	1.2
10	球阀	1.5″	个	1	8	8
11	阳纹直通	ϕ40 × 1.5″	个	2	5	10
12	变径接头	ϕ40 × 32	个	2	1.3	2.6
13	堵头	ϕ40	个	1	1	1
14	直通	ϕ12	个	4	1	4
合计						422.8

2. 投资与效益分析

(1)滴灌大棚与地面灌溉大棚年投入对比。对比情况如表 8-15 所示。

表 8-15　大棚滴灌与地面灌溉年投入对比

序号	生产要素	投入(元/年)	
		滴灌	常规灌
1	化肥	400	1 000
2	大棚膜	300	300
3	草帘	400	400
4	水电费	50	100
5	农药	100	200
6	滴灌设备投资	422.8	—
合计		1 672.8	2 000

滴灌大棚比地面灌溉大棚年投入节约 2 000 - 1 672.8 = 327.2(元/年)。

(2)大棚滴灌效益。滴灌大棚产量为 7 287 kg,地面灌溉大棚产量为 5 887 kg,增产 1 400 kg,增收 1 120 元。大棚滴灌与地面灌溉相比每年一个大棚增加效益 1 447.2 元。

二、大棚黄瓜滴灌工程系统设计图

大棚黄瓜滴灌工程系统设计图如图 8-20 所示。

能力训练

一、基础知识能力训练

1. 什么叫微灌？简述微灌的优点和缺点。
2. 什么是土壤湿润比？设计土壤湿润比如何确定？
3. 滴头有哪些形式？性能参数有哪些？
4. 微灌灌水器的流量与水头关系是什么？流态指数等于零说明什么？
5. 简述微灌系统的组成和分类。
6. 微灌系统水泵选择应满足哪些要求？
7. 设计耗水强度应如何确定？灌水定额如何确定？
8. 微灌毛管应该如何布置？灌水器的间距如何确定？
9. 过滤器的类型有哪些？其适用什么条件？
10. 如何确定微灌系统各级管道的流量？
11. 什么是流量偏差率？流量偏差率与水头偏差率的关系是什么？
12. 如何确定允许水头偏差率及允许水头差？允许水头差在支、毛管间如何分配？
13. 在地形平坦地区，如何确定支、毛管管径？干管管径如何确定？
14. 如何计算毛、支管进口工作压力？
15. 为什么要进行节点压力均衡验算？如果各管段压力不一致，应如何解决？

二、设计计算能力训练题

设计基本资料：某苹果园面积 194 亩，株距×行距为 3 m×3 m，地形平坦，土层厚度为 1.5 m，1.0 m 土层平均干密度 1.32 t/m^3，田间持水率（占土体体积）为 21%，多年平均降雨量 250 mm，多年平均蒸发量 1 500 mm，果园南边有一水井，如图 8-21 所示，出水量为 50 m^3/h，动水位为 20 m，按田间试验，该地苹果最大耗水量为 5 mm/d。

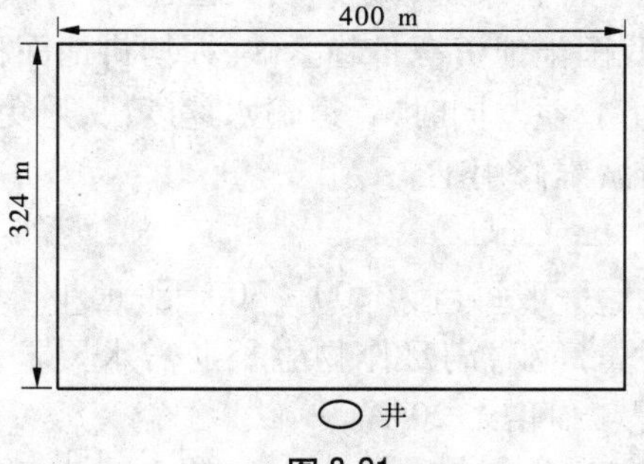

图 8-21

要求：进行微灌工程设计。

第九章　低压管道输水灌溉工程技术

学习目标

通过学习低压管道灌溉工程中常用的管道及附件、低压管道灌溉工程的规划设计方法，能够初步完成低压管道灌溉系统的规划设计。

学习任务

1. 了解低压管道输水灌溉系统的组成与类型。

2. 了解低压管道灌溉工程常用的管道及附件的种类、规格，能够合理选择设计需要的设备。

3. 掌握低压管道灌溉工程的规划设计方法，能够进行低压管道工程设计。

第一节　低压管道输水灌溉工程的类型及特点

低压管道输水灌溉工程是以管道代替明渠输水灌溉的一种工程形式，通过一定的压力，将灌溉水由分水设施输送到田间，再由管道分水口分水或外接软管输水进入田间沟、畦。由于管道系统工作压力一般不超过0.4 MPa，故称为低压管道输水灌溉工程。

一、低压管道输水工程的特点

低压管道输水工程与其他灌溉方式比较，具有下列优点。

（一）节水节能

低压管道输水减少了输水过程中的渗漏损失和蒸发损失，与明渠输水相比可节水30%～50%。对于机井灌区，节水就意味着降低能耗。

（二）省地、省工

用土渠输水，田间渠道用地一般占灌溉面积的1%～2%，有的多达3%～5%。而采用管道输水后，管道埋入地下代替渠道，减少了渠道占地，可增加1%～2%的耕地面积，提高了土地利用率。对于我国土地资源日趋紧缺、人均耕地面积不足1.5亩的现状来说，具有明显的社会效益和经济效益。同时，管道输水速度快，避免了跑水、漏水现象，缩短了灌水周期，节省了巡渠和清淤维修用工。

（三）成本低、效益高

低压管道灌溉投资较低，一般每亩为100～300元，远小于喷灌或微灌的投资。同等水源条件下，由于能适时适量灌溉，满足作物生长期需水要求，因而起到增产增收作用。一般年份可增产15%，干旱年份增产20%。

（四）适应性强、管理方便

低压管道输水属有压供水，可以越沟、爬坡和跨路，不受地形限制，配上田间地面移动软管,可解决零散地块浇水问题,可使原来渠道难以达到灌溉的耕地实现灌溉,扩大灌溉面积,且施工安装方便,便于群众掌握,便于推广。

二、低压管道输水系统的组成

低压管道输水灌溉系统由水源与取水工程、输水配水管网系统和田间灌水系统三部分组成,如图9-1所示。

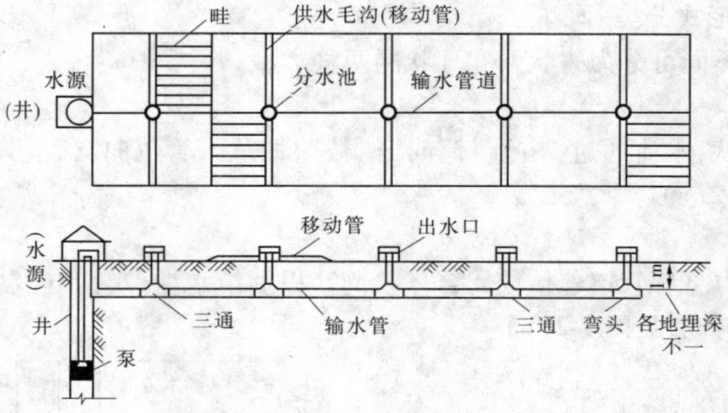

图9-1 灌溉管道系统组成

(一)水源与取水工程

管道输水灌溉系统的水源有井、泉、沟、渠道、塘坝、河湖和水库等。水质应符合《农田灌溉水质标准》(GB 5084—2005)。

井灌区的取水工程应根据用水量和扬程大小,选择适宜的水泵和配套动力机、压力表及水表,并建有管理房。自压灌区或大中型提水灌区的取水工程还应设置进水闸、分水闸、拦污栅、沉淀池、水质净化处理设施及量水建筑物等配套工程。

(二)输水配水管网系统

输水配水管网系统是指管道输水灌溉系统中的各级管道、分水设施、保护装置和其他附属设施。在面积较大的灌区,管网可由干管、分干、支管和分支管等多级管道组成。

(三)田间灌水系统

田间灌水系统指出水口以下的田间部分。作为整个低压管道输水系统,田间灌水系统是节水灌溉的重要组成部分。灌溉田块应进行平整,使田块坡度符合地面灌水要求,畦田长短应适宜。

三、低压管道输水灌溉工程的分类

低压管道输水系统按其压力获取方式、管网形式、管网可移动程度的不同可分为以下几种类型。

(一)按压力获取方式分类

按压力获取方式不同可分为机压(水泵提水)输水系统和自压输水系统。

1. 机压(水泵提水)输水系统

它又分为水泵直送式和蓄水池式。当水源水位不能满足自压输水要求时采用。一种形式是水泵直接将水送入管道系统，然后通过分水口进入田间，称为水泵直送式；另一种形式是水泵通过管道将水输送到某一高位蓄水池，然后由蓄水池自压向田间供水。目前，平原区井灌区大部分采用水泵直送式。

2. 自压输水系统

当水源较高时，可利用地形自然落差所提供的水头作为管道输水所需要的工作压力。在丘陵地区的自流灌区多采用这种形式。

（二）按管网形式分类

按管网形式不同可分为树状网和环状网两种类型。

1. 树状网

管网呈树枝状，水流通过“树干”流向“树枝”，即从干管流向支管、分支管，只有分流而无汇流，见图 9-2（a）。

2. 环状网

管网通过节点将各管道连接成闭合环状网。根据给水栓位置和控制阀启闭情况，水流可做正逆方向流动，见图 9-2（b）。

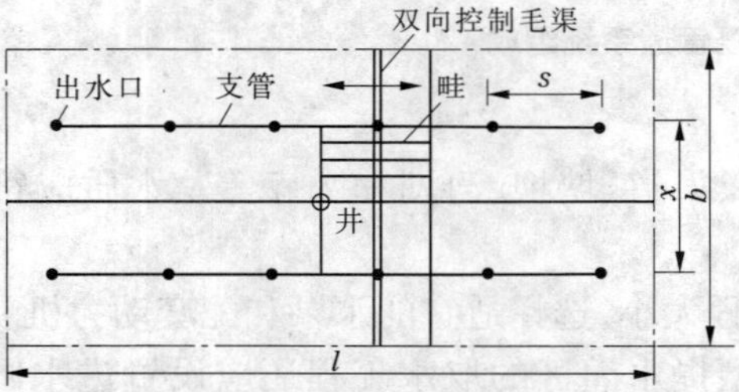

(a)树状网

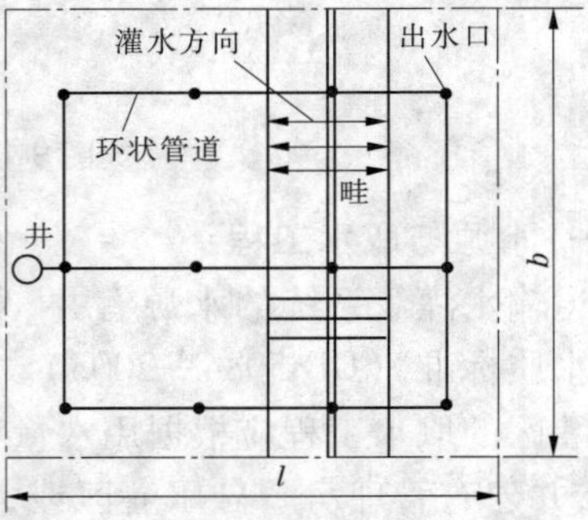

(b)环状网

图 9-2 管网系统示意图

目前，国内低压管道输水灌溉系统多采用树状网，环状网在一些试点地区也有应用。

（三）按可移动程度分类

低压管道输水灌溉系统按可移动程度分为移动式、半固定式和固定式。

1. 移动式

除水源外，管道及分水设备都可移动，机泵有的固定，有的也可移动，管道多采用软管，简便易行，一次性投资低，多在井灌区临时抗旱时应用。但是劳动强度大，管道易破损。

2. 半固定式

其管道灌溉系统一部分固定，另一部分可移动。一般是水源固定，干管或支管为固定地埋管，由分水口连接移动软管输水进入田间。这种形式工程投资介于移动式和固定式之间，比移动式劳动强度低，但比固定式管理难度大，经济条件一般的地区，宜采用半固定式系统。

3. 固定式

管道灌溉系统中的水源和各级管道及分水设施均埋入地下,固定不动。给水栓或分水口直接分水进入田间沟、畦,没有软管连接。田间毛渠较短,固定管道密度大,标准高。这类系统一次性投资大,但运行管理方便,灌水均匀。有条件的地方应逐渐推广这种形式。

第二节 低压管道输水系统的主要设备

一、管材与管件

管材及管道附件用量大,占总投资的2/3以上,其对工程质量和造价以及效益的发挥影响很大,规划设计时要慎重选用。

(一)管材

按管道材质可分为塑料管材、金属管材、水泥类管材和其他材料管四类。

1. 塑料管材

塑料管材有硬管和软管两类。硬管如聚氯乙烯管、聚乙烯管、聚丙烯管和双壁波纹管等,一般常作为固定管道使用。

2. 金属管材

如各种钢管、铸铁管等,均为硬管材,钢管、铸铁管用做固定管道。

3. 水泥类管材

如钢筋混凝土管、素混凝土管、水泥土管以及石棉水泥管等,用做地埋暗管。

4. 薄膜管

与给水栓连接,向田间毛渠、畦、沟供水的塑料软管,如改性聚乙烯薄塑料管、涂塑软管等。

(二)管材选择

1. 管材应达到的技术要求

(1)能承受设计要求的工作压力。管材允许工作压力应为管道最大工作压力的1.4倍,且大于管道可能产生水锤时的最大压力。

(2)管壁薄厚均匀,壁厚误差应不大于5%。

(3)地埋管材在农机具和外荷载的作用下,管材的径向变形率不得大于5%。

(4)便于运输和施工,能承受一定的沉降应力。

(5)管材内壁光滑、糙率小,耐老化,使用寿命满足设计年限要求。

(6)管材与管材、管材与管件连接方便,连接处同样满足相应的工作压力,满足抗弯折、抗渗漏、强度、刚度及安全等方面的要求。

(7)移动管道要轻便,易快速拆卸,耐碰撞,耐摩擦,具有较好的抗穿透及抗老化能力等。

(8)当输送的水流有特殊要求时,还应考虑对管材的特殊要求。

2. 管材选择的方法

在满足设计要求的前提下，综合考虑管材价格、施工费用、工程的使用年限、工程维修费用等经济因素进行管材选择。

通常在经济条件较好的地区，固定管道可选择价格相对较高，但施工、安装方便及运行可靠、管理简单的硬 PVC 管；移动管可选择塑料软管。在经济条件较差的地区，可选择价格低廉的管材，如固定管可选素混凝土管、水泥砂管等管材，移动软管可选择塑料软管。在将来可能发展喷灌的地区，应选择承压能力较高的管材，以便今后发展喷灌时使用。

二、管道附件

管道附件种类繁多，依其功能作用不同，可分为连接附件和控制附件两类。

（一）连接附件

连接附件即管件，主要有同径和异径三通、四通、弯头、堵头及异径渐变管、快速接头等。快速接头主要用于地面移动管道，以迅速连接管道，节省操作时间和减轻劳动强度。

（二）控制附件

控制附件是用来控制管道系统中的流量和水压的各种装置或构件。在管道系统中，最常用的控制附件有给水装置、阀门、进排气阀、逆止阀、安全阀、调压装置、带阀门的配水井和放水井等。

1. 给水装置

给水装置即给水栓，是向地面管道或田间毛渠、畦、沟供水的控制装置。给水栓各地有定型产品，可根据需要选用，也有自行制造的。给水栓要坚固耐用、密封性能好、不漏水、软管安装拆卸方便等。

1）给水装置分类

给水装置有多种分类方法，按阀体结构分为移动式、半固定式、固定式三类（见表 9-1）。

表 9-1　常用给水装置的主要性能参数及特点

型号名称	公称直径（mm）	公称压力（MPa）	局部阻力系数	主要特点	图号
GlY2 – H/L Ⅱ型、G1Y3 – H/L Ⅲ型平板阀移动式给水栓	75、90、110、125、160	0.25、0.4	1.52 ~ 2.2	移动式，旋紧锁口连接，平板阀内外力结合止水，地上保护，适用于多种管材	图 9-3（a）、（b）
G1Y5 – S 型球阀移动式给水栓	110	0.20	A 型：1.23	移动式，快速接头式连接，浮阀内力止水，地上保护，适用于塑料管材	图 9-4
G2B3 – H 型平板阀半固定式给水栓	100/75、100/100、125/100		0.2	半固定式，丝堵外力止水，地上保护，适用于压力、流量较小的塑料管道系统	图 9-5

续表 9-1

型号名称	公称直径(mm)	公称压力(MPa)	局部阻力系数	主要特点	图号
G2B7－H 型丝堵半固定式出水口	75、90、110、125	0.2		半固定式,丝堵外力止水,地上保护,适用于压力、流量较小的塑料管道系统	图 9-6
C2G7－S/N 型丝盖固定式出水口	75、90、110、125	0.2		固定式,丝盖外力止水,地上保护,适用于压力、流量较小的塑料管道	图 9-7
C2G1－S 型平板阀固定式给水栓	75	0.05	1.938	固定式,平板阀外力止水,地下保护,适用于塑料管材	图 9-8

(1)移动式给水装置也称分体移动式给水装置,它由上、下栓体两大部分组成(见图 9-3、图 9-4)。其特点是:①止水密封部分在下栓体内,下栓体固定在地下管道的立管上,下栓体配有保护盖,出露在地表面或地下保护池内;②系统运行时不需停机就能启闭给水栓、更换灌水点;③上栓体移动式使用,同一管道系统只需配 2～3 个上栓体,投资较省;④上栓体的作用是控制给水、出水方向。常用移动式给水栓有平阀型和球阀型。

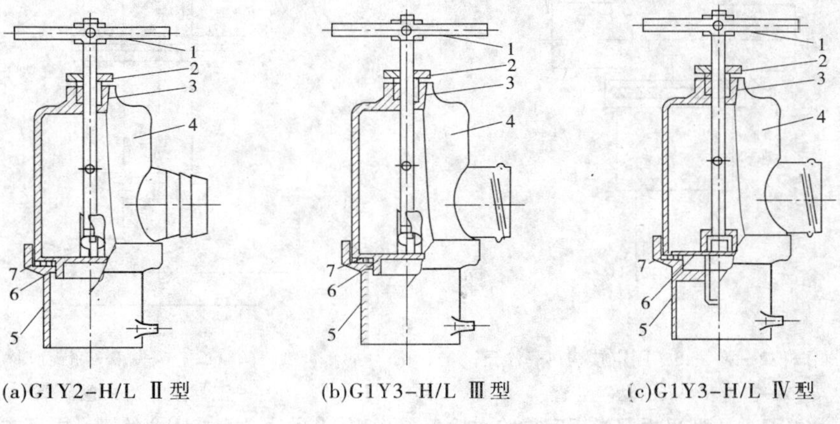

1—阀杆;2—填料压盖;3—填料;4—上栓壳;5—下栓壳;6—闸瓣;7—密封胶垫

图 9-3 G1Y2－H/L、G1Y3－H/L 型平板阀移动式给水栓

(2)半固定式给水装置(见图 9-5、图 9-6)。其特点是:①一般情况下,止水、密封、控制、给水于一体,有时密封面也设在立管上;②栓体与立管螺纹连接或法兰连接,非灌溉期可以卸下室内保存;③同一灌溉系统计划同时工作的出水口必须在开机运行前安装好栓体,否则更换灌水点时需停机;④同一灌溉系统也可按轮灌组配备,通过停机而轮换使用,不需每个出水口配一套,与固定式给水装置相比投资较省。

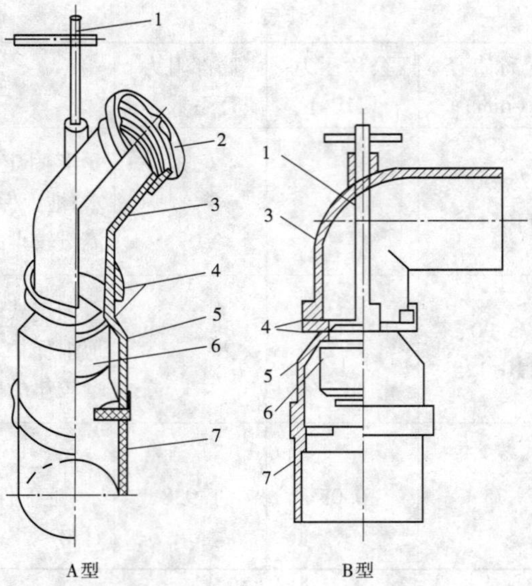

1—操作杆;2—快速接头;3—上栓壳;4—密封胶圈(扩建);5—下栓壳;6—浮子;7—连接管

图 9-4 G1Y5 - S 型球阀移动式给水栓

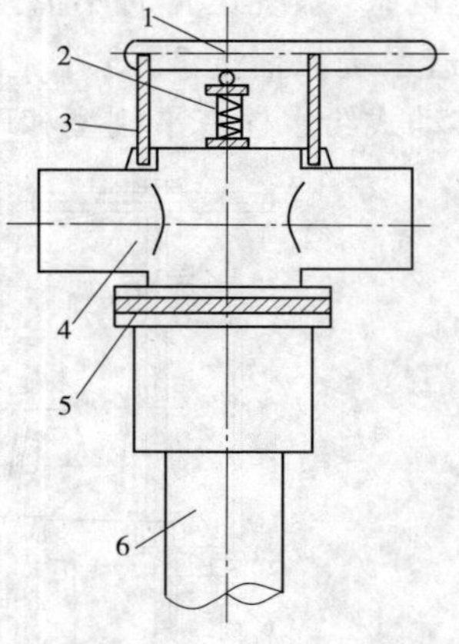

1—操作杆;2—弹簧;3—固定挂钩;4—栓壳;
5—密封胶垫;6—法兰立管

图 9-5 G2B3 - H 型平板阀半固定式给水栓

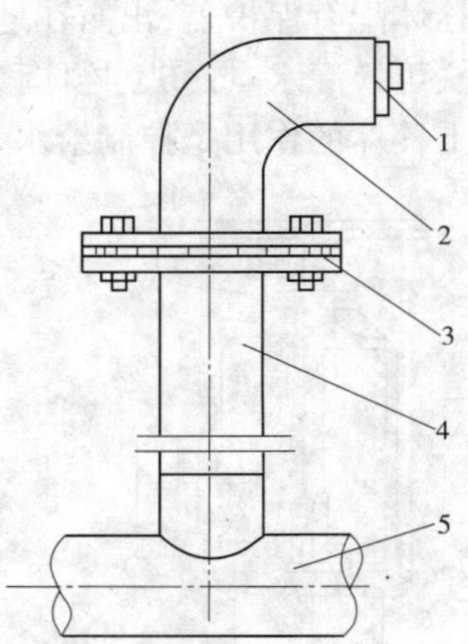

1—丝堵;2—弯头;3—密封胶垫;
4—法兰立管;5—地下管道

图 9-6 G2B7 - H 型丝堵半固定式出水口

(3)固定式给水装置也称整体固定式给水装置(见图 9-7、图 9-8)。其特点是:①止水、密封、控制、给水于一体;②栓体一般通过立管与地下管道系统牢固地结合在一起,不能拆卸;③同一系统的每一个出水口必须安装一套给水装置,投资相对较大。

2)给水装置的选用原则

(1)应选用经过专家鉴定并定型生产的给水装置。

(2)根据设计出水量和工作压力,选择的规格应在适宜流量范围内,且局部水头损失小。

(3)密封压力满足低压管道输水灌溉系统设计要求。

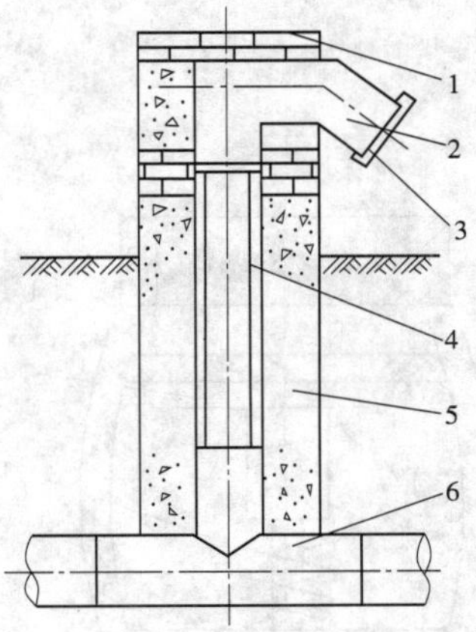

1—砌砖；2—放水管；3—丝盖；4—立管；
5—混凝土固定墩；6—硬 PVC 三通

图 9-7　C2G7－S/N 型丝盖固定式出水口

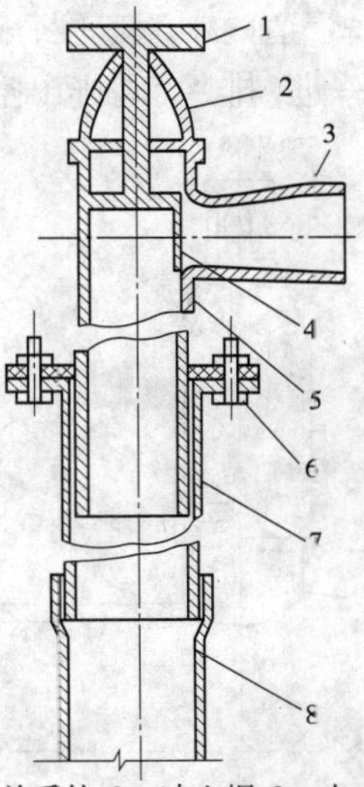

1—开关手轮；2—冲土帽；3—出水嘴；
4—阀门；5—升降管；6—双层橡胶圈；
7—外套管；8—立管

图 9-8　G2G1－S 型平板阀固定式给水栓

(4)在低压管道输水灌溉系统中，给水装置用量大，使用频率高，长期置于田间，因此在选用时还要考虑耐腐蚀、操作灵活、运行管理方便等因素。

(5)根据是否与地面软管连接来选择给水栓，根据保护难易程度选择移动式、半固定式或固定式。

2. 安全保护装置

低压管道输水灌溉系统的安全保护装置主要有进(排)气阀、安全阀、调压阀、逆止阀、泄水阀等，主要作用是破坏管道真空，排除管内空气，减少输水阻力，超压保护，调节压力，防止管道内的水回流入水源而引起水泵高速反转。

1)进(排)气阀

进(排)气阀按阀瓣结构分为球阀式、平板式进(排)气阀两大类(见图 9-9、图 9-10)。其工作原理是管道充水时，管内气体从进(排)气口排出，球(平板)阀靠水的浮力上升，在内水压力作用下封闭进(排)气口，使进(排)气阀密封而不渗漏，排气过程完毕。管道停止供水时，球(平板)阀因虹吸作用和自重而下落，离开球(平板)口，空气进入管道，破坏了管道真空或使管道水的回流中断，避免了管道真空破坏或因管内水的回流引起的机泵高速反转。

进(排)气阀的通气孔直径可按式(9-1)计算选择，一般安装在顺坡布置的管道系统首部、逆坡布置的管道系统尾部、管道系统的凸起处、管道朝水流方向下折及超过 10°的变坡处。

$$d_0 = 1.05 D_0 \left(\frac{v}{v_0} \right)^{1/2} \tag{9-1}$$

式中　d_0——进(排)气阀通气孔直径，mm；

　　D_0——管道内径，mm；

v——管道内水流速度,m/s;

v_0——进(排)气阀排出空气速度,m/s,计算时可取45 m/s。

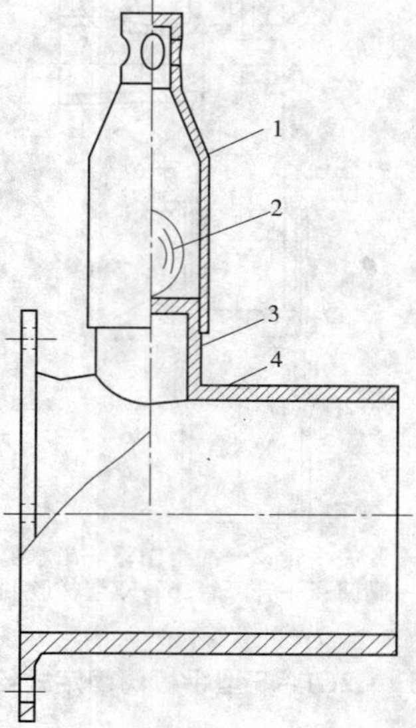

1—阀室;2—球阀;3—球算管;4—法兰

图9-9　JP3Q－H/G型球阀式进(排)气阀

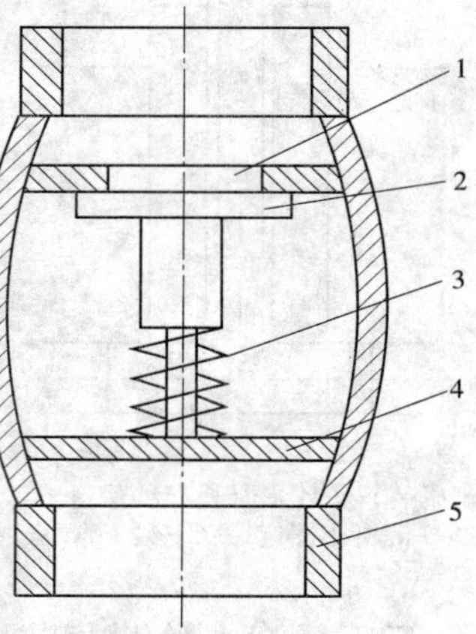

1—进(排)气口;2—阀瓣;3—弹簧;4—弹簧支座;5—阀壳

图9-10　J4P－H型平板阀外力止水进(排)气阀

2)安全阀

安全阀是一种压力释放装置,安装在管路较低处,起超压保护作用。低压管道灌溉系统中常用的安全阀按其结构形式可分为弹簧式(见图9-11)、杠杆重锤式。

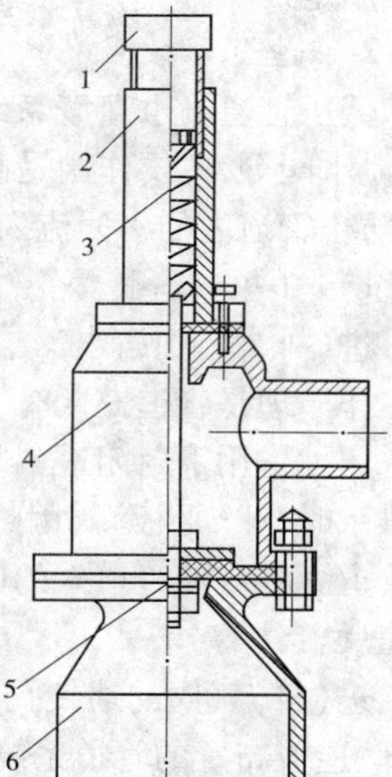

1—调压螺栓;2—弹簧室;3—弹簧;4—阀瓣室;5—阀瓣;6—阀座管

图9-11　A1T－G型弹簧式安全阀

安全阀的工作原理是将弹簧力或重锤的重量加载于阀瓣上来控制、调节开启压力(即整定压力)。在管道系统压力小于整定压力时,安全阀密封可靠,无渗漏现象;当管道系统压力升高并超过整定压力时,阀门则立即自动开启排水,使压力下降;当管道系统压力降低到整定压力以下时,阀门及时关闭并密封如初。

安全阀在选用时,应根据所保护管路的设计工作压力确定安全阀的公称压力。由计算出的定压值决定其调压范围,根据管道最大流量计算出安全阀的排水口直径,并在安装前校订好阀门的开启压力。弹簧式、杠杆重锤式安全阀均适用于低压管道输水灌溉系统。

安全阀一般铅垂安装在管道系统的首部,操作者容易观察到,并便于检查、维修,也可安装在管道系统中任何需要保护的位置。

3)调压管

调压管又称调压塔、水泵塔、调压进(排)气井,其结构形式见图9-12。其作用是当管内压力超过管道的强度时,调压管自动放水,从而保护管道安全,可代替进(排)气阀、安全阀和止回阀。调压管(塔)有2个水平进、出口和1个溢流口,进口与水泵上水管出口相接,出口与地下管道系统的进水口相连,溢流口与大气相通。

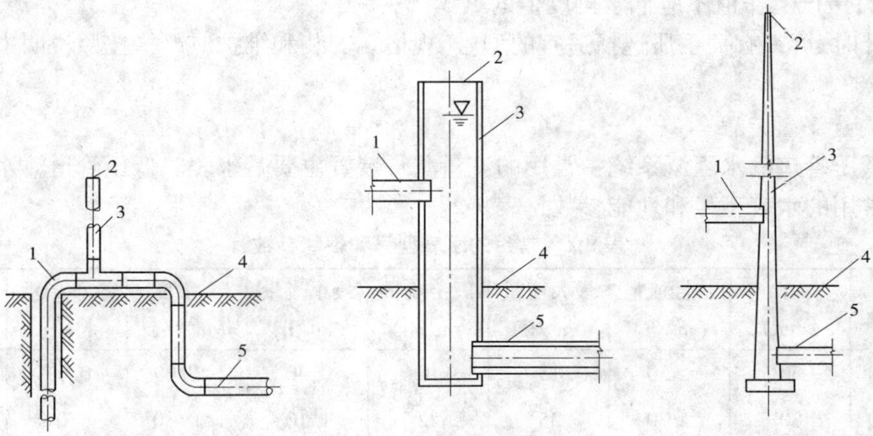

1—水泵上水管;2—溢流口;3—调压管;4—地面;5—地下管道

图9-12 调压管(塔)的结构示意图

调压管(塔)设计时应注意以下几个问题:

(1)调压管(塔)溢流水位应不大于系统管道的公称压力。

(2)为使调压管(塔)起到进气、止回水作用,调压管(塔)的进水口应设在出水口之上。

(3)调压管(塔)的内径应不小于地下管道的内径。为减小调压管(塔)的体积,其横断面可以在进水口以上处开始缩小,但当系统最大设计流量从溢流口排放时,在缩小断面处的平均流速不应大于3.05 m/s。

(4)水源含沙量较大时,调压管(塔)底部应设沉砂池。

(5)调压管(塔)的进水口前应装设拦污栅,防止污物进入管道。

3 配水控制装置

低压管道输水系统的配水控制装置可采用闸门、闸阀等定型工业产品,亦可根据实际情况采用分水、配水建筑物。

配水控制装置应满足设计的压力和流量要求,且密封性好,安全可靠,操作维修方便,水流阻力小。

4 测量计费装置

低压管道输水灌溉系统中常用的测量计费装置主要有压力、流量装置。压力测量装置是用来量测管道系统的水流压力,了解、检查管道工作压力状况的;流量测量装置主要是用来测量管道水流量的。

1)压力测量装置

在低压管道输水灌溉系统中常用的压力测量装置主要是弹簧管压力表。

选用压力表时应考虑以下因素：

(1)压力测量的范围和所需要的精度。

(2)在静负荷下，工作值不应超过刻度值的2/3；在波动负荷下，工作值不应超过刻度值的1/2；最低工作值不应低于刻度值的1/3。

设计时，可查有关手册选择适宜的型号、规格。安装和维护应严格按照说明书的要求进行。

2)流量测量装置

在低压管道输水灌溉系统中常用的流量测量装置主要是水表。低压管道输水灌溉系统最为常用的水表型号和性能参数见表9-2。

表9-2　常用的水表型号和性能参数

水表型号	公称口径(mm)	特性流量(m^3/h)	最大流量(m^3/h)	额定流量(m^3/h)	最小流量(m^3/h)	灵敏度(m^3/h)	最小指示(m^3)	最大指示(m^3)
LXS－50	50	≥30	15	10	0.40	≤0.09	0.01	99 999
LXS－80	80	≥70	35	22	1.10	≤0.30	0.01	999 999
LX－100	100	≥100	50	32	1.40	≤0.40	0.01	999 999
LXS－150	150	≥200	100	63	2.40	≤0.55	0.01	999 999

注:1.特性流量是指水流通过水表产生10 m水柱水头损失的流量值。

2.最大流量是指水表使用的上限流量，在最大流量时，水表只能短时间使用。

3.额定流量是指水表允许长期工作的流量。

4.最小流量是指水表使用的下限流量。

5.灵敏度是指水表开始连续、均匀指示时的允许最大流量值，此时水表不计示值误差。

选用水表时应遵循以下原则：

(1)应根据管道的流量，参考厂家提供的水表流量—水头损失曲线进行选择，尽可能使水表经常使用流量接近额定流量。

(2)用于管道灌溉系统的水表一般安装在野外田间，因此选用湿式水表较好。

(3)水平安装时，可选用旋翼式或水平螺翼式水表；非水平安装时，宜选用水平螺翼式水表，并根据厂家要求进行安装。

第三节　低压管道输水灌溉工程规划设计

一、低压管道输水灌溉工程规划原则与设计参数

低压管道输水灌溉工程规划布置的基本任务是，在勘测和收集基本资料以及掌握低压管道输水灌溉区基本情况和特点的基础上，研究规划发展低压管道输水灌溉技术的必要性和可行性，确定规划原则和主要内容。通过技术论证和水力计算，确定低压管道输水灌溉工程规模和低压管道输水灌溉系统控制范围；选定最佳低压管道输水灌溉工程规划

布置方案；进行投资预算与效益分析，以彻底改变当地农业生产条件，建设高产稳产、优质高效农田及适应农业现代化的要求为目的。因此，低压管道输水灌溉工程规划与其他灌溉系统规划一样，是农田灌溉工程的重要工作，必须予以重视，认真做好。

（一）规划原则

（1）应收集掌握规划区地理位置、水文气象、水文地质、土壤、农业生产、社会经济以及地形地貌、工程现状等资料，了解当地水利工程运行管理水平，听取用户对管线布置、运行管理等方面的意愿。

（2）规划应在当地农业区划和水资源评价的基础上进行；应与农田水利基本建设总体规划相适应，做到因地制宜，统筹兼顾，全面规划，分期实施。

（3）低压管道输水灌溉工程建设应将水源、泵站、输水管道系统及田间灌排工程作为一个整体统一规划，做到技术先进，经济合理，效益显著。

（4）规划中应进行多方案的技术经济比较，选择投资省、效益高、节水、节能、省地及便于管理的方案，并保证水资源可持续利用，山区、丘陵地区宜利用地形落差自压输水。

（5）对特别重要的管道输水灌溉工程，在可能给环境造成不利影响时，应进行环境评价。

（6）水源水质应符合《农田灌溉水质标准》（GB 5084—2005）的规定。

（7）规划应与道路、林带、供电、通信、生活供水等系统线路，以及居民点的规划相协调，充分利用已有水利工程，并根据需要设置排水系统。

（8）对灌溉面积较小，地形、水源及环境条件比较简单的灌区，可将规划、设计合并成一个阶段进行。

（二）主要技术参数的确定

（1）灌溉设计保证率：根据当地自然条件和经济条件确定，不宜低于75%。

（2）管网水利用系数：应不低于0.95。

（3）田间水利用系数：旱作灌区应不低于0.9，水稻灌区应不低于0.95。

（4）灌溉水利用系数：一般取0.85~0.9。

二、低压管道输水灌溉工程规划设计方法

（一）基本资料的收集与整理

基本资料的收集与整理是进行低压管道输水灌溉工程规划设计的基础和前提，基本资料的准确与否将直接影响设计的质量。低压管道输水灌溉工程规划设计一般需要收集以下资料：

（1）近期与中长期发展规划。近期与中长期发展规划包括农田基本建设规划、农业发展规划、水利区划和水利中长期发展供求规划等，以及规划区今后人口增长、工业与农业发展目标、耕地面积与灌溉面积变化趋势和可供水资源量与需水量。

（2）地形地貌。灌区规划阶段用1:5 000~1:10 000地形图，管网布置用1:1 000~1:2 000局部地形图。局部地形图上要标明行政区划、灌区位置、控制范围边界线，以及耕地、村庄、沟渠、道路、林带、池塘、井泉、水库、河流、泵站和输电线路等。地形变化明显处要注明高程。

(3)水文气象。年、月、旬平均气温,最低、最高气温;多年、月平均降雨量,降雨特征,旱、涝灾情特点;年、月平均蒸发量,最大、最小月蒸发量;月或旬日照小时数;无霜期及始、终日期;土壤冻结及解冻时间,冻土层深度;主风向及风速等。

(4)土壤及其特性。土壤类型及分布,土壤质地和层次,耕作层厚度及养分状况,土壤主要物理化学性质等。如土壤的干密度、田间持水率、适宜含水率等。

(5)灌溉水源。①地下水:年内最高与最低埋深及出现时间,含水层厚度及埋藏深度、地下水水力坡度、流速、给水度、渗透系数及井的涌水量等有关资料。入渗补给量、入渗补给系数等参数。②河水:收集当地或相关水文站中不同水平年水位及流量的年内分配过程,水位流量关系曲线及年内含沙量的分配等资料。③水库塘坝:收集流域降雨径流情况、历年蓄水情况、水位库容曲线、水库调节性能及可供灌溉用水量。

(6)水利工程现状。掌握现有水利设施状况,在井灌区要收集已建成井的数量、分布、出水量、机泵性能、运行状况、历年灌溉面积等。对于引河和水库灌区还要收集水库和引水建筑物类别、有关尺寸、引水流量、灌溉面积、供水保证程度、各级渠道配套情况、设施完好状况、渠系水利用系数和灌溉水利用系数等。

(7)灌溉试验资料。收集当地或类似地区已有的灌溉试验资料,包括灌溉回归系数、降雨入渗补给系数、潜水蒸发系数、主要作物需水量以及各生育阶段适宜土壤含水率、需水规律、灌溉制度、灌水技术要素及渠灌区各级渠道水利用系数等。

(8)管材管件资料。调查厂家生产管材管件的规格、性能、造价和质量。当厂家出厂的产品有关技术参数不足时,还要通过试验取得设计所需要的数据。有关管材、管件种类等可参考本章第二节。

(9)社会经济。社会经济包括规划区内人口、劳力,耕地面积、林果面积、作物种类、种植比例,粮棉等作物产量,农、林、牧、副各业产值,交通能源,建材状况等。

(二)水量供需平衡分析

水量供需平衡分析是灌溉工程规划设计中的重要内容,通过水量的供需平衡分析,可以合理确定工程的规模,即一定水源条件下可以发展的灌溉面积或一定灌溉面积需要的水源供水能力。这对充分挖掘水资源潜力,提高灌溉效益起着非常重要的作用。

灌溉水源来水量根据规划区水资源评价成果,结合配套设备能力确定可供水量,已成井灌区还应根据多年采补资料,对地下水可供水量加以复核;需水量应包括生活、农业、工业及生态等用水量。灌溉用水量根据作物组成、复种指数、作物需水、降水可利用量,并考虑未来可能的作物种植结构调整等计算确定。根据水源来水和用水用典型年法进行水量供需平衡计算,确定灌溉面积。

(三)管网规划布置

管网是将水源与各给水栓(出水口)之间用管道连接起来的形式,由于管网工程投资占管道系统总投资的70%以上,因此管网规划与布置是管道系统规划中关键的一部分。管网布置的合理与否,对工程投资、运行状况和管理维护都有很大影响。因此,应对管网规划布置方案进行反复比较,最终确定合理方案,以减小工程投资并保证系统可靠运行。

管网布置之前,首先根据适宜的畦田长度和给水栓供水方式确定给水栓间距,然后根据经济分析结果将给水栓连接而形成管网。由于渠灌区管网布置比井灌区复杂,下面仅介绍井灌区管网布置方法。

1. 管网系统布置的原则

(1)一般情况下宜采用单水源管道系统布置,采用多水源汇流管道系统应经技术经济论证。

(2)管道布置宜平行于沟、渠、路,应避开填方区和可能产生滑坡或受山洪威胁的地带。

(3)管网布置形式应根据水源位置、地形、田间工程配套和用户用水情况,通过方案比较确定。

(4)管道级数应根据系统灌溉面积(或流量)和经济条件等因素确定。旱作物区,当系统流量小于 30 m^3/h 时,可采用一级固定管道;当系统流量为 30 ~ 60 m^3/h 时,可采用干、支管两级固定管道;当系统流量大于 60 m^3/h,可采用两级或多级固定管道,同时宜增设地面移动管道。水田区,可采用两级或多级固定管道。

(5)应力求管道总长度短,管线平直,应减少折点和起伏。

(6)田间固定管道长度宜为 40 ~ 100 m。

(7)支管走向宜平行于作物种植方向,支管间距平原区宜采用 50 ~ 150 m,单向灌水时取较小值,双向灌水时取较大值。

(8)给水栓应按灌溉面积均衡布设,并根据作物种类确定布置密度,单口灌溉面积宜为 0.25 ~ 0.6 hm^2,单向灌水取较小值,双向灌水取较大值。田间配套地面移动管道时,单口灌溉面积可扩大。

2. 管网规划布置的步骤

根据管网布置的原则,按以下步骤进行管网规划布置:

(1)根据地形条件分析确定管网形式。

(2)确定给水栓的适宜位置。

(3)按管道总长度最短布置原则,确定管网中各级管道的走向与长度。

(4)在纵断面图上标注各级管道桩号、高程、给水装置、保护设施、连接管件及附属建筑物的位置。

(5)对各级管道、管件、给水装置等列表分类统计。

3. 管网布置形式

在管网布置之前,首先根据适宜的畦田长度和给水栓供水方式确定给水栓间距,然后根据经济分析结果将给水栓连接而形成管网。下面主要介绍井灌区管网典型布置形式。

(1)机井位于地块一侧,控制面积较大且地块近似成方形,可布置成图 9-13、图 9-14 所示的形式。这些布置形式适用于井出水量 60 ~ 100 m^3/h、控制面积 10 ~ 20 hm^2、地块长宽比约等于 1 的情况。

(2)机井位于地块一侧,地块呈长条形,可布置成一字形、L 形、T 形,如图 9-15 ~ 图 9-17 所示。这些布置形式适用于井出水量 20 ~ 40 m^3/h、控制面积 3 ~ 7 hm^2、地块长宽比不大于 3 的情况。

(3)机井位于地块中心时,常采用图 9-18 所示的 H 形布置形式。这种布置形式适用于井出水量 40 ~ 60 m^3/h、控制面积 7 ~ 10 hm^2、地块长宽比不大于 2 的情况。当地块长

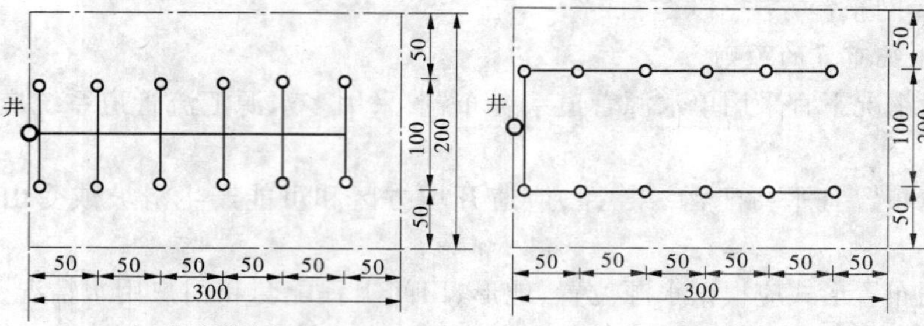

(a)圭字形布置　　　　（b）Π形布置

图 9-13　给水栓向一侧分水示意图　（单位:m）

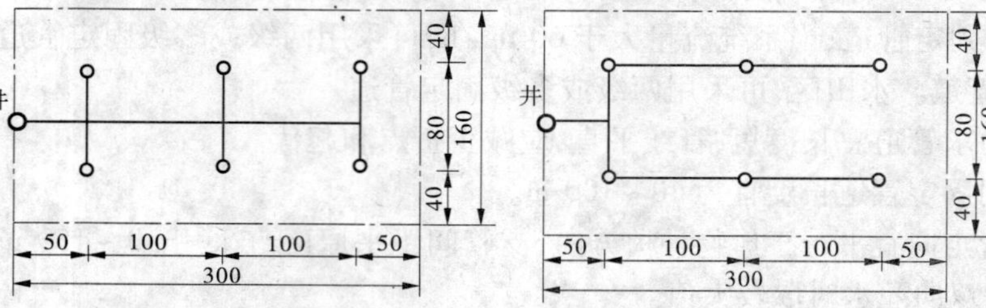

(a)圭字形布置　　　　（b）Π形布置

图 9-14　给水栓向两侧分水示意图　（单位:m）

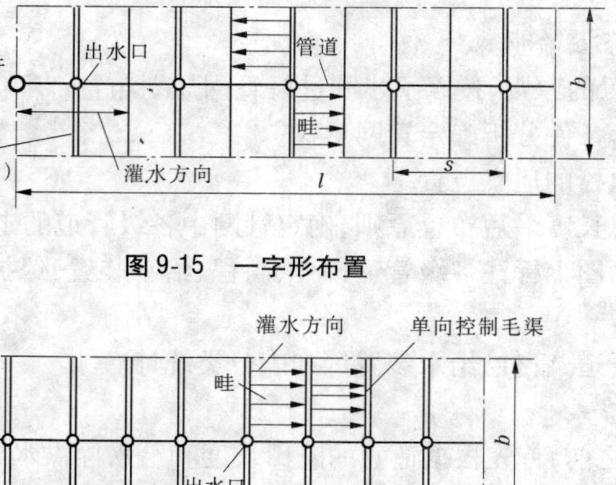

图 9-15　一字形布置

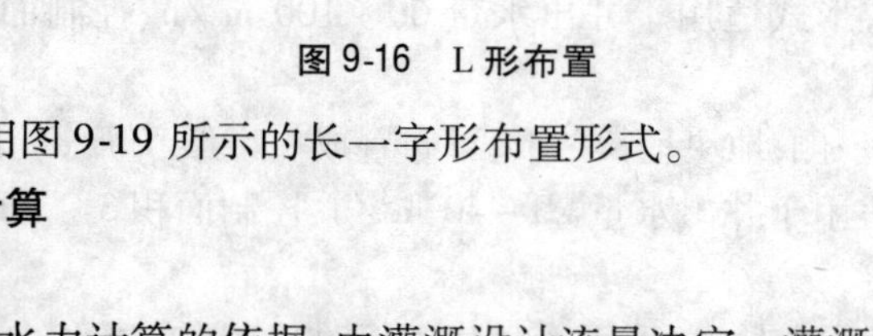

图 9-16　L 形布置

宽比大于 2 时,宜采用图 9-19 所示的长一字形布置形式。

(四)管网水力计算

1. 管网设计流量

管网设计流量是水力计算的依据,由灌溉设计流量决定。灌溉规模确定后,根据水源条件、作物灌溉制度和灌溉工作制度计算灌溉设计流量。然后以灌溉期间的最大流量作

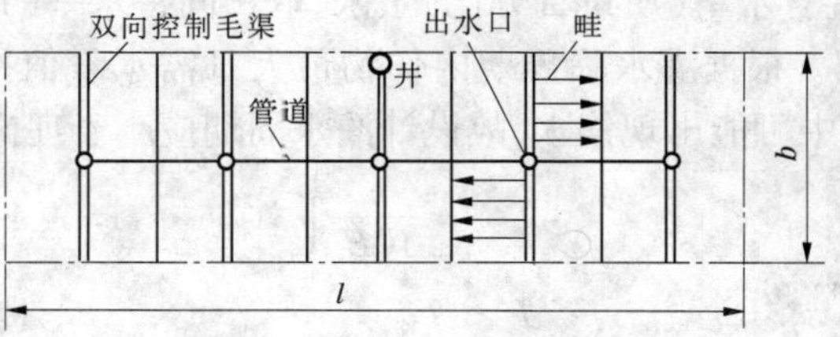

图 9-17　T 形布置

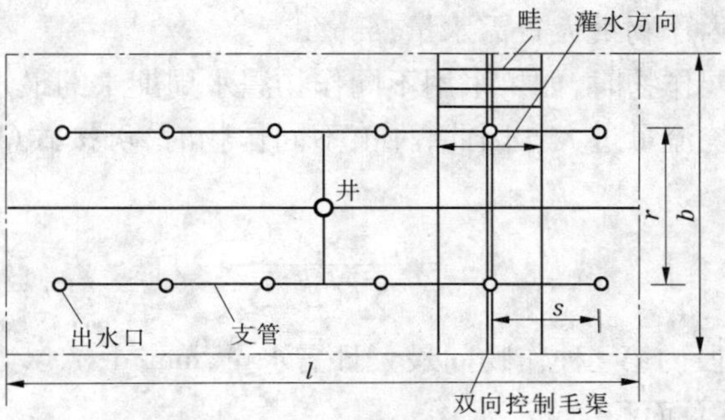

图 9-18　H 形布置

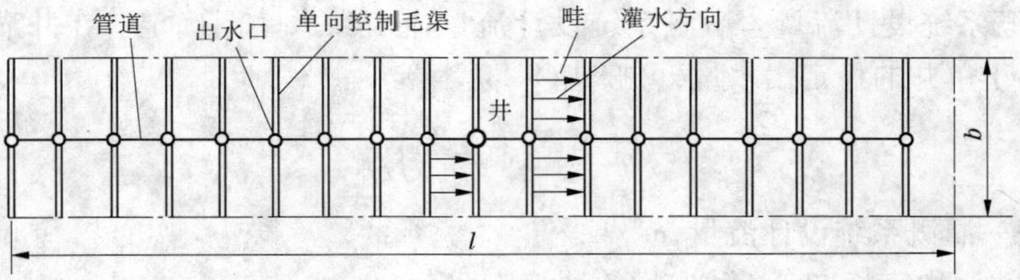

图 9-19　长一字形布置形式

为管网设计流量，以最小流量作为系统校核流量。

1）灌溉制度

（1）设计灌水定额。灌水定额是指单位面积一次灌水的灌水量或水层深度。在管网设计中，采用作物生育期内各次灌水量中最大的一次作为设计灌水定额，对于种植不同作物的灌区，通常采用设计时段内主要作物的最大灌水定额作为设计灌水定额。小麦、棉花和玉米不同生育期灌水湿润层深度和适宜含水率可参考第一章表 1-11。

$$m = 1\ 000\gamma_s h(\beta_1 - \beta_2) \qquad (9\text{-}2)$$

式中　m——设计净灌水定额，m^3/hm^2；

h——计划湿润层深度，m，一般大田作物取 0.4 ~ 0.6 m，蔬菜取 0.2 ~ 0.3 m，果树取 0.8 ~ 1.0 m；

γ_s——计划湿润层土壤的干容重，kN/m^3；

β_1——土壤适宜含水率（质量百分比）上限，取田间持水率的 0.85 ~ 1.0；

β_2——土壤适宜含水率(质量百分比)下限,取田间持水率的0.6~0.65。

(2)设计灌水周期。根据灌水临界期内作物最大日需水量值按式(9-3)计算理论灌水周期,因为实际灌水中可能出现停水,故设计灌水周期应小于理论灌水周期,即

$$\left.\begin{aligned} T_{理} &= \frac{m}{10E_d} \\ T &< T_{理} \end{aligned}\right\} \tag{9-3}$$

式中 $T_{理}$——理论灌水周期,d;

T——设计灌水周期,d;

E_d——控制区内作物最大日需水量,mm/d。

控制区内种植不同作物时,如果采用不同作物灌水周期中的最短周期作为灌水周期,这样容易造成管网系统流量过大。因此,种植不同作物时,可按式(9-4)计算理论灌水周期,即

$$T_{理} = \frac{mA}{\sum(E_{di}A_i)} \tag{9-4}$$

式中 E_{di}——设计时段内第 i 种作物的最大日需水量,mm/d;

A——设计灌溉总面积, hm^2;

A_i——第 i 种作物的灌溉面积, hm^2。

2)设计流量

(1)灌溉系统设计流量。灌溉系统设计流量应由灌水率图确定。在井灌区,灌溉设计流量应小于单井的稳定出水量,可按式(9-5)计算

$$Q_0 = \sum_{i=1}^{e}\left(\frac{\alpha_i\, m_i}{T_i}\right)\frac{A}{t\eta} \tag{9-5}$$

式中 Q_0——灌溉系统设计流量,m^3/h;

α_i——灌水高峰期第 i 种作物的种植比例;

m_i——灌水高峰期第 i 种作物的灌水定额,m^3/hm^2;

T_i——灌水高峰期第 i 种作物的一次灌水延续时间,d;

A——设计灌溉面积,hm^2;

t——系统日工作小时数,h/d;

η——灌溉水利用系数;

e——灌水高峰期同时灌水的作物种类。

当只种植为一种作物时,系统流量为

$$Q = \frac{mA}{Tt\eta} \tag{9-6}$$

式中 Q——灌溉设计流量,m^3/h;

m——设计的一次灌水定额,m^3/hm^2;

A——灌溉设计面积,hm^2;

T——一次灌水的连续时间,d;

t——每天灌水时间,h/d;

η——灌溉水利用系数。

当水源或已有水泵流量不能满足 Q 要求时,应取水源或水泵流量作为系统设计流量。

(2)灌溉工作制度。灌溉工作制度是指管网输配水及田间灌水的运行方式和时间,是根据系统的引水流量、灌溉制度、畦田形状及地块平整程度等因素制定的,有续灌、轮灌两种方式。

①续灌方式。在灌水期间,整个管网系统的出水口同时出流的灌水方式称为续灌。在地形平坦且引水流量和系统容量足够大时,可采用续灌方式。

②轮灌方式。在灌水期间,灌溉系统内不是所有的管道同时通水,而是将输配水管分组,以轮灌组为单元轮流灌溉。系统轮灌组数目是根据管网系统灌溉设计流量、每个出水口的设计出水量及整个出水口的个数按式(9-7)计算的,当整个系统各出水口流量接近时,式(9-7)化为式(9-8)。

$$N = \mathrm{INT}\left(\sum_{i=1}^{n}\frac{q_i}{Q_0}\right) \tag{9-7}$$

$$N = \mathrm{INT}\left(\frac{nq}{Q_0}\right) \tag{9-8}$$

式中 N——轮灌组数;

q_i——第 i 个出水口设计流量,m^3/h;

INT——取整符号;

n——系统出水口总数。

轮灌组数划分的原则:①每个轮灌组内工作的管道应尽量集中,以便于控制和管理;②各个轮灌组的总流量尽量接近,离水源较远的轮灌组总流量可小些,但变动幅度不能太大;③地形地貌变化较大时,可将高程相近地块的管道分在同一轮灌组,同组内压力应大致相同,偏差不宜超过20%;④各个轮灌组灌水时间总和不能大于灌水周期;⑤同一轮灌组内作物种类和种植方式应力求相同,以方便灌溉和田间管理;⑥轮灌组的编组运行方式要有一定规律,以利于提高管道利用率并减少运行费用;⑦同时工作的各出水口的流量差值不应大于30%。

(3)树状管网各级管道的设计流量。

$$Q = \frac{n_{栓}}{N_{栓}}Q_0 \tag{9-9}$$

式中 Q——管道设计流量,m^3/h;

$n_{栓}$——管道控制范围内同时开启的给水栓个数;

$N_{栓}$——全系统同时开启的给水栓个数。

2. 水头损失计算

1)沿程水头损失

在管道输水灌溉管网设计计算中,根据不同材料管材使用流态,通常采用式(9-10)计算有压管道的沿程水头损失

$$h_f = f\frac{Q^m}{d^b}L \tag{9-10}$$

式中 f——沿程水头损失摩阻系数；

m——流量指数；

b——管径指数。

其中各种管材的 f、m、b 值见第七章表 7-15。

对于地面移动软管，由于软管壁薄、质软并具有一定的弹性，输水性能与一般硬管不同。过水断面随充水压力变化而变化，其沿程阻力系数和沿程水头损失不仅取决于雷诺数、流量及管径，而且明显受工作压力影响，此外还与软管铺设地面的平整程度及软管的顺直状况等有关。在工程设计中，地面软管沿程水头损失通常采用塑料硬管计算公式计算后乘以 1.1 ~ 1.5 的加大系数，该加大系数根据软管布置的顺直程度及铺设地面的平整程度取值。

2）局部水头损失计算

在工程实践中，经常根据水流沿程水头损失和局部水头损失在总水头损失中的分配情形，将有压管道分为长管与短管两种。前者沿程水头损失起主要作用，局部水头损失和流速水头可以忽略不计；后者局部水头损失和流速水头与沿程水头损失相比不能忽略。习惯上将局部水头损失和流速水头占沿程水头损失的 5% 以下的管道称为长管。反之，局部损失和流速水头占沿程水头损失的 5% 以上的管道称为短管。一般的低压管道工程常取局部水头损失为沿程水头损失的 5% ~ 10%。

3. 管径确定

管径确定的方法一般采用计算简便的经济流速法，还有借助于计算机进行管网优化的计算方法。在井灌区和其他一些非重点的管道工程设计中，多采用计算工作量较小的经济流速法。该方法根据不同的管材确定适宜流速，然后由式(9-11)计算管径，最后根据商品管径进行标准化修正。

$$d = 1\,000\sqrt{\frac{4Q}{3\,600\pi v}} = 18.8\sqrt{\frac{Q}{v}} \tag{9-11}$$

式中 d——计算理论管径，mm；

Q——计算管段的设计流量，m^3/s；

v——管道内水的经济流速，m/h。

在确定管径时要考虑以下几点：①管网任意处工作压力的最大值应不大于该处材料的公称压力；②管道流速应不小于不淤流速（一般取 0.5 m/s），不大于最大允许流速（通常限制在 2.5 ~ 3.0 m/s）；③设计管径必须是已有生产的管径规格；④在设计运行工况下，不同运行方式时的水泵工作点应尽可能在高效区内。

经济流速受当地管材价格、使用年限、施工费用及动力价格等因素的影响较大。若当地管材价格较低，而动力价格较高，经济流速应选取较小值；反之则选取较大值。因此，在选取经济流速时应充分考虑当地的实际情况。表 9-3 列出了不同管材经济流速的参考值。

表 9-3 不同管材经济流速的参考值

管材	混凝土管	石棉水泥管	塑料管	薄膜管
流速(m/s)	0.5 ~ 1.0	0.7 ~ 1.3	1.0 ~ 1.5	0.5 ~ 1.2

4. 水泵扬程计算与水泵选择

（1）管道系统设计工作水头。管道系统设计工作水头按式(9-12)计算

$$H_0 = \frac{H_{max} + H_{min}}{2} \tag{9-12}$$

其中

$$H_{max} = Z_2 - Z_0 - \Delta Z_2 + \sum h_{f2} + \sum h_{j2} + h_0 \tag{9-13}$$

$$H_{min} = Z_1 - Z_0 + \Delta Z_1 + \sum h_{f1} + \sum h_{j1} + h_0 \tag{9-14}$$

式中 H_0——管道系统设计工作水头，m；

H_{max}——管道系统最大工作水头，m；

H_{min}——管道系统最小工作水头，m；

Z_0——管道系统进口高程，m；

Z_1——参考点1地面高程，在平原井区参考点1一般为距水源最近的出水口，m；

Z_2——参考点2地面高程，在平原井区参考点2一般为距水源最远的出水口，m；

ΔZ_1、ΔZ_2——参考点1与参考点2处出水口中心线与地面的高差，m，出水口中心线高程，应为所控制的田间最高地面高程加0.15 m；

$\sum h_{f1}$、$\sum h_{j1}$——管道系统进口至参考点1的管路沿程水头损失与局部水头损失，m；

$\sum h_{f2}$、$\sum h_{j2}$——管道系统进口至参考点2的管路沿程水头损失与局部水头损失，m。

h_0——给水栓工作水头，m，应根据生产厂家提供的资料选取，无资料时可按0.3～0.5 m选取。

（2）水泵扬程计算。灌溉系统设计扬程按式(9-15)计算

$$H_p = H_0 + Z_0 - Z_d + \sum h_{f0} + \sum h_{j0} \tag{9-15}$$

式中 H_p——管道系统设计扬程，m；

Z_d——机井动水位，m；

$\sum h_{f0}$、$\sum h_{j0}$——水泵吸水管进口至管道进口之间的管道沿程水头损失与局部水头损失，m。

（3）水泵选型。根据以上计算的水泵扬程和系统设计流量选取水泵，然后根据水泵的流量—扬程曲线和管道系统的流量水头损失曲线校核水泵工作点。

为保证所选水泵在高效区运行，对于按轮灌组运行的管网系统，可根据不同轮灌组的流量和扬程进行比较，选择水泵。当控制面积大且各轮灌组流量与扬程差别很大时，可选择两台或多台水泵分别对应各轮灌组提水灌溉。

低压管道输水灌溉工程的新配水泵宜选用国家公布的节能产品，水泵的型号除要满足系统设计流量和扬程外，还要考虑水源的形式，通常对水位埋深较浅且变幅不大的水源可选择离心泵，流量较大的可选双吸离心泵或混流泵；对于水位埋深较大，不能选用离心泵的浅井水源，如果扬程不大，可选单机级潜水电泵，流量较小的可考虑单相电机泵；对于水位埋深较大、扬程较大的水源（如深井），可选用多级潜水电泵。

5. 水锤压力计算与水锤防护

在有压管道中，由于管内流速突然变化而引起管道中水流压力急剧上升或下降的现象，称为水锤。在水锤发生时，管道可能因内水压力超过管材公称压力或管内出现负压而损坏管道。在低压管道系统中，由于压力较小，管内流速不大，一般情况下水锤压力不会过高。因此，在低压管道计算中，只要按照操作规程，并配齐安全保护装置，可不进行水锤压力计算。但对于规模较大的低压管道输水灌溉工程，应该进行水锤压力验算。

第四节　低压管道输水灌溉工程规划设计示例

一、基本情况

某井灌区主要以粮食生产为主，地下水丰富，多年来建成了以离心泵为主要提水设备、土渠输水的灌溉工程体系，为灌区粮食生产提供了可靠保证。由于近几年来的连续干旱，灌区地下水普遍下降，为发展节水灌溉，提高灌溉水利用系数，改离心泵为潜水泵提水，改土渠输水为低压管道输水。

井灌区内地势平坦，田、林、路布置规整（见图 9-20），单井控制面积 12.7 hm^2，地面以下 1.0 m 土层内为中壤土，平均干容重 14.0 kN/m^3，田间持水率为 24%。

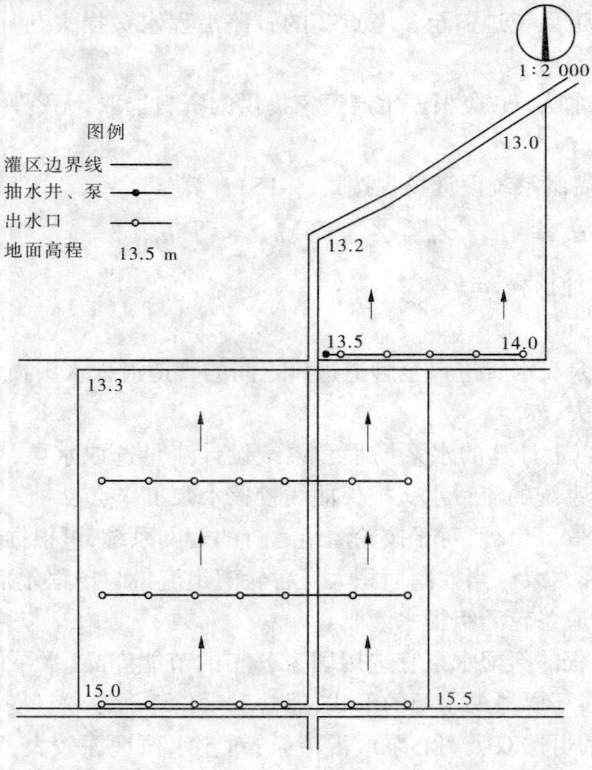

图 9-20　管网平面布置

工程范围内有水源井一眼，位于灌区的中部。根据水质检验结果分析，该井水质符合《农田灌溉水质标准》(GB 5084—2005)，可以作为该工程的灌溉水源，水源处有380 V三相电源。据多年抽水测试，该井出水量为55 m^3/h，井径为220 mm，采用钢板卷管护筒，井深20 m，静水位埋深7 m，动水位埋深9 m，井口高程与地面齐平。

二、井灌区管道灌溉系统的设计参数

(1)灌溉设计保证率为75%。

(2)管道系统水的利用率为95%。

(3)灌溉水利用系数为0.85。

(4)设计作物耗水强度为5 mm/d。

(5)设计湿润层深为0.55 m。

三、灌溉工作制度

(1)净灌水定额计算。

采用公式

$$m = 1\,000\gamma_s h(\beta_1 - \beta_2)$$

式中：$h = 0.55$ m，$\gamma_s = 14.0$ kN/m^3，$\beta_1 = 0.24 \times 0.95 = 0.228$，$\beta_2 = 0.24 \times 0.65 = 0.156$，代入得 $m = 554.4$ m^3/hm^2。

(2)设计灌水周期。

采用公式

$$T = \frac{m}{10E_d}$$

式中：$m = 554.4$ m^3/hm^2，$E_d = 5$ mm/d 代入得 $T = 11.09$ d，取 $T = 11$ d。

(3)毛灌水定额

$$m_{毛} = \frac{m}{\eta} = \frac{554.4}{0.85} = 652.2(m^3/hm^2)$$

四、设计流量及管径确定

(1)系统设计流量。采用公式 $Q_0 = \frac{\alpha mA}{\eta Tt}$，即

$$Q_0 = \frac{1 \times 554.4 \times 12.7}{0.85 \times 11 \times 18} = 41.8(m^3/h)$$

因系统流量小于水井设计出水量，故取水泵设计出水量为 $Q = 50$ m^3/h，灌区水源能满足设计要求。

(2)管径确定。采用公式 $D = 18.8\sqrt{\frac{Q}{v}}$，则

$$D = 18.8 \times \sqrt{\frac{50}{1.5}} = 108.54(mm)$$

选取 $\phi110\times3$PE 管材。

(3)工作制度。①考虑运行管理情况,采用各出口轮灌。②各出口灌水时间为

$$t=\frac{mA}{\eta Q}$$

式中:$m=554.4\ m^3/hm^2$,$A=0.5\ hm^2$,$\eta=0.85$,$Q=50\ m^3/h$,则

$$t=\frac{mA}{\eta Q}=\frac{554.4\times0.5}{0.85\times50}=6.5(h)$$

(4)支管流量。因各出水口采用轮灌工作方式,单个出水口轮流灌水,故各支管流量及管径与干管相同。

五、管网系统布置

(一)布置原则

(1)管理设施、井、路、管道统一规划,合理布局,全面配套,统一管理,尽快发挥工程效益。

(2)依据地形、地块、道路等情况布置管道系统,要求线路最短,控制面积最大,便于机耕,管理方便。

(3)管道尽可能双向分水,节省管材,沿路边及地块等高线布置。

(4)为方便浇地、节水,长畦要改短。

(5)按照村队地片,分区管理,并能独立使用。

(二)管网布置

(1)支管与作物种植方向相垂直。

(2)干管尽量布置在生产路、排水沟渠旁成平行布置。

(3)保证畦灌长度不大于 120 m,满足灌溉水利用系数要求。

(4)出水口间距满足《农田低压管道输水灌溉工程技术规范》(GB/T 20203—2006)的要求。

管网平面布置详见图 9-20。

六、设计扬程计算

(1)水力计算简图见图 9-21。

(2)水头损失采用以下公式计算

$$h=1.1h_f$$

$$h_f=f\frac{Q^m}{d^b}L$$

式中:$f=0.948\times10^5$(聚乙烯管材的摩阻系数),$Q=50\ m^3/h$,m 取 1.77,d 为管道内径,取塑料管材为 $\phi110\times3$PE 管材,$d=110-3\times2=104$(mm),b 管径指数,取 4.77。

水头损失分三种情况,如表 9-4 所示。

(3)设计水头计算,如表 9-4 所示。

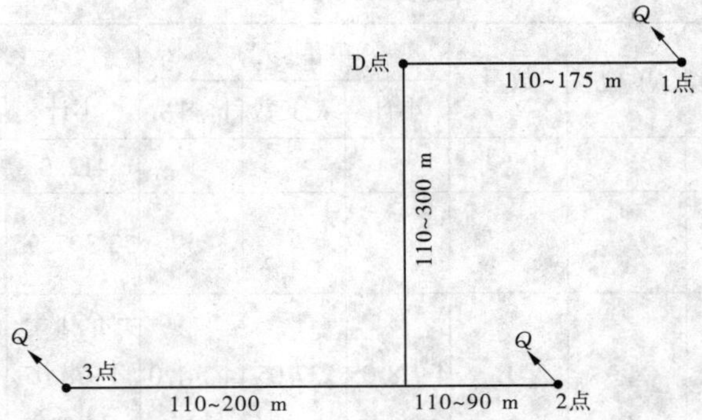

图 9-21　管道水力计算简图

表 9-4　水头损失及设计水头计算结果

序号	出水点	$h=1.1h_f$	$H=Z-Z_0+\Delta Z+\sum h_f+\sum h_j$
1	D 点 ~1 点	4.44	9 + (14 − 13.5) + 4.44 = 13.94(m)
2	D 点 ~2 点	9.89	9 + (15.5 − 13.5) + 9.89 = 20.89(m)
3	D 点 ~3 点	12.68	9 + (15 − 13.5) + 12.68 = 23.18(m)

由此看出，出水点 3 为最不利工作处，因此选取 23.18 m 作为设计杨程。

七、首部设计

根据设计流量 $Q=50\ m^3/h$，设计扬程 $H=23.18$ m，选取水泵型号为 200QJ50 − 26/2 潜水泵。

首部工程配有止回阀、蝶阀、水表及进气装置。

八、工程预算

工程预算见表 9-5。

表 9-5　机压管道灌溉典型工程投资概预算

内容	工程或费用名称	单位	数量	单价(元)			合计(元)		
				小计	人工费	材料费	小计	人工费	材料费
第一部分	建筑工程						3 511.3	2 238.35	1 272.95
一	输水管道						3 099.0	2 176.5	922.5
1	土方开挖	m^3	350	4.78	4.78		1 673.0	1 673.0	
2	土方回填	m^3	350	0.86	0.86		301.0	301.0	
3	出水口砌筑	m^2	4.5	250.0	45	205.0	1 125.0	202.5	922.5

续表 9-5

内容	工程或费用名称	单位	数量	单价(元)			合计(元)		
				小计	人工费	材料费	小计	人工费	材料费
二	井房						412.3	61.85	350.45
第二部分	机电设备及安装工程						33 307.95	1 589.95	31 718.0
一	水源工程						5 660.55	269.55	5 391.0
1	潜水泵	套	1	4 978.05	237.05	4 741.0	4 978.05	237.05	4 741.0
2	DN80 逆止阀	台	1	131.25	6.25	125.0	131.25	6.25	125.0
3	DN80 蝶阀	台	1	131.25	6.25	125.0	131.25	6.25	125.0
4	启动保护装置	套	1	420.0	20.0	400.0	420.0	20.0	400.0
二	输供水工程						27 647.4	1 320.4	26 327.0
1	泵房连接管件	套	1	507.15	24.15	483.0	507.15	24.15	483.0
2	输水管	m	1 350	18.21	0.87	17.34	24 583.5	1 174.5	23 409.0
3	出水口	个	26	89.25	4.25	85.0	2 320.5	110.5	2 210.0
4	管件	个	5	47.25	2.25	45	236.25	11.25	225.0
第三部分	其他费用	元					2 618.77	272.27	2 346.5
1	管理费(2%)	元	36 819.25				736.39	76.57	659.82
2	勘测设计费(2.5%)	元	36 819.25				920.48	95.70	824.78
3	工程监理质量监督检测费(2.5%)	元	36 819.25				920.48	100.0	820.48
第一至第三部分之和							39 396.6		
第四部分	预备费						1 969.83		
	基本预备费(5%)	元	39 396.6				1 969.83		
	总投资						41 366.43		

能力训练

一、基础知识能力训练

1. 什么是低压管道输水灌溉工程?

2. 低压管道输水灌溉工程由哪些部分组成?

3. 低压管道输水灌溉工程有哪些类型?

4. 低压管道输水灌溉工程规划布置应遵循哪些原则?

5. 低压管道输水灌溉工程中管网布置原则是什么？

6. 在管网设计中如何选配水泵动力机？

7. 低压管道输水灌溉用的管材有哪些？

8. 低压管道输水灌溉工程中的安全保护装置有哪些？

9. 如何确定低压管道灌溉工程的系统流量及管道流量？

10. 低压管道输水工程中支管长度和间距有什么要求？出水口位置如何确定？

二、设计计算能力训练

（一）基本资料

北京市通州区某新建井灌区，耕地面积 9.9 hm^2。该区土壤导水性较好，灌溉水深层渗漏严重。为提高水的有效利用率和灌水质量，拟采用低压管道输水灌溉技术。

（1）地形和土壤：该井灌区地势比较平坦，自西北向东南方向倾斜，地面纵坡约为 1/1 500，地面高程为 12.5～13.7 m。耕作层土壤为轻壤土，其干密度 $\gamma=1.42\ g/cm^3$，饱和含水量 $\beta_s=0.32$（质量百分比），田间持水量 $\beta_f=0.24$（质量百分比）。

（2）气象：该区属大陆性半湿润半干旱季风气候区，多年平均降雨量为 610.8 mm，其中，有效降雨量 458.1 mm，多年平均蒸发量为 1 878.5 mm，年平均气温 12.1 ℃，最大冻土层深度 56 cm。

（3）水文地质：本区的主要含水层多埋藏在距地表 10 m 以下，地下水的主要补给来源是大气降水的入渗和地下径流由西北向东南的流动补给。该区深层地下水水质较好，可作为饮用水使用，全区工业和生活用水均采用深层地下水；农业用水主要采用的是浅层地下水，单井出水量多为 40～50 m^3/h，属富水区。

（4）排水条件：灌区内排水沟道系统已基本配套，除涝达到五年一遇标准。

（5）作物种植：目前，该灌区种植作物基本为冬小麦和夏玉米，种植垄走向多为南北方向。

（二）设计成果要求

试根据以上资料进行低压管道系统设计，并提交项目设计说明书、低压管道系统平面布置图、首部枢纽连接示意图、材料报价清单等材料。

第三篇　排水工程技术

第十章　田间排水系统

学习目标

通过学习农田对排水的要求、田间排水沟道的深度和间距的确定方法、田间排水系统的布置方法，能够进行田间排水系统设计。

学习任务

1. 了解农田对排水的要求，理解除涝、防渍、治碱标准。

2. 掌握田间排水沟深度和间距的确定方法，能够合理确定田间排水沟的深度和间距。

3. 掌握明沟排水系统和暗管排水系统的布置原则和布置形式，能够进行田间排水系统的布置。

第一节　田间排水的要求

在复杂的自然因素作用及不当的人为因素影响下，农田水分过多的现象会经常出现，若农田水分过多而又不能及时排除，将会产生涝、渍和盐碱危害，影响作物的生长。农田排水的根本任务就是汇集和排除农田中多余水量，降低和控制地下水位，从而改善作物的生长环境，防治和消除涝、渍及盐碱灾害，为农作物的正常生长创造良好的环境条件。

一、除涝排水的要求

由于降雨过多或地势低洼等方面的原因，造成田面积水过多，超过农作物的耐淹能力而造成农作物减产的灾害叫涝灾。排除农田中危害作物生长的多余的地表水的措施叫做除涝。我国一些地区因降雨过多及地势低洼等原因，涝水不能及时排除，农田极易积涝成灾，必须采取工程措施，排除涝水，消除涝灾。

农作物对受淹的时间和淹水深度有一定的限度，如果超过允许的淹水时间和淹水深度，将影响作物生长，轻者导致减产，重者甚至死亡。所以，易涝地区的田间排水工程必须满足在规定的时间内，排除一定标准的暴雨所产生的多余水量，将淹水深度和淹水时间控制在不影响作物正常生长的允许范围之内。

作物允许的淹水时间和淹水深度与农作物的种类和生育阶段有关。棉花、小麦等旱作物的耐淹能力较差，一般在地面积水 10 cm 的情况下，淹水 1 d 就会减产，受淹 6 ~ 7 d 以上就会死亡。一般旱作物的田面积水深 10 ~ 15 cm 时，允许淹水时间不超过 2 ~ 3 d。根据山东、河北等省的调查资料，几种主要农作物允许的淹水深度和淹水历时如表 10-1 所示。此外，作物允许的淹水时间还与土壤质地和气候条件有关，一般土壤土质黏重和气温较高的晴天耐淹时间较短，沙性土壤和阴雨天允许的淹水时间较长。水稻虽然喜温好湿，能够在一定水深的水田中生长，但若地面积水过深，也会引起减产甚至死亡。根据江苏省里下河地区的试验和调查，在分蘖期内，淹水深度和淹水时间对水稻产量的影响如图 10-1 所示。

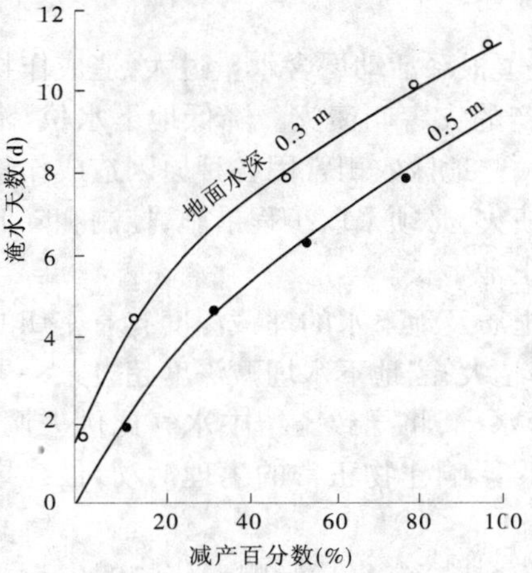

图 10-1　江苏省里下河地区水稻分蘖期淹水深度和淹水时间与产量的关系

农作物的耐淹水深和耐淹历时，应根据当地或邻近类似地区的农作物耐淹试验资料分析确定，无试验资料时可按表 10-1 选取。

表 10-1　农作物允许的淹水深度和淹水历时

作物种类	生育期	耐淹水深(cm)	耐淹历时(d)
棉花	开花结铃期	5 ~ 10	1 ~ 2
玉米	苗期—拔节期	2 ~ 5	1 ~ 1.5
	抽穗期	8 ~ 12	1 ~ 1.5
	孕穗—灌浆期	8 ~ 12	1.5 ~ 2
	成熟期	10 ~ 15	2 ~ 3
甘薯	全生育期	7 ~ 10	2 ~ 3
春谷	苗期—拔节期	3 ~ 5	1 ~ 2
	孕穗期	5 ~ 10	1 ~ 2
	成熟期	10 ~ 15	2 ~ 3
高粱	苗期	3 ~ 5	2 ~ 3
	孕穗期	10 ~ 15	5 ~ 7
	灌浆期	15 ~ 20	6 ~ 10
	成熟期	15 ~ 20	10 ~ 20
大豆	苗期	3 ~ 5	2 ~ 3
	开花期	7 ~ 10	2 ~ 3
小麦	拔节—成熟期	5 ~ 10	1 ~ 2
水稻	返青期	3 ~ 5	1 ~ 2
	分蘖期	6 ~ 10	2 ~ 3
	拔节期	15 ~ 25	4 ~ 6
	孕穗期	20 ~ 25	4 ~ 6
	成熟期	30 ~ 35	4 ~ 6

二、防渍排水的要求

由于地下水位持续过高或因土壤土质黏重，土壤根系活动层含水量过大，造成作物根系活动层中的水、肥、气、热失调，而导致农作物减产的灾害叫渍灾。降低地下水位、降低根系活动层的土壤含水量的措施叫做除渍。我国一些地区农田常因各种原因造成作物根系活动层土壤含水量长期大于适宜含水率而导致渍灾，必须采取工程措施，控制和降低地下水位，使土壤含水量保持适宜状况，保证农作物正常生长。

作物根系活动层中土壤含水率的大小与土壤土质及地下水的埋藏深度有着密切的关系。地下水的埋藏深度越浅，根系活动层的含水率越大，当地下水埋藏深度超过某一界限时，根系活动层的平均含水率会超过土壤适宜的含水率，将导致土壤中水气比例失调，削弱土壤和大气之间的气体交换，使根系层严重缺氧，影响作物正常的生理活动，最终导致作物减产。

土壤含水多，地下水位高，作物的根系稀少且不易扎深，直接影响着作物的生长和产量。我国各地的试验和调查表明，地下水位埋深越浅，根系活动层也越浅。根据江苏省昆山和东台试验站实测：当地下水位埋深 0.36 m 时，小麦根群集中层深 0.27 m；埋深 1.24 m 时，深达 0.53 m。对于棉花，当埋深大于 2 m 时，根群集中层深达 0.85 m；而埋深小于 1 m 时，只有 0.6 m 深。试验和调查也表明，在土壤、施肥和作物等各种条件大致相同时，地下水埋藏越浅，产量也越低。如小麦，3 ~ 5 月份，地下水埋深小于 0.2 m，颗粒无收；从 0.2 m 增至 0.5 m，每亩可增产 100 kg 左右；从 0.5 m 增至 0.8 m，可增产 50 kg 左右；从 0.8 m 增至 1.2 m，可增产 30 kg 左右；从 1.2 m 增至 1.5 m，则增产不显著。又如棉花，6 ~ 8月份，地下水埋深超过 1 m 的天数为 66 d 时，亩产皮棉可达 50 kg 以上，58 d 的 47 kg，19 d 的只有 25 kg；若地下水埋深小于 1 m 的天数超过 1/3，亩产很难达到 50 kg。国外的一些试验资料同样表明，地下水埋深与作物的产量密切相关，地下水埋深与作物产量关系见表 10-2。

表 10-2　地下水埋深与作物产量关系

作物	不同地下水埋深时的相对产量（%）					100% 时的产量（kg/亩）
	40 cm	60 cm	90 cm	120 cm	150 cm	
冬小麦	58	77	89	95	100	267
大豆	58	80	89	95	100	273
豌豆	50	90	100	100	100	183
甜菜	71	84	92	97	100	2 700
马铃薯	90	100	95	92	96	1 730

由此可见，要使作物免受渍害，就必须具有适宜的地下水埋深，这个埋深应该等于根系集中层深度加上毛管饱和区高度。所谓毛管饱和区高度是指地下水在毛管力作用下强烈上升的高度，在此高度范围内水分占土壤孔隙的 80% 以上。根系集中层深度一般为 0.2 ~ 0.6 m，毛管饱和区高度一般为 0.3 ~ 0.5 m。所以，适宜的地下水埋深一般应为

0.5～1.1 m。

适宜的地下水埋深随作物种类和生育期不同而不同，一般是播种期和幼苗期地下水埋深可小些；幼苗期，小麦要求地下水埋深为0.5 m左右，棉花为0.8～1.0 m；随着作物的生长发育，小麦要求地下水埋深逐渐大于1 m，棉花则要求为1.5 m左右。几种主要作物各生育阶段要求的地下水埋深详见表10-3。

表10-3　几种主要作物各生育阶段要求的地下水埋深

作物	生育阶段	耐渍深度(m)
小麦	播种—出苗	0.5
	分蘖—返青	0.6～0.8
	拔节—成熟	1.0～1.2
棉花	幼苗	0.6～0.8
	现蕾	0.2～1.5
	花铃	1.5
玉米	幼苗	0.5～0.6
	拔节—成熟	1.0～1.5
水稻	返青	0.1～0.2
	分蘖	0.3～0.4
	晒田	0.4～0.6
	拔节—成熟	0.2～0.4

水稻虽然喜水，但为促进土壤水分交换，改善土壤通气状况，增强根系活力，排除有害物质，同样需要进行田间排水。为协调稻田的水、肥、气、热状况而进行的落干晒田，为便于水稻收割后的机械耕作，更需要及时排除田面水层和土壤中过多的水分，都要求水稻区建立较为完善的田间排水系统。一般认为在晒田期的5～7 d内，地下水位以降至地面下30～50 cm为宜；为便于机械耕作，一般要求地下水位离地面80 cm左右。

三、防止盐碱化和改良盐碱土对农田排水的要求

土壤中含可溶性盐分过多，土壤溶液浓度过高，将使作物根系吸水困难，造成作物生理缺水。有些盐分则对作物直接有害，影响作物生长发育而造成作物减产，这种灾害称为盐害。消除作物根系活动层中有害于作物生长的盐分的措施叫做除盐。我国沿海及北方一些地区，由于多种原因造成土壤中可溶性盐分过多，土壤溶液浓度过高，使作物吸水困难，影响作物的生理活动，危害作物生长，极易形成盐灾。因此，必须采取各种措施，从根本上消除盐灾。

因土壤中的盐分主要是一些可溶性盐类，因此土壤中盐分也主要随水分运动而运动。蒸发耗水时，含盐的土壤水或地下水在土壤中毛管力作用下而上升，水分从地表蒸发后，盐分则留在土壤表层；而当降雨或灌水后，表层土壤的盐分溶解后又随入渗的水流向深层

移动，使表层土壤盐分逐渐降低。所以，在某一时段内，土壤表层的盐分是增多还是减少，主要取决于蒸发积累和入渗淋洗的盐分数量。

在一定的耕作条件下，表层土壤的水分蒸发强度一方面取决于气象条件，另一方面又与地下水埋藏深度密切相关，埋藏深度越浅，土壤含水量越大，蒸发越强烈，表土越易积盐，越容易形成土壤盐碱化。而当降雨或进行灌溉时，土壤的入渗量也与地下水条件有关。地下水位越高，土壤含水量越大，入渗速度越小，地下水位以上土壤孔隙中所能蓄存的水量（即雨水或灌水入渗总量）也越小。因此，入渗期间自地表所能带走的盐分越少，因而表土愈不容易脱盐。

由于土壤脱盐和积盐均与地下水的埋藏深度有着密切关系，在生产中常根据地下水埋藏深度判断某一地区是否会发生土壤盐碱化。在一定的自然条件和农业技术措施条件下，为了保证土壤不产生盐碱化和作物不受盐害所要求保持的地下水最小埋藏深度，叫做地下水临界深度。其大小与土壤质地、地下水矿化度、气象条件、灌溉排水条件和农业技术措施（耕作、施肥等）有关。轻质土（砂壤土、轻壤土）的毛管输水能力强，当其他条件相同时，在同一地下水埋深的情况下，较黏质土的蒸发量大，因而也容易积盐。为了防止其盐碱化，地下水应保持在较大的深度，亦即地下水临界深度的数值较大。在同一蒸发强度的情况下，地下水矿化度高的地区，积盐速度快，因而也应有较大的地下水临界深度。反之，精耕细作，松土施肥，可以减少土壤蒸发，防止返盐，适时灌水可以起到冲洗压盐的作用，在这些地区地下水临界深度可以适当减小。各地条件不同，地下水临界深度也不同，一般应根据实地调查和观测试验资料确定。北方一些地区采用的临界深度如表 10-4 所示。应当指出：年内不同季节、气象（蒸发和降雨）、耕作、灌水等具体条件不同，防止土壤返盐要求的地下水埋藏深度及其持续时间也应有所不同。因此，对地下水位的要求不是一个固定值，而应是一个随季节变化而变化的地下动态水位。

表 10-4　北方地区采用的地下水临界深度　　（单位：m）

地下水矿化度（g/L）	土壤质地		
	砂壤土	壤土	黏土
<2	1.8～2.1	1.5～1.7	1.0～1.2
2～5	2.1～2.3	1.7～1.9	1.1～1.3
5～10	2.3～2.6	1.8～2.0	1.2～1.4
>10	2.6～2.8	2.0～2.2	1.3～1.5

排水是防治和改良盐碱地的基本措施。一方面，排水可以控制和降低地下水位，防止土壤表层积盐；另一方面，对已造成盐碱化的地区，在冲洗改良阶段，增加灌水和降雨入渗量，还需排除冲洗水，加速土壤脱盐。因此，通过开挖排水沟道系统，排除由于降雨和灌溉而产生的地下水，控制地下水埋藏深度在临界深度以下，促进土壤脱盐和地下水淡化，防止盐分向表层积聚而发生盐碱化，是盐害地区治理的一项基本措施。但是，水利措施必须与农业技术措施密切配合，才能从根本上防止和改良盐碱地。

四、农业耕作条件对农田排水的要求

影响耕作质量的主要自然因素是土壤的物理机械性，而土壤的水分状况则是影响土壤物理机械性的重要条件。水分过少的土壤，土粒之间的黏结性很强，耕作费力，土块不易破碎，耕作质量差；过湿的土壤则对耕作机械的黏着力增大，同样也会增大耕作阻力，而且过湿的土壤可塑性很大，耕作时会形成不易疏松的大土块。所以，土壤含水量过大或过小，均不利于耕作。因此，为适于农业耕作，需要使农田土壤含水率保持在一定范围，一般根系吸水层内土壤含水率在田间持水率的60% ~100%时较为适宜。具体应视土壤质地及机具类型而定。例如，根据黑龙江省查哈阳农场在盐渍化黑钙土上的试验资料，在采用重型拖拉机带动联合收割机时，允许的最大土壤含水率为干土质量的30% ~32%，要求的地下水埋深为0.9 ~1.0 m。根据国外资料，一般满足履带式拖拉机下田要求的最小地下水埋深为0.40 ~0.50 m，满足轮式拖拉机机耕要求的地下水最小埋深为0.5 ~0.6 m。

第二节　田间排水沟的深度和间距

田间排水沟的深度和间距互相影响。合理确定田间排水沟的深度和间距，是田间排水系统规划设计的主要内容。由于田间排水系统担负的任务不同，排水沟道沟深和间距也不相同，因而排水沟道的沟深和间距必须根据排水系统担负的任务加以确定。

一、除涝田间排水沟

降雨后，在作物允许耐淹历时内及时排出多余地表径流，是除涝田间排水沟的主要任务。为使除涝田间排水系统得到合理的布局，必须对影响排水沟布置的因素进行分析。从地表径流形成的过程分析，影响田间排水系统布置的因素有大田蓄水能力、田面降雨径流过程及排水沟的深度和间距等。下面对大田蓄水能力、田面降雨径流过程和排水沟的间距等问题分别加以讲述。

（一）大田蓄水能力

降雨时，田块内部的沟、畦和格田等能拦蓄一部分降雨径流，另外，旱作田块的土壤，通过降雨入渗，也有拦蓄雨水的能力。为了防止作物受渍，地下水位的升高应有一定的限度，因此田块内部拦蓄雨水的能力也应有一定的限度。通常把这种有限度的拦蓄雨水能力称为大田蓄水能力。大田蓄水能力一般是由存蓄在地下水面以上土层中的水量和使地下水位升高到允许高度所需要的水量两部分组成，故大田蓄水能力可以表示为

$$V = HA(\beta_{max} - \beta_0) + H_1A(1 - \beta_{max}) = HA(\beta_{max} - \beta_0) + \mu H_1 \tag{10-1}$$

式中　V——大田蓄水能力，m；

H——降雨前地下水埋深，m；

β_{max}——地下水位以上土壤平均最大持水率，以占土壤孔隙体积的百分数计；

β_0——降雨前地下水位以上土壤平均含水率，以占土壤孔隙体积的百分数计；

H_1——根据防渍要求，降雨后地下水位允许上升高度，m；

A——土壤孔隙率，以占土壤体积百分数计；

μ——给水度，$\mu = A(1-\beta_{\max})$。

一般情况下，当降雨量超过大田蓄水能力时，就应修建排水系统，将过多的雨水及时排出田块，以免作物遭受涝渍灾害。

（二）田面降雨径流过程

排水沟深度和间距不同，对田面水层的调节作用亦不相同，进而直接影响作物淹水时间和淹水深度。为了了解排水沟对田面水层的调节作用，需要对降雨时田面径流的形成过程作一分析。

对于旱作区，在降雨过程中，如果降雨强度超过了土壤的入渗速度，田面将产生水层，并且该水层将沿着田面坡度方向向下游流动。田块首端汇流面积小，所以水层厚度小，越往下游，随着集水面积的增大，水层厚度也逐渐增大。因此，距田块首端越远的地方，水层厚度也越大。在地面坡度和地面覆盖等条件相同的情况下，田块越长，田块末端的淹水深度越大，田块内的积水量越多，排除田块积水所需要的时间越长，因而田块的淹水历时也越长，这对作物的生长是不利的。这时若在田间开挖排水沟，便可减少集流长度、集水面积和积水量，从而也减少了淹水深度和淹水时间，使田面积水能在作物允许的耐淹深度和耐淹时间内及时排除。由此可见，排水沟间距的大小，直接影响着田面淹水深度的大小和淹水时间的长短。图 10-2 为排水沟对田面水层调节作用示意图，从图中可以看出，增开中间的排水沟，不仅减小了田块末端的水层深度，同时也缩短了淹水时间。排水沟的间距大小对田面淹水时间的影响是很大的。减小排水沟间距，可以缩短淹水时间，从而也减少了地面水入渗量，有利于防止农田涝、渍灾害的产生。

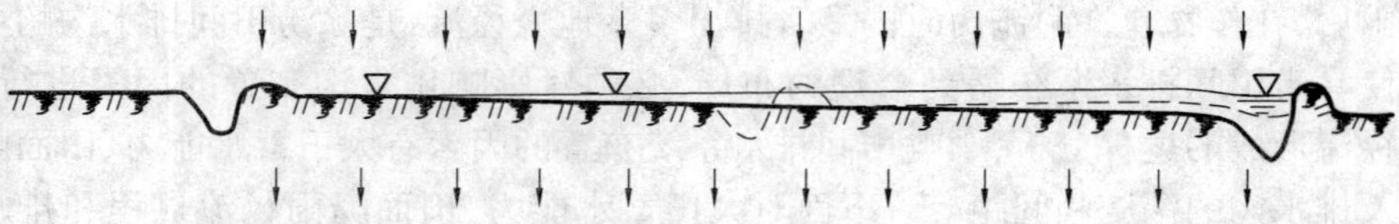

图 10-2　排水沟对田面水层调节作用示意图

（三）田间排水沟的间距

田间排水沟的间距一般是指末级固定排水沟的间距。田间排水沟间距越小，排水效果越好，但沟道过密，田块分割过小，机耕不便，占地增多；沟距过大，淹水时间过长，对作物生长不利。因此，田间排水沟的间距必须适宜。田间排水沟的间距主要取决于作物的允许淹水时间，同时还受机耕和灌溉等条件的制约。

作物的允许淹水历时和田间排水沟的排水历时应同时满足除涝和防渍两方面的要求。为了除涝，排水沟应在作物的允许耐淹历时内将田面多余水量排走。为了防渍，可以根据大田蓄水能力和土壤的渗吸水量，计算出作物不致受渍的相应允许淹水时间，排水历时小于或等于这一历时时，作物将不致受渍。所以，排水沟的排水历时应取除涝和防渍两个允许淹水历时中的较小者。具体确定方法如下：首先根据实际条件按公式（10-1）计算出大田蓄水能力 V，然后根据降雨历时 t 和降雨后允许淹水历时 T，按土壤渗吸水量计算公式算出在时间（$t+T$）内渗入土层的总水量 $H_{(t+T)}$，即

$$H_{(t+T)} = \frac{K_1}{1-\alpha}(t+T)^{1-\alpha} \tag{10-2}$$

式中 $H_{(t+T)}$——$(t+T)$时段内的土壤总渗吸水量,以水层深度计;

K_1——第一个单位时间末的土壤渗吸系数;

α——指数,其值与土壤性质及土壤初始含水量有关,可通过试验测定,一般为0.3~0.8。

如果$H_{(t+T)} \leqslant V$,说明田面积水能在允许耐淹历时内排除,但土壤中积水过多,作物还要受渍,这时应用V代替$H_{(t+T)}$代入公式(10-2)中,反求出T,以T作为设计排水历时,即

$$T = \left[\frac{V(1-\alpha)}{K_1}\right]^{\frac{1}{1-\alpha}} - t \tag{10-3}$$

排水历时确定后,即可计算排水沟的间距。但是,由于影响田间排水沟间距的因素很多,又非常复杂,目前还没有完善的理论计算公式。在生产实践中,一般根据定点试验资料结合经验数据分析确定。以排除地面水防止作物受涝为主的平原旱作区,排水沟间距采用200~300 m,一般可达到良好的排水效果。表10-5和表10-6为我国部分省市采用的田间排水沟的规格,可供参考。

表10-5 天津、河北地区田间排水沟规格 (单位:m)

沟名	间距	沟深	底宽
农沟	200~400	2~3	1~2
毛沟	30~50	1~1.5	0.5

表10-6 江苏、安徽地区末级排水沟规格 (单位:m)

地区	间距	沟深	底宽
徐淮平原	100~200	2	1~2
南通、太湖地区	200	9	1
安徽固镇	150	1.5	1

二、控制地下水位的田间排水沟

地下水位高是产生渍害的主要原因,也是产生土壤盐碱化的重要原因。为了防治渍害和盐害,在地下水位较高的地区,必须修建控制地下水位的田间排水沟,使地下水位经常控制在适宜深度以下。

(一)排水沟对地下水位的调控作用

降雨时渗入地下的水量,一部分蓄存在原地下水位以上的土层中,另一部分将透过土层补给地下水,使地下水位上升。在没有田间排水沟时,雨停后地下水位的回降主要依靠地下水的蒸发,而回降速度取决于蒸发的强度。由于地下水蒸发强度随着地下水位的下降而减弱,因此地下水位的回降速度也随着地下水位的下降而减慢。当地下水位降到一定深度后,水位回降速度十分缓慢,如图10-3中的实线所示。在有田间排水沟时,降雨入

渗水量的一部分将自排水沟排走，减少了对地下水的补给，从而使地下水位的上升高度减小，而雨停后地下水位的回降深度和速度增大，如图 10-3 中的虚线所示。

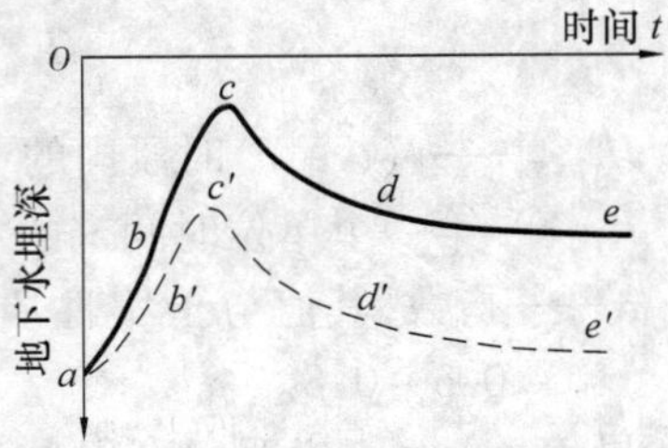

图 10-3　地下水位升降过程

排水沟对地下水位的调控作用还与距排水沟的距离有关。离排水沟越近，调控作用越强，地下水位降得越低；离排水沟越远，调控作用越弱，地下水位降得越少。因而，两沟中间一点地下水位最高，如图 10-4 所示。图中水平线表示没有排水沟时，地下水位在降雨时和雨停后的升降情况，而曲线则表示有排水沟时，两沟之间的地下水位升降过程。由此可见，田间排水沟在降雨时可以减少地下水位的上升高度，雨停后又可以加速地下水的排除和地下水位的回降，对调控地下水位起着重要作用。

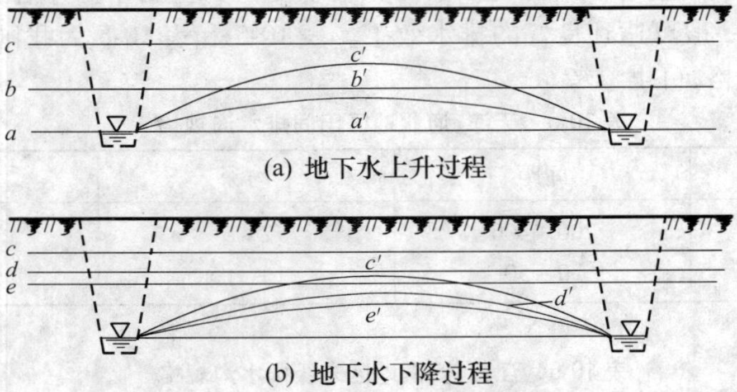

图 10-4　排水沟对地下水位的调控作用示意图

（二）田间排水沟的深度和间距

田间排水沟的深度和间距之间有着密切的关系，在一定的条件下，为达到排水要求，可以通过不同的沟深和沟距的组合来实现。当沟深一定时，沟距越小，地下水位下降速度越快，在一定时间内地下水位的下降值也越大；反之，则地下水位下降速度越慢，在规定时间内地下水位下降值也越小。而沟距一定时，沟深越大，地下水位下降速度越快，下降值越大；反之，则地下水位下降速度越慢，下降值也越小。在允许时间内要求达到的地下水埋深 ΔH 一定时，沟距越大，需要的沟深也越大；反之，沟距越小，要求的沟深也越小，如图 10-5所示。可见，沟深和沟距互相影响，不能孤立地进行确定，而应根据排水地区的土质、水文地质和排水要求等具体条件，对沟深和沟距同时结合考虑，按照排水效果、工程量、工程占地、施工条件、管理养护和机耕效率等方面进行综合分析确定。

在进行田间排水系统规划设计时，一般是先根据作物要求的地下水埋深、沟坡稳定和施工管理方便等条件，首先确定末级固定沟道（一般为农沟）的深度，然后再确定相应的沟距。

如图 10-6 所示，末级排水沟的深度可用下式计算

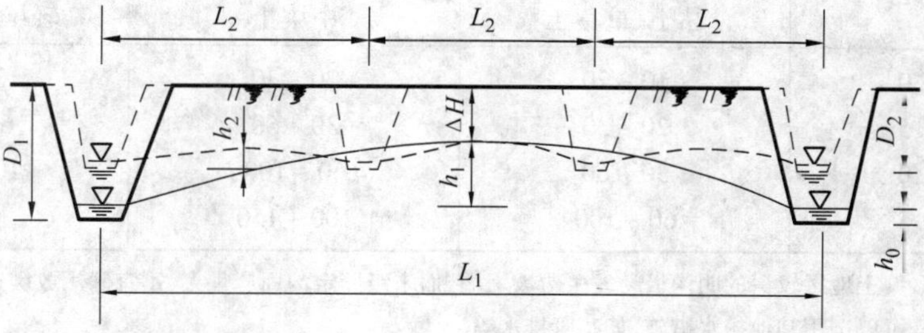

图 10-5 田间排水沟的深度和间距关系图

$$D = \Delta H + \Delta h + S \tag{10-4}$$

式中 D——末级固定排水沟的深度,m;

ΔH——作物要求的地下水埋深,m;

Δh——两条排水沟中间处的稳定地下水位与沟中水位的差值,一般取 0.2~0.4 m;

S——排地下水时沟中的日常水深或暗管的半径,一般取 0.1~0.3 m。

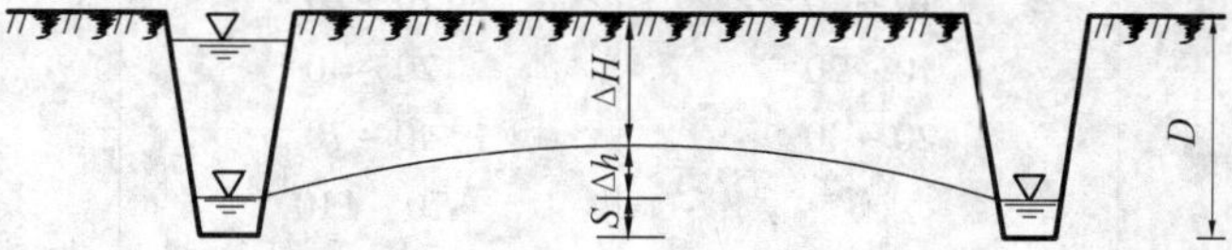

图 10-6 末级固定排水沟的深度示意图

田间排水沟的间距,除与沟深密切相关、互相影响外,还受到土质、地下水补给与蒸发、地下水含水层厚度、排水时水在土层中的流态等因素的影响。一般规律是:当排水沟深度一定时,当土壤渗透系数和含水层厚度较大,而土壤给水度较小时,间距可大些;反之,当土质黏重,透水性差,含水层厚度较小,土壤给水度较大时,间距应小些。

由于影响田间排水沟间距的因素错综复杂,目前我国大多数地区主要是根据试验资料和实践经验,因地制宜地加以确定。在缺乏实测及调查资料时,田间排水沟(或暗管)的间距也可用公式计算方法进行估算。

1. 结合除涝的田间排水沟

结合除涝的田间排水沟,一般采用明沟形式。因此,沟距的大小既要满足除涝排渍的要求,又要考虑沟道占地和机械耕作的要求,综合分析确定。一般农沟沟深为 1.5~2.0 m,间距可采用 100~200 m;沟深为 2~3 m,间距可采用 200~400 m。

2. 控制地下水位的田间排水沟

根据一些地区的试验资料和经验数据分析,在不同土质、不同沟深时,控制地下水位的排水沟深度和间距如表 10-7 所示。

表 10-7　调控地下水位的末级固定沟间距经验参考值　（单位:m）

沟深	黏土、重壤土	中壤土	轻壤土、砂壤土
0.6 ~ 1.0	10 ~ 20	20 ~ 30	30 ~ 60
1.0 ~ 1.5	20 ~ 30	30 ~ 60	60 ~ 100
1.5 ~ 2.0	30 ~ 60	60 ~ 100	100 ~ 150
2.0 ~ 2.5	60 ~ 100	100 ~ 150	*

注：* 轻壤土、砂壤土地区较深的明沟极易发生边坡坍塌，而末级固定沟面广量大，不宜采用放缓边坡而过多增大断面的办法，可以选用其他排水措施，如暗管排水等。

3. 田间排水暗管

田间排水暗管与暗管埋深密切相关，埋深大时其间距可大些。暗管的埋深应根据当地的自然条件和作物对地下水埋深的要求确定。在防治渍害地区一般为 0.8 ~ 1.5 m，在改良盐碱地地区为 1.5 ~ 2.5 m。

排水暗管的间距可采用田间试验法、经验数据法和理论计算法确定。无试验资料时可按表 10-8 确定。

表 10-8　排水暗管间距经验参考值　（单位:m）

暗管埋深	黏土、重壤土	中壤土	轻壤土、砂壤土
0.6 ~ 1.0	10 ~ 20	10 ~ 20	20 ~ 40
1.0 ~ 1.5	10 ~ 20	20 ~ 40	40 ~ 70
1.5 ~ 2.0	20 ~ 40	40 ~ 70	70 ~ 110
2.0 ~ 2.5	*	70 ~ 110	110 ~ 160

注：* 这类土质地区的排水暗管埋深一般不需很大，故未列出相应的间距值；而临界深度可能达 2.0 m 以上的轻壤土、砂壤土地区，则需要较大的排水暗管埋深和间距值。

第三节　田间排水系统的布置

田间排水系统按空间位置可分为水平排水和竖井排水两大类。水平排水即是在地面开挖沟道或在地下埋设暗管进行排水；竖井排水即用抽水打井的方式进行排水，以降低地下水位。

根据田间排水方式的不同，田间排水系统有明沟排水系统、暗管排水系统和竖井排水系统三种方式。

一、明沟排水系统

明沟排水系统是一种传统的、在我国被广泛采用的田间排水方式，它与田间灌溉工程一起构成田间工程，布置时应与田间灌溉工程结合考虑。其具体布置形式还应根据各地的地形和土壤条件、排水要求等因素，因地制宜地拟订合理的布置方案，从而达到有效地调节农田水分状况的目的。

在地下水埋深较大、无控制地下水位要求的易旱、易涝地区，或虽有控制地下水位要求，但由于土质较轻，要求的末级固定排水沟间距较大（如 200 ~ 300 m 以上）的易旱、易涝、易渍地区，排水农沟可兼排地面水和控制地下水位，农田内部的排水沟只起排多余地面水的作用。这时，田间渠系应尽量灌排两用。若农田的地面坡度均匀一致，则毛渠和输水垄沟可全部结合使用，农沟以下可不布置排水沟道，见图 10-7。若农田地面有微地形起伏，则只须在农田的较低处布置临时毛沟，其输水垄沟可以结合使用，见图 10-8。

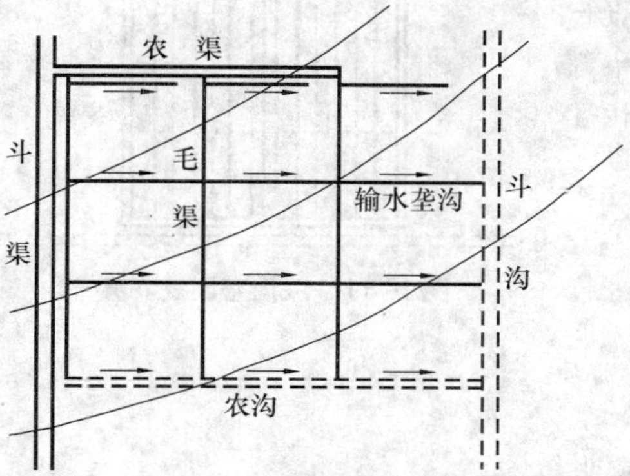

图 10-7　毛渠、输水垄沟灌排两用的田间渠系

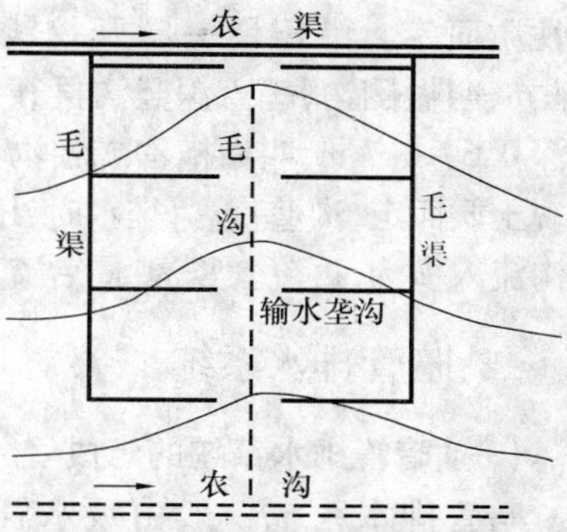

图 10-8　输水垄沟灌排两用的田间渠系

在土质较黏重的易旱、易涝、易渍地区，控制地下水位要求的排水沟间距较小，除排水农沟外，尚须在农田内部布置 1 ~ 2 级日间排水沟道。若控制地下水位要求的末级排水沟间距为 100 ~ 150 m，则可只设毛沟，见图 10-9。农沟和毛沟均起控制地下水位的作用，毛沟深度至少为 1.0 ~ 1.2 m，农沟深度则应在 1.2 ~ 1.5 m 以上。为加速地表径流的排除，毛沟应大致平行等高线布置，机耕方向应平行于毛沟。若要求末级排水沟间距仅为 30 ~ 50 m，则在农田内部须布置毛沟和小沟两级排水沟，小沟的方向应大致平行等高线，以利于地表径流的排除，见图 10-10。若末级排水沟的深度较大，为便于机耕及少占耕地，则以做成暗管形式为宜。

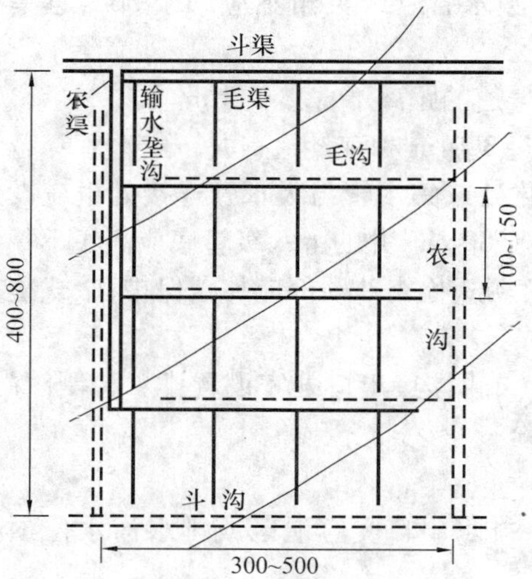

图 10-9　只设毛沟的田间排水网　（单位：m）

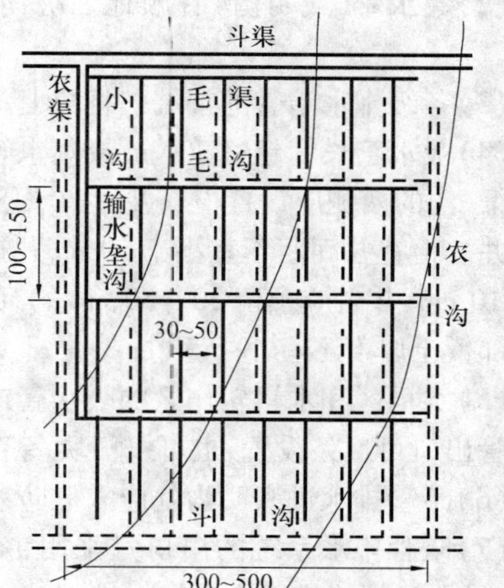

图 10-10　输水垄沟灌排两用的田间渠系　（单位：m）

在我国南方土质黏重或水旱轮作地区，因降雨量较多，排水量较大，土壤透水性较差，

需要的田间排水沟道较密，可采用深沟、浅沟结合的深沟密网式田间排水系统（见图10-11）。它是在种植旱作期间，沿田块长边方向每隔3～4 m挖一条沟，有的深0.3～0.4 m，叫做垅沟；有的深0.6～0.7 m，叫做深竖沟。深竖沟可开一条或几条，视土壤性质而定。沿田埂一圈开挖浅沟，沟深0.3～0.4 m，叫做围沟，垂直深竖沟再开挖2～3条深沟，沟深0.6～0.7 m，叫做横沟或腰沟。各条墒沟的宽度视土质而定，沟壁直立，排水时，田间水流沿垅沟、围沟流入横沟，再流入竖沟，最后流入农（毛）沟。

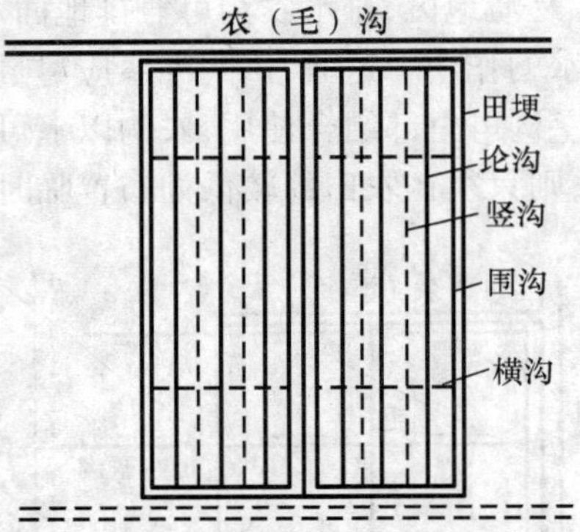

图10-11　深沟密网式布置

二、暗管排水系统

（一）暗管排水系统的组成

暗管排水系统一般由吸水管、集水管（或明沟）、检查井和出口控制建筑物等几部分组成，有的还在吸水管的上游端设置通气孔。吸水管是利用管壁上的孔眼或接缝，把土壤中过多的水分，通过滤料渗入管内；集水管则是汇集吸水管中的水流，并输送至排水明沟排走；检查井的作用是观测暗管的水流情况、在井内进行检查和清淤操作；出口控制建筑物用以调节和控制暗管水流。

（二）暗管排水系统的布置原则

根据《灌溉与排水工程设计规范》（GB 50288—99）的有关规定，暗管排水系统的布置应遵循以下原则：

（1）吸水管（田间末级排水暗管）应有足够的吸聚地下水的能力，其管线平面布置宜相互平行，与地下水流动方向的夹角不宜小于40°。

（2）集水管（或明沟）宜顺地面坡向布置，与吸水管管线夹角不应小于30°，且集排通畅。

（3）各级排水暗管的首端与相应上一级灌溉渠道的距离不宜小于3 m。

（4）吸水管长度超过200 m或集水管长度超过300 m时宜设检查井。集水管穿越道路或渠、沟的两侧应设置检查井。集水管纵坡变化处或集水管与吸水管连接处也应设置检查井。检查井间距不宜小于50 m，井径不宜小于80 cm，井的上一级管底应高于下一级管顶10 cm，井内应预留30～50 cm的沉砂深度。明式检查井顶部应加盖保护，暗式检查井顶部覆土厚度不宜小于50 cm。

（5）水稻区和水旱轮作区的吸水管或集水管（或明沟）出口处宜设置排水控制阀门。吸水管出口可逐条设置，也可按田块多条集中设置。

（6）暗管排水进入明沟处应采取防冲措施。

（7）暗管排水系统的出口宜采用自排方式。排水出口受容泄区或排水沟水位顶托时，应设置涵闸抢排或设泵站提排。

（8）暗管可与浅密明沟或鼠道结合布置，构成复合式排水网络。

(三)暗管排水系统的布置形式

暗管排水系统的基本布置形式有以下两种。

1 一级暗管排水系统

在田间只布置吸水管。吸水管与集水明沟垂直,且等距离、等埋深平行布置。每条暗管都有出水口,分别向两边的集水明沟排水。暗管一端与排水明沟相连,另一端封闭且距自流灌溉渠道 5 ~6 m,以防止泥沙入管和防止渠水通过暗管流失。一级暗管排水系统布置见图 10-12、图 10-13。它具有布局简单、投资较少、便于检修等优点,我国大部分地区多采用这种布置形式。

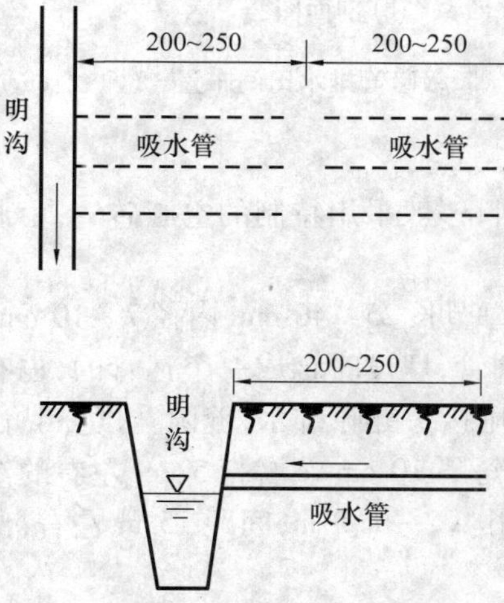

图 10-12 一级暗管排水系统布置 (单位:m)

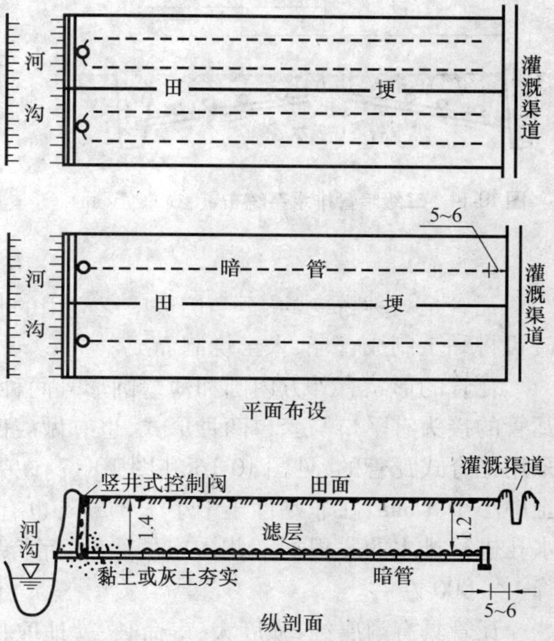

图 10-13 一级暗管排水田间布置 (单位:m)

2. 二级暗管排水系统

暗管由吸水管和集水管两级组成,吸水管垂直于集水管,集水管垂直于明沟,其布置见图 10-14。地下水先渗入吸水管,再汇入集水管,最后排入明沟。为减少管内泥沙淤积和便于管理,管道比降可采用 1/500 ~1/1 000,以使管内流速大于不淤流速,地形条件许可时可适当加大管道比降,以提高管内的冲淤能力,且每隔 100 m 左右设置一个检查井。这种类型土地利用率较高,有利于机械耕作,但布置较复杂,增加了检查井等建筑物,水头损失较大,用材和投资较多,适用于坡地地区。

如图 10-14 和图 10-15 所示,每个田块的吸水管通过控制建筑物与集水暗管相连。

(四)地下排水管道的种类和结构形式

目前,世界各国采用的暗管材料主要有瓦管、混凝土管、塑料管。我国采用的还有水泥土管、石屑水泥管、陶土管、无砂混凝土管、水泥粉煤灰管、灰土管、砖石砌管,以及充填式砂石沟、稻壳沟、梢捆沟等。但应用较广泛、有发展前途的是瓦管、水泥土管和塑料管。

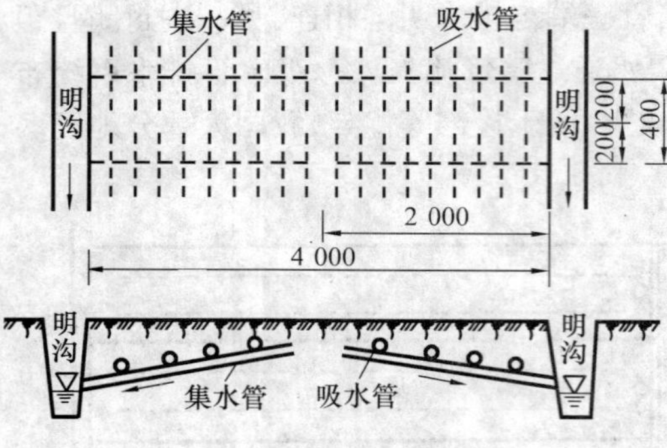

图 10-14　二级暗管排水系统布置　（单位:cm）

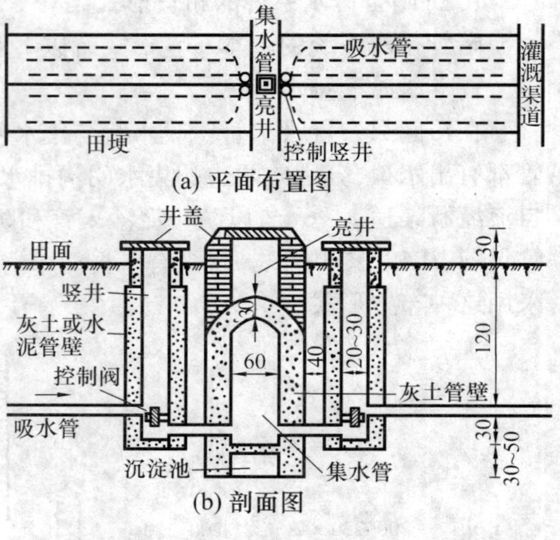

图 10-15　二级暗管排水田间布置　（单位:cm）

1. 瓦管

瓦管是一种古老的、至今仍被广泛应用的暗管材料，一般采用特制的空心砖管，由制砖机将黏土制成管坯，入窑烧制而成。

瓦管的形状有外方内圆和薄壁圆形管两种。一般每节长 25 ~ 40 cm，内径 7 ~ 10 cm。瓦管的接头有平口与套口两种形式，也有做成两个半圆管，埋设时合成一个瓦管的，也有采用瓦脊式瓦管的，见图 10-16 和图 10-17。一般多利用接头缝隙排水，缝隙宽度在黏性土中小于 6 mm，在非黏性土中小于 3 mm，也有沿管长每隔 10 cm 左右打 5 cm 左右的渗水孔进行排水的。根据一些省市的经验，瓦管埋深采用 1. 2 ~ 1. 5 m，间距 15 m 左右，比降 1/1 000 左右。

瓦管具有耐腐蚀、强度大、寿命长、就地取材、制作容易、成本低廉等优点，缺点是质量大，运输和施工任务比较繁重。普通瓦管的抗压强度为 640 ~ 800 N/cm^2，使用寿命可达 50 年以上。

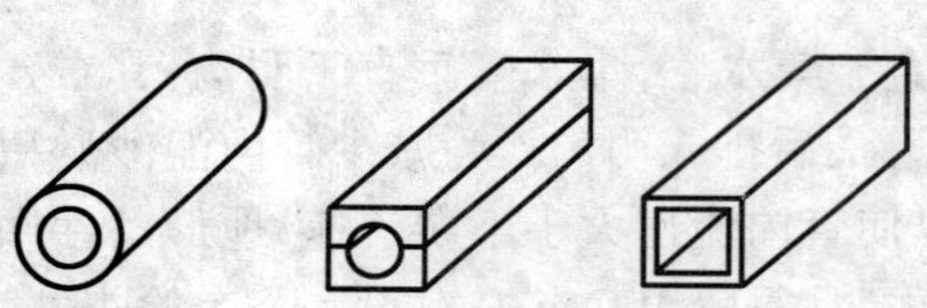

图 10-16　瓦管

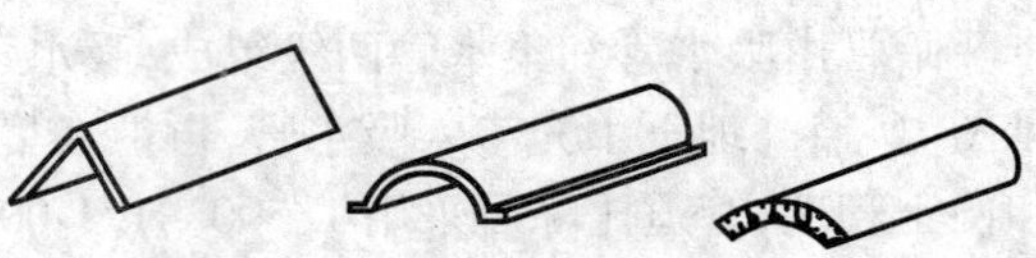

图 10-17　脊瓦

2. 水泥土管

水泥土管由水泥和砂子或水泥、砂子和黏土掺水拌和均匀，经机械或人工挤压成型。广东省和北京市选用的配合比为水泥: 砂: 土 =5: 50: 45，拌和物的含水量控制在 13% 左右。江苏省采用的水泥土吸水管，每节长 20 ~ 33 cm，内径 5 ~ 7. 5 cm，外径 8 ~ 10 cm，水泥与砂土的配合比为 1: 6 ~ 1: 8，干密度为 1. 65 ~ 1. 73 g/cm^3。

水泥土管的强度取决于水泥强度等级、水泥用量、土料性质、挤实密度和干湿状态等。水泥强度等级高、用量大、土料颗粒大小适宜、挤压密实、养护时间长，则强度大。一般要求水泥强度等级在32.5以上，砂子最好用粗砂，土料要选用具有黏性而砂粒含量又较多的土壤。

水泥土管的优点是水泥用量少，就地取材，成本低廉，适用于低压排水管道。缺点是受冻融影响较大，一般要求埋设在地面以下1 m左右，以减轻冻融损坏。

3. 石屑水泥管

这种暗管是利用采石场废弃的石屑做骨料与水泥配合而成，也称碎石水泥管，在一些地区得到了广泛应用。经筛分分析，石屑的不均匀系数为10～13，粒径大于2 mm的颗粒占石屑总量的40%以上，采用的水泥与石屑的配比为1:5.5～1:9。目前，各地采用的石屑水泥管规格有圆形和外方内圆形两种，一般每节管长33 cm，内径60 mm，壁厚10 mm。石屑水泥管管壁充满透水孔隙，具有良好排水性能。

4. 塑料管

塑料管用于暗管排水起步较晚，于20世纪60年代初在国外才开始应用。它具有管壁薄、质量轻、用料省、强度高、耐腐蚀、抗盐碱、整体性好、经久耐用、工厂化生产、运输和施工方便、在土质松软地段不易沉陷变形等优点。近年来在国外多采用塑料管。

塑料管主要采用聚氯乙烯(PVC)或聚乙烯(PE)制成。1980年上海市研制出乙丙共聚体光滑塑料管和高密度聚乙烯波纹塑料管。光滑塑料管一般外径40～160 mm，壁厚0.8～2.2 mm，每根长5～6 m，管壁上开有纵向进水缝，缝宽1～1.4 mm，缝长4～5 mm。波纹管有内径为70 mm和55 mm两种，壁厚分别为0.5 mm和0.4 mm，波纹深分别为3 mm和2.6 mm，波距6.35 mm，波谷开有进水孔，每米管长进水孔面积33 cm^2，每米管质量分别为230 g和170g，其强度在垂直压缩5%变形时分别为26.9 N/cm^2和10 N/cm^2，每根管长70～100 m，卷在直径1 m左右的圆盘上，以便运输。波纹管比光滑管具有管壁薄、用料省、抗压强度高、挠性好、适应性强、便于运输和铺设等优点，缺点是水流阻力大，通过相同的流量，其管径比光滑管大25%。

我国一些省市相继采用了塑料暗管，其中上海市发展最快，它采用的塑料暗管间距为10～20 m，埋深0.9～1.2 m，比降1/1 000～3/1 000，暗管出口用“沪暗Ⅰ型塑料球阀”控制，效果较好，使用寿命15年左右。随着塑料工业和管道施工机械的发展，塑料暗管排水将得到更加广泛的应用。

暗管施工过去以人力为主，现在普遍采用开沟铺管机进行施工，加快了施工进度，提高了埋管质量。我国已研制生产了挖深1.0～2.5 m的开沟铺管机，均以农用拖拉机为动力，速度为50～200 m/h。

5. 其他管材

除以上几种管材外，还有由粉煤灰与石灰及石膏灰与水泥、砂子配合而制成的粉煤灰管，用做大口径集水管的混凝土管，管壁透水的多孔水泥滤水管、竹管及柳枝管等；在石料资源丰富的山丘冲垄田改造中也采用石料砌成的暗沟排水；在平原湖区作为临时性的排水措施也有采用特别的土锹开挖窄深的沟槽，上面盖留有稻草茬的硬土，夯实后形成地下土暗沟；一些地区还采用特别的犁刃划破犁底层形成缝隙的土线沟。

(五)排水管道附件

1. 管道连接件

用于管道连接的附件有套管、弯头、三通、四通等。

2. 检查井与沉砂井

为了预防管道堵塞,便于管道的运行检查和维修清理,常需在管道的适当地点布置检查井,并最好用定型装配式混凝土构件修筑。

检查井多设在吸水管与集水管的连接处和管长超过清淤机的清淤长度处,检查井的井径一般为75~100 cm,以便清淤操作;井底低于集水管底30 cm以上,以便于沉淀泥沙;井口应高出地面30~60 cm,并加盖保护,以防地表水入井。

当用地下排水管道排除地表水时,为了防止泥沙淤积管道,还应设置专门的沉砂井,井口设置格栅拦污。但应尽量避免用地下排水管道直接排地表水。

3. 外包滤料

外包滤料是指包扎和充填在田间排水管道周围的材料,其作用是阻止土壤颗粒随水流进入吸水管,避免管道堵塞;改善排水管周围的水流条件,增大排水管进水量,稳定排水管周围的土壤,并为管道提供合适的坐垫,以保证良好的排水效果。外包滤料的种类很多,主要有有机材料、无机材料和合成材料三类。应以效果好、成本低、寿命长、就地取材和使用方便的原则,因地制宜地加以选用。

(1)有机材料。多用农业的副产品,如稻草、稻糠、麦秸、棕皮等,锯末在我国也常被采用。江苏省在黏土类和壤土类地区用稻草做暗管的外包滤料,取得了良好的效果。辽宁省水利勘测设计院用稻草拧成直径约3 cm的草绳,捆扎在暗管接头处,周围铺设10 cm厚的熟化表土,防淤效果好,且可就地取材,投资少,是可取的。有机材料多用于土壤淤积倾向较轻的地段。

(2)无机材料。最常用的是粗砂和小砾石,按照一定的级配包裹在暗管的周围,既能防止泥沙入管,又能改善排水条件,但它的质量大,运输和施工不大方便,投资也比较高。

(3)合成材料。有玻璃纤维、聚丙烯纤维、尼龙和聚丙烯黏合纤维、塑料球、聚苯乙烯和聚氯乙烯碎屑等。但玻璃纤维在铁锰含量高的土壤里不宜使用。

外包滤料应具有较大的渗透系数,一般要求比周围土壤大10倍以上,外包滤料的厚度可根据当地实践经验选取。一般散装外包滤料的压实厚度在土壤淤积倾向严重的地区不宜小于8 cm,在土壤淤积倾向较轻的地区宜为4~6 cm,在土壤无淤积倾向的地区可小于4 cm。

散装外包滤料的粒径级配可根据土壤有效粒径 d_{60} 按表10-9确定。

表10-9 土壤有效粒径与外包滤料粒径级配关系

土壤有效粒径 d_{60}(mm)	外包滤料粒径级配 d'_n(粒径,mm)					
	d'_0	d'_5	d'_{10}	d'_{30}	d'_{60}	d'_{100}
0.02~0.05	0.074~0.590	0.30	0.33~2.50	0.81~8.70	2.00~10.00	9.52~38.10
0.05~0.10	0.074~0.590	0.30	0.38~3.00	1.07~10.40	3.00~12.00	9.52~38.10
0.10~0.25	0.074~0.590	0.30	0.40~3.80	1.30~13.10	4.00~15.00	9.52~38.10
0.25~1.00	0.074~0.590	0.30	0.42~5.00	1.45~17.30	5.00~20.00	9.52~38.10

注:土壤有效粒径 d_{60} 为土壤粒径级配曲线上相应于过筛累计百分数为60%的土壤粒径,外包滤料粒径级配 d'_n 为外包滤料级配曲线上相应于过筛累计百分数为 n% 的滤料粒径。

（六）排水道出口和控制建筑物

圩间地下排水道的出口有单排水道出口、双排水道出口和多排水道出口等多种形式，具体布置见图 10-18。采用何种形式，应根据管道排水能力、经济比较和管理方便等条件选定。

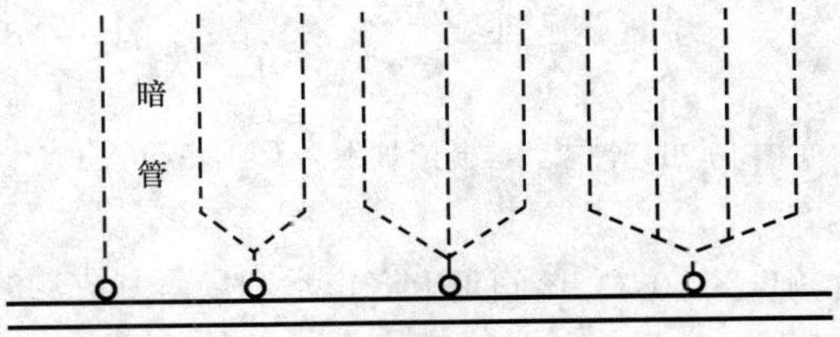

图 10-18　暗管出口布置形式

在排水道出口处应设置控制建筑物，以便按作物的要求调节和控制地下水位及土壤水分状况。需要排水时打开控制门，需要保水时关闭控制门。在稻麦轮作区，由于稻麦对排水的要求不同，更需要修建控制建筑物。麦作期以排水为主，控制门常开，但也要注意墒情变化，干旱时适时保墒；稻作期以控制为主，但在晒田期、收割前或需加大渗漏量时，也要开门放水。因此，应重视控制建筑物的配套。

出口建筑物面广量大，必须根据因地制宜、布局合理、就地取材、使用方便和提高效果的原则进行选型和布置。现将几种常用的控制建筑物介绍如下。

1. 插板式

插板式控制建筑物见图 10-19，该建筑物由预制的混凝土或水泥土插槽和插板组成。插槽内应预留一直径略大于暗管外径的圆孔，以便和暗管接通。插槽的附近应用黏土或灰土夯实，以免漏水。插板式控制门适于在暗管出口处的明沟岸坡上修建。

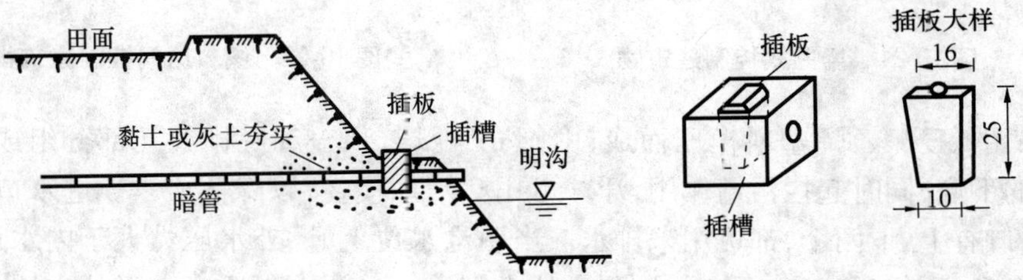

图 10-19　插板式控制建筑物　（单位：cm）

2. 管塞式

管塞式控制建筑物见图 10-20，当暗管出口处的明沟岸坡较缓时，可用管塞控制排水，管塞可就地取材。例如，先在管口处塞进一把柴泥，再在管口上竖立一块砖，然后插上一根木棍卡住即可。

3. 竖井式

竖井式控制建筑物见图 10-21，该种形式适用于暗管出口处明沟岸坡较陡，或者是上下两级暗管的连接处。在沟岸上用混凝土管、水泥土管或塑料管做一竖井，井底用混凝土塞控制排水。竖井式控制建筑物使用方便，止水效果较好。

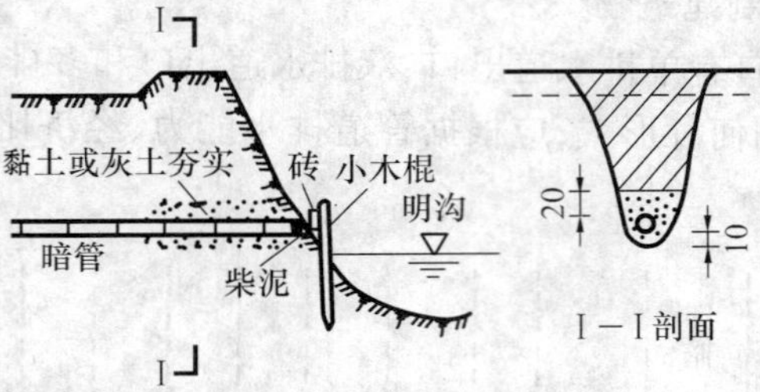

图 10-20 管塞式控制建筑物 （单位:cm）

4. 塑料球阀

塑料球阀控制建筑物见图 10-22,该阀是上海市水利局研制成功的“沪暗Ⅰ型塑料球阀”。它采用低压聚乙烯塑料模压而成,由阀壳、浮球、顶盖和底栅等几部分组成。底栅是控制阀的下底,同时起拦污栅作用,浮球可用乒乓球代替,以降低成本。进水口与暗管相连,出水口有上、下两个,都可用来排水。当明沟水位上升、外水压力大于内水压力时,浮球自动上升,顶住浮球座,可有效地制止外水倒灌。当阀内水压力大于外水压力时,浮球受压下降,下水口自动开启,即可自流排水,也可将底栅拧紧,使下水口关闭,打开顶盖,在上出水口接软管排水。底栅的位置可以上下调节,从而调整浮球座之间的孔隙,用以控制出水量以满足稻田对不同渗漏量的要求。塑料球阀具有调节地下水位、控制渗漏量、拦污、止逆、启闭等功能,还具有安装简单、使用方便的特点。

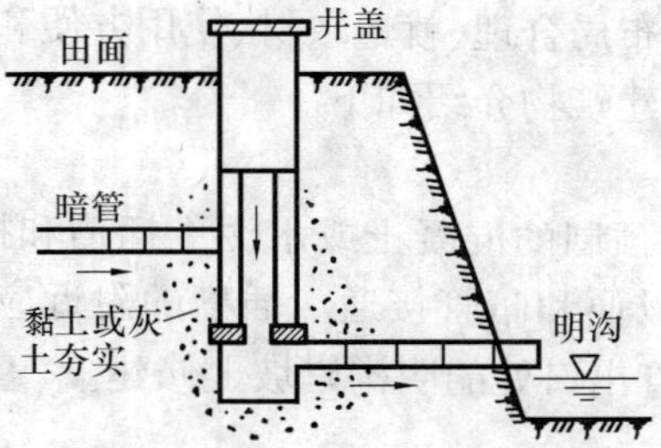

图 10-21 竖井式控制建筑物

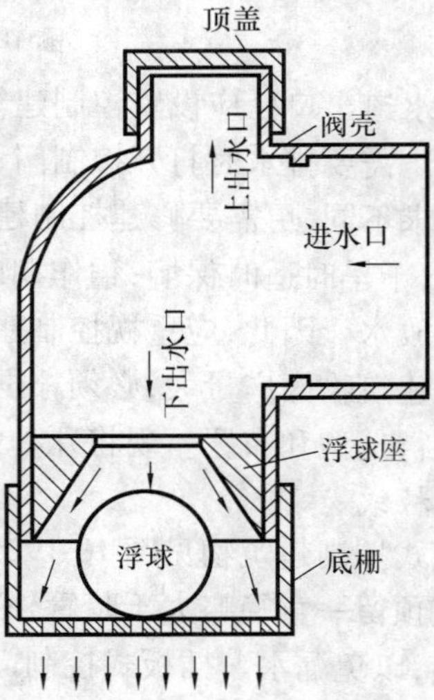

图 10-22 塑料球阀控制建筑物

三、竖井排水系统

近年来,我国北方在地下水埋深较浅、水质又符合灌溉要求的许多地区,结合井灌进行排水,不仅提供了大量的灌溉水源,同时对降低地下水位和除涝治碱也起到了重要的作用。实践证明,井灌井排是综合治理旱、涝、碱的重要措施,在我国北方易旱、易碱地区,具有广阔的前景。

通过井排除地下水，降低地下水位的措施，叫竖井排水。

(一)竖井排水的作用

1. 降低地下水位，防止土壤返盐

在井灌井排或竖井排水过程中，由于水井自地下水含水层中吸取了一定的水量，在水井附近和井灌井排地区内地下水位将随水量的排出而不断降低。地下水位降低值一般包括两部分：一部分由于水井(或井群)长期抽水，地下水补给不及，消耗一部分地下水储量，在抽水区内外产生一个地下水位下降漏斗，如图10-23实线所示，称为静水位降深；另一部分是由于地下水向水井汇集过程中发生水头损失而产生的，距抽水井越近，其数值越大，在水井附近达到最大值，此值一般为3~6 m，在水井抽水过程中形成的总水位降深称为动水位降深。

由于水井的排水作用，增加了地下水人工排泄。地下水位显著降低，有效地增加了地下水埋深，减少了地下水的蒸发，因而可以防止土壤返盐。

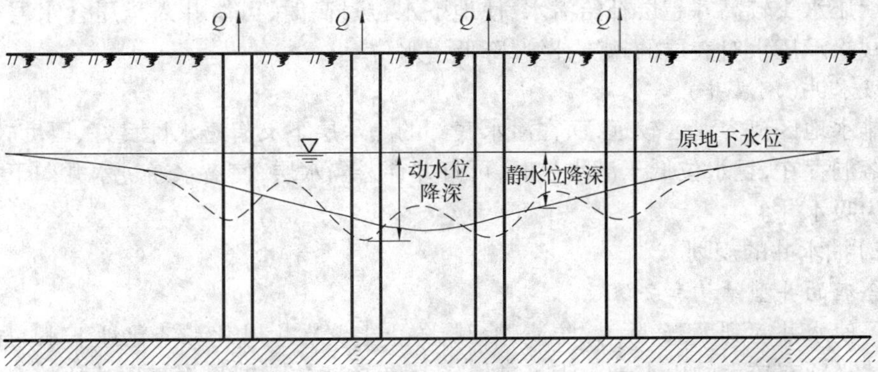

图10-23 井群抽水过程中的净水位降深和动水位降深

2. 腾空地下库容用以除涝防渍

干旱季节，结合井灌抽取地下水，降低地下水位，不仅可以防止土壤返盐，同时由于开发利用地下水，使汛前地下水位达到年内最低值，这样就可以腾空含水层中的土壤容积，供汛期存蓄入渗雨水之用。地下水位的降低，可以增加土壤蓄水能力和降雨入渗速度。

由于降雨时大量雨水渗入地下，因而可以防止田面积水形成淹涝和地下水位过高造成土壤过湿，达到除涝防渍的目的。同时，还可以增加地下水提供的灌溉水量。

3. 促进土壤脱盐和地下水淡化

竖井排水在水井影响范围内形成较深的地下水位下降漏斗。地下水位的下降，可以增加田面水的入渗速度，因而为土壤脱盐创造了有利的条件。在有灌溉水源的情况下，利用淡水压盐可以取得良好的效果。在地下咸水地区，如有地面淡水补给或沟渠侧渗补给，则随着含盐地下水的不断排除，地下水将逐步淡化。近年来，在我国北方的一些地区开展了抽咸补淡的试点工作，取得了一定的成效。实践证明，在抽排咸水水量较大、能够保证地下水位下降一定深度，并有淡水及时补给的情况下，一般都可以得到较好的淡化效果。

竖井排水除可形成较大降深、有效地控制地下水位外，还具有减少田间排水系统和土地平整的土方量，不需要开挖大量明沟，占地少和便于机耕，同时在有条件地区可以与人工补给相结合，改善地下水水质。但竖井排水需消耗能源，运行管理费用较高，且需要有适宜的水文地质条件，在地表水透水系数过小或下部承压水压力过高时，均难以达到预期的排水效果。

（二）竖井排水的分类及其适用条件

1. 抽水井

在因降水和灌溉入渗补给引起潜水位过高和土壤过湿的情况下，应在潜水含水层中打井抽水以降低潜水位。其适宜的水文地质条件是：①浅层地质条件为透水性较好的单一构造；②浅层地质条件为成层构造。要求：表层土透水性较好，或为厚度较小的弱透水层；含水层富水性较好，若为承压含水层，则承压水位不宜过高于潜水位；隔水层的越流补给系数较大，抽水时能形成向下越流补给。此外，在受邻近地区的地下水侧向补给而引起局部地带沼泽化和盐碱化时，可在地区来水方向的边界上打井抽水，以断绝其补给来源。

2. 减压井（自流井）

当承压水头较高并越层补给潜水，使地下水位过高时，可凿井入承压含水层内，自流排水以减少承压水对表层的越流补给，降低潜水位。

3. 吸水井（倒灌井）

当排水地区离容泄区较远，而在潜水底部的隔水层下又有透水性良好、厚度较大的砂砾层或溶洞存在，且水位低于潜水位时，可打井穿透隔水层，使潜水通过水井向下排泄，这类井称为吸水井。

（三）抽水井的规划

1. 合理的井型结构和井深

为了使水井起到灌溉、除涝、防渍、治碱、防止土壤次生碱化和淡化地下水的作用，每一个水井必须有较大的出水量。为了增加降雨和渗水的入渗量，提高压盐的效率，在保证水井能抽出较多水量的同时，还应使潜水位有较大的降深，为此，在水井设计中必须根据各地不同的水文地质条件，选取合理的井深和井型结构。

在浅层有较好的砂层或虽无良好的砂层，但土壤透水性较好（如裂隙土等）的情况下可打浅机井或真空井，井管自上而下全部采用滤水管，在这种情况下，一般可以保证有一定的出水量和潜水位降深。

砂层埋藏在地表以下一定深度，但砂层以上无明显的隔水层时，为了使单井保持一定的出水量，水井可打至含水砂层，以保证形成一定的潜水降深和浅层地下库容，促使土壤脱盐和地下水的淡化。

当上部土层透水性较差，且在相当深度内又无良好的砂层时，必须选用适当的井型结构。

2. 抽水井的规划布置

担负排水任务的水井，其规划布局应视地区自然特点、水利条件和水井的任务而定。在有地面水灌溉水源并实行井渠结合的地区，井灌井排的任务是保证灌溉用水，控制地下水位，除涝防渗，并防止土壤次生盐碱化。在这种情况下，井距一方面取决于单井出水量所能控制的灌溉面积，另一方面也取决于单井控制地下水位的要求。在利用竖井单纯排水地区,井的间距则主要取决于控制地下水位的要求。

竖井在平面上一般多按等边三角形或正方形布置,由单井的有效控制面积可求得单井的灌溉半径和井距。井渠结合地区水井应结合灌溉渠系进行布置。

能力训练

一、基础知识能力训练

1. 农田对排水的要求有哪些?
2. 渍害的成因有哪些?
3. 什么叫地下水的临界深度和地下水的适宜深度? 各有什么用途?
4. 什么是大田蓄水能力? 确定大田蓄水能力的作用是什么?
5. 简述田间排水沟对地下水位的调控作用。
6. 怎样确定田间排水沟的深度和间距?
7. 暗管排水系统由哪几部分组成? 各部分的作用是什么?
8. 农田排水有哪几种方式? 各有何优缺点?

二、设计计算能力训练

大田蓄水能力计算:某灌区某次暴雨为280 mm,降雨历时为24 h,该次暴雨前地下水埋深为1.3 m,雨后允许的地下水最小埋深为0.5 m。该灌区土壤平均孔隙率为50%,最大持水率为65%(占孔隙体积的百分数),降雨前地下水位以上土层平均含水率为40%(占孔隙体积的百分数)。经测定,该灌区土壤第一分钟内平均入渗速度为11.25 mm/min,$\alpha=0.6$,根据作物生长需要,要求田间淹水时间不得超过1.5 d。要求:

(1)计算该灌区的大田蓄水能力;

(2)在允许的淹水时间内,渗入土壤的水量是多少? 这些水量能否蓄得下?

第十一章　骨干排水系统规划设计

学习目标

通过学习骨干排水系统的规划设计方法，能够进行中小型排水系统的规划设计。

学习任务

1. 掌握骨干排水系统的规划布置原则和方法，能够进行骨干排水系统的规划布置。
2. 掌握排水沟道设计流量的计算方法，能够合理确定各级排水沟的设计流量。
3. 掌握排水沟设计水位及断面设计方法，能够进行排水沟纵横断面设计。
4. 了解排水容泄区的整治。

第一节　骨干排水系统的规划布置

由于各地自然条件不同，排水要求不同，排水沟道的任务和作用也不完全相同。一般来说，排水沟道的主要任务是排除地面余水和降低地下水位，同时兼顾滞蓄涝水、水产养殖、引水灌溉和交通运输等。而在大多数情况下，排水沟道往往要同时完成以上的几项任务。因此，在进行排水沟道规划设计时，一般是以满足排水和降低地下水位为主要任务，同时尽量满足其他方面的要求，做到综合利用。

进行排水系统的规划布置，首先要收集排水地区的地形、土壤、水文气象、水文地质、作物、灾情、现有排水设施以及社会经济等各种基本资料。在充分研究分析各项基本资料的基础上，全面掌握排水地区的特点，从而确定排水地区排水沟道系统应承担的任务，确定排水设计标准，拟订规划布置的主要原则，在结合地区农业发展规划和水利规划的基础上，进行排水系统的规划布置。

一、规划布置原则

排水沟道系统分布广、数量多、影响大。因此，在规划布置时，应在满足排水要求的基础上，力求做到经济合理、施工简单、管理方便、安全可靠、综合利用。规划布置时应遵循以下主要原则。

（一）低处布置

各级排水沟道应尽量布置在各自控制排水范围内的低洼地带，以便获得较好的自流排水控制条件，及时排除排水区内的多余水量。

（二）经济合理

骨干排水沟道应尽量利用原有的排水工程以及天然河道，这样既节省工程投资，减少占地面积，又不打乱天然的排水出路，有利于工程安全。干沟出口应选在容泄区水位低、河床稳定的地段，以便排水畅通、安全可靠。

（三）高低分排

各级排水沟道应根据治理区的灾害类型、地形地貌、土地利用、排水措施和管理运用要求等情况，进行排水分区。做到高水高排、低水低排、就近排泄、力争自流、减少抽排。

（四）统筹规划

排水沟道规划应与田、林、路、渠和行政区划等相协调，全面考虑，保证重点，照顾一般，优化设计方案，减少占地面积和交叉建筑物数量，以便于管理维护，节省投资。

（五）综合利用

为充分利用淡水资源，在有条件的地区，可充分利用排水区的湖泊、洼地、河沟网等滞蓄涝水，既可用于补充灌溉水源，减轻排水压力，又可满足航运和水产养殖等要求。但在沿海平原区和有盐碱化威胁的地区，因需要控制地下水位，故应实行灌排分开两套系统。

在排水沟道的实际规划布置中，上述规划布置原则往往难以全面得到满足，应根据具体情况分清主次，满足主要方面，尽量照顾次要方面，经多方案比较，选择占地面积小、建设投资省、运行费用低、经济效益高、工程实用、管理方便、有利于改善治理区内外生态环境和农业可持续发展的最优规划布置方案。

二、排水系统类型

排水系统按照地形、气象等自然条件的不同，所担负的任务也不相同，主要有以下两种基本类型。

（一）一般排水系统

在地面坡度较大的坡地平原地区，如果灌溉水源丰富，水位控制条件较好，能够满足灌溉用水的需要，而且排水出路通畅，则排水系统的主要任务只是排除当地暴雨径流和控制地下水位，此时可采用灌排分开的两套系统。这类系统，由于排水沟道没有航运、养殖等综合利用的要求，故可采用较大的比降和较小的断面，以减少工程量和降低工程造价。

（二）综合利用的排水系统

在地势平坦的缓坡地区和低洼平原地区，常因灌溉水源不足而不能满足灌溉用水要求，而汛期雨量又较充沛，这就要求排水系统不仅能排涝，而且还能蓄水、引水以补充灌溉水源之不足。同时，还要利用排水沟滞蓄部分水量，以减少排涝流量和抽水站装机容量，并且平时还要维持一定的水深，用以通航和养殖，以改善交通条件和发展渔业生产。这类地区常以天然河道作为排水骨干工程，构成排水系统的骨架。它们又和大江、大河或湖泊相通，既可作为排水系统的容泄区，又可作为灌溉的主要水源，还可作为交通运输的大动脉。在此基础上，再按排水地区的地形条件，分片布置干、支沟，片内自成网状排水系统，各自设闸控制，独立排入容泄区，构成河网化排水系统。排水沟道要有足够的滞蓄容积，具有满足控制地下水位和通航、养殖要求的沟深，沟道采用较小的比降，甚至平底沟道，以最大限度满足综合利用的要求。

三、排水沟道布置

排水沟道的布置形式与地形地貌、水文地质、容泄区、治理区自然条件以及行政区划和现有工程状况等多种因素有关。一般可根据地形地势和容泄区的位置等条件先规划布置干沟线路，然后再规划布置其他各级沟道。因为地形条件和排水任务对排水沟的规划布置影响最大，所以地形条件和排水任务不同，排水沟道的规划布置也具有不同的特点。根据地形条件常把排水区分为山区丘陵区、平原区和圩垸区等三种基本类型。

（一）山区丘陵区

山区丘陵区的特点是地形起伏较大，地面坡度较陡，耕地零星分散，暴雨容易产生山洪，对灌溉渠道和农田威胁很大，冲沟与河谷是天然的排水出路，排水条件较好。规划布置时应根据山势地形、坡面径流和地下径流等情况，采取冲顶建塘、环山撇洪、山脚截流、田间排水和田内泉水导排等措施，同时应与水土保持、山丘区综合治理和开发规划紧密结合。梯田区应视里坎部位的渍害情况，采取适宜的截流排水措施。骨干排水沟道布置一般总是利用天然河谷与冲沟，既顺应原有的排水条件，节省投资，安全可靠，又不打乱天然的排水出路，排水效果良好。

（二）平原区

平原区的特点是地形平缓，河沟较多，地下水位较高，旱、涝、渍和盐碱等威胁并存，排水出路大多不畅，控制地下水位是主要任务。排水系统规划时应充分考虑地形坡向、土壤和水文地质等特点，在涝碱共存地区，可采取沟、井、闸、泵站等工程措施，有条件的地区还可采取种稻洗盐和滞涝等措施；在涝渍共存地区，可采取沟网、河网和排涝泵站等措施。骨干排水沟道规划布置应尽量利用原有河沟，新开辟的骨干排水沟道应根据灌区边界、行政区划和容泄区的位置，本着经济合理、效益显著、综合利用、管理方便的原则，通过多方案比较，选择最佳的布置方案。

（三）圩垸区

圩垸区是指周围有河道并建有堤防保护的区域，主要分布在我国南方沿江、沿湖和滨海三角洲地带。这类地区地形平坦低洼，河湖港汊较多，水网密集，汛期外河水位常高于两岸农田，存在着外洪内涝的威胁，平时地下水位经常较高，作物常受渍灾，因而防涝排渍是主要任务。排水系统规划应按地形条件采取高低分开、分片排水、高水自排、坡水抢排、低水抽排的排水措施。为增大沟道滞蓄能力，加速田间排水，减少排涝强度和抽排站装机容量，规划时应考虑留有一定的河沟和内湖面积，一般以占排水总面积的5%～15%为宜，以滞蓄部分水量。干、支沟应尽量利用原有河道。对于无法自流排水的地区，应建立排水闸站进行抽排。

排水地区应根据地形、天然河网分布、容泄区水位和排水面积大小等条件，经过分析比较，进行分区分片。可以把整个排水区规划成一个独立的排水系统，只设一条干沟及一个出水口，集中排入容泄区；也可把整个排水区规划成几个排水片，各片分别建立各自的排水系统单独排入容泄区，见图11-1。湖南省南县北河口乡在实施排涝规划中，废除了原有的杂乱沟港水系，重新开挖了高低分排、排灌分家，干、支、斗、农配套的灌排渠系，做到了能灌能排，能控制地下水位，收到了良好的效果。

斗、农沟的布置应密切结合地形、灌溉、机耕、行政区划和田间交通等方面的要求，统筹考虑，紧密结合，全面规划。地形坡向均匀一致时，可采用灌排相邻的布置形式；地形平坦或有微地形起伏时，可采用灌排相间的布置形式。有控制地下水位要求的地区，农沟的间距必须满足控制地下水位的要求。

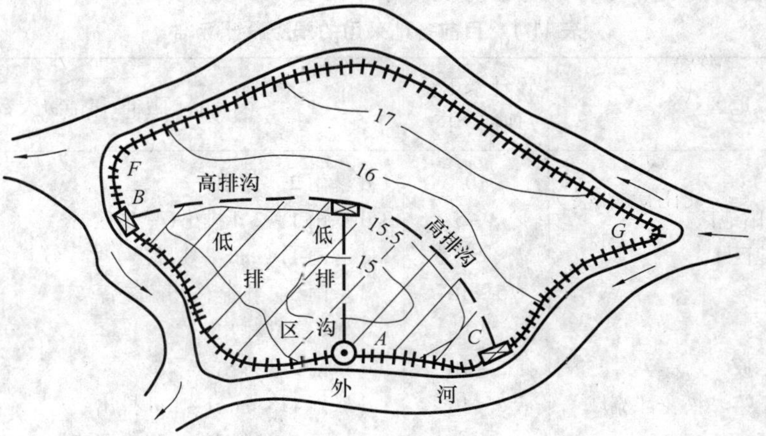

图 11-1　分片排水示意图

第二节　排水沟的设计流量

排水沟的设计流量是确定各级排水沟道断面、沟道上建筑物规模以及分析现有排水设施排水能力的主要依据。排水设计流量分排涝设计流量和排渍设计流量两种。前者用以确定排水沟道的断面尺寸;后者作为满足控制地下水位要求的地下水排水流量时,又称日常排水流量,以此确定排水沟的沟底高程和排渍水位。

一、排涝设计流量

排涝设计流量是指在发生除涝设计标准规定的设计暴雨时,排水沟中应通过的最大流量,它是由除涝设计标准和排水沟控制面积的大小决定的。确定排涝设计流量时,应首先确定除涝设计标准。

(一)除涝设计标准

除涝设计标准是指排水设施计划达到的除涝能力,它是确定除涝设计流量和排水工程规模的重要依据。如果设计标准定得较低,虽然工程规模小,投资少,但抵御涝灾的能力较低,除涝的作用不大,作物越易受涝。但如果除涝设计标准定得过高,则排涝设计流量和排水工程规模将较大,工程投资和占地较多,但因出现排涝设计流量的几率不多,工程利用率不高。因此,除涝设计标准应根据自然条件、涝渍灾害、治理难易和工程效益等,综合分析确定。

除涝设计标准一般用某一设计频率(或重现期)的几日暴雨在几日内排除,使作物不受淹来表示,它包括重现期、暴雨历时和排除时间三个方面的内容。根据《农田排水工程技术规范》(SL/T 4—1999),设计暴雨重现期可采用 5 ~ 10 年一遇,相应的频率为 20% ~ 10%;暴雨历时和排除时间,对于旱作物通常采用 1 ~ 3 日暴雨 1 ~ 3 日排完,对于水稻一般采用 1 ~ 3 日暴雨 3 ~ 5 日排至耐淹水深。经济条件较好的地区或有特殊要求的粮棉基地以及大城市的郊区,可适当提高标准;经济条件较差的地区,可适当降低标准或采用分期提高的办法。我国部分省市的除涝设计标准见表 11-1。

表 11-1　目前各地采用的排涝设计标准

地区	设计暴雨重现期(年)	设计暴雨历时和排涝天数
天津郊县(区)	10	1 d 暴雨 2 d 排出
河南安阳、信阳地区	3 ~ 5	3 d 暴雨 1 ~ 2 d 排出(旱作区)
河北白洋淀地区	5	1 d 暴雨 114 mm 3 d 排出
辽宁中部平原区	5 ~ 10	3 d 暴雨 3 d 排至作物耐淹深度
陕西交口灌区	10	1 d 暴雨 1 d 排出
黑龙江三江平原	5 ~ 10	1 d 暴雨 2 d 排出
吉林丰满以下第二松花江流域	5 ~ 10	1 d 暴雨 118 mm 1 ~ 2 d 排出
湖北平原湖区	10	1 d 暴雨 3 d 排至作物耐淹深度
湖南洞庭湖区	10	3 d 暴雨 3 d 排至作物耐淹深度
广东珠江三角洲	10	1 d 暴雨 4 d 排至作物耐淹深度
广西平原区	10	1 d 暴雨 3 d 排至作物耐淹深度
浙江杭嘉湖区	10	1 d 或 3 d 暴雨分别 2 d 或 4 d 排至作物耐淹深度
江西鄱阳湖区	5 ~ 10	3 d 暴雨 3 ~ 5 d 排至作物耐淹深度
江苏水稻圩区	5 ~ 10	1 d 暴雨 1 d 排至作物耐淹深度
安徽巢湖、芜湖、安庆地区	5 ~ 10	3 d 暴雨 3 d 排至作物耐淹深度
福建闽江、九龙江下游地区	5 ~ 10	3 d 暴雨 3 d 排至作物耐淹深度
上海郊县(区)	10 ~ 20	1 d 暴雨 1 ~ 2 d 排出(蔬菜田当日排出)

(二)排涝设计流量

排涝设计流量可用实测的流量资料或暴雨资料推求。在生产实践中,因水文站较少,流量资料较缺,长系列流量资料更缺,同时流量资料受人类活动的影响较大,同样的暴雨,在某些工程修建的前后所形成的流量可能相差很大。因此,采用流量资料推求排涝设计流量比较困难。而一般雨量站数量较多,分布较广,雨量资料容易取得,且不受人类活动的影响,所以排涝设计流量一般多采用暴雨资料进行推求。常用的计算方法有经验公式法和平均排除法。

1. 地区排涝模数经验公式

单位排涝面积上的最大排涝流量称为排涝模数 q。在计算排涝设计流量时,一般是先求得除涝设计标准下的排涝模数,然后再乘以排水沟控制断面以上的排涝面积 F,就可以求得该排水沟控制的排涝设计流量 Q,即 $Q = qF$,故排涝模数是排水系统设计的重要数据,同时也是衡量排涝能力的技术指标。

影响排涝模数的因素很多,主要有设计暴雨、流域形状、排涝面积、地形坡度、地面覆盖、作物组成、土壤性质、地下水埋深、排水沟网密度与比降以及湖塘调蓄能力等,应通过当地或邻近类似地区的实测资料分析确定。在生产实践中,多采用分析暴雨径流资料,建立设计净雨深、流域面积和排涝模数之间的经验关系,总结出排涝模数的经验公式。平原

区排涝模数经验公式为

$$q_l = KR^m F^n \tag{11-1}$$

式中 q_l——设计排涝模数，$m^3/(s \cdot km^2)$；

K——反映沟网配套程度、排水沟坡度、降雨历时及流域形状等因素的综合系数，经实地测验确定；

R——设计暴雨的径流深度，mm；

F——设计控制的排涝面积，km^2；

m——反映暴雨径流洪峰与洪量关系的峰量指数，经实地测验确定；

n——排涝面积递减指数，经实地测验确定。

上述公式比较全面地考虑了影响排涝模数的各种主要因素，是排涝模数的通用表达式，因经验公式法计算方便快捷准确，故应用广泛。采用经验公式法计算排涝模数的关键是合理确定有关参数。例如，适用于平原区的排涝模数计算公式，由于水文系列的延长、河道治理、地下水位变化和排水系统完善程度等原因的影响，有关参数也在不断发生变化，直接影响排涝模数值。大量开采利用地下水而引起地下水位显著下降的地区，设计暴雨的径流深度可能减小，运用早期的成果时应注意适当修正。部分地区排涝模数经验公式中的参数见表 11-2。

表 11-2　部分地区排涝模数经验公式中的参数的参考值

<table>
<tr><th colspan="3">地区</th><th>适用排水面积(km^2)</th><th>K</th><th>m</th><th>n</th><th>设计暴雨历时(d)</th></tr>
<tr><td colspan="3">安徽省淮北平原地区</td><td>500～5 000</td><td>0.026</td><td>1.00</td><td>−0.25</td><td>3</td></tr>
<tr><td colspan="3">河南豫东及颍河平原区</td><td></td><td>0.030</td><td>1.00</td><td>−0.25</td><td>1</td></tr>
<tr><td rowspan="3">山东省</td><td colspan="2">徒骇河地区</td><td></td><td>0.034</td><td>1.00</td><td>−0.25</td><td></td></tr>
<tr><td rowspan="2">沂沭泗地区</td><td>湖西地区</td><td>2 000～7 000</td><td>0.031</td><td>1.00</td><td>−0.25</td><td>3</td></tr>
<tr><td>邳苍地区</td><td>100～500</td><td>0.031</td><td>1.00</td><td>−0.25</td><td>1</td></tr>
<tr><td rowspan="3">河北省</td><td colspan="2" rowspan="2">黑龙港地区</td><td>>1 500</td><td>0.058</td><td>0.92</td><td>−0.33</td><td>3</td></tr>
<tr><td>200～1 500</td><td>0.032</td><td>0.92</td><td>−0.25</td><td>3</td></tr>
<tr><td colspan="2">平原区</td><td>30～1 000</td><td>0.040</td><td>0.92</td><td>−0.33</td><td>3</td></tr>
<tr><td colspan="3">辽宁省中部平原区</td><td>50</td><td>0.012 7</td><td>0.93</td><td>−0.176</td><td>3</td></tr>
<tr><td colspan="3">山西省太原平原区</td><td></td><td>0.031</td><td>0.82</td><td>−0.25</td><td></td></tr>
<tr><td colspan="3" rowspan="3">江苏省苏北平原区</td><td>10～100</td><td>0.025 6</td><td>1.00</td><td>−0.18</td><td>3</td></tr>
<tr><td>100～600</td><td>0.033 5</td><td>1.00</td><td>−0.24</td><td>3</td></tr>
<tr><td>600～6 000</td><td>0.049 0</td><td>1.00</td><td>−0.35</td><td>3</td></tr>
<tr><td colspan="3" rowspan="2">湖北省平原湖区</td><td>≤500</td><td>0.013 5</td><td>1.00</td><td>−0.201</td><td>3</td></tr>
<tr><td>>500</td><td>0.017 0</td><td>1.00</td><td>−0.238</td><td>3</td></tr>
</table>

地区排涝模数经验公式中峰量指数 m、综合系数 K 和递减指数 n，都可以根据当地的

除涝标准，从各地《水文手册》中查找选用。

1）设计暴雨 P

可用工程水文学中介绍的方法进行推求。一般是先求得设计标准下的暴雨 P，再根据设计暴雨推求径流深 R。设计暴雨包括设计降雨历时、降雨强度和雨量分布等，对排水沟起控制作用的暴雨是形成洪峰的短历时暴雨，故应选择短历时暴雨作为设计暴雨。而设计降雨历时、设计暴雨量的大小及其分布均与排涝面积的大小有关。根据华北地区实测资料分析，100～500 km^2 的排水面积，洪峰流量主要由 1 d 暴雨形成；500～5 000 km^2 的排水面积，洪峰流量主要由 3 d 暴雨形成。所以，在上述两种排水面积上推求排涝设计流量时，应分别选择 1 d 或 3 d 作为设计暴雨历时。此外，由于水田对降雨具有一定的调蓄作用，设计降雨历时可长些。对于降雨量，当排涝面积较小时，如 $F \leqslant 100\ km^2$，这时暴雨的成因比较一致，一般可用点雨量代表面雨量进行计算；当排涝面积较大时，由于降雨量分布不匀，排涝面积上的平均面雨量和点雨量的差别较大，故不能用点雨量代替面雨量，而应用点面关系换算系数把点雨量换算成面雨量，然后计算。

设计暴雨可用典型年法、频率法和定雨量法进行推求。典型年法是采用排涝地区实际发生的涝灾较为严重的某个年份作为典型年，以这一年中某次最大暴雨作为设计暴雨。对整个排水地区来说，该次暴雨的实际平均面雨量即为设计面雨量；对排水区内各支流而言，需要将暴雨中心移到该支流的控制面积内。典型年法的优点是除涝标准的概念比较明确，设计暴雨不受资料系列长短的影响，计算比较简便；缺点是具有代表性的典型年不易选定，且频率大小不够明确。

频率法根据资料占有情况一般有两种计算方法：一种是当排水区内有足够多的、分布比较均匀的测站和较长的同步降雨资料时，用各年最大的一次平均面雨量进行频率计算，求出设计标准的暴雨量。此法较为合理，但常受到测站分布和资料系列的限制，一般在流域面积较大的骨干排水沟道设计中采用。另一种方法是利用流域内某一水文站的各年最大一次点雨量或流域内各水文站最大平均点雨量进行频率计算，求出设计标准的点雨量，再用点雨量换算系数求出设计面雨量。表 11-3 为淮北地区不同除涝标准的排涝面积与 3 d 设计暴雨量关系，以供参考。

表 11-3　淮北地区不同除涝标准的排涝面积与 3 d 设计暴雨（mm）关系

除涝标准	排涝面积（km^2）						
	100	500	1 000	2 000	3 000	4 000	5 000
3 年一遇	135	130	126	121	118	115	113
5 年一遇	167	157	152	145	140	136	134
10 年一遇	207	195	185	174	166	161	158
20 年一遇	248	232	219	204	195	189	184

定雨量法是根据排涝地区的雨涝灾情统计分析，选定某一点雨量作为设计雨量，通过点面雨量折减系数，推求设计面雨量。

暴雨过程是统计分析历年相应于设计暴雨的降雨时程分配过程，从中选出几率大且对工程不利的暴雨过程作为设计暴雨过程。

2）设计净雨深（径流量）R

求得设计暴雨量后，便可进一步计算设计净雨深。影响设计净雨深的主要因素有暴雨量、土壤含水量和地下水埋深等。推求设计净雨深的方法有降雨径流相关法和暴雨扣损法两种。水田区的设计净雨深常用暴雨扣损法计算，计算公式为

$$R = P - h_1 - f - E \tag{11-2}$$

式中 R——设计净雨深，mm；

P——设计暴雨量，mm；

h_1——稻田的滞蓄水深，mm，与暴雨发生时间、水稻的类别和品种、生长期及耐淹历时有关，根据当地试验和调查资料确定，一般采用水稻允许淹水深与降雨前田面水深的差值；

f——设计排涝历时 T 内的稻田渗漏量，mm，$f = KT$，K 为渗漏强度，mm/d，见表 11-4；

E——设计排涝历时 T 内的稻田腾发量，mm，见第一章的内容。

表 11-4 渗漏强度 K 值 （单位：mm/d）

土质	砂土、重砂壤土	中粉质壤土	中壤土	砂（粉）质黏土	黏土
K	5～8	3.5～5	2.5～3.5	1.5～2.5	0.8～1.5

旱作区的设计净雨深一般采用以前期影响雨量 P_α 为参数的降雨径流相关图，即 $P + P_\alpha \sim R$ 关系曲线进行计算。前期影响雨量 P_α 是反映排水区发生暴雨之前土壤的干湿情况，对次降雨径流深的值有影响，各地的水文图集中均有关于 P_α 的计算方法。对于小汇水面积上的径流深，可用设计暴雨 P 乘以径流系数 α，即 $R = \alpha P$ 求得。如淮北平原地区，除涝标准为 3～5 年一遇，前期影响雨量采用 $P_\alpha = 45$ mm；10～20 年一遇采用 $P_\alpha = 55$ mm，次降雨径流关系见表 11-5。江苏省太湖流域的 $P \sim \alpha$ 值见表 11-6。

表 11-5 淮北平原地区次降雨径流净雨深 R （单位：mm）

除涝标准	$P + P_\alpha$										
	50	75	100	125	150	175	200	225	250	275	300
沿淮各支流区	12.0	19.8	28.9	40.7	56.0	74.0	95.0	120.0	145.0	170.0	195.0
泉河沈邱以上	12.0	18.0	25.5	36.0	50.0	68.0	87.6	110.0	135.0	160.0	185.0
浍河临涣黄口以上	8.0	13.2	21.0	31.0	45.0	61.2	80.5	102.0	125.0	150.0	175.0
黑茨河省界以上	5.5	10.2	16.5	26.9	40.0	55.5	73.0	93.0	116.0	140.0	165.0
王引河省界以上	5.5	10.0	15.7	25.5	37.5	52.5	69.5	89.5	111.5	135.0	160.0
沱河永城以上	5.0	9.0	15.0	24.3	35.8	49.5	66.0	86.0	107.5	131.0	155.0
惠济河、涡河省界以上	5.0	8.5	14.0	21.0	31.5	45.0	59.0	76.0	96.0	117.0	140.0

表 11-6　江苏省太湖流域的 $P \sim \alpha$ 关系

P(mm)	60	70	80	100	120	140	200	250
α	0.37	0.43	0.45	0.50	0.53	0.55	0.59	0.66

排水区的面积可以从地形图中量得,因此根据有关实测资料求得 R、K、m、n 等值后,该排水区的排水模数计算公式便已确定。由于有关系数和指数是根据实测资料进行分析确定的,所以求得的公式是经验公式。一般适用于汇水面积较大的除涝排水沟的流量计算。

【例 11-1】 淮北平原沱河永城以上地区某排水沟,设计断面处控制排涝面积 500 km^2,经分析研究,采用 10 年一遇的除涝设计标准。计算该断面的设计排涝模数和设计排涝流量。

解:由于排水沟设计断面处控制的排涝面积较大,故排涝模数可用地区排涝模数经验公式进行计算,且采用 3 d 暴雨进行设计较为适宜。根据给定的除涝设计标准和控制的除涝面积,可从表 11-3 中查得 3 d 暴雨 $P = 195$ mm;淮北地区 10 年一遇的前期影响雨量 $P_\alpha = 55$ mm,则 $P + P_\alpha = 250$ (mm),据此可从表 11-5 中查得设计净雨深 $R = 107.5$ mm,再从表 11-2 中查得排水模数经验公式中的各项参数为:$K = 0.026$,$m = 1.0$,$n = -0.25$,将确定的各值代入经验公式,则设计排涝模数为

$$q = 0.026 \times 107.5 \times 500^{-0.25} = 0.592\ (\mathrm{m^3/(s \cdot km^2)})$$

控制断面处的设计排涝流量为

$$Q = qF = 0.592 \times 500 = 296(\mathrm{m^3/s})$$

【例 11-2】 淮北平原地区某淮河支流引水灌区,其排水系统各断面控制面积分别为 $F_A = 100$ km^2,$F_B = 250$ km^2,$F_C = 500$ km^2,$F_D = 1\ 000$ km^2,地面坡降 1/6 000 左右,采用 5 年一遇的除涝标准。经查当地排涝模数经验公式中的各项参数:$K = 0.026$,$m = 1.0$,$n = -0.25$,计算各断面的设计排涝模数和设计排涝流量。

解:计算结果见表 11-7。

表 11-7　计算结果

计算过程	断面位置	A (6 +050)	B (15 +000)	C (28 +000)	D (50 +300)
已知	控制面积	100 km^2	250 km^2	500 km^2	1 000 km^2
除涝标准确定	前期影响雨量	$P_\alpha = 45$ mm	$P_\alpha = 45$ mm	$P_\alpha = 45$ mm	$P_\alpha = 45$ mm
查表 11-3	3 d 暴雨量	$P = 167$ mm	$P = 163$ mm	$P = 157$ mm	$P = 152$ mm
	$P + P_\alpha$	212 mm	208 mm	202 mm	197 mm
查表 11-5	设计净雨深 R	106 mm	103 mm	97 mm	92 mm
$q_l = KR^m F^n$	排涝模数	0.872	0.673	0.533	0.425
$Q = q_l F$	排涝流量	87.2 m^3/s	168.25 m^3/s	266.5 m^3/s	425 m^3/s

2. 平均排除法

平均排除法也是计算排涝流量的一种常用方法,适用于平原地区排水面积在 10 km^2 以下的排水沟道。平均排除法要求排水沟道将所控制排水面积内的设计径流深在规定的

排水时间内排出，从而推求出排涝模数，并以此作为排水沟设计排涝流量的计算依据。

（1）旱地排涝模数平均排除法计算公式为

$$q_d = \frac{R}{86.4t} \tag{11-3}$$

或

$$Q = \frac{RF}{86.4t} \tag{11-4}$$

式中 q_d——旱地排涝模数；

t——排水时间，d，可采用旱作物的耐淹历时；

其他符号意义同前。

（2）水田排涝模数平均排除法计算公式为

$$q_w = \frac{P - h_w - E_w - S}{86.4t} \tag{11-5}$$

式中 q_w——水田排涝模数，$m^3/(s \cdot km^2)$；

P——设计暴雨量，mm；

h_w——水田滞蓄水深，mm；

E_w——排涝时间内的水田腾发总量，mm；

S——排涝时间内的水田渗漏总量，mm；

t——排水时间，d，可采用水稻的耐淹历时。

（3）旱地和水田的综合排涝模数计算公式为

$$q_l = \frac{q_d F_d + q_w F_w}{F_d + F_w} \tag{11-6}$$

式中 F_d——设计排涝面积中的旱地面积，km^2；

F_w——设计排涝面积中的水田面积，km^2；

其他符号意义同前。

二、排渍设计流量

排渍流量是指非降雨期间为控制地下水位而经常排泄的地下水流量，又称日常流量。它不是降雨期间或降雨后某一时期的地下水高峰排水流量，而是一个经常性的比较稳定的较小数值。单位面积上的排渍流量称为地下水排水模数或排渍模数，单位为 $m^3/(s \cdot km^2)$。地下水排水模数的值与当地的气象条件（降雨、蒸发）、土质条件、水文地质条件和排水沟的密度等因素有关。由于各因素之间的关系复杂，其值目前还难于用公式进行精确计算，而是根据资料分析确定，表 11-8 是根据某些地区的资料分析确定的由降雨产生的排渍模数。在降雨持续时间长、土壤透水性强、排水沟网较密的地区，排渍模数可选表 11-8 中较大值。

表 11-8　各种土质设计排渍模数

土质	轻砂壤土	中壤土	重壤、黏土
设计排渍模数（$m^3/(s \cdot km^2)$）	0.03 ~ 0.04	0.02 ~ 0.05	0.01 ~ 0.02

盐碱土改良地区，由于冲洗而产生的地下水排水模数，其值一般较大，表11-9为山东省打渔张灌区在冲洗盐碱时实测的地下水排水模数。预防土壤次生盐碱化地区的强烈返盐季节，当地下水位控制在临界深度以下时，地下水排水模数一般较小。河南省人民胜利渠引黄灌区在这种情况下测得的排水模数有时在0.002～0.005 $m^3/(s \cdot km^2)$以下，远比冲洗改良区的排渍模数为小。

表11-9　冲洗盐碱情况下实测排渍模数

末级排水沟规格		排水沟密度(m/亩)	排渍模数($m^3/(s \cdot km^2)$)
沟距(m)	沟深(m)		
110	0.7	29.00	0.103
150	1.0	8.43	0.052
150	1.0	4.23	0.021

将确定的排渍模数乘以排水沟控制面积，即可得排水沟的排渍流量。

第三节　排水沟的设计水位

排水沟道的断面设计，要求既能满足安全顺畅地通过排涝设计流量，又能满足除涝、排渍、防治盐碱、通航、养殖等方面提出的水位要求，达到兴利除害的目的。排水沟道的设计水位包括排渍设计水位和排涝设计水位，分别与排渍设计流量和排涝设计流量相对应，是排水沟道设计的重要内容和基本依据。

一、排渍水位(日常水位)

排水沟通过排渍流量时沟道中需要经常维持的水位称为排渍水位，又称日常水位。排渍水位通常根据作物防渍、防止土壤盐碱化或通航等各方面的要求综合确定。

为使作物生长阶段地下水位控制在要求的最小埋深，末级固定沟道(一般为农沟)的排渍水位距地面的深度$D_{农}$应大于允许的地下水位埋藏深度0.2～0.3 m以上，排渍水位以下的沟道断面要保证通过排渍流量，见图11-2。

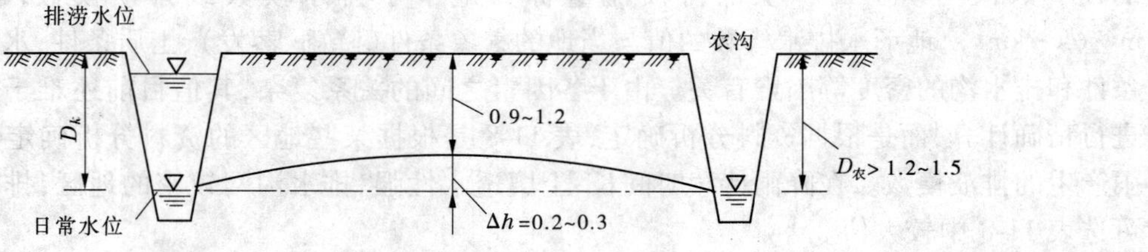

图11-2　农沟的排渍水位与排涝水位　(单位：m)

为了保证水流畅通，不产生壅水现象，各级排水沟道需要保持一定的比降，并且预留通过建筑物的局部水头损失，故斗、支、干沟的水位将逐级降低。根据控制点地面高程、农沟排渍水位、各级沟道的水面比降和各种局部水头损失，逐级进行推算，可得到各级排水沟道的排渍水位，见图 11-3，计算公式为

$$Z_{排渍} = A_0 - D_{农} - \sum Li - \sum \Delta Z \tag{11-7}$$

式中 $Z_{排渍}$——某级排水沟沟口处的日常水位，m；

A_0——排水沟控制范围内最低洼处的地面高程，m；

$D_{农}$——农沟排渍水位至地面的高度，m；

L——各级排水沟道的计算长度，m；

i——各级排水沟道的水面比降；

ΔZ——各级排水沟道中的局部水头损失，m，一般过闸取 0.05～0.10 m，上、下级排水沟道衔接处的水位落差取 0.1～0.2 m。

推算排水沟水位时，根据排水区的地形特点，选择几个具有代表性的地面高程点，如距排水沟口较远的点、地势低洼的点等，分别计算出要求的水位，取其中最低者作为设计排渍水位。在设计干沟时，可先求出支沟的要求水位，再绘制干沟纵横断面图定出干沟的设计水位线。

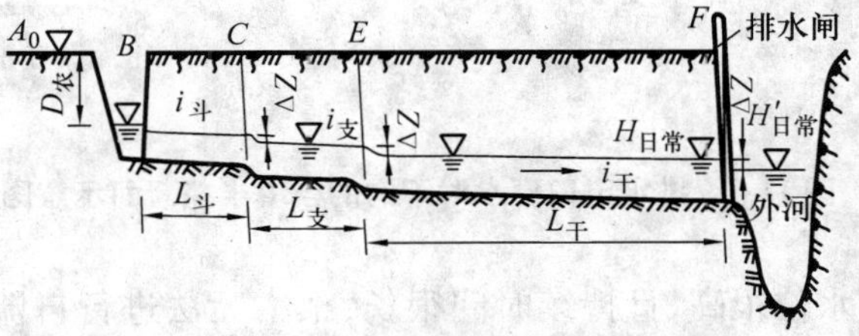

图 11-3 各级排水沟道排渍水位衔接示意图

在自流排水区，按式(11-7)推算的干沟沟口排渍水位应高于外河的平均枯水位，至少应与之持平。否则，要适当减少各级沟道的比降，重新进行计算。对经常受外河水位顶托、无自排条件的地区，应采用抽排，使各级排水沟道经常维持在排渍水位，以满足控制地下水位和保留滞蓄容积的要求。为了减少抽水扬程，各级沟道应采用较小的比降。

二、排涝水位(最高水位)

排涝水位是指排水沟通过设计排涝流量时的沟中水位。当排水沟有滞涝任务时，也可将满足滞蓄要求的沟中水位作为排涝水位。

排涝水位应根据沟道比降及水位衔接处的水头损失等，综合考虑沟道沿线地面高程和容泄区水位，从田间到容泄区逐级进行推算。为了节省工程投资，在满足排涝要求的条件下，应尽可能降低工程造价，同时，为了降低运行成本，减少管理费用，推求排涝水位时应尽量争取自流排水。

汛期的外河(容泄区)水位的高低是确定排涝水位的重要依据，外河设计水位可选用排涝期间的平均高水位或根据排水区防洪规划的要求确定。排涝水位可根据外河洪水位的高低和排涝区内部排水规划的要求确定，具体方法有以下几种：

(1)当外河汛期水位较低、排水条件较好时，各级排水沟道排涝水位的推求比较简

单,可按公式(11-7)从末级固定沟道逐级推算至干沟出口,只要推求的干沟出口排涝水位高出外河水位一定高度,涝水就可以自流排出。但是,为了确保排水畅通,$D_{农}$ 一般为0.2~0.3 m,自流条件较差的地区,最多与地面齐平,也可以根据外河设计洪水位先确定出能够自流外排的干沟出口处的最高水位,然后从这个水位开始逐级推求出符合自排要求的干、支、斗沟及农沟的排涝水位。

(2)当外河汛期水位较高,经反复推算干沟出口水位仍稍低于外河水位时,排水干沟部分沟段乃至部分支沟将产生壅水现象,使排水沟道中的水流成为非均匀流。此时,壅水段的排涝水位应按壅水水位线设计。壅水水位线可按水力学中的分段求和法求得,壅水后的水位可能高于两岸农田,为使两岸耕地不受淹,沟道两岸常需筑堤束水,其断面形式如图11-4所示。

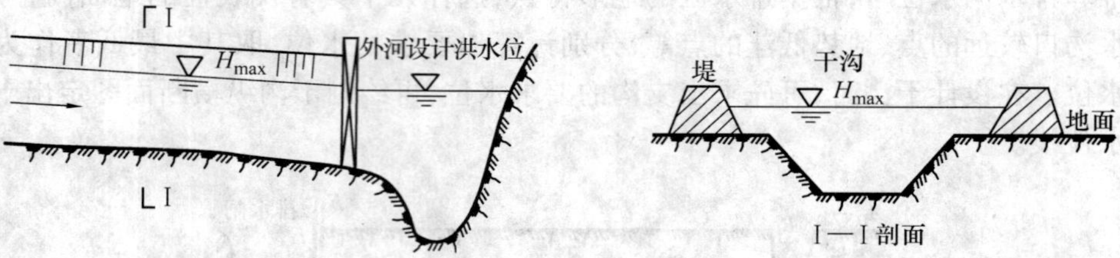

图 11-4　排水出口壅水时干沟的半填半挖断面示意图

(3)当汛期外河水位很高,且持续时间很长,根本无法进行自流排水时,干沟出口处必须建闸防止外水倒灌。在没有抽排设施的情况下,涝水只能靠排水沟网的容积滞蓄,此时,排涝水位应满足滞涝要求,一般以低于0.2~0.3 m为宜,部分地段最高只能与地面齐平,以免发生涝渍灾害;在有抽排条件时,排涝水位可以超出地面一定高度,沟道两岸一般也需要修筑堤防,要求涝水在规定时间内排至安全深度,当外河水位下降至可以自排的水位时,再开闸排水。

第四节　排水沟断面设计

排水沟的设计流量和设计水位确定以后,就可以进行排水沟的断面设计。排水沟断面设计的主要任务是确定排水沟纵横断面尺寸和水位衔接条件,并按不冲不淤和综合利用的要求进行校核。一般情况下,干、支沟需要进行设计和校核,绘制纵横断面图;斗、农沟因数量较多且流量较小,不需要逐一设计,只需要选择典型斗、农沟进行断面设计或拟订,并加以推广。设计的断面位置一般选择在沟道汇流处、沟道出口处和沟底比降变化处。对于较短的沟道,若沟底比降和土质基本一致,只需对沟道出口断面进行计算。断面设计尽量做到工程量小、占地面积少、断面稳定、便于施工和管理。

不同地区排水系统的任务不同,断面设计的要求不同。干旱和半干旱地区多采用一般排水系统,排水沟断面主要是按照排除地表径流的要求进行设计;平原湿润区或低洼圩垸区的河网化排水系统,排水沟断面应先按除涝防渍的要求进行设计,再以滞涝、通航、养殖和灌溉等的要求进行校核,最后选用能同时满足各种不同要求的水深和底宽;平原区和圩垸区的灌排两用渠道,属于非均匀流,应按非均匀流进行设计和校核。

排水沟纵横断面设计是相互联系的,需要相互配合着进行,以期消除设计中可能出现的矛盾。下面分别介绍横断面和纵断面设计的基本方法和步骤。

一、横断面设计

排水沟断面通常按照明渠均匀流公式进行计算。但当外河水位顶托或利用沟道反向引水灌溉发生壅水时,则呈非均匀流动,需按非均匀流公式推算沟道水面线,确定沟道断面和堤顶高程,并检验是否满足灌溉引水要求。

横断面水力计算的方法与灌溉渠道基本相同,这里不再赘述,仅将有关设计参数的选用和断面校核等问题进行介绍。

(一)设计参数的选用

1. 沟底比降 i

排水沟道的沟底比降主要取决于沿线的地形、土质、上下级排水沟水位衔接条件和容泄区水位高低等。规划布置时应注意以下几点:①为了避免开挖过深,减少工程量,沟底比降应尽量与实际地面坡度相近。②为了避免沟道在排水过程中发生冲刷和淤积,应根据沿线土质选择适宜的比降,轻质土比降宜缓些,防止冲刷,黏质土比降宜陡些,防止淤积。③为了排水沟能够自流排水,在外河水位较高的地区,应选择较缓的比降。④要考虑上下级沟道的水位衔接。连接内湖与排水闸的排水沟道,比降应根据内湖与外河的水位选定;连接抽水站排水沟道的比降,应注意抽水机安装高程的限制;对于灌排两用有反向输水灌溉任务的沟道,比降宜平缓;对于结合灌溉、通航、滞涝和养殖的综合利用沟道,可采用平底。⑤为了便于施工,同一沟道最好采用同一比降,尽可能减少变化。⑥平原地区,一般排水沟的取值范围是干沟 1/10 000 ~ 1/20 000,支沟 1/4 000 ~ 1/10 000,斗沟 1/2 000 ~ 1/5 000,农沟 1/800 ~ 1/2 000。

2. 沟道糙率 n

排水沟道的糙率与渠道一样应根据沟道沿线的土壤地质条件、施工质量、维修养护、过水流量、挟沙能力和运行状况等具体情况而定。新建的排水沟在同样的土质条件下,糙率值与相同断面的渠道是一致的。但是,因为排水沟经常有水,沟坡湿润,容易滋生杂草,沟坡易坍塌,造成沟道淤积,管理维护又不及渠道,所以排水沟的糙率值比渠道的糙率值大些。对于大型排水沟道的糙率,应通过试验或专门研究确定。对于一般清水及冲淤平衡沟道的糙率,无测验资料时,一般采用 0.025 ~ 0.030,可参考表 11-10。

表 11-10　土沟糙率

类型	流量 Q(m^3/s)			
	>25	25 ~ 5	5 ~ 1	<1
排水沟道	0.022 5	0.025	0.027 5	0.030
排洪沟道	0.025	0.027 5	0.030	0.035

3. 边坡系数 m

排水沟的边坡系数与沟深和土质有关。沟深大、土质疏松，边坡系数应大些。由于降雨时坡面径流的冲刷，沟内蓄水时波浪的侵蚀以及地下水渗透动水压力的影响，沟坡容易坍塌变形，故排水沟的边坡系数比渠道的边坡系数大些。

土质沟道的最小边坡系数参考表 11-11 选用。

表 11-11 土质沟道的最小边坡系数值

沟道土质	开挖深度(m)			
	<1.5	1.5~3.0	3.0~4.0	>4.0
黏土、重壤土	1.0	1.2~1.5	1.5~2.0	>2.0
中壤土	1.5	2.0~2.5	2.5~3.0	>3.0
轻壤土、砂壤土	2.0	2.5~3.0	3.0~4.0	>4.0
砂土	2.5	3.0~4.0	4.0~5.0	>5.0

注：流砂沟段的边坡系数应通过试验确定。

4. 不冲不淤流速

为了抑制杂草滋生和防止泥沙淤积，排水沟的允许不淤流速一般为 0.2~0.3 m/s，允许不冲流速的大小主要取决于沟道沿线的土质情况，可参考表 11-12 选用。

表 11-12 排水沟允许不冲流速

土质	淤土	重黏壤土	中黏壤土	轻黏壤土	粗砂土	中砂土	细砂土
不冲流速(m/s)	0.2	0.75~1.25	0.65~1.0	0.6~0.9	0.6~0.75	0.4~0.6	0.25

(二) 排水沟水力计算步骤

在排水沟道的设计参数选定以后，一般按下列步骤进行计算：

(1) 按通过排渍设计流量计算底宽 $b_{渍}$ 和水深，并按下式确定沟底高程 $H_{底}$

$$H_{底} = H_{渍} - h_{渍} \tag{11-8}$$

式中 $H_{底}$——设计断面的沟底高程，m；

$H_{渍}$——设计断面的日常水位，m，按公式(11-7)推算；

$h_{渍}$——设计断面的日常水深，m，通过水力计算确定。

(2) 按通过排涝设计流量校核底宽和水深。具体方法是以排涝设计水位和沟底高程之差作为排涝水深，以 $b_{渍}$ 作为底宽，计算所能通过的流量 Q 和流速 v。

①若 $Q \geq Q_{涝}$，$v \leq v_{不冲}$，则说明按日常流量确定的断面满足通过排涝设计流量的要求。此时，设计断面的底宽 $b_{渍}$、日常水深 $h_{渍}$、排涝水深 $h_{涝}$ 和沟底高程 $H_{底}$ 便全部确定。

②若 $Q < Q_{涝}$，$v > v_{不冲}$，则说明按日常流量确定的断面不能满足通过排涝设计流量的要求。此时，先以排涝设计水位和沟底高程之差作为排涝水深 $h_{涝}$，再根据 $Q_{涝}$ 和 $h_{涝}$ 计算并校核流速 v。如果 $v < v_{不冲}$，则满足要求；如果 $v > v_{不冲}$，则要减小底坡，重新计算，直到满足要求。

如果按排渍和排涝要求计算出的断面相差悬殊，应设计成复式断面，利用下部的小断面控制地下水位，通过排渍流量，利用全部断面通过排涝设计流量。

(三)综合利用沟道断面设计

综合利用的沟道除排涝任务外,还担负航运、养殖、灌溉与滞涝等多方面的要求。因此,综合利用的排水沟道还应根据航运、养殖、灌溉与滞涝等方面的要求,对断面尺寸进行校核验算。

1. 水产养殖校核

水产养殖要求沟道经常保持一定的水深,一般应大于1.0 m。所以,只要排渍水深能够达到要求,就可以满足养殖需求。否则,排水沟道应按养殖需求适当增加深度。

2. 航运校核

平原地区,特别是水网圩区,水上运输是经济繁荣、生产发展的主要交通手段。因此,干、支两级排水沟道通常都有通航任务,排水沟道的排渍水深和底宽应满足船只的航行要求,即排水沟在排泄日常流量时,应保持一定的水深和水面宽度。

按除涝设计流量确定的排水沟水深 h(相应的排渍水深为 h_0)及底宽 b(见图 11-5),往往不一定是最后采用的数值。考虑到干、支沟在有些地区需要同时满足通航、养殖要求,因此还必须根据这些要求对沟道排渍水深(h_0)及底宽(b)进行校核。

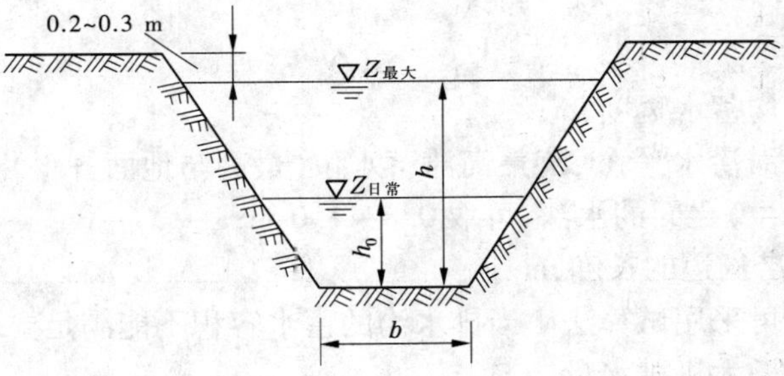

图 11-5 排水沟横断面

通航水深 $h_{航}$ 是船只的吃水深度与富余深度之和。吃水深度与船只的吨位有关,富余深度是船底至沟底的距离,一般为0.2~0.3 m。

通航要求的水面宽度 $B_{航}$ 在船只对开的情况下,应为 $B_{航}=2d+3c$,d 为船只宽度,c 为船只对开时两船之间以及船只与沟坡之间的距离,一般可采用 $c=0.2d$,而排渍时的沟道水面宽度 $B_{渍}=b+2mh_{渍}$,m 为排水沟道的边坡系数。

满足通航要求的条件为 $h_{渍}\geq h_{航}$,$B_{渍}\geq B_{航}$。当按排涝流量设计的断面经校核不满足通航要求时,应对沟道断面加深加宽。在排涝流量与排渍流量相差悬殊时,排涝水深与排渍水深也相差悬殊,可以采用复式断面。50~100 t及50 t以下船只的干、支沟要求通航水深和底宽可参考表11-13。对于大型通航河沟的通航要求,应按有关航运规范确定。

表 11-13 通航与养殖要求的水深和底宽 (单位:m)

沟名	通航要求		养殖要求
	水深	底宽	
干沟	1.0~2.0	5~15	1.0~1.5
支沟	0.8~1.0	2~4	1.0~1.5
斗沟	0.5~0.8	1~2	—

3. 滞涝校核

平原水网圩区汛期外河水位一般较高，圩内涝水无法自流排出，为了防止外水倒灌，必须关闸挡水。在关闸期间，可利用抽水设施提水抢排，但为了减少装机容量，可利用坑塘、洼地、湖泊和排水沟网滞蓄涝水，以便在外河下降后开闸自排。排水沟滞蓄水量可用下式计算

$$h_{沟蓄} = P - h_{田蓄} - h_{湖蓄} - h_{机排} \tag{11-9}$$

式中 $h_{沟蓄}$——排水沟道滞蓄的水量，mm；

P——按除涝标准确定的设计降雨量，mm；

$h_{田蓄}$——田间蓄水量，mm，水田区可用水稻耐淹深度与田面水层下限之差值，一般可取 30 ~ 50 mm，对于旱田可用大田蓄水能力确定；

$h_{湖蓄}$——湖泊、洼地、坑塘蓄水量，mm，可根据圩垸区内部现有的或规划的湖泊蓄水面积及蓄水深度确定；

$h_{机排}$——抽水机抢排水量，mm。

求得 $h_{沟蓄}$ 后再乘以排水面积，就可以得到沟网滞蓄的总水量。按排涝设计流量确定的沟道断面的实际滞蓄总容积 $V_{蓄}$ 为

$$V_{蓄} = \sum blh \tag{11-10}$$

式中 b——沟道平均蓄水宽度，m；

h——沟道的滞涝水深，m，为最高滞蓄水位（最高与地面齐平）与排渍水位（或汛期预降水位）之间的水深，可取 0.8 ~ 1.0 m；

l——各级滞涝沟道的长度，m。

在校核计算时，可采用试算法。当排水沟的蓄水容积不能满足要求时，需经过比较后可加大沟道断面，或增大机排水量。

4. 引水灌溉校核

排水沟用于灌溉时常有两方面作用：一是利用排水沟拦蓄的部分降雨径流作为灌溉用水；二是利用排水沟在灌溉季节引取一定灌溉流量，以满足灌溉需要。

对于需要拦蓄径流用于灌溉的排水沟，应当按该排水沟所应分担的蓄水容积进行校核，使排水沟设计的断面在日常设计水位到通航或养殖所需的最低水位之间的容积满足灌溉蓄水容积要求。

因为排水沟沟底坡降是按排水方向为准设计的，利用它引水灌溉，沟道中的水流将是倒坡或平坡的非均匀流。所以，对于有引水灌溉任务的排水沟，还必须依据灌溉引水季节的外河（即承泄区，也就是灌溉水源）水位，按明渠非均匀流公式推算排水沟引水时的水面曲线，借以校核排水沟的输水距离和引水流量能够符合灌溉引水的要求。若不符合，则应调整排水沟的水力要素。要注意的是：排水沟在引水时，沟中的水面曲线为降水曲线；而在排水时，沟中所形成的非均匀流往往是壅水曲线，具体计算详见水力学方面的书籍。

在设计排水沟断面时，当排涝设计流量与日常排水设计流量相差悬殊，且日常设计水位又较低时，则应采用复式断面。

以上所述为综合利用排水沟设计的一般方法和步骤，在实际工作中，应根据设计要求和排水沟所承担的任务而定。例如，对于控制排水面积不大，但对于通航、养殖要求较高

的综合利用排水沟，其通航、养殖的沟道断面往往大于排涝要求的断面，因此其断面设计便可以先按通航、养殖的要求进行，然后再按排涝和其他方面的要求进行校核。

二、纵断面设计

纵断面设计的主要任务是根据沟道沿线的地面高程、下级沟道的要求水位和横断面尺寸绘制纵断面图。设计的内容是确定沟道的最高水位线、日常水位线和沟底高程线，并为沟道配套建筑物提供设计水位、沟底高程和断面要素等设计资料。

为了有效地控制地下水位，一般要求排除日常流量时，不发生壅水现象，所以上下级沟道的日常水位之间、干沟出口水位与容泄区水位之间要有 0.1 ~ 0.2 m 的水面落差。在通过排涝设计流量时，沟道之间可能会出现短暂的壅水现象，这是允许的。但在设计时，应尽量使沟道中的最高水位低于两岸地面 0.2 ~ 0.3 m。此外还应注意，下级沟道的沟底不能低于上级沟道的沟底，例如，支沟沟底不能低于干沟的沟底。

下面结合图 11-6 说明排水沟纵断面图的绘制方法与步骤：

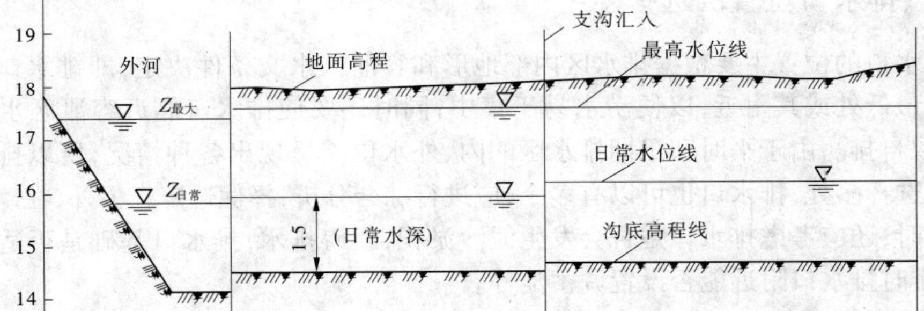

桩号	0+000	0+200	0+400	0+600	0+800	1+000	1+200	1+400	1+600	1+800	2+000	2+080	2+200
地面高程	17.80	17.82	17.91	17.96	18.00	18.00	18.15	18.15	18.25	18.25	18.06	18.28	18.25
最高水位	17.60	17.62	17.64	17.66	17.68	17.70	17.72	17.74	17.76	17.78	17.80	17.81	17.82
日常水位	16.00	16.02	16.04	16.06	16.08	16.10 16.30	16.32	16.34	16.36	16.38	16.40	16.41	16.42
沟底高程	14.50	14.52	14.54	14.56	14.58	14.60 14.80	14.82	14.84	14.86	14.88	14.90	14.91	14.92
挖方深度	3.30	3.30	3.37	3.40	3.42	3.40 3.20	3.33	3.31	3.39	3.37	3.16	3.37	3.43
沟底比降	$\frac{1}{10\ 000}$												

图 11-6　排水沟纵断面　（单位：m）

(1) 根据排水系统平面布置图，按沟道沿线各桩号地面高程，绘制出地面高程线。

(2) 根据控制地下水位的要求及选定的沟底比降，逐段绘制出日常水位线。

(3) 自日常水位线向下，以日常水深为间距作平行线，绘出沟底高程线。

(4) 自沟底高程线向上，以最大水深为间距作平行线，绘出最高水位线。

(5) 当沟段有壅水现象需要筑堤束水时，还应从排涝设计水位线（或壅水线）往上加一定的超高,定出堤顶线。

排水沟纵断面的桩号通常从排涝设计出口处算起,且一般将水位线和沟底线由右向左倾斜,以与灌溉渠道的纵断面相区别。

第五节　容泄区整治

排水系统的容泄区是指位于排水区域以外,承纳排水系统排出水量的河流、湖泊或海洋等。容泄区一般应满足下列要求:①在排水地区排除日常流量时,容泄区的水位应不使排水系统产生壅水,保证正常排渍。②在汛期,容泄区应具有足够的输水能力或容蓄能力,能及时排泄或容纳由排水区排出的全部水量。此时,不能因容泄区水位高而淹没农田,或者虽然局部产生浸没或淹没,但淹水深度和淹水历时不得超过耐淹标准。③具有稳定的河槽和安全的堤防。

容泄区的规划一般涉及排水系统排水口位置的选择和容泄区的整治。

一、排水口位置的选择

排水口的位置主要根据排水区内部地形和容泄区水文条件决定,即排水口应选在排水区的最低处或其附近,以便涝水易于集中;同时还要使排水口靠近容泄区水位低的位置,争取自排。由于平时和汛期排水区的内、外水位差呈现出各种情况,所以排水口的位置可以选择多处,排水口也可以有多个,应进行综合分析,择优选定。另外,在确定排水口的位置时,还应考虑排水口是否会发生泥沙淤积,阻碍排水;排水口基础是否适于筑闸建站;抽排时排水口附近能否设置调蓄池等。

由于容泄区水位和排水区之间往往存在矛盾,一般可采取以下措施处理:

(1)当外河洪水历时较短或排涝设计流量与洪水并不相遇时,可在出口建闸,防止洪水侵入排水区,洪水过后再开闸排水。

(2)当洪水顶托时间较长、影响的排水面积较大时,除在出口建闸控制洪水倒灌外,还须建泵站排水,待洪水过后再开闸排水。

(3)当洪水顶托、干沟回水影响不远时,可在出口修建回水堤,使上游大部分排水区仍可自流排水,沟口附近低地则建站抽排。

(4)如地形条件许可,将干沟排水口沿容泄区下游移动,争取自排。

当采取上述措施仍不能满足排水区排水要求或者虽然能满足排水要求但在经济上不合理时,就需要对容泄区进行整治。

二、容泄区整治

降低容泄区的水位,以改善排水区的排水条件,这是整治容泄区的主要目的,而整治容泄区的主要措施一般有以下几点:

(1)疏浚河道。通过疏浚,可以扩大泄洪断面,降低水位。但疏浚时,必须在河道内保留一定宽度的滩地,以保护河堤的安全。

(2)退堤拓宽。当疏浚不能降低足够的水位以满足排水系统的排水要求时,可采取退堤措施，扩大河道过水断面。退建堤段应尽量减少挖压农田和拆迁房屋，退堤一般以一侧退建为宜，另一侧利用旧堤，以节省工程量。

(3)裁弯取直、整治河道。当以江河水道为容泄区时，如果河道过于弯曲、泄水不畅，可以采取裁弯取直措施，以短直河段取代原来的弯曲河段。由于河道流程缩短，相应底坡变陡，流速加大，这样就能使本河段及上游河段一定范围内的水位降低。裁弯取直段所组成的新河槽，在整体上应形成一平顺曲线。裁弯取直通常只应用于流速较小的中小河流。对于水流分散、断面形状不规则的河段，应进行各种河道整治工程，如修建必要的丁坝、顺堤等，以改善河道断面，稳定河床，降低水位，增加泄量，给排水创造有利条件。

(4)治理湖泊、改善蓄泄条件。如调蓄能力不足，可整治湖泊的出流河道，改善泄流条件，降低湖泊水位。在湖泊过度围垦的地区，则应考虑退田还湖，恢复湖泊蓄水容积。

(5)修建减流、分流河道。减流是在作为容泄区的河段上游，开挖一条新河，将上游来水直接分泄到江、湖和海洋中，以降低用做排水容泄区的河段水位。这种新开挖的河段常称减河。分流也是用来降低作为容泄区的河段水位的。这一措施，一般也在河段的上游，新开一条河渠，分泄上游一部分来水，但分泄的来水绕过作为容泄区的河段后仍汇入原河。有些地区，为了提高容泄区排涝能力，还采取另辟泄洪河道，使洪涝分排。

(6)清除河道阻碍。临时拦河坝、捕鱼栅、孔径过小的桥涵等，往往造成壅水，应予清除或加以扩建，以满足排水要求。

以上列举了一些容泄区的整治措施，但各种措施都有其适用条件，必须上下游统一规划治理，不能只顾局部，造成其他河段的不良水文状况，同时应进行多方案比较，综合论证，择优选用。

能力训练

一、基础知识能力训练

1. 排水沟道系统的规划布置要考虑哪些原则？

2. 排水沟设计中要考虑哪些特征水位？各由哪些因素确定？

3. 如何确定排涝设计水位？

4. 何为排涝模数？如何确定排水沟的排涝设计流量？

5. 排水沟横断面设计步骤有哪些？

6. 排水沟纵断面设计步骤有哪些？

二、设计计算能力训练

某排水区面积为 40 km^2，其中旱地占 80%，水稻占 20%，采用日降雨量 150 mm 3 d 排出的排涝设计标准，旱地径流系数为 0.56，稻田日耗水量为 5 mm，允许拦蓄利用雨量 40 mm，求该排水渠的设计排涝模数和设计排涝流量。

参考文献

[1] 中华人民共和国水利部. GB 50288—99 灌溉与排水工程设计规范[S]. 北京:中国计划出版社,1999.
[2] 中华人民共和国建设部. GB/T 50363—2006 节水灌溉工程技术规范[S]. 北京:中国计划出版社, 2006.
[3] 中华人民共和国水利部. SL 23—2006 渠系工程抗冻胀设计规范[S]. 北京:中国水利水电出版社, 2006.
[4] 中华人民共和国水利部. SL18—2004 渠道防渗工程技术规范[S]. 北京:中国水利水电出版社, 2004.
[5] 中华人民共和国建设部,中华人民共和国国家质量监督检验检疫总局. GB/T 50085—2007 喷灌工程技术规范[S]. 北京:中国水利水电出版社,2007.
[6] 中华人民共和国水利部. SL103—95 微灌工程技术规范[S]. 北京:中国水利水电出版社, 1995.
[7] 中华人民共和国国家质量监督检验检疫总局,中国国家标准化管理委员会. GB/T 20203—2006 农田低压管道输水灌溉工程技术规范[S]. 北京: 中国标准出版社,2006.
[8] 中华人民共和国水利部. SL 256—2000 机井技术规范[S]. 北京:中国水利水电出版社,2000.
[9] 樊惠芳. 农田水利学[M]. 郑州:黄河水利出版社,2003.
[10] 于纪玉. 节水灌溉技术[M]. 郑州:黄河水利出版社,2007.
[11] 李宗尧,缴锡云. 节水灌溉技术[M]. 北京:中国水利水电出版社,2004.
[12] 李国安,等. 渠道防渗工程技术[M]. 北京:中国水利水电出版社,1998.
[13] 水利部农水司. 节水灌溉工程实用手册[M]. 北京:中国水利水电出版社,2005.
[14] 吴普特,牛文全. 节水灌溉与自动控制技术[M]. 北京:化学工业出版社,2002.
[15] 隋家明,李晓,等. 农业综合节水技术[M]. 郑州:黄河水利出版社,2006.
[16] 冯广志. 中国灌溉与排水[M]. 北京:中国水利水电出版社,2005.
[17] 郭元裕. 农田水利学[M]. 3 版. 北京:中国水利水电出版社,1997.
[18] 史海滨,等. 灌溉排水工程学[M]. 北京:中国水利水电出版社,2006.
[19] 王季晨. 水利水质学[M]. 北京: 中国水利水电出版社,1998.
[20] 全达人. 地下水利用[M]. 3 版. 北京:中国水利水电出版社,1996.
[21] 陈美扬,等. 小型水工建筑物[M]. 北京:中国水利水电出版社,1997.
[22] 朱党生,等. 水资源保护规划理论与技术[M]. 北京:中国水利水电出版社,2001.
[23] 李英能,等. 节水农业新技术[M]. 南昌:江西科学技术出版社,1988.
[24] 匡尚富,高占义,许迪. 农业高效用水灌排技术应用研究[M]. 北京:中国农业出版社,2001.
[25] 冯尚友. 水资源持续利用与管理导论[M]. 北京:科学出版社,2000.
[26] 林性粹,赵乐诗,等. 旱作物地面灌溉节水技术[M]. 北京:中国水利水电出版社,1999 .
[27] 水利部农村水利司,中国灌溉排水发展中心. 节水灌溉工程实用手册[M]. 北京:中国水利水电出版社,2005.
[28] 隋家明,李晓,宫永波,等. 农业综合节水技术[M]. 郑州:黄河水利出版社,2005.
[29] 史海滨,田军仓,刘庆华. 节水灌溉技术[M]. 北京:中国水利水电出版社,2006.
[30] 王庆河. 农田水利[M]. 北京:中国水利水电出版社,2006.
[31] 左强,李品芳. 农业水资源利用[M]. 北京:高等教育出版社,2003.
[32] 中华人民共和国水利部. 2008 年全国水利发展统计公报[M]. 北京:中国水利水电出版社,2009.